城乡规划管理基础理论研究系列　周剑云　主编
国家自然科学基金项目“城镇化进程中广西多民族区域城乡两类空间协调政策研究”（51708134）
广西自然科学基金项目“基于乡村规划差异化需求下广西乡村空间特征模式研究”（2019AC20145）资助

当代中国乡村规划体系框架建构研究

——以广东省为例

Research on the Construction of a Systemic Framework for Contemporary Rural Planning in China: A Case Study of Guangdong Province

周　游　著

东南大学出版社 · 南京

目　录

图片目录

表格目录

丛书前言

城市是人类最伟大的发明，这个基本的共识具有三重意义：第一，城市作为物质实体不是先于人存在的客观事物，而是人类意志的产物，是历史性的积淀；换而言之，城市作为人类主观意志的产物，其物质形态反映人类的生存目的与生活诉求。第二，城市这个创造和发明建基于自然场地上，城市建设使用自然的材料或经过加工的自然材料，建筑形式还需要符合自然规律，城市形态受到自然规定性、基础性的制约。第三，对于人类个体而言，城市又是一个预先给定的客观存在，无法逃避地生存其中并接受其规训。城市的历史性和自然的规定性与个体诉求之间的冲突是城市发展演化的基本矛盾。对于人类而言，城市是主观意志的产物；对于人类个体而言，城市又是一个独立于个体意识的自然存在和历史存在。因此，城市这个发明与其他工具性的发明不同，人与城市的关系不是纯粹的创造与被创造的关系，而是相互形塑的关系，犹如一个硬币的两面是一种共生的存在性关系。作为人类的发明，城市发展可以视为一个观念显形的过程，城市的思想观念与物质形态之间存在反身性关联，“所谓反身性就是互相决定性，它表示参与者的思想和他们所参与的事态因为人类获得的知识的局限性和认识上的偏差都不具有完全的独立性，二者之间不但相互作用，而且互相决定，不存在任何对称和对应”（百度百科）。在城市物质形态上，城市是设计与管理的产物，而规划设计与管理的思想又源自历史存在的物质形态，并且任何新的改变和叠加都无法超越自然的规定性和历史的局限性，这使得愿望图景和现实图景之间永远是不对称的，个体的诉求与自然存在和历史存在的紧张状态将持续地存在，规划与管理是缓解这种紧张关系的一种工具。

既然城市作为发明是意识的显形，那么规划就是关于城市的观念形式。城市的观念不同，规划形态就存在本质的差异。将城市视为建筑或建筑的组合，建筑设计的特征就是“工程＋艺术”，那么城市规划就是扩大的建筑设计，“二战”之前主流的规划观念大体都是“设计”。战后重建和大规模现代主义的城市规划实践暴露一系列严重的社会问题，其中许多问题并不是物质空间规划所能解决的，并且理论研究也深刻地揭示出城市观念的误区——这就是机械论的城市观念。然而，城市这个发明并不是机械，没有所谓的终极蓝图可以全面地描述和规定城市的目标、功能及其形态。城乡类似有机体，有机体存在自身的发展规律，影响有机体发展的主要手段是改变有机体成长的环境条件，基于城市有机体的观念，城市规划就演变为“干预”，也就是调节影响城市发展的社会、经济、文化和环境因素，规划的主要形式是法规和政策。设计是直接安排城市的构成要素，诸如道路、市政、建筑、绿地等物质性设施，法规和政策调节人的行为和资本的流动，其共同目标都是更快、更好地改善人居环境——这种诉求与现代工程技术的结合使得城市这个发明物在全球急速扩张与发展，严重影响生态环境的可持续发展，也威胁到人类生存本身。由此，当代规划的理念由城市发展转化为环境保护，规划的对象从城市扩展到环境。环境变化因素往往超出城市与地方政策的范围，比如气候变化就是属于全球治理的议题，相应的，地方性的城市规划就演变成针对变化因素的管理。

管理的特征是决策，也就是可选择方案的比较、评价与采纳。我国城市规划管理的内涵比较狭窄，主要包括城乡规划的组织编制与审批、规划许可证的发放、规划监督与检查、违法行为的处罚等规划行政事务。其中，法定规划的制定应属于立法范畴，而不是行政管理的范畴；规划许可证的发放和违法建设的处罚属于依法行政范畴，而不是管理范畴；立法、行政与管理属于不同的权力范畴。规划管理的对象为何？如果是开发行为，那么规划本身就是针对开发行为的管理；如果是规划制定行为，那么规划制定属于立法而不是管理。规划行为跨越立法、行政和管理三个范畴，可持续背景下的规划就是管理“变化”，立法、行政和管理都是管制城市变化的手段，因此，规划的内涵就实质上转变为管理。

理论是指人们关于事物知识的理解和论述，这是用概念组织建构的话语，它用来解释客观世界的现象与规律，也可以描述客观事物并预言一个事实，理论可以帮助人们进行决策。城乡规划管理基础理论研究侧重规划概念和规划行为的逻辑研究，试图分析和阐明规划行为的主体与客体、规划行为的动因与目的、规划行为的程序与逻辑以及特定社会政治环境中的具体规划形态，包括法规体系、管理制度和技术规范等；理论研究的目的是厘清规划的概念和整理规划的知识，给具体的规划实践提供方法论的指导。

本丛书计划出版两个平行的系列，第一个是基于语言学方法和现象学观念的规划理论研究。语言具有描述、评价/表达、规定三种模式与功能，规划行为与语言极其类似——规划调查就是客观地描述城市现状；规划研究与分析、规划草案属于现状评价与愿望的表达；规划成果文件就是开发行为的规定，并且规划的主要呈现形式就是语言，而且大多数情况下使用生活语言，借助语言学的研究方法可以厘清规划行为的实质。现象学的研究方法是"还原"和"直观"，城乡规划是一个复杂的现象，只有通过现象学还原的方法，才能将规划概念还原到可以直观的状态，使得规划概念能够客观地显现其实质，并以此建立共识和消除分歧，从而奠定理论研究的基石。第二个是规划行为的具体形态研究，包括按照国别和地区分类的规划体系研究，以及按照行为目的和特征分类的专题研究，诸如规划的制定、开发控制、监测与评估、强制执行等规划行为的具体形态。

第一批计划出版五本，分别是土地利用分类的理论研究、乡村规划研究、开发控制体系、景观作为可持续发展的管理工具和景观特征评估实践等，这些著作的基础是近几年指导的博士论文，土地分类研究主要探讨了土地利用分类的历史，土地利用规划在诸国中存在的形态、分类的目的及其实质；乡村规划研究廓清了乡村规划的对象、乡村规划的目的及其特征，提出乡村规划是区域规划、保护规划等观点；开发控制研究聚焦于我国规划许可制度存在的问题，分析规划制定与规划实施的关系，论证了开发控制体系的相对独立性，提出开发控制体系是实施可持续发展的有效工具等建议；景观作为可持续发展的管理工具的研究以欧洲景观公约为起点，重点阐明作为"公约"的景观概念与作为科学"知识"的景观概念的本质区别，欧洲景观公约将知识转化为管治工具，并且景观作为管治工具具有跨尺度的、科学的、精确的特征，为可持续发展的规划管理拓展了新的研究方向。受制于知识、资源的不足，以及合作研究机缘等因素的影响，目前的工作比较碎片化，预计第二批著作会有所改进。

非常感谢东南大学出版社支持我们结集出版"城乡规划管理基础研究系列"，感谢姜来编辑和出版社的诸位同仁的辛勤付出，预祝本系列丛书实现既定的目标。

2018 年 1 月 31 日于广州

序

规划是解决问题与实现目标的工具。近代城市规划源于城市自身发展中的问题,那乡村规划也是源于乡村自身的发展问题吗?乡村的起源早于城市,乡村的分布范围及其数量远多于城市,为什么乡村规划却晚于城市规划呢?是由于历史上的乡村没有问题吗?每个具体的乡村规划实践都面临不同问题和愿景,而乡村规划作为一般性的工具需要解决的共同问题是什么?作为科学工具的准则和规范是什么?

我国现行的乡村规划大多属于村庄发展规划或风貌整治规划,规划的重心是解决村庄住区的物质环境问题和景观特色问题。尽管村庄基础设施不足和风貌特色的消失是一个普遍现象,但是这类现象是否构成乡村规划的核心议题?村庄的物质环境是一个没有规划干预演变的历史现象,时至今日方才视为问题,一方面改变村庄的物质环境,另一方面又要凝固村庄的历史风貌,这些是村民自发的行为和内在的需要反映吗?显然,发生在中国乡村的规划不是村民的自发行为和自主行动,而是一种政府干预。乡村规划作为政府干预乡村发展的工具,其目的就是为了改进村庄的物质环境和保护历史风貌吗?如这两个目标就是乡村规划的目的,那么已经解决这两个乡村问题的欧美发达国家就应该不存在乡村规划,并由此可以推论乡村规划是一个阶段性任务,而不是一门存在基本问题的学科。然而,事实并非如此,乡村规划作为一门科学就需要透过村庄的表象而深入基本问题中。

过去四十年,在我国高速城镇化的进程中,部分区域的乡村城镇化和部分区域的乡村整体性衰退是两种普遍性的现象;珠三角地区的乡村城市化与广东边缘地区的乡村衰退,甚至是广西、湖南、江西以及四川省乡村地区的衰退是平行发生的现象。从国家视角来观察,乡村衰退是区域城镇化的伴生现象。区域城镇化是历史发展趋势,那么乡村的发展总体趋势是什么?是衰退直至消失?还是转型为城镇?或者发展成为更好的乡村?城市发展的目标是城市,乡村发展的目标就一定是乡村吗?在国家高速城镇化进程中,新的城乡平衡尚未形成之前,每个具体乡村的发展目标及发展方向是一个值得讨论的问题,并不是现状是乡村的就规划为乡村,确定乡村发展的总体目标和发展方向是乡村规划的基本任务。

城市规划的目标基本上都是克服城市发展中不断涌现的问题,使得城市环境更加宜居和美好,而乡村规划的目标就存在发展方向的选择问题。从区域发展和区域城镇化的视角来判断,乡村发展有三个方向:维持与发展、衰退与消失、转型为市镇。村庄的发展目标和发展方向不同,乡村规划的方法、内容及其形式就存在根本性不同,因此乡村规划的出发点不是基于村庄自身的物质问题,而是基于区域的发展目标和区域发展存在的问题。周游的博士论文的基本立场就是:乡村问题是区域城镇化问题,乡村规划的实质应该是区域规划;并且乡村本身就应该是一个包括农田、湖泊、山林和旷野的区域概念,而不限于村庄社区。乡村规划是以农业为主要发展目标的乡村区域规划,乡村社区是维持农业发展的基本居住单元,兼有文化、旅游和休闲的功能,村庄社区规划是乡村规划的一个组成部分。

近代城市规划始于英国,英国也是最早开展乡村规划的国家。英国的乡村规划并不是伴随城市规划演化扩展而来的,而是始于二战时期,其正式形成的标志是英国 1947 年的《城乡规划法》。英国乡村规划的起因并不是乡村发展问题或村庄风貌问题,而是二战期间德国对英国实行海上封锁而引起的粮食危机。战前,英国作为世界性的帝国,其粮食供应来自殖民地和世界市场,尽管英国 89%的小麦和 93%的玉米依靠进口,但是从来没有发生过粮食供给问题;在遭遇德国潜艇海上运输路线的封锁之后,英国开始着手本土生产粮食,进而开展乡村规划。尽管二战期间德国的潜艇封锁只是在 1940—1941 年间给英国造成短暂的粮食危机,但是由此引发的粮食安全问题却被揭示出来,因此而开展的乡村规划在战后被延续下来,并且粮食安全问题成为乡村规划的主题。

粮食安全是指保证任何人在任何时候都能买得起又能买得到为维持生存和健康所必需的足够的食品。1974 年,联合国粮农组织对粮食安全的定义是“粮食安全从根本上讲指的是人类目前的一种生活权利”。正是由于粮食问题涉及国民的生存及其权利,粮食问题就不仅仅是经济问题或农业部门的问题,而是国家安全和社会稳定的问题。特别需要说明的是,粮食安全是近代社会的国家责任,这个责任不能转嫁给地方政府或其他组织和个人,承担国家责任的主体是中央政府,而不是地方政府。国家保障粮食安全在和平时期表现为贫困救济制度和最低生活保障制度,在灾害时期就是无条件的粮食援助制度,而应对战争等长期的、全面的威胁就需要建立粮食安全保障制度。由于粮食生产与乡村有关,所以乡村规划成为保障粮食安全战略的重要组成部分,成为中央政府落实粮食安全责任的工具,也因此乡村规划成为国家法定的规划类型。

在不同的时代和不同的地区,粮食安全问题呈现不同的特征。传统农业社会中粮食安全的主要威胁是自然灾害，应对之道是适当的储备粮食；强盛的帝国粮食安全表现为使用强大的军事力量来保障世界范围的粮食供给；没有乡村的城市国家则表现为稳定的贸易关系；大多数国家的粮食安全则立足于粮食生产的自给能力。维持粮食自给的主要因素包括足够的耕地和相应的农业生产人口，以及支持农业发展的工业生产体系等。基于粮食安全的耕地保护和维持农业人口就不是单纯的农业生产问题，而是国家尺度上的土地资源利用及空间规划问题。我国是一个发展中大国，与城市国家和世界强国不同，我国的粮食安全问题战略是立足于粮食生产自给，粮食安全是国家独立与安全的基石。

基于国家安全战略，我国建立了十分严格的基本农田保护制度，划定基本农田的保护红线，以此来防止城市发展的侵蚀及农田转作其他用途。这项制度将粮食安全简化为耕地数量的保护，只关注农田而忽略与之共存的乡村，将耕地保护与国家城镇化发展战略对立起来；单纯的农田保护，在没有农民和村庄的支持下就无法维持农业的可持续发展，也就无法实现粮食安全。统筹城乡发展的手段是区域规划，保障粮食安全并促进乡村地区可持续发展的手段是乡村规划。乡村规划不仅是区域规划，而且是以保障国家粮食安全和促进农业可持续发展为目标的区域规划，粮食安全和农业可持续发展是乡村规划的共同主题，这是周游的博士论文所阐述的第二个观点。

我国大部分城市是在传统农业地区成长起来的，城市与周边的乡村地区存在密切的联系，城市辖区都包括其周边的乡村区域，施行城市领导乡村的管理体制。农业地区大规模的高速城镇化发展不仅侵蚀了耕地，还由于城市规模扩大或城镇群的连绵发展而产生日益严重的城市环境问题，尤其是城市生态环境问题的解决有赖于周边的乡村区域。城市化区域的耕地保护和乡村规划不仅能够落实粮食安全的目标，同时也能够有效地防止城市蔓延，调节和改善城市生态环境，而且乡村还成为城市居民的绿色休闲空间。保护生态环境就应该成为乡村规划的主题。

我国是传统农业国家，许多历史文化遗产处于乡村，年节习俗和生活方式在农村体现，乡村的历史文化是国家历史文化遗产的重要组成部分。区域城镇化带来的乡村转型发展和村庄的衰退现象都威胁到乡村历史文化遗产的存续，尽管乡村文化遗产都是私属性质，但具有国家和地方历史文化价值的遗产应当由政府出资保护，这项工作也应该由乡村规划来落实，因此，乡村规划又是乡村地区的文化遗产保护规划。

村庄是农业人口的聚居地，是支撑农业发展的空间节点。乡村规划中村庄规划目标是建设媲美城市生活的乡村居住生活圈，这就需要从区域尺度进行村庄人口布局，合理配置公共服务设施与生产服务设施，在城乡之间和村落之间建立便捷的公共交通联系；对于村庄社区尺度，由于没有正式的国家行政机构，就需要延续和促进自治性村庄管理机制；村庄规划应该是村民自治体公共契约，而不是政府主导的建设规划。

概括而言之，英国乡村规划的四个主题——保障粮食安全、保护生态环境和改善城市环境、保护历史文化遗产以及促进村庄自治都适用于我国的乡村规划，也应该成为我国乡村规划的基本原则和总体目标。基于这种分析论证，我国现行的城乡规划体系需要重构，乡村规划的理念及其编制制度需要根本性的转变，一方面要从城市规划工作方法的窠臼中挣脱出来，另一方面要从村庄物质环境问题表象中抽离出来，回到乡村规划的基本问题，建立乡村规划的理论范式。乡村规划是发展目标是乡村的区域规划，并且乡村区域规划是生态环境保护与文化遗产的保护性规划，这是区域发展的底线。乡村规划区域可以简单理解为城市增长边界与区域生态保护红线之间的农业生产区域，区域的行政机构是乡村规划的主体。

基于上述论点，周游的博士论文试图以广东省为例，尝试建构新型的乡村规划体系。第一，乡村规划对象是“发展目标是乡村”的区域，不是现状为乡村的区域，从而界定乡村规划的范围；论文以县为基本单元识别空间发展目标，县域规划主导功能是农业和生态的划为乡村区域，规划主导功能是工业和服务业的划归城市区域，由此在省域区别为两类空间——“乡村区域和自然保护区域”和“城市化区域和促进城市化区域”。乡村区域的空间发展目标是“落实国家的粮食安全责任和促进农业的可持续发展，保护区域生态安全和生态环境，保护乡村的历史文化遗产和自然遗产，优化调整乡村居民点的体系并促进村庄社区的自治管理”。第二，乡村规划作为保护规划的核心政策就是落实各种补贴（包括农业生产补贴）政策，生态保护的补偿机制和文化保护的资金保障，政府扶贫救助以及慈善性社会援助资金的落实等。第三，依据乡村区域的自然资源特征和国家主导功能区规划的要求等再细分为几个特征性的次区域，比如作为岭南生态屏障的粤北自然生态区域、粤东和粤西的农业生产区域等。第四，在省域范畴建构城乡统筹协调发展的机制，基本要求是乡村区域的人均收入和享受公共服务的水平应当与城市区域的人均收入和公共服务水平基本相当，将城乡统筹转化为省域城镇体系规划和乡村规划的空间协调政策，建立城市反哺农村的政策机制。

我国乡村发展问题是高速城镇化进程中的问题，具有历史性和阶段性的特点，这与欧美国家高度城镇化之后所呈现的乡村问题有所不同。高度城镇化区域的城乡空间地域基本平衡，城乡人口分布和流动基本稳定，城乡社会经济的差异较小；城镇化进程中的区域城乡差异较大，城乡发展不平衡，而且乡村发展面临目标与途径的选择，这些选择又波及区域空间结构的转变。城市化影响的区域涉及国家、省市多个层次，这些区域性的问题都不是单个城市辖区的城市规划，或以村庄为单位的乡村规划能够解决的。

周游的博士论文提出乡村规划是区域规划的观点对中国的规划体系改革具有特别的意义。城市区域与乡村区域是两个平等的、并行的区域，现行的以城市规划为中心，乡村规划从属城市规划的规划体系需要调整，根据城乡两类不同空间及发展目标建立互相协调的空间规划体系，即：城市规划和乡村规划两类平行的规划体系；在城乡两类空间规划之上的应该是国家发展规划或区域发展规划。

区域的可持续发展，包括目前正在如火如荼进行的乡村振兴和乡村扶贫工作都涉及乡村区域的发展问题，战略性目标需要科学性的工具支持，乡村规划应该成为管理乡村区域发展的工具，也能够成为乡村发展的管制工具。乡村规划是一个宏大的议题，即便这个冗长的序言也无法概括周游的博士论文的全部，仅抽取一些核心的观点进行阐述，是为序。

2019年2月16日于广州

1 乡村问题与乡村规划

1.1 我国乡村发展与乡村规划的历史背景

我国乡村在历史上具有重要地位。

我国是人类历史上较早开始农耕的地区，也是一个在历史上长期维持传统农业的国家，农业是我国立国之根本，是维系国脉民生之基业。历史上我国的农业人口一向占了全国人口的绝大多数，直到2011年我国城镇化率达到51.27%[①]，才标示着我国有超过一半的人口居住在城市中。但即使我国城镇化率已超过了50%，但从空间上看，全国城镇建设用地只占到全国土地的不到1%[②]，除了自然区域外，我国大量的疆土都是乡村地区。农为本，商为末，重农轻商的思想贯穿着中国历史，乡村在中国历史上扮演了极其重要的角色。

由于观念制约和规划工作的惯性，乡村规划体系的理论研究仍处于探索阶段。

然而我国历史悠久、数量和规模巨大的乡村区域，在历史上向来以“自治”为主，国家权力甚少介入乡村管理，也没有进行过乡村规划。到了民国时期，殖民经济和城市发展导致乡村的衰败，部分社会开明人士在民间自发地开展一些乡村规划活动，形成一定的影响。直到中华人民共和国成立后，国家权力开始渗透到乡村，改变了数千年国家与乡村分离的关系。为了提高农业生产水平，20世纪50年代初提出搞土改，国家开始介入乡村管理，到50年代末，通过人民公社制度开始对乡村进行全面的控制，直到“文化大革命”结束，由于政治和经济的原因，乡村发展比较缓慢。70年代后期开始的农村改革政策使得人民公社体制彻底解体，国家权力开始撤离乡村，乡村获得一定的自由发展机会，土地承包制及农村经济的发展使得乡村出现了建房热潮，村庄建设规划应运而生，同时伴随着乡镇企业的发展，乡村城市化和乡村规划发展成为规划的议题。由于观念制约和规划工作的惯性，规划体系的重点一直放在城市(镇)规划上，形成了以“总体规划—详细规划”为主干的较为完善的规划体系，在宏观、中观、微观层面均有效地指导了城市(镇)的发展，但乡村规划体系在很长一段

---

① 数据来源于《中国统计年鉴2012》。

② 2017年12月28日中国土地勘测规划院发布的《全国城镇土地利用数据汇总成果分析报告》中称，截至2016年12月31日，全国城镇土地总面积为943.1万公顷(14 146.5万亩)。

时间内仍然接近空白。2008 年以前根据“一法一条例”管理文件[①]，我国城乡实行的是有差别的规划编制体系，形成城乡规划二元格局，重城市规划、轻乡村规划的思想十分明显。2008 年《城乡规划法》颁布以后，乡村规划的地位才逐渐有所提升，但对于乡村规划的研究尚属薄弱，尤其是乡村规划体系尚未有法定或权威的界定，没有一套完整的乡村规划理论体系和技术方法的指导[②]；对于乡村问题，很多乡村规划在实践中套用城市规划的思想和方式，使得乡村规划呈现混乱、无序的状态，达不到其预期的目标。目前，乡村规划相关的理论研究仍在探索和讨论之中。

在缺乏理论思考下，学界直接将国家政策当成乡村规划编制前提，使乡村规划实践受到了诸多的质疑。

我国从 2008 年之后开始了大规模的乡村规划，经过几年的实践和理论摸索，学界似乎从未全面深入地思考过乡村规划理论问题，而是直接将国家的政策当成乡村规划的编制前提，比如：为响应国家新农村建设而编制乡村规划，为响应美丽乡村建设而编制乡村规划，为全面管制乡村建设而推动乡村规划全覆盖等；最近又提出了编制多规合一的实用性村庄规划。然而，所有这些响应政策、响应行政指令的乡村规划都是针对村庄的表象问题，关注乡村建设与风貌，没有在理论上思考为什么要开展乡村规划，以及乡村规划的实质与特征是什么，也没有评估乡村规划的实践效果。近年来的乡村规划实践受到了诸多质疑，甚至出现了全盘否定乡村规划的声音，有些学者认为乡村可以不要编制规划，发展乡村的核心是提高村民素质和引导村民自治管理；不要让城市规划的工具去干扰乡村发展，不要用城市人的思想去左右乡村建设，将乡村还给农民，让村民自行“规划”。这些呼吁都有一定的合理性。那么，乡村是否需要规划？乡村需要什么样的规划？这些都涉及普遍性、一般性问题，需要进行系统的思考和探索。

城市规划的主要特征是管理增长，而乡村规划的主要目的是预防衰退。

乡村业已存在上千年，而乡村规划只存在短短数十年的时间，这足以可见乡村的存在绝不是乡村规划存在的必然原因，不能混淆“乡村”这个实体与“乡村规划”这个概念，认为有“乡村”即要编制“乡村规划”。规划的对象是问题而不是实体，乡村规划的出现是因为乡村发展出现了问题，因此，在开展乡村规划之前，需要系统认识乡村发展问题的实质是什么。乡村规划与城市规划的起源不同，城市规划是因为城市自由发展带来了混乱，要用规划进行管理和控制，而乡村面临的却不是发展问题，而是衰退问题。发展与衰退是两类不同性质的问题，因而不能想当然地套用管制发展的城市规划工具去解决乡村的衰退问题。认识乡村问题的核心及

① “一法”指《城市规划法》，“一条例”指《村庄和集镇规划建设管理条例》，两者在《城乡规划法》出台以前分别指导着城市和乡村规划。

② 周游，魏开，周剑云，等.我国乡村规划编制体系研究综述[J].南方建筑，2014(2):24-29.

其实质，明确乡村规划编制的前提和依据，这需要我们以新的研究视角重新审视之。

1.2 我国城乡二元制度下的乡村问题

随着2004年之后国家开始重视乡村的问题，连续十余年的中央一号文件关注的都是“三农”问题，证明“三农”问题已经成为目前我国亟待解决的核心与重点问题，也证明了“三农”问题的解决难度，解决“三农”问题是构建我国社会主义现代化的核心环节。当下中国总体已经达到工业化中期阶段和快速城市化的阶段，有能力通过“以工促农、以城带乡”的发展方式反哺乡村，目前是解决乡村问题的最佳时机。但是，尽管当前乡村规划和建设政策倾斜以及资本投入日益增加，但是广大乡村地区关于农村、农业、农民的“三农问题”却频频发生，且有愈演愈烈之势。

“三农”问题是我国亟待解决的核心与重点问题，目前是解决乡村问题的最佳时机。

1.2.1 农村人口、土地以及制度问题

大量农业人口离乡，土地荒废和空置，导致了农业发展乏力和乡村衰退的问题。我国城镇化率在2017年已升至58.52%，但户籍人口城镇化率仅42.35%左右，意味着有16.17%的城镇常住人口是农民身份，总数约1.32亿[①]，这类被城市称为“流动人口”的农民由于市民化进程的滞后，难以融入城市社会，很难享受城镇居民的基本公共服务。另一方面，农民大量离开农村，使得农村土地尤其是耕地大量空置和废弃，造成土地浪费。然而另一组数据显示，在每年估算约800万农民进城、农村户籍人口10年内减少1.33亿人的同时，农村居民点用地却增加了3 045万亩[②]，农民数量的减少并没有自然导致农村建设减少，农村土地利用粗放、空置的现象加剧。

在城市化地区则表现为征地矛盾与失地农民的问题。城市用地的急速扩张侵占了城郊的农村用地，政府大量征收土地，依赖土地收入来推进城镇建设，“只要土地不管人”的城镇化，造成大量农民失地现象。据统计，2000年到2011年，城镇建成区面积增长76.4%，远高于城镇人口50.5%的增长速度[③]，被拆迁的农民没有成为市民，没有了土地与就业保障，既不能维持传统的以耕作为生，又很难在城市中有一技之长，依靠补偿费“坐吃山空”，很容易被抛弃在城镇化的浪潮之中[④]。城乡二元的政

大量农业人口离乡，导致农业发展乏力、乡村衰退，而进城农民的基本公共服务缺乏保障。在城市化区域由于城市用地的急速扩张侵占了城郊的农村用地，导致大量农民失地，而城乡保障制度、资源配置制度仍不完善，这些乡村问题才刚刚受到重视，尚未得到有效解决。

---

① 数据来源于《中华人民共和国2017年国民经济和社会发展统计公报》。

②③ 数据来源于《国家新型城镇化规划(2014—2020年)》。

④ 周游，郑赟，戚冬瑾. 基于我国城镇化背景下乡村人口与土地的关系研究[J]. 小城镇建设，2015(7):38-42.

治制度成为桎梏，在农村土地转为非农地过程中，农民作为土地所有者，他们的角色和权益得不到体现。近年来农民对抗拆迁的事件屡屡发生，却无有效的方法去解决此类社会问题，也没有合法的途径去维护农民的利益和表达农民的诉求。

农民与土地的问题反映了城乡二元制度的壁垒与农村土地制度的不合理，城乡之间存在户籍壁垒，从而实施一系列不同的城乡保障制度、资源配置制度；现行的农村医疗、养老、社会保障制度仍不完善，政策缺位；现行的农村集体土地政策仍然制约着集体土地的流转。在这种情况下，社会制度如何改革？土地制度如何改革？规划如何调节社会矛盾、节约土地资源？这些关乎乡村的问题开始受到重视。

1.2.2 农村经济问题

城乡发展差距扩大，农业GDP持续下降，导致农民收入下降和农村公共财产不足，乡村发展缺乏内生动力。在这样的情况下，乡村规划如何才能振兴经济？

农村经济增长乏力。1978年我国农业占国内生产总值(GDP)的比重为27.7%，此后一直处于下行趋势，最快最快年份下降2～3个百分点(图1-1)。2016年我国经济数据显示，农业占GDP比重为8.6%，并且下降趋势还会继续。

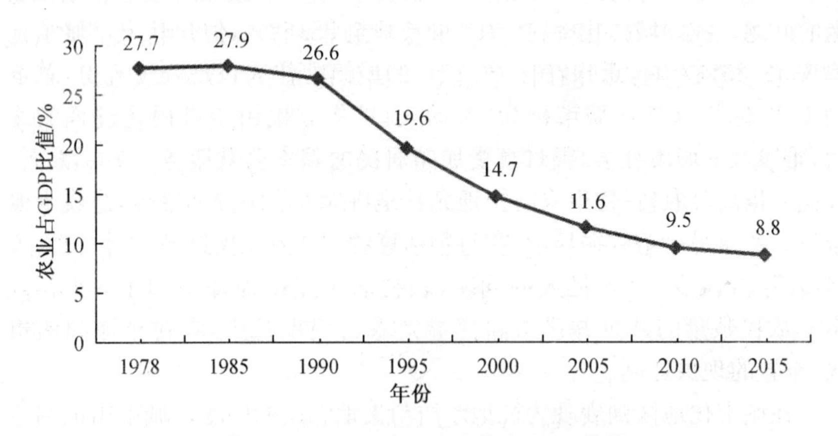

图1-1 1978—2015年农业占GDP比值

资料来源：国家统计局. 中国统计年鉴[J]. 北京：中国统计出版社，2017.

农民收入下降。由于农产品，特别是占主要地位的粮食的产量大规模增加，供求关系转向供大于求，农产品价格的不断下跌使农民收入的增幅呈下降趋势。相关数据显示，1996年后我国农民收入涨幅就一直维持在4%左右，且这个数据统计还涵盖了农村非农生产和经济发达地区的部分，因此在完全从事粮食农业基础生产和经济落后的地区，农民收入涨幅远小于该数据，不少地区农民收入还是负增长，农民种粮基本上没有利润。城乡之间的差距越来越大，根据国家统计局发布的统计公报，2017年中国城镇居民人均可支配收入 36 396 元，农村人均可支配收入 13 432 元，二者比例为 2.71∶1，实际收入差距可能要达到 6∶1[①]。以 1985 年城乡差距为 1.74∶1 为基数，20 多年时间城乡收入差距扩大了 0.64 倍(图 1-2)。

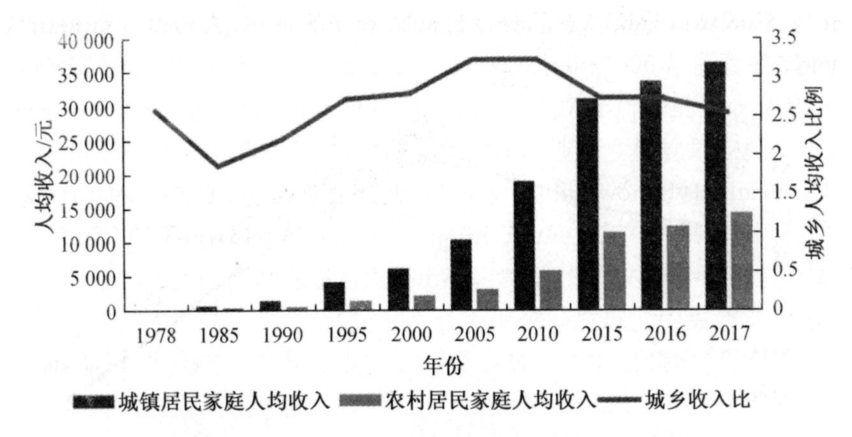

图 1-2　1978—2015 年城乡居民家庭人均收入比较图

资料来源：国家统计局. 中国统计年鉴[J]. 北京：中国统计出版社，2017.

农村公共财政不足。我国乡镇普遍存在财政收入不够、财政分割方式不合适、财务与事务权力不匹配、运作和管理机制不完善等多方面问题，乡镇至今并没有真正相对独立的为行政区内的农民提供基础设施、教育、医疗、文化、环境保护等公共产品和服务。据中国新闻网透露，全国乡镇财政负债保守估计在 2 000 亿元～2 200 亿元，平均每个乡镇负债 400 万元左右，有的乡镇负债竟超过上千万元，根本没有能力承担基本建设和公共服务保障的职责，乡村公共品建设面临着由谁来提供的问题。然而，即使由财政拨款建设基础设施，也面临着只管建设不管运营的现状，如江苏省 7 个县(市、区)在覆盖拉网式农村环境综合整治项目中投资 10 449.77 万元，建设了 195 个污水处理设施，目前有 145 个被闲置[②]，闲置率高达 74%。没有持续稳定的乡村公共财政支持的乡村规划只能是镜花水月。

1.2.3　农村社会问题

农村人口总体减少。随着农村的衰落，大部分的农村人口在逐渐流失，乡村逐渐处于“空心村”状态。我国的乡村人口从 1978 年的 79 014 万人减至 2016 年的 58 793 万人，占全国总人口的比重从 82.1%减至 42.5%(图 1-3)。从事农业的人员占乡村人口比重已从 1978 年的

---

① 实际收入差距是考虑到城市居民享有的各种福利和补贴，而农民收入中包括了生产经营支出等因素。

② 数据来源于审计署 2017 年第四季度国家重大政策落实情况跟踪审计结果。

农村人口总体减少，农村人口结构失衡，农村社会关系由宗族转为非正式化，乡村数千年稳定的社会结构受到了前所未有的冲击，从而产生大量的社会矛盾。乡村规划应如何应对？

92.4%减至2016年的59.4%(表1-1)。根据中规院城镇化课题的研究数据推算，2013年乡村地区16～60岁年龄人口将首次出现下降，标志着我国农村劳动年龄人口不再延续一直以来的净增长态势，进入下行通道①。区域城镇化趋势下部分乡村面临衰退的消亡，农村全面规划的依据何在？

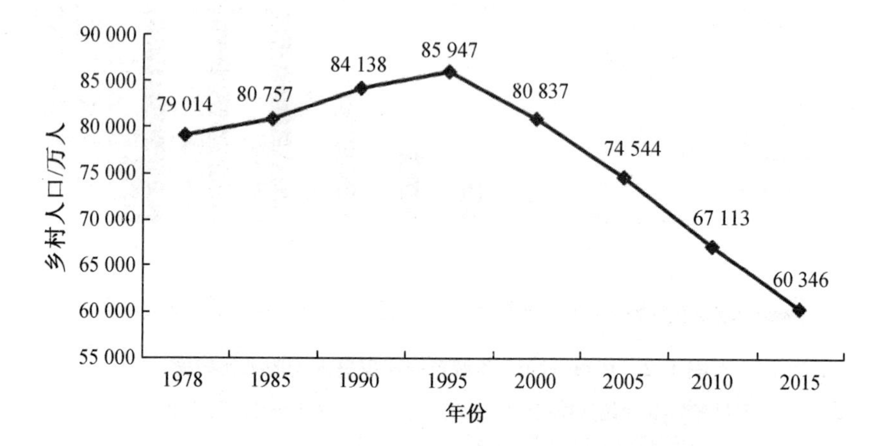

图1-3 1978—2015年全国乡村人口变化曲线图

资料来源：国家统计局. 中国统计年鉴[J]. 北京：中国统计出版社，2017.

表1-1 1978—2016年全国乡村人口和就业情况

年份	乡村人口/万人	乡村就业人员		
		就业人员/万人	第一产业人员/万人	第一产业人员所占比例/%
1978	79 014	30 638	28 318	92.4
1985	80 757	37 065	31 130	84.0
1990	84 138	47 708	38 914	81.6
1995	85 947	49 025	35 530	72.5
2000	80 837	48 934	36 043	73.7
2005	74 544	46 258	33 442	72.3
2010	67 113	41 418	27 931	67.4
2015	60 346	37 041	21 919	59.2
2016	58 793	36 175	21 496	59.4

资料来源：广东农村统计年鉴编辑委员会. 广东农村统计年鉴[M]. 北京：中国统计出版社，2018.

农村人口结构失衡。农村地区的青年劳动力多外出打工从事非农业

① 李晓江，尹强，张娟，等.《中国城镇化道路、模式与政策》研究报告综述[J]. 城市规划学刊，2014(2)：1-14.

劳动，2012 年我国农民工总量达到了 2.6 亿，20 岁至 50 岁的青壮年农村劳动力占了主要比例(表 1-2)。随着大规模的农村人口的净流出，乡村断层、空心化、妇孺老人留守等社会现象日益严重。2011 年我国流动人口总量已接近 2.3 亿，约占全国总人口的 17%，新生代农民工成为主力，已占劳动年龄流动人口的近一半，流动人口的平均年龄约为 28 岁。完全脱离农业生产、长年在外打工的农民工比例增大，打工的兼业性减弱，农村举家外迁劳动力不断增加。超过三成的流动人口在流入地居住生活时间超过 5 年，从事目前工作的平均时间接近 4 年，全年平均回老家不足 2 次。据估计，我国目前的留守人口约计 1.5 亿人，即约占四分之一的农村人口处于与亲人长期分离的状态，产生一系列留守的社会问题①。

表 1-2　2012 年我国农民工年龄构成

年龄	比例	人数
16～20 岁	4.9%	1 274 万
21～30 岁	31.9%	8 294 万
31～40 岁	22.5%	5 850 万
41～50 岁	25.6%	6 656 万
50 岁以上	15.1%	3 926 万
合计	100%	2.6 亿

资料来源：李晓江，尹强，张娟，等.《中国城镇化道路、模式与政策》研究报告综述[J]. 城市规划学刊，2014(2)：1-14.

农村社会关系发生变化。传统农村的社会关系类型是以亲缘和地缘为基础的，表现为差序格局的社会，以乡绅、长老统治，以宗族、伦理作为纽带形成和谐的传统乡村关系②。20 世纪 50 年代土改后，国家在乡村建立党群及政府组织，而改革开放之后，传统乡土社会结构瓦解，国家权力从乡村撤退，但并没有建立正式的社会组织；随着国家正式控制力量的势弱与乡村基层政权组织涣散，乡村政权组织涉黑化和宗族化的倾向加剧且问题普遍③。规划提供公共产品和保障公共利益，村庄政权组织的非公共化导致规划失去实施的主体，外部提供的规划就变成图画。

1.2.4　农村环境问题

在城镇化的大背景之下，乡村的发展带来了许多环境问题，首先是由

① 饶静. 如何应对农村空心化问题？[N]. 农民日报，2013-06-04.

② 费孝通. 乡土中国　生育制度[M]. 北京：北京大学出版社，1998.

③ 陈磊. 中国农村政权组织涉黑化倾向及其遏制[J]. 政法论坛，2014(2)：60-71.

农业生产和农村生活方式的改变,带来了严重的生态环境危机和农村环境问题。乡村规划应如何保护生态环境?

农业生产(一些地区还包括非农生产)方式的改变带来的生态环境危机。处于较偏远的乡村,农田污染情况比较严重,过量使用农药(杀虫剂、杀菌剂、除草剂)、过量使用化肥(人工合成的氮、磷、钾肥),使用塑料大棚而大量产生有害土地的不可降解废物等,化学物不经过处理而随意地排入河流之中,导致土壤和水资源污染严重。如广东省化肥使用强度高于发达国家警戒线 3.8 倍,农药使用量是发达国家限值的 5.75 倍[①]。同时,乡镇企业发达的地区还表现为工业污染导致农田等自然生态环境日渐恶化。据有关部门测算,广东省 17.89%的农村有工业垃圾排放问题,农村日产生工业污水 295.16 万吨,有 72.73 万吨污水不经任何处理直接排放,占总排放量的 24.6%,乡镇工业废气排放总量达 5 656.8 亿立方米。环境污染已严重威胁到村庄居住环境。

其次,农村生活方式的改变导致了农村环境问题。农村生活垃圾城市化带来较难降解的垃圾污染,禽畜散养带来环境问题,由于城市化的科技向乡村普及,外来的垃圾污染、化学物污染也十分明显,甚至引起生活污水的成分发生变化,农村市政基础设施不足则加剧了环境污染。部分农村在城镇化过程中村庄建设无序扩展而侵占生态用地和耕地良田,造成土地资源以及相关人力、物力、财力的大量浪费,已经危及农村的可持续发展。

农村的转型幅度之大、速度之快是令人吃惊的,短短几十年,无论是农民生产生活方式、农村的利益与价值观念、农村治理方式、农村公共品供给方式都与过去有很大不同。

农村社会经济在城镇化和工业化的浪潮中快速转型和改变,在城乡二元政治制度下,大量农业人口离乡,农村土地荒废和空置;近郊区的征地则导致失地农民的问题日益严重。在经济方面,农村经济增长乏力,农民收入下降,农村公共财政不足,无法有效供给农村公共品。在社会方面,农村人口急剧减少,农村人口结构失衡甚至出现断层,农村社会关系发生了根本性变化,农村呈现整体衰退趋势。同时,农村还存在环境问题,包括生产和生活方式的改变带来的生态危机和环境污染。农村人口与土地、经济、社会、环境等问题应该如何解决?这使我们反思现行乡村规划工具的有效性:乡村规划如何解决这些乡村问题?乡村规划的实质与特征是什么?

目前我国开展的如新农村规划、美丽乡村规划等乡村规划,存在着忽视乡村问题特征与实质而盲目开展规划的现象,是装饰乡村环境的规划而不是解决乡村问题的规划,更没有触及乡村问题的根源,使得乡村规划只在“墙上挂挂”,无法落地。如南京百强村前列的高淳县古柏镇[②]江张村首个康居示范村规划由于“起点太高”“拆建成本太大”,一直束之高阁,

---

① 数据来源于广东省政协十一届三次常委会议发布的《关于“农村环境污染治理”的调研报告》。

② 现改为高淳区古柏街道。

被江张村村民讥为“纸上谈兵”[1]；湖南农村部分地区村庄建设规划标准过高，被村民讥称“中看不中用”[2]。这样相关的案例在乡村规划实践中比比皆是。在乡村规划大规模铺开实践的这些年里，乡村规划解决了反映在乡村经济、社会、土地、环境等方面的问题了吗？如果没有解决乡村问题，那传统的规划工具是“失效”或“不适用”的，这就需要思考如何改革或重构一套新的乡村规划工具。

传统规划失效，需要建构一套新的乡村规划工具。

1.3 广东省区域城镇化进程中乡村发展面临的抉择

1949年后随着工业化的发展，乡村开始作为城市发展的“供血机”，源源不断地向城市供输原始资本、人力等，使得城乡的差距逐渐扩大；改革开放后，城市和乡村不再像过去那样隔离发展，在区域城市化的影响下乡村发生深刻的变化，并且随着区域交通设施的建设，城市影响力度还在持续扩大，现今讨论乡村问题已经不能脱离城市的影响而独立看待。广东省区域城镇化的过程就很好地反映出城市对乡村的影响。广东省很早就进入区域城镇化的阶段，在20世纪80年代初即利用临近港澳的地理优势，在乡村以就地工业化的方式进行城镇化，以珠江三角洲为典型，依靠区域外部的推动力使珠三角乡村地区很快转化为城市。在这个阶段大多数乡村的城镇化经济和农民身份非城市化之间产生矛盾，在物质形态上突出表现为空间形态与社会形态的不协调。90年代以后，以广州、深圳等为核心的大城市扩展，城市通过经济和资源的优势吸引人口，城市边缘区的乡村被大城市吞并，从而完成乡村城镇化的过程。以这种方式发展，一方面会因不平等的征地拆迁政策而造成一系列城市社会问题，另一方面也导致优质公共服务资源的短缺和城市贫富分化的加剧，大城市扩张的“征农地留村庄”的发展方式遗留了大量社会、经济和环境问题。

经过三十多年的城镇化进程，2017年广东省的城镇化率已经达到69.85%，比全国城镇化率高出11.33个百分点。特别是珠三角区域，城镇化率达到了85.29%。面对高度城镇化，乡村仍持续不断消亡而转化为城市的现状，广东省城镇化的趋势是什么？广东省乡村能全部转化成城市吗？城市形态是否是乡村未来的终极发展目标？基于广东省的自然

---

① 顾巍钟. 高淳村民为何扔掉“城里人”的乡村规划[N]. 新华日报，2008-04-07(1).

② 新华网. 村庄规划不能“中看不中用”[EB/OL]. (2015-10-10). http://news.xinhuanet.com/politics/2007-05/04/content_6 057 202.htm.

与社会经济特征，展望广东省终极城镇化发展前景，广东省的乡村不可能全部转化为城市，广东省仍需承担保障乡村区域生态和粮食生产安全的责任，那么，这就需要从乡村存在的角度思考区域城镇化问题。既然不是所有的乡村都可以城镇化，那么哪些乡村应该保留？如何保留这些乡村？换言之，乡村不能像过去一样盲目地进行城镇化，乡村的发展目标是什么？乡村区域应该使用什么样的规划工具？

广东省在区域城镇化背景下，城乡之间存在大量冲突，乡村规划应解决城市扩张与乡村保护之间协调和统筹等问题。

在区域城镇化背景之下，广东省城市和乡村将会以什么样的方式共存和转化？广东省现有土地面积 17.97 万 km^2，全省常住人口10 999 万人，人口密度为 612 人/km^2，是全国的 4 倍多。人均土地面积不及全国人均量的 1/4，人均耕地面积仅 0.43 亩(286.67 m^2)，是全国平均数的 1/4，是世界人均耕地面积的 1/8。那么，城市发展用地紧缺与耕地紧缺的现状必将导致大量的矛盾和冲突，城市扩张与乡村保护间需要协调和统筹，乡村规划面临着怎样解决城乡冲突、如何将城乡协调和统筹起来等问题。

在城乡二元体制下的区域城镇化带来了大量社会问题，未来农民转型的方式应该要更为公平和合理，乡村规划应该考虑农民城镇化问题。

广东省过去三十多年的城镇化都是在城乡二元体制下进行的，实践证明了两种区域城镇化方式都带来了大量的社会问题，目前广东省还有 31.3%的农民，以户籍城镇化率计，还有超过 50%的人口是农民①，这部分农民不可能还像过去一样用区域城镇化的方式进行转移，他们未来如何转型？规划用什么方式来促进农民的转型？

由于乡村仍在城镇化进程之中，乡村未来的发展面临选择而具有不确定性。而在乡村规划中，甚少判断乡村的发展选择是城镇化还是保留；甚少涉及区域城镇化中城乡发展关系的协调和统筹；甚少顾及农民转型等问题。脱离判断乡村发展趋势的乡村全面建设，乡村规划全覆盖的实践方式，无疑是盲目和错误的。

乡村的历史那么漫长，为什么现在才需要编制乡村规划？乡村面临着经济、社会、土地、环境等各方面问题，乡村规划如何解决？为了解决这些问题，乡村规划应该具有哪些特征？我国特殊的国情下，乡村还面临着转型、城乡关系的冲突等现实问题，乡村规划能否做出回应？一系列问题有待释疑，乡村规划的研究因而具有理论和现实意义。

1.4 研究对象

本书研究对象是乡村规划体系的建构，这里涉及三个关键概念：第一是乡村规划，第二是规划体系，第三是规划与管理制度建设。

---

① 数据来源于《广东省新型城镇化规划(2016—2020 年)》。

1.4.1　乡村规划

乡村之中有社会、经济、文化等各种各样的问题，本书研究对象是乡村规划，主要讨论乡村规划与乡村问题之间的关系，以及如何运用乡村规划的工具来解决相关的乡村问题。我国目前关于乡村规划的概念还比较模糊和混乱，通常狭义地将其理解为村庄规划，一种作用在村庄居民聚居点的规划。乡村规划需要划定研究对象的范围，继而才能明确领域内哪些对象是本书的研究对象。乡村规划的作用对象是乡村，因此乡村的概念、乡村发展问题、乡村的发展目标、乡村的范围大小决定了乡村规划的本质特征。在我国“乡村”本身概念尚不甚清晰，使得乡村规划无论从规划对象到规划目标都是模糊的，需要进行清晰的梳理和界定。此外，对于乡村规划的定义和研究范围也需要界定。因此，界定乡村规划的概念，需要厘清乡村规划两个核心概念，即乡村概念和规划概念。

乡村的概念有多种定义，本文主要参照英国等发达国家乡村规划研究，认为乡村(rural/countryside)从地域空间而言，是指除去城市之外的广阔区域，包括无人居住的自然区，而非狭义上的村庄发展区或村民聚居点；将乡村视为一个区域概念，而非仅指村庄居住点的概念。结合乡村的功能特征，在本文中采用“乡村”这一名词概念时，主要是指相对城市而言，以从事农业为主要生活来源、人口较分散、建设密度低的区域。此概念在第三章中将会作出进一步的论证。

关于规划，有多种解释，本文选择将规划视为一种管治发展的工具，一种影响一个地区如何发展的工具的概念。本书主要研究乡村规划如何作为工具来使用，涉及工具的有效性以及运作机制。规划的形态取决于我们采用什么样的手段去干预乡村的发展，因此一切能够影响乡村的政策工具、制度工具、规划方式等都是我们要研究的对象。

基于乡村和规划的概念，本书认为，乡村规划是作用于城市之外广阔范围的区域规划，是一种管治型的政策工具。乡村规划研究涉及乡村规划的本质特征、乡村规划对象、乡村规划目标、乡村规划主体以及规划形态等基本概念问题。

1.4.2　规划体系

体系泛指一定范围内或同类的事物按照一定的秩序和内部联系组合而成的整体。为了解决多样的乡村问题，乡村规划必然不是一个单独的类型，不是一个单独的工具，而是表现为一组规划工具，是由一组不同空间尺度和不同形式、不同责任主体的规划工具而组成的一个整体和互相关联的体系。一般而言,规划体系由以下4个部分组成:(1)规划制定,包括规划的编制与审批或采纳;(2)规划的实施,包括公共设施、基础设施的建设与开发控制;(3)规划的监测与评估;(4)规划的救济制度,包括规划的上诉制度以及处罚与强制执行制度。本书主要研究这一组规划工具之间的关系,具体到规划体系,是指规划编制、实施、监督执行、纠正、评估检测等一套制度的建构。本书以规划体系中的编制体系为研究重点,并涉及规划体系的其他领域。

1.4.3 规划与管理制度建设

规划体系的建构是对规划工具运作机制的研究,而规划的运作与现有的行政管理制度息息相关,更深层次涉及国家的政治制度与社会关系,制度建设是影响甚至决定规划体系如何运作和是否有效的前提条件。因此,本书在研究规划体系的基础上,以广东省为案例,深入讨论和研究我国规划与管理制度方面的问题,提出现有规划制度与行政管理制度的改革,以及相关制度建设的建议。

1.5 乡村规划的研究现状

1.5.1 国内乡村规划研究现状

1.5.1.1 我国乡村规划的研究概述

我国乡村规划研究起步较晚,目前对乡村规划的研究多是编制实践方面的探索,理论研究的认识和理解尚处于比较薄弱的阶段。

国内研究起步较晚,乡村规划的主要研究成果是期刊论文的形式,辅以少数已出版的专著。本书对于国内研究的数据主要基于中国知网的"中国期刊全文数据库",分别以"乡村规划"或"农村规划"或"村庄规划"为主题词在期刊、硕博士和会议论文中搜索,共有2 981条结果。由于2006年之后国家政策向乡村倾斜以及之后《城乡规划法》的颁布,乡村规划研究开始出现热潮,文献数量迅速增加,之后国内研究的热情一直持续至今(图1-4)。按被引用量多少来排序,前900篇文献的关键词的主题是"新农村""规划""城乡关系"等,其中频次最高的"新农村"主题,是为响应十六大五中全会提出的建设社会主义新农村的政策目标而进行的系列研究;而"规划""建设"等主题基本还是属于对乡村规划的实践进行的研究。非常明显,研究的内容多是编制实践方面的探索,缺乏对理论的研究(表1-3)。

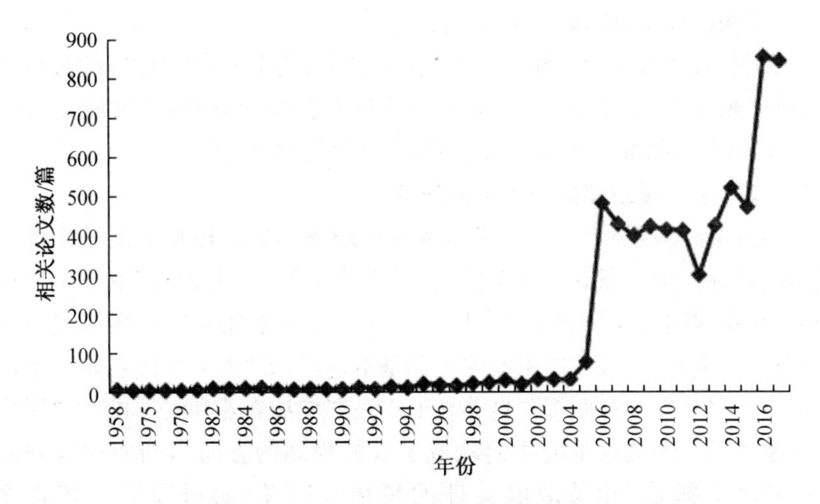

图 1-4 国内乡村规划的研究趋势图

资料来源：自绘

表 1-3 被引用量前 900 篇的文献高频关键词

主题	关键词	频次	主题	关键词	频次
规划	村庄规划	98	建设	灾后重建	5
	乡村规划	46		建设	10
	规划	68	城乡关系	城市化	7
	农村规划	5		城乡统筹	23
	规划设计	10		城乡一体化	7
对象	农村居民点	4	管理	公众参与	5
	农村	16		对策	10
	村庄	6		景观	12
新农村	（社会主义）新农村	103		城乡规划法	5
	新农村建设	104		可持续发展	6
	新农村规划	40			

资料来源：自制

在关于乡村规划的搜索结果中继续搜索“概念”“目标”“前提”“意义”等关键词，结果寥寥无几，关于这些乡村规划的基本问题，学界并没有进行系统和科学的研究，缺乏对乡村规划的理论问题的深入探讨，仅在一些实践研究中零散地提及，或给出只言片语的建议和基于经验的直观判断。总体来说，对乡村规划的研究仅十余年，国内对乡村规划的认识和理解尚处于比较薄弱的阶段,缺乏对理论的讨论。

在期刊、硕博士论文和会议论文中以2006年以后的文献继续进行筛选,再以相关度、引用率、文献来源等条件进行综合筛选后,共阅读文献521篇,以本书研究的领域来对国内研究进行分类综述。

1.5.1.2 乡村规划前提和依据的研究

我国乡村规划编制的前提是基于国家政策和法律规定,其编制理由是旨在处理农村自身发展的问题。

通过文献检索研究发现,我国乡村规划编制的前提基本是基于国家政策的目标。十六届五中全会提出了"建设社会主义新农村"的重大历史任务,在我国国民经济和社会发展第十一个五年规划纲要中,明确提出了"建设社会主义新农村"的主要内容和基本途径,如"发展现代农业""增加农民收入""改善农村面貌""培养新型农民""增加农业和农村投入""深化农村改革"等,因此政策的指向就成了农村规划的方向①,新农村规划的目标和理由即是"相关政府文件的精神",以及"农村发展的客观要求"②③。在2008年颁布的《城乡规划法》中,改变了侧重城市规划的方式,要求建立城乡统筹、城乡一体的理念,在第二十九条中强调了乡和村庄建设发展的目标是"改善农村生产、生活条件"。党的十八大报告首次提出建设美丽中国,把生态文明建设放在了突出地位,并出台了建设美丽乡村的政策,因此,美丽乡村的规划体系构建,主要根据政府的目标和要求,将和规划直接相关的主要任务落实到"生态、生产、生活"三大空间进行落实④。在实践中,基于村庄发展过程之中存在的现实问题,村庄规划目标是基于问题与目标双重导向,是对村庄发展过程中存在的现实问题和国家、省市政策要求下的现实困境分析的基础上制定的目标⑤。总而言之,国内乡村规划的编制前提和理由基本上是基于国家政策和法律规定,将乡村规划的编制理由认定为政策所要求的关于改善农村条件、增加农民收入等处理农村自身发展问题而制定的规划。基于每个乡村自身的情况不同,研究文献中只限于讨论具体乡村规划项目编制的前提,却甚少讨论乡村规划的一般性前提。

值得欣喜的是,已经开始有学者意识到对乡村规划的动因进行思考,如孟莹等对乡村规划的目的和作用发问:乡村规划要解决什么和能解决

---

① 李孟波. 新农村规划问题研究[J]. 山东农业大学学报(社会科学版), 2007(2): 18-21.

② 欧阳旭,张北京,常峰波. 珠三角地区新农村规划问题与对策探讨[J]. 山西建筑, 2009(26): 14-15.

③ 魏书威,文正敏. 社会主义新农村规划应关注的若干前沿问题研究[J]. 广西城镇建设,2007(1): 32-35.

④ 杨植元. 美丽乡村规划编制特色体系探索——以南京市六合区美丽乡村示范区规划为例[J]. 江苏城市规划, 2015(7): 14-16.

⑤ 陶修华,邓柏基,彭俊杰. 基于问题与目标双重导向的村庄规划实践与探索——以广州市萝岗区佛塱村为例[J]. 小城镇建设, 2008(9): 13-16.

什么？乡村规划究竟是要解决问题还是建构目标？[①] 张皓分析了当前乡村规划的困境，一是由于乡村地区的问题具有复杂性，二是因为乡村规划从理论到实践均不能实际回应复杂的农村问题，因此提出乡村规划应该从宏观层面来认识农村问题[②]。虽然现在尚未有系统性的对乡村规划前提和理由的解答，但理论研究的种子已经开始埋下。

1.5.1.3 乡村规划本质与特征的研究

对乡村规划的本质与特征极少做系统性研究，多半在村庄规划的概念特征之下进行讨论。

什么是乡村规划？它的本质与特征是什么？关于这两个问题，主要的讨论都是基于“村庄规划”的概念特征之下的讨论，如李孟波认为新农村规划就是协调农村发展中各方面矛盾的过程，特别是各种建设在空间利用中的矛盾[③]。葛丹东等认为村庄规划的本质是用以指导和规范村庄综合发展、建设及治理的一项“乡规民约”，一份有章可循的“公共政策”[④]。魏立华等认为珠三角的村庄规划已经成为政府和农民博弈如何开发土地的结果的反映，而不仅是局部改善村庄的居住环境[⑤]。许世光等基于珠三角的现实情况，认为村庄规划是调整城镇化发展中农村土地价值增量在城市和农村之间关系的城乡规划形式，其本质在于协调城乡发展，引导村庄各项建设发展[⑥]。而对于本书意义上的“乡村规划”的特征的讨论较少，比较有针对性的是张尚武将城市规划与乡村规划进行对比，认为乡村规划具有特殊性，因为对象的不同，与城镇规划从规划前提、工作内容、工作方法、实施主体和管理机制都有所不同，乡村规划在内涵上具有区域规划、更新规划、社区规划的特征[⑦]。房艳刚认为乡村规划应当升级为综合性、一体化的全域性空间规划[⑧]。

学界对乡村规划的空间尺度有所研究，但研究较为零散，尚缺乏系统性。

有很多研究虽然没有直接讨论乡村规划的特征，但在探究乡村规划的空间尺度时对此有所涉及。不少学者认为现有乡村规划将乡村视为单独的点，缺乏考虑村与村、村与镇之间的关系；郐艳丽等认为应该从居民点规划为主转向“点规划”（即镇、乡、村）与“面规划”（即相应的行政辖区）并重[⑨]。葛丹东、华晨等认为乡村规划的范围要扩展，从个体“点规划”转向乡村地域“面规划”，冲破乡村规划将乡村视为一个点、规划范围针对乡

---

① 孟莹，戴慎志，文晓斐. 当前我国乡村规划实践面临的问题与对策[J]. 规划师，2015(2)：143-147.

② 张皓. 从当前乡村规划的困境回看民国乡村建设运动[C]//2015 中国城市规划年会论文集. 北京：中国建筑工业出版社，2015.

③ 李孟波. 新农村规划问题研究[J]. 山东农业大学学报(社会科学版)，2007(2)：18-21.

④ 葛丹东，华晨. 论乡村视角下的村庄规划技术策略与过程模式[J]. 城市规划，2010，34(6)：55-59，92.

⑤ 魏立华，刘玉亭. 转型期中国城市“社会空间问题”的研究述评[J]. 国际城市规划，2010(6)：70-73.

⑥ 许世光，魏建平，曹轶，等. 珠江三角洲村庄规划公众参与的形式选择与实践[J]. 城市规划，2012(2)：58-65.

⑦ 张尚武. 城镇化与规划体系转型——基于乡村视角的认识[J]. 城市规划学刊，2013(6)：19-25.

⑧ 房艳刚. 乡村规划：管理乡村变化的挑战[J]. 城市规划，2017(2)：85-93.

⑨ 郐艳丽，刘海燕. 我国村镇规划编制现状、存在问题及完善措施探讨[J]. 规划师，2010，26(6)：69-74.

村内部地域的个体规划的固有思维[①]。朱郁郁等认为规划对象要从城镇的点状空间扩展到城乡面域空间，并认为县(区)是城乡统筹规划最好的地理单元[②]。陈治刚分析大城市近郊规划编制单元与行政地域单元之间的特殊性，建议以镇域为相对独立编制单元[③]。

有学者开始意识到农村规划具有层次性，不能就农村论农村，而应该在更大的乡(镇)域范围内分析它发展的条件、性质、规模和方向[④]，认为乡村规划不仅为了满足微观社区的需求，更要将其延伸到区域群体和国家整体概念上。从这个角度来说，乡村规划需兼顾从宏观区域到微观社区的各层次乡村发展需求，这实际上需要对"城乡规划体系"进行全面反思，重构多层次、多角度的乡村规划内容框架[⑤]。因此，有学者开始划定乡村规划的不同尺度。如王鹏以生态学概念将乡村的空间尺度划分为"微观(物种)—中观(生物群落)—宏观(生态区)"，对应每个尺度分别采用"村庄总体规划/建设规划—乡镇域规划/村镇体系规划—市县域城乡总体规划/村镇体系规划"[⑥]。何子张等认为乡村规划编制在宏观层面涉及村庄发展的定位(保留、拆迁或整治)，以及与相关专项如国土、林业、环保规划的协调；在中观层面上，村庄建设用地布局必须与片区规划的功能定位、交通组织、公共服务与市政设施布局深入衔接；在微观层面，村庄内部的建筑整理、村庄内部公共空间环节整治、公共设施配置、宅基地置换等问题涉及村集体、村民等微观主体非常复杂的利益协调与交易[⑦]。因此，对农村规划应按照从宏观、中观、微观3个层级进行梳理，将农村规划分为建设分区布局、村庄总体布局、村庄详细规划3个层次。赵之枫认为村庄规划中要关注区域的整体性，不能就村论村，就城论城，应建立起以区域为主体的空间观，并应具有多层次性[⑧]。

综上所述，国内在研究乡村规划本质与特征的理论方面基本是空白的，多数研究是借由研究乡村规划层次与空间尺度的内容时有所涉及。

---

① 葛丹东，华晨. 城乡统筹发展中的乡村规划新方向[J]. 浙江大学学报(人文社会科学版)，2010(3)：148-155.

② 朱郁郁，陈燕秋，孙娟，等. 县(区)域城乡规划编制方法的探索——以重庆市北碚区城乡分区规划为例[C]//2008中国城市规划年会论文集. 大连：大连出版社，2008.

③ 陈治刚. 重庆市主城区镇域新农村规划编制的研究[J]. 重庆建筑，2007(12)：40-42.

④ 李孟波. 新农村规划问题研究[J]. 山东农业大学学报(社会科学版). 2007(2)：18-21.

⑤ 闫琳. 社区发展理论对中国乡村规划的启示[J]. 城市与区域规划研究. 2011(2)：195-204.

⑥ 王鹏. 城乡统筹背景下乡村规划研究的空间尺度[C]//2008中国城市规划年会论文集. 大连：大连出版社，2008.

⑦ 何子张，洪国城，李小宁. 厦门农村规划编制与政策体系建构探索[C]//2015中国城市规划年会论文集. 北京：中国建筑工业出版社，2015.

⑧ 赵之枫. 以区域整体发展原则促进乡村建设的持续发展[J]. 城市发展研究，2002(5)：21-25.

1.5.1.4 乡村规划编制主体的研究

学界意识到乡村规划的编制主体应具有多样性，但相关研究也处于初步阶段。

在城市规划思维的影响及《城乡规划法》的规定下，乡村规划的编制主体一般被认为是政府，如《城乡规划法》中第22条规定："乡、镇人民政府组织编制乡规划、村庄规划，报上一级人民政府审批。"《村镇规划编制办法(试行)》第4条规定"村镇规划由乡(镇)人民政府负责组织编制"，第5条规定"承担编制村镇规划任务的单位，应当具有国家规定的资格"，说明村镇规划的主体都必须是合法的[①]。在这种思想下，不少学者是支持由政府进行规划编制[②]，认为村庄规划是涉及农村产业发展、基础设施建设、教育医疗卫生事业发展、环境与传统文化保护的综合规划，须由政府统筹协调；村庄规划的职能应由各级政府在尊重农民意愿的基础上履行，保证村庄规划的科学性、整体性、权威性[③]。折中派的观点则在反思了传统由政府主导的规划编制中产生的规划自上而下、规划师对村庄缺乏深入了解而编制不切实际的村庄规划、村民无法表达自身利益诉求、被动接受等一系列问题[④⑤]，提出要引入村民参与的方式，并对参与方式进行了多个角度的研究，如政府引导、村民参与的方式[⑥]，多村民全方位参与方法[⑦]，对乡村规划中的多元主体，包括村民(包含村庄自治组织)、地方政府、开发公司、规划师和村庄规划委员会如何协同合作的研究[⑧]。唐燕等认为需要公、共两个领域在公共物品供给的内容分工和制度设定中进行合作，即政府在基础建设、公共品供给资格审核准入上担起重任，村两委负责执行和监督功能，乡村组织机构在相应条件下组织集体并提供相关物品[⑨]。还有些学者认为应当以村民为自治主体，规划师以协调者的身份引导村民自建自治，政府则是作为引导和监督乡村规划的角色[⑩⑪⑫]。

---

① 李孟波. 新农村规划问题研究[J]. 山东农业大学学报(社会科学版)，2007(2)：18-21.

② 乔路，李京生. 论乡村规划中的村民意愿[J]. 城市规划学刊，2015(2)：72-76.

③ 孙敏. 城乡规划法背景下的乡村规划研究[J]. 安徽农业科学，2011(15)：9263-9264.

④ 叶斌，王耀南，郑晓华，等. 困惑与创新——新时期新农村规划工作的思考[J]. 城市规划，2010，34(2)：31.

⑤ 张瑞红. 新农村建设中村庄规划存在的问题及对策建议[J]. 农村经济，2011(12)：102-105.

⑥ 龚蔚霞，周剑云. 探索社会主义新农村建设的新型规划方式——以珠海南屏镇北山村为例[J]. 规划师，2007，23(4)：55-59.

⑦ 李开猛，王锋，李晓军. 村庄规划中全方位村民参与方法研究——来自广州市美丽乡村规划实践[J]. 城市规划，2014(12)：34-42.

⑧ 潜莎娅. 基于多元主体参与的美丽乡村更新建设模式研究[D]. 杭州：浙江大学，2015.

⑨ 唐燕，赵文宁，顾朝林. 我国乡村治理体系的形成及其对乡村规划的启示[J]. 现代城市研究，2015(4)：2-7.

⑩ 张婧，段炼. 基于村民主体的村庄规划建设思路新探索——以重庆市古花乡天池美丽乡村规划建设为例[J]. 建筑与文化，2015(1)：128-130.

⑪ 戴帅，陆化普，程颖. 上下结合的乡村规划模式研究[J]. 规划师，2010，26(1)：16-20.

⑫ 卢锐，朱喜钢，马国强. 参与式发展理念在村庄规划中的应用——以浙江省海盐县沈荡镇五圣村为例[J]. 华中建筑，2008(4)：13-17.

不过,无论是认为政府作为主体,还是村民作为主体的争论,仍是主要在“村庄规划”类型的语境之下进行的讨论。

有学者意识到乡村规划具有不同主体。如何子张等认为乡村规划利益主体不同,因此规划编制的主体、程序也应进行区分,村庄建设分区布局编制以整个城市发展高度界定村庄发展政策导向,规划编制由区政府组织,成果报市规划局审批;村庄总体布局涉及分区用地布局的衔接,由镇街组织编制,区规划局审批;村庄建设详细规划主要是村集体内部村民之间的利益协调,规划编制由村委会组织[①]。闫琳认为应该区分不同的规划环节,在村庄体系规划环节由政府作为主体;在村庄试点规划以村庄作为规划编制主体,政府进行引导[②]。但即便学界意识到规划具有不同主体,专门针对乡村规划编制主体的研究仍然十分缺乏。

1.5.1.5　乡村规划体系建构的研究

目前具体指导乡村规划编制的是《村镇规划编制办法(试行)》[③],其中将村庄规划划分为总体规划和建设规划两个阶段[④],我国各省市村镇规划多数仍沿用这个编制体系。村庄总体规划是乡级行政区内村庄布点规划及相应的各项建设规划的整体部署,类似于城(镇)总体规划中的城镇体系规划,村庄建设规划是具体安排村庄各项建设,类似于城(镇)修建性详细规划[⑤]。2008年《城乡规划法》颁布以后,乡村规划的研究得到重视,众多学者仍赞同按照《村镇规划编制办法(试行)》的要求编制村庄总体规划和建设规划,在此基础上认为乡村规划的上位规划包括县(市)总体规划、县(市)域城镇体系规划和乡镇总体规划,同时在横向体系中依据其他专项规划[⑥]。但也有学者认为这个乡村规划体系存在问题:一是划分的村庄规划阶段不妥当,从村庄系统性上说既不能通过规划来协调村庄与城镇的区域关系,在个体乡村层面又缺少规划深入和相关延伸[⑦]。二是重镇规划,轻村庄规划;重单个村庄建设规划,轻村庄体系规划;各层

---

① 何子张,洪国城,李小宁. 厦门农村规划编制与政策体系建构探索[C]//2015中国城市规划年会论文集. 北京:中国建筑工业出版社,2015.

② 闫琳. 基于社区发展的农村规划方法探讨[C]//2007中国城市规划年会论文集. 哈尔滨:黑龙江科学技术出版社,2007.

③ 《城乡规划法》虽然明确村庄规划的法律地位,但是缺少相应的实施细则或办法,指导具体实施的仍是2000年颁布的《村镇规划编制办法(试行)》。

④ 《村镇规划编制办法(试行)》第三条将乡村和集镇统一进行规定“编制村镇规划一般分为村镇总体规划和村镇建设规划两个阶段”,本书单独提出乡村部分。

⑤ 韩晓东. 城乡规划编制及管理思考[J]. 小城镇建设,2002(10):94.

⑥ 周游,魏开,周剑云,等. 我国乡村规划编制体系研究综述[J]. 南方建筑,2014(2):24-29.

⑦ 葛丹东,华晨. 适应农村发展诉求的村庄规划新体系与模式建构[J]. 城市规划学刊,2009(6):60-67.

次规划缺乏衔接，村镇规划缺失上位指导；缺乏分类指导[①②]。大多数研究乡村规划问题的学者都认为乡村地区也应该有具有科学性、逻辑性和可操作性的乡村规划，并且应当建立行之有效的乡村规划体系，坚持体系化的基本原理，形成完善的从宏观到微观的规划编制体系和程序[③④]。

乡村规划就其体系法定来说是村庄总体规划和建设规划，这个体系被认为难以解决现有问题，在研究中，学者们进行了改革，一般来说，基本认为形成村庄布点规划和村庄规划两个层次[⑤⑥⑦]。葛丹东等认为村庄规划范围不局限于行政村个体的思想，建构了村庄布点规划和村庄综合规划双层次模式的村庄规划体系，认为村庄布点规划包括智能规划、体系规划、规模规划、布点规划、管制规划；村庄综合规划包括村域总体规划、建设整治规划、村庄行动规划[⑧]。

有学者将乡村规划扩展到镇域的层面，郃艳丽等认为村镇规划体系应该分为县(市)域村镇体系规划，镇、乡规划和村庄规划，村庄规划包括村域发展规划和村庄整治建设规划[⑨]。雷诚等和葛丹东等学者从乡村规划与镇规划的关系层面出发，认为镇规划和乡规划应当适当区分，乡村规划是城镇规划自下而上的重要补充，规划编制体系应从目前强调“建制镇—集镇—村庄”的编制体系转向“城镇规划＋乡村规划”的编制体系，以凸显乡村规划的“基点”作用[⑩⑪]。

有学者将乡村规划扩展到市域的层面。张尚武认为规划体系应从“城镇规划”向“区域规划＋城镇规划＋乡村规划”多级转变，区域规划中包括城镇体系规划和区域层面的乡村规划内容[⑫]。陈爽从重庆市现有编制体系出发，建构了重庆市新农村规划的“四大层次结构”——市域新农村体系规划—区县域新农村总体规划—镇域新农村建设规划—新农村村级规划，并认为村庄规划涵盖村庄体系规划和村庄综合规划这两大体

---

①③ 郃艳丽，刘海燕. 我国村镇规划编制现状、存在问题及完善措施探讨[J]. 规划师，2010,26(6):69-74.

② 万旭东. 城乡统筹背景下农村规划编制方法的思考[J]. 北京规划建设，2010(1):18-23.

④ 黄晓芳，张晓达. 城乡统筹发展背景下的新农村规划体系构建初探——以武汉市为例[J]. 规划师，2010,26(7):76-79.

⑤ 王冠贤，朱倩琼. 广州市村庄规划编制与实施的实践、问题及建议[J]. 规划师，2012,28(5):81-85.

⑥ 刘毓玲. 城乡统筹下对村庄规划的反思与策略[D]. 广州:华南理工大学，2013:54.

⑦ 张泉，王晖，梅耀林，等. 村庄规划[M]. 北京:中国建筑工业出版社，2009.

⑧ 葛丹东. 中国乡村规划的体系与模式:当今新农村建设的战略与技术[M]. 南京:东南大学出版社，2010.

⑨ 郃艳丽，刘海燕. 我国村镇规划编制现状、存在问题及完善措施探讨[J]. 规划师，2010,26(6):69-74.

⑩ 葛丹东，华晨. 城乡统筹发展中的乡村规划新方向[J]. 浙江大学学报(人文社会科学版)，2010 (3):148-155.

⑪ 雷诚，赵民. “乡规划”体系建构及运作的若干探讨——如何落实《城乡规划法》中的“乡规划”[J]. 城市规划，2009(2):9-14.

⑫ 张尚武. 城镇化与规划体系转型——基于乡村视角的认识[J]. 城市规划学刊，2013(6): 19-25.

系[①]。刘春涛等构建的新的乡村框架体系中，顶层规划是在城市总体规划和土地利用总体规划“两规合一”基础上形成的全市村庄布局规划。以此为依托，形成县（市）乡村总体规划，包括布局规划和建设总体规划两个部分（可分开编制也可合并编制），作为村庄规划的上位规划。而村庄规划同样包含远期发展、近期建设两个部分[②]。

我国目前乡村规划研究尚处于经验总结阶段，缺乏理论研究的指引以及规划体系的研究，这是本书的研究对象和目标。

综上所述，国内对乡村规划体系的研究已经有了一些成果，但是构建的乡村规划体系是根据各地实际情况进行的一些改革研究，尚属于小范围进行改革试验的阶段，仍旧缺乏进一步的论证研究。

1.5.2　英国等国家乡村规划研究情况

1.5.2.1　英国等国家乡村规划研究概述

英国乡村规划所面临的国家粮食安全问题、区域生态问题、乡村遗产保护和乡村自治四个基本问题，同样也是我国乡村规划所应面对的挑战，他山之石可以攻玉。

国外对于乡村规划已经有了大量的研究，其中，英国是最早进行城乡规划的国家，城乡规划体系较为完善，对城乡规划领域产生了世界性的影响。英国关于乡村地区及其规划的研究历史悠久，拥有非常丰富的研究文献；同时，由于规划涉及行政体制和政府管理等相关内容，英国在国家政体方面与我国都是单一主权国家的结构形式，中央政府拥有较强的规划管理权力，中央政权与地方政权之间的关系与我国政体有诸多相似之处，使得对规划体系的借鉴有重要参考价值。因此，本书主要参考和借鉴英国的乡村规划研究成果。

英国乡村规划的研究有系统性的专著，重要的著作包括 Gilg(1996)所著的 *Countryside Planning*（第 2 版）[③]、Gallent 所著的 *Introduction to Rural Planning*[④]、Champion 和 Watkins 所著的 *People in the Countryside：Studies of Social Changes in Rural Britain*、Cherry 和 Rogers 所著的 *Rural Change and Planning：England and Wales in the Twentieth Century*[⑤] 等，已经形成较为完整的理论体系。经过这些年的发展和完善，英国的城乡规划已经从单纯的土地利用蓝图的形式发展成形式多样的、不同的政策表述形式，关注点从“完成建设蓝图的终极目标”转向“在规划过程中逐步要完成的任务”以及“达到该目标的各种途径选择”上，形成一系列成熟的行政管理和公共政策。学界对乡村规划的几个基

---

① 陈爽. 城乡统筹背景下重庆市新农村规划编制体系的构建研究[D]. 重庆：重庆大学建筑城规学院，2011.

② 刘春涛，刘馨阳. 沈阳市乡村规划编制体系重构的实践探索[C]//2015 中国城市规划年会论文集. 北京：中国建筑工业出版社，2015.

③ Gilg A W. Countryside Planning [M]. 2nd ed. New York：Routledge，1996.

④ Gallent N，Meri J，Kidd S，et al. Introduction to Rural Planning[M]. New York：Routledge，2008.

⑤ Cherry G E，Rogers A N. Rural Change and Planning：England and Wales in the Twentieth Century[M]. London：Spon Press，1996.

本理论问题已经有了深入的研究和讨论，并得出了系统性的结论。关于英国乡村规划的总体情况的介绍和关于变化的描述等专门研究乡村规划某一方面的文献也有很多，如 Bishop 和 Phillips 所著的 *Countryside Planning: New Approaches to Management and Conservation*[①]、Murdoch 所著的 *The Differentiated Countryside*、Gilg1996 年所著的 *Countryside Planning: The First Half Century*、1997 年所著的 *Rural Planning in Practice*，以及 Gilg 撰写的其他文章。涉及乡村规划在城乡规划体系中的关系方面，重要的著作包括 Barry Cullingworth 和 Vincent Nadin(1963)在 *Town and Country Planning in the UK*[②] 一书，其中详细地研究和叙述了英国乡村规划的发展历程、乡村规划等内容，乡村规划内容已经扩展到农业、林业、旅游休闲业、环境保护等主题。中央政府根据不同时期乡村发展的目标与环境变化调整乡村规划的政策内容，有效地指导了地方覆盖全地域的城乡规划，协调发展与保护的矛盾。此书影响力巨大，已再版十余次。

本书主要研究和参考英国关于乡村规划的系统性专著 *Countryside Planning*(第 2 版)、*Introduction to Rural Planning*，以及关于城乡规划体系的著作 *Town and Country Planning in the UK*，对这几本专著进行了深入的研究，同时有选择地阅读了一些相关的专门类别的文献。主要以英国文献为主，当涉及具体研究某个具有国际视野的问题时，再同步补充其他国家，如美国、日本、德国等国家的相关文献，作为补充、比较和参照。

1.5.2.2 *Countryside Planning* 对乡村规划的系统性研究

Countryside Planning(Gilg A W,1996)是一本全面介绍英国乡村规划研究的书籍，该书首先研究了乡村规划基于首要原则和基本假设下的模型，对乡村的定义进行了综述，乡村在自然形态上，可以被描述为一个广阔的土地被利用的地方，因此可以利用其首要目标和经济行为对土地利用进行二次定义。该书介绍了描述乡村地区的总结性概念，包括两种途径：传统的景观地理学概念以及基于农村地区社会和经济结构的社会经济学分类。

该书阐述了乡村规划的起源，明确了乡村规划的 4 个目标，对开发控制内容进行了划分，简述了英国城乡规划体系成功之处，同时提出了在理想状态下，规划体系的 4 个等级。

该书对于乡村规划的起源作出了很明确的阐述。乡村规划起源于二战时英国遭受德国的贸易封锁而导致的英国粮食短缺时期，出于保障粮食生产安全的需要开始编制乡村规划，Scott 委员会在 1942 年发布《关于

① Bishop K, Phillips A. Countryside Planning: New Approaches to Management and Conservation[M]. Abingdon: Taylor & Francis Ltd, 2004.

② 卡林沃思，纳丁. 英国城乡规划[M]. 陈闽齐，周剑云，戚冬瑾，等译. 南京：东南大学出版社，2011.

农村地区的土地使用情况的调查报告》中提出粮食战略是非常重要的，它促使了“每一寸农业土地都要发挥效应”这类准则的产生，因此在全力生产粮食的名义下农村的一切非农业开发都停止了；20 世纪的大部分时间，乡村作为基本的粮食生产者，在城市增长下必须要保护的观点，已经支配了政策的制定[①]。后来，随着乡村规划产生之后，关注开始转向一系列各种各样的问题，包括生态、景观、乡村可持续发展、经济复兴等乡村问题。目前已经有超过 1 500 条不同的关于乡村的政策指示[②]。

该书高度概括和综合了英国乡村规划的目标，叙述了英国学界对乡村规划目标的研究。Hill 和 Young(1989)尝试将乡村规划明确划分出 4 个主要目标：(1)提供食品安全；(2)提高乡村居民的社会福利；(3)保护乡村环境；(4)促进乡村休闲娱乐[③]。Errington(1994)在伯克郡乡村社区战略（*Berkshire Rural Community Strategy*）中的分析，以及 Orwin (1944)、Thorns(1970)、Wibberley(1972)、Lassey(1977)和 McDonald (1989)等在实践之中做出尝试后，将乡村规划总结为三个主要目标：(1)确保资源的理性开发是在可持续的前提之下；(2)确保社会范围内各个行为体和组织之间的公平发展；(3)在内协调消费和生产的关系，在外协调二者与保护传统的关系。Royal Town Planning Institute 认为乡村规划应当：(1)保护和防止自然和环境资源被浪费和污染；(2)增加粮食和木材的产量；(3)提供物质、智力、情感富足的机会。他们认为城市本质上并没有为了达到这些而提供自发行为，因此有需要对乡村进行一些有意识的规划和管理[④]。通过该书的归纳，英国乡村规划的目标变得十分明确。

该书中将乡村规划分为农业产业规划、乡村管理规划、林业和林地规划、已建成区规划(城乡规划)、“自然”环境规划，主要通过制定开发控制等相关政策以及配合财政支持、补贴等相应执行手段，有效地规划和管理农业生产、乡村管理、林业、建成区以及“自然”环境等。其规划强调多部门合作，涵盖范畴广阔，规划执行手段非常灵活，有一套规划监督和评测系统，对我国具有很强的借鉴意义[⑤]。

通过该书的介绍，英国在研究乡村规划目标的问题上已经有了系统性的回答。随着时间的不断推移，学界仍在持续思考乡村规划的目标随

---

① Gilg A W. Countryside Planning[M]. 2nd ed. New York: Routledge, 1996:23.

② Gilg. A W. Countryside Planning Policies for the 1990s[Z]. Wallingford: CAB International,1991.

③ Hill B, Young N. Alternative Support Systems for Rural Areas[M]. Ashford:Wye College,1989.

④ Royal Town Planning Institute. Memorandum of Evidence to the Environmental Sub-Committee of the House of Commons[Z]. National Parks and the Countryside, London: HMSO,1976.

⑤ 李琼. 英国乡村规划及其对我国的启示[D]. 广州:华南理工大学，2007.

着时代的转变，Gilg(1996)总结乡村规划应该将问题程序化，思考什么问题真正应该予以考虑①。Lowe 和 Ward(2007)指出目前英国需要确定更详细的目标，乡村规划是为了保护野生动植物、特殊风貌、农业用地还是其他②。Curry 等(2011)认为需要弄清楚的是，要为农业具体保留多少土地，分配多少给经济、社会或者环境保护？如何保证粮食生产、非粮食作物生产以及环境保护用地之间的平衡？如果一定要在这三者中做抉择，为了避开开发，合法并理想的土地利用选择又是怎样的情况？③

该书还简述了英国城乡规划体系比较成功之处，如一直采用城乡一体化的形式，目前已形成了由中央、地区和地方 3 个基本层面组成的城乡一体的规划体系。中央层面负责制定的国家规划政策对地区层面规划形成指导，地区层面负责制定的区域规划必须符合中央层面规划规定并对地方层面规划形成制约，地方层面负责的发展规划须与各上级规划相协调④。作者 Gilg 提出理想状态下规划体系应该分为 4 个等级——国家级(National)—区域级(Regional)—次区域级(Sub-Regional)—地方级(Local)，规划问题关系到规划之间的关系，关系到哪一个等级优先；原则上规划应该是从上到下，上级规划只提供一个全面的构架，使得本地规划能在权力自主和多元主体的原则下制定适宜该地区的规划⑤。Healey 和 Shaw(1994)提供了一份关于描述规划进程的总结，可以作为一个完美的标准，通过它能衡量一系列更多评论性的评估⑥。

1.5.2.3 *Town and Country Planning in the UK* 的乡村规划研究

在 *Town and Country Planning in the UK* 一书中，对于英国城乡规划体系作了具体和详细的介绍，从城乡规划的演变、不同层级的规划机构的责任和权力、不同空间尺度的规划框架等方面对城乡规划进行了具体的介绍。丰富的规划体系背景使我们对英国乡村规划体系的研究更加全面和完整。

该书详细阐述了英国丰富的规划体系背景，让读者对英国乡村规划体系的研究更加全面和完整。

该书在“规划与乡村”一章中，主要叙述了乡村目标的变化，认为从 20 世纪 40 年代后期起，乡村政策的目标大幅度从维持农业经济、维护

---

① Gilg A W. Countryside Planning [M]. 2nd ed. New York: Routledge, 1996.

② Lowe P, Ward N. Sustainable rural economies: some lessons from the English experience[J]. Sustainable Development, 2007(15): 307-317.

③ Curry Nigel, Owen Stephen, 王希嘉，等. 英国乡村规划——现有政策评论[J]. 城乡规划，2011(1): 159-168.

④ 廖玉姣，李佑静，沈红霞. 英国城乡规划实践及其启示——以重庆为例[J]. 河南科技大学学报(社会科学版)，2011(2): 80-82.

⑤ Gilg A W. Countryside Planning [M]. 2nd ed. New York: Routledge, 1996: 138.

⑥ Healey P, Shaw T. Changing meanings of environment in the British planning system[J]. New Transactions of the Institute of British Geographers, 1994(19): 425-438.

农业用地转向了保持乡村自然质量与乡村社区生活质量之间的平衡。为此，乡村规划体系的内涵不仅是土地管理，而且视为是乡村和经济管理的决定性组成部分。同时，该书还详细地叙述了由于乡村政策的变换而导致的一些组织机构的变化。英国的乡村规划与政策涵盖的内容非常之多，包括划定国家公园、认定景观地区、保护和规划海岸地区和航道、确定公众对乡村道路的使用权、研究休闲娱乐和乡村公园的供给、制定生物多样性的政策、关注农业和林业计划等，并提供乡村基金计划。

1.5.2.4 *Introduction to Rural Planning* 中对乡村规划的研究

该书探讨了空间规划在乡村规划与政策中的作用、乡村规划的发展演变以及英国乡村规划的问题和挑战3个主要内容。

Introduction to Rural Planning 中对乡村定义、规划在乡村地区扮演的角色以及英国乡村规划的发展和演变进行了讨论。该书主要探讨了空间规划在乡村规划与政策之中的作用，认为空间规划正在成为“农村政策传递”的一个潜在的综合协调工具。该书详细综合地介绍了乡村规划从战后建立规划体系至今的发展演变过程：在20世纪上半叶，城市规划和乡村规划是作为两个规划体系应运而生的，城市规划体系积极主动地追求发展机会，而乡村体系则侧重遏制、监管和保护。在20世纪40年代，乡村规划开始转向思考“综合规划”系统的发展；20世纪80年代之后，在“市场”和“规划”观点之间的摩擦中，规划开始“松绑”；近些年的“空间规划”则提供了一个契机，加大部门政策和方案的整合力度，提供协调社会、环境和经济目标及政策手段的借鉴。

该书还详细地描述了英国乡村规划面临的经济挑战、社会挑战和环境挑战等问题，介绍了英国政策与规划干预如何回应这一系列不同的挑战，提出了空间规划如何应对乡村问题、如何整合政策和协调规划的方式。

1.5.2.5 几本专著中对乡村规划本质与特征的研究

英国的乡村规划注重可持续发展，乡村地区的规划和开发也必须是在保护乡村的前提之下进行的。换言之，保护是乡村规划的首要特征。

英国的乡村发展与保护首先考量的目标是乡村地区的可持续发展，总体原则是乡村不论什么发展必须有利于农村经济，保护不可再生的资源，并能维持或增强自然生态环境质量。如 Cullingworth 和 Nadin[①] (1963)总结了规划对乡村的政策一直奉行的是保护主义，Gilg(1996)也认为乡村规划试图在提高生产能力的同时保护资源、遗产和活动的长期可持续发展[②]。将乡村规划主要目标视为保护优先，一切与保护相违背的开发会被禁止。规划作为发展控制的这个概念已经广泛被英国所有党派接受，即使是保守党在激进时期也指出“在经济压力和社会变革中，规

① 卡林沃思，纳丁. 英国城乡规划[M]. 陈闽齐，周剑云，戚冬瑾，等译. 南京：东南大学出版社，2011.

② Gilg A W. Countryside Planning [M]. 2nd ed. New York: Routledge, 1996:33.

划体系使自然保护和环境建设平衡发展”(Enviroment 1980),这意味着关于建成环境规划的关键概念从1947年城乡规划法颁布以来就没有发生过一丝变化。关于乡村地区的规划和开发必须是在保护乡村的前提之下。

乡村地区受到城市化发展影响时,乡村地区的生态、环境、耕地等不可再生的资源会遭到破坏,英国主要采用3种机制实行对农村土地和景观的保护:一是设置绿化带;二是建设国家公园;三是划定“杰出的自然景观区”[①]。在英国乡村发展的过程中,英国规划和建设的经验通过详细的、涵盖乡村所有地区的法律、法规,以及规划与政策来保护乡村,有效控制乡村开发与建设,保证乡村地区的耕地等资源和环境不被破坏,如《限制带状发展法》(1935年)、《国家公园和进入乡村法》(1949年)、《绿带建设法》(1955年)等法律,阻止了城市向乡村的无节制蔓延与破坏,以达到保护不可再生的珍贵乡村资源的目的。其后的《乡村法》(1968年)、《野生生物和乡村法》(1981年)和《乡村和乡村道路法》(2000年),更是通过法律的完善进一步保障了乡村资源。

区域规划的思想在城乡规划的发展中逐渐被认识并发展完善,乡村应当纳入区域规划中考虑。

早期国外的规划研究也是以城市为主,对乡村的关注较少,直到1898年霍华德在《明日的田园城市》中,针对工业社会中城市出现的严峻、复杂的社会和环境问题,提出了工业化中城市与宜居标准之间的矛盾、大城市与自然生态隔绝之间的矛盾,应该脱离狭隘的“就城市论城市”的思想,强调城市应该与乡村结合,将城乡统筹作为一个系统来解决问题。随后在1915年,盖迪斯(P. Geddes)将霍华德的思想又推进了一步,在其《进化中的城市:城市规划运动和文明之研究导论》一书中提出应将城市规划与乡村规划结合起来。1930年,芒福德(Lewis Mumford)提出了区域整体发展理论,“区域规划”一词开始出现并逐步明确。1933年,在《雅典宪章》中提出要将城市和其周边所影响的区域纳入一体进行考虑,不能单独考虑城市规划,应结合区域规划,区域规划的概念逐渐完善。但早期的区域规划均是以城市为核心,把周围地区接纳进来进行整体规划,乡村作为一种附属品存在。作为区域规划的奠基人,芒福德针对当时城市发展面临的困境,认为应建立一个城乡融合的、综合性的区域发展框架,强调“区域是一个整体,城市只是其中一部分”,应更多关注乡村地区,而不是继续将乡村视为城市的附属品,他提出了将大中小城市结合、城市与乡村结合、人工环境与自然环境结合的区域整体论(Regional Integration)。20世纪70年代中期以后,传统的区域理论受到了质疑与反省,经济增长不再作为区域发展的主要目的,

① 于立,那鲲鹏. 英国农村发展政策及乡村规划与管理[J]. 中国土地科学,2011(12):75-80.

取而代之的是整体和综合的发展协调观，强调经济、社会和生态环境的相互协调。

英国乡村规划具有区域规划的特征，采用全覆盖的形式，用空间规划来指导和控制具体的城乡建设规划和开发。

英国乡村规划充分吸纳了对于区域规划的研究成果，随着英国城乡规划体系从“土地利用”转变到“空间规划”形式的变革，对于乡村地区的研究和乡村规划的反思出现了变化，乡村地区开始被视为是单独的实体，且越来越被视为是更广泛的功能区域的一个组件，乡村规划需要反映空间战略与空间协调①。现在英国的乡村规划已经明确地被纳入区域规划中，具体来说是在行政区划中，对各类功能区进行分类，以此来划分边界进行空间规划，用空间规划来指导和控制具体的建设规划和开发，这种空间规划是城乡全覆盖的形式②。

1.5.2.6　其他国家乡村规划目标的研究

通过对其他发达国家的研究，乡村发展的目标包含了粮食保护、生态保护与可持续发展等内容，体现了乡村规划体系的综合性、统筹性和系统性。

除了英国，其他一些发达国家的乡村发展目标从来不是单一性的，基本上其起源均是从粮食生产的角度出发，从粮食保护、生态保护到乡村可持续发展等，随着乡村目标的不断变化，对应的乡村保护政策和规划形势也随之作出相应的变化，体现不同发展阶段的不同侧重点。如德国在20世纪50年代的早期，因为粮食安全而开展了村庄更新运动，主旨是通过改善村庄结构来改善农业结构，主要做法是通过对农村土地的整理，重新分配农民拥有的耕地，避免土地切割过分分散；1960年村庄更新被确定为一个非常重要的规划工作，从而进入了一个新的阶段目标——完全改善村庄的基础设施和公共服务设施；到了20世纪70年代中期至80年代初，人们开始重新发现乡村具有文化景观的历史价值，这时期的村庄更新的核心内容是保护乡村居民点的历史性布局结构和乡村文化；进入90年代，随着服务业与工业逐渐向郊区转移，乡村更新规划中纳入生态恢复等方面的内容，生态和社会因素的评估成为关键部分(表1-4)。日本的村镇建设在1945—1960年的主要目标是解决国民温饱问题，确保粮食增长；1961—1970年是农业基础设施建设的阶段，政府开始投入资金进行农业基础设施建设；1971—1980年是农村综合建设初期，政府开展农村综合建设，改善农村生产生活条件，缩小城乡之间的差距；1981—1990年是实施体制阶段，依靠调整农业结构来振兴农村经济；1991年至今是促进农村可持续发展的农业和农村的综合建设阶段(表1-5)。因此，乡村规划的目标具有多样性，实现乡村发展目标，要求乡村规划应当是一个综合的、系统的、统筹多方因素的规划。

---

① Gilg A W. Countryside Planning [M]. 2nd ed. New York: Routledge, 1996:4,29.

② 胡娟，朱喜钢. 西南英格兰乡村规划对我国城乡统筹规划的启示[J]. 城市问题，2006(3): 94-97.

表 1-4　德国村庄更新发展阶段

发展阶段	发展目标
20 世纪 50 年代	粮食安全
20 世纪 60—70 年代	大规模建设乡村基础设施
20 世纪 80 年代	村庄更新
20 世纪 90 年代	生态恢复
2000 年—今天	可持续发展乡村建设

资料来源：叶齐茂. 发达国家乡村建设考察与政策研究[M]. 北京：中国建筑工业出版社，2008.

表 1-5　日本村镇发展阶段

发展阶段	年代	时期	目的
1	1945—1960	粮食增长期	解决国民温饱问题，确保粮食增产
2	1960 年代	农业基础设施建设期	解决农业基础设施落后、农业经营规模过小等问题
3	1970 年代	农村综合建设初期	解决随着工业的不断增长，农村劳动力涌向城市而出现的农业人口不足的问题，旨在缩小城乡差别
4	1980 年代	实施体制期	调整农村的产业结构
5	1990 年代至今	农业和农村的综合建设期	促进农村的可持续发展

资料来源：叶青. 基于乡村规划的视角完善我国城乡规划体系[D]. 广州：华南理工大学，2009.

1.5.3　总结

基于上文的综述，我国国内对于乡村问题、乡村规划问题的理论性思考尚非常粗浅，研究十分零散和片面，仅停留在初级阶段，缺乏系统性的论证。在缺乏理论研究和思考的情况下，关于乡村规划实践型的研究却层出不穷，使得许多研究没有理论的支撑而容易走向错误的道路。

国外尤其是以英国为代表，已经对乡村规划进行了理论性深入思考，并形成一套行之有效的规划体系，但是这套理论体系和规划体系是基于英国特定的历史情况、政治制度和社会背景之下的。以英国为代表的发达国家基本已经进入后现代化社会和城市化高级阶段，在城市化、工业化、信息化方面都走在我国前面，其城市化率很高且城乡差别已经较小，其面临的问题是保护城市与乡村的居住环境多样化，发展现代高效农业等。我国的国情一是人口基数大、面积广阔，村庄多样化；二是仍处于高速城镇化进程之中，尚有一半的人口是乡村居民；三是历史遗留的城乡二元体制并未完全消除，城乡流通仍存在壁垒。我国在政治制度、农村土地制度等各方面与国外发达国家差别很大，因此简单模仿英国等发达国家的理论研究结构是不行的，在借鉴国外经验时应以历史的眼光追溯其发展的历程和经验，研究国外在乡村发展过程之中遇到的问题，与我们的历史阶段加以对比、加以借鉴，避免我国在发展过程中重走错误道路；应当对英国规划体系的框架和逻辑结构进行分析和参照，结合我国实际的政治、社会、经济、文化的背景建构适宜我国特殊情况的规划体系。

1.6 研究内容、方法

1.6.1 研究内容

研究内容主要由理论研究、乡村规划体系理论性的建构与广东省乡村规划体系建构研究 3 个部分。

广东省的空间尺度与英国类似，在我国属于较大的省份，对广东省乡村规划体系的研究在全国来说具有同构性。因此，本书在参考案例上主要以广东省为主，作为代表来扩展讨论全国普遍性的问题和理论。

1）理论研究

国外的乡村规划研究为我们提供了一个借鉴的视角，但是中国有自己的特殊情况，针对中国的现实问题，为了建构乡村规划体系，需要回答几个一般性的问题：为什么要编制乡村规划？什么是乡村规划？乡村规划的特征、主体、内容、程序是什么？围绕这几个问题，从现象逐层深入本质分析，来探寻乡村规划的基本概念，因为只有在基本概念明确和清晰的时候，构建乡村规划体系才能找到理论的基石。为了研究这些基本概念，必须深入国外乡村规划的问题进行研究，同时对我国乡村规划涉及的相关土地制度、社会、政治、经济、文化传统进行研究，以此深入探寻和发掘乡村的核心问题，进而研究并阐述乡村规划的实质特征。论证这部分的内容是第二、三、四章。

第二章回答了为什么要编制乡村规划的问题。本章通过承接绪论提出的问题，在国际视野的比较中分析了为什么要编制乡村规划，基于国外发达国家的历史经验，乡村的问题起源于国家保障粮食生产安全问题，继而区域生态、文化保护、乡村自治等乡村问题逐步被发现，乡村问题是一系列的。与国外情况不同的是，我国仍处于城镇化进程之中，因此，面临着如何良性地进行城镇化与保护乡村两个问题。这是我国乡村规划最重要的问题，需要同步解决的一对矛盾。从空间上来说，乡村问题的空间尺度是区域性的；从主体上来说，乡村问题的责任主体是国家；从规划手段上来说,解决乡村问题的方式是保护。这3个特征是后文的逻辑线索。除了关注乡村问题之外,乡村规划应该关注乡村历史文化价值、生态维系价值、休闲娱乐价值、承担社会保障等价值,使乡村规划考虑的问题更加全面和综合。

第三章回答了乡村规划基本特征是什么的问题。本章首先从"乡村问题的空间尺度是区域"这个基本现象入手,通过对乡村的本质进行界定,提出乡村的特征涉及的是一个区域而不是一个孤立的点。其次,介绍了英国乡村规划作为区域规划的实践案例,并与我国乡村规划的实践案例进行对比。再次,分析和批判了我国现阶段的乡村规划的观念是十分狭隘的,本质上都是村庄建设规划,无法解决村庄的实际问题,在面对保障粮食生产安全、保护区域生态安全等区域问题时,规划工具更是缺失的。乡村规划的基本特征是区域规划。乡村的问题具有多样性,应该在不同的尺度上给予解决:粮食生产安全的问题表现为国家尺度,具体解决粮食生产的责任和出于保障城市生态环境和历史文化的需求而保护乡村的责任是由区域尺度来承接的,村庄的发展与自治的诉求则反映在村庄尺度上。

第四章回答了乡村规划本质是什么的问题。本章由"解决乡村问题的方式是保护"这个论点入手,通过对3类乡村规划之中存在的问题,提出适用乡村规划的对象是以目标来划分而非以现状来划分。乡村规划的适用对象是以乡村为发展目标的一类区域,因此,乡村的本质特征是保护规划,与城市规划是两种类型和不同特征的规划,应该划定城市化区域和乡村区域两个不同的空间,区别两种规划类型,建立两个空间规划体系。

第五章回答了乡村规划编制主体的问题。本章从"乡村问题的责任主体是国家"这个观点入手,由乡村的责任主体与乡村规划的编制主体存在一种错位的现象出发,通过分析国家与农民的关系演变,以及现实情况下国家的转型对乡村规划提出的要求,站在重构规划体系的高度上,对现代国家的行政体制存在的问题提出批评,对行政体制的改革以及乡村社会重构的愿景提出了前瞻性的改革意见。但由于本书篇幅以及研究对象的限制,本书的研究是建立在改革的行政制度下,依据乡村问题的责任边界,提出由中央政府、区域政府以及村组织作为乡村规划的编制主体。

第六章回答了乡村规划成果形式有哪些的问题。本章以霍普金斯总结的规划成果的5种类型为基础,论述了英国规划工具包含了多种形式,分析了英国不同规划形式之间的关系,论证了规划形式是对应空间体系的,应该依据不同的空间尺度选择有效的规划形式,最后基于我国的乡村规划空间体系提出了不同尺度的规划形式。

2）我国乡村规划体系理论性的建构研究

第二至六章分别从问题、空间、实质、主体、形式的方面将乡村规划的理论基石研究清楚，第七章则是将乡村规划普适理论转化为普适结构框架的研究。第七章进一步在理论基石上试图构建出乡村规划的体系，乡村问题在不同尺度上表现不同，而乡村问题的责任主体的空间范围也不同，通过分析乡村在不同层面存在的问题，将空间尺度对应其治理解决的主体，构建乡村规划的空间体系，将乡村规划的整体理论结构和规划体系结合起来。然后具体通过对空间体系、编制主体、编制内容与要求、成果形式、制定与审批程序方面的构建，将广东省乡村规划普适性的理论框架体系搭建了起来，该理论框架研究了乡村规划体系之中的共性问题，不仅可以有效地适用于广东省，也可以结合其他地区进行具体的运用。

3）广东省乡村规划体系实践建构的建议

搭建起来的理论体系框架是提炼和概述的，如果要具体运用于广东省，还需要对广东省具体的情况进行研究和分析，基于现实情况将理论框架运用于实践之中，论证这部分的内容是第八、九章。

第八章是对广东省现实情况的总结和分析。本章深入且具体分析了广东省的社会、经济、人口、城乡等各方面的具体情况，对乡村发展阶段的特征进行了分析与评价；通过列举乡村规划的情况，批判了以往规划实践中就乡村论乡村、缺乏以整体观看待城乡矛盾的错误，以全新的整体观视角，创新性地将城市和乡村统筹起来，将乡村的保护问题、农业发展问题、生态保护问题、农民的城镇化问题等纳入省域乡村空间规划之中进行考虑。

第九章是对广东省实践建构的建议。本章对应乡村规划的理论模型，具体针对区域层次提出广东省乡村规划的目标、空间制度、编制主体、编制内容与形式等实质性内容，提出了广东省域乡村规划体系具体的内容框架。最后，对“省域城镇化空间战略”这种规划类型进行了具体研究，通过一系列的条件划定城乡政策区域的边界，划定出乡村政策区域，研究城乡关系，在城乡统筹的思想下针对乡村空间具体提出乡村的区域政策和补贴机制。

1.6.2 研究方法

本书理论研究部分通过比较研究与历史研究来分析问题，建构体系部分采用了批判性建构的研究方法。

1）比较研究与历史研究

为了对乡村规划几个问题作出解答，需要进行比较研究和历史研究。比较是认识事物的基础，是人类认识、区别和确定事物异同关系的最常用的思维方法。我国乡村的规划刚处于起步阶段，而诸多发达国家已走完城镇化发展的路径，积累了很多经验。尤其英国是最早进行城乡规划的国家，也是城乡规划体系最为完善的国家之一，它对城乡规划领域产生了世界性的影响，而英国单一制的政府体系与中国政治制度有诸多相似，因此本书主要以英国作为我国的借鉴对象，具有较为可行的比较意义。对国外乡村规划的编制缘由、机制、手段、方法进行研究、解读，通过对中外乡村规划的体系、机制、规划政策、规划类型的比较研究，可为研究乡村规划提供一种思路和经验借鉴。

由于我国与国外具有不一样的特殊国情，不能直接将国外的经验全套照搬，因此需要针对我国具体的国情进行建构，为了清晰地寻找到一条研究脉络，必须深入历史。历史研究是展示社会发展过程及规律的社会科学研究方法，在乡村规划领域可以分为两部分：一是对乡村历史演变的研究，通过对乡村发展的描述和解释，可以总结出乡村发展的规律，为乡村规划提供认识基础。二是对乡村规划发展的研究，通过对乡村规划本身发展过程中规划理论、思想、方法论甚至是具体内容、方法和手段的演变过程的认识，从整体上把握乡村规划的内涵。在进行历史研究的过程中，大量采用的方法是查阅文献法，即通过查阅大量的相关历史文献和研究著作，梳理我国乡村发展以及乡村规划的发展历史及其背景，对研究内容的基础理论和实践资料进行全面收集，并筛选分析。

2）批判性分析与建构

批判性思维源于西方哲学的思辨与质疑，是对各种证据的、概念化的、方法的、分类标准的或情景的考虑进行理解、分析、评价、推论和解释，并最终形成判断。我国现阶段的乡村规划实践中存在诸多问题，初看五花八门，但其根本源头就是没有对规划的几个基本问题进行理性的思辨。本书围绕理论问题的核心，针对我国现有的乡村规划体系中出现的问题和现象逐一进行批判和分析。“不破不立，破而后立”，从某种程度上说，建构的过程必然表示着批判，规划体系的建构历程是在不断批判和分析现有规划的基础上，在批判的过程中去伪存真，方能建构一套合理和可持续的乡村规划体系的理论框架。在理论框架的基础上，再把广东省作为一个实践的对象，进行有针对性地建构。

2 乡村规划的核心问题

为什么要编制乡村规划？由我国乡村发展史漫长而乡村规划历史短暂的现象中可以看出，乡村与乡村规划不是必然地联系在一起，乡村规划是乡村发展到一定历史阶段的产物，即出现一些需要解决的现实问题，而这些问题需要编制乡村规划来解决。因此，寻求乡村规划的编制缘由，必须先明确乡村规划的核心问题究竟有哪些。基于英国的乡村问题和现实情况，英国的学界将乡村规划主要目标概括为提供粮食保障、提高乡村居民的社会福利、保护乡村环境和促进乡村休闲娱乐等四项。依据我国的实际情况，我国乡村规划要解决的4个问题是保障粮食生产安全、保护乡村区域生态、保护乡村历史文化、解决乡村发展与自治。所不同的是，发达国家是在基本完成城市化后才提出乡村规划，而我国是在快速城镇化进程中就提出乡村规划，我国的乡村规划还面临城乡发展的协调问题，在城乡发展矛盾突出、城乡二元结构的背景下，乡村规划在解决上述普遍性问题时的复杂性更加突出。乡村问题的承载空间虽然在乡村，但规划尺度在区域；乡村问题的承载主体虽然是农民，但责任主体是国家；解决乡村问题的途径不能仅依靠自身发展，还需要外部力量提供的保护。除了解决乡村问题，乡村规划还应当关注乡村各类价值，包括休闲娱乐、减少就业压力、承担社会保障等，使乡村规划考虑问题更加全面和综合。

规划要解决的核心问题的特征决定了乡村规划的特征，因此本章是接下来研究乡村规划特征、实质、主体等理论问题的基础。

2.1 英国的乡村问题及乡村规划的历史参照

英国意识到粮食安全的重要性。

在18世纪末到19世纪初，英国的农业地位领先于其他欧洲国家，在快速工商业的发展过程中由于忽视了农业发展的政策，使得英国农业逐步衰落。19世纪40年代英国废除了谷物保护贸易法和自由输出工业产品贸易的一般政策，放任农产品自由贸易和市场竞争；1860—1933年，英国的耕地面积由558 700万 hm^2 缩减至352 200万 hm^2，减少将近40%的耕地面积，进口粮食的比例上升到70%[①]，从事农业劳作的只有不到

① Gilg A W. Countryside Planning[M]. New York: Routledge, 1996:38.

10%的人口[①]。在两次世界大战中,英国农业产品过度依赖进口的现象暴露无遗,战争爆发时只要截断粮食进口来源,英国国内就会爆发粮食危机,从而导致不战而败。由此引发的粮食危机使英国反思"自由市场"政策的3个问题:一是战时封锁凸显了对进口的依赖;二是战争结束后进口的粮食供应既昂贵也不可靠;三是消极的农业也是对资源的一种浪费。此后英国政府意识到保护农业发展和保护耕地的重要性,并从此调整经济发展战略,开始强调保护英国国内农业生产,建立自给自足的农业经济[②③]。

1947年,英国先后颁布了《农业法》(Agriculture Act)和《城乡规划法》(The Town and Country Planning Act)。《农业法》前言中写道:"作为国家利益,一个持续高效的农业要具有能够生产国内大部分粮食的能力……农产品价格保持低廉的同时要保证农民和农业工人获得相应合理的报酬和生活条件,使之与工业投资回报相当。"[④]其实战后英国的粮食危机已经结束,但使英国意识到国家自给自足的农业保障是国家安全和政治策略的考量,不是基于危机需要生产粮食,而是需要确保农业具有生产粮食的能力;粮食生产的载体是乡村,因此以"生产"为核心的态度决定了乡村地区的首要功能是保证"粮食供应安全"。另外,粮食生产的能力还与农民的数量有关,因此农业法中还要确立农业补贴政策,通过其他产业对农业补贴来体现对农业本身的支持,通过农业补贴来保持农民的收入,以期留住农民。《城乡规划法》的实施则是将乡村的"生产性"目标与规划体系进行了有效的统一和衔接[⑤],用规划体系落实"严格保护农业用地"的目标,因此当时乡村地区规划的核心是严格保护耕种的"白地",为农业生产提高效率创造机会[⑥],最典型的乡村规划措施包括"绿带"(Green Belt)政策和"国家公园"(National Park)政策。针对当时在英国广泛发生的沿高速公路的占地建设(Ribbon Development),"绿带"政策的制定阻止了城市蔓延对乡村的侵蚀,保证城市建设用地不侵蚀农业用地。可以说,英国乡村规划的起源是粮食危机事件,从该事件中意识到要保证粮食自给。出于维护和保障粮食生产安全,要严格控制农业用地不

先后颁布了各项法律来维护粮食安全,规划适时介入了国家粮食安全问题。

---

① Gallent N, Juntti M, et al. Introduction to Rural Planning[M]. London and New York: Routledge, 2007: 62.

② Murdoch J. Constructing the Countryside: Approach to Rural Development[M]. Abingdon: Taylor & Francis Ltd, 1993:11-37.

③ Marsden T, Murdoch J. Constructing the Countryside[M]. London:IUCL Press, 1993:41-68.

④ Gilg A W. Countryside Planning [M]. 2nd ed. New York: Routledge, 1996:39.

⑤ 闫琳. 英国乡村发展历程分析及启发[J]. 北京规划建设, 2010(1):25.

⑥ Gallent N, Juntti M, et al. Introduction to Rural Planning[M]. London and New York: Routledge, 2007: 71.

被侵蚀，乡村规划就是在此基础上建构起来的。英国乡村规划的第一要务是保障国家粮食安全。

早期英国乡村规划对于乡村的态度一直是将其作为一种初级农产品生产、景观生态多样性保护的重要地区，为了农业生产，一切非生产性的乡村开发都被禁止，乡村发展受到了人为的限制[①②]。但是，20 世纪 80 年代后，随着消费主义阶段的到来，乡村开始作为人们休闲娱乐的场所而被关注，乡村的旅游和休闲产业迅速发展，从而导致早期严格控制乡村开发的政策已经不适应乡村的需求和变化的趋势。为了更好地使用乡村，保护乡村自然景观、野生动物等多样化议题开始成为乡村的核心问题。随着城市中产阶层迁入乡村，原先处于人口衰退的乡村地区开始恢复稳定的人口增长，乡村生活质量的改善和基础设施的提供也被纳入乡村规划考虑范围之内。此外，受到外来游客和移民者的需求影响，乡村社区逐渐变得多样化，乡村阶层的变化也引发了冲突，在此过程中形成乡村住房市场与住房压力，产生了新的社区服务需求。因此，乡村规划从强调管制与阻止乡村地区的开发转向了关注更广泛的乡村问题，乡村规划逐渐被认可具有核心作用，可以协调政策的不同方面，以及关注地方社区不同意愿与需求。

英国逐渐意识到乡村区域的休闲娱乐功能，从而从早期严格控制乡村开发转向了保护与维持生产并存的时期。

《农业法》首先在 1986 年作出了重大改变，重新规定了农业、渔业和粮食部(MAFF：The Ministry of Agriculture, Food and Fisheries)的职权，要求重视并努力使以下几个方面平衡[③]：

• 一个稳定和有效率的农业生产的保持和促进；

• 乡村地区的经济和社会利益；

• 自然景观和乡村宜人风貌(包括动物、植物、地形、地质特征)以及任何考古利益的特征；

• 公众对乡村地区满意度的提升。

法案同时包括一些别的土地经营规定，如环境敏感地区(ESAs)，承认农业政策必须与社会、环保和休闲娱乐政策相协调[④]，农业政策开始由“完全促进生产”转向了“农业生产与生态保护的协调”。

1981 年的《野生动物和乡村地区法》中提出“付给农民报酬使其不再进行破坏农业环境的行动”，鼓励和引导农民转向在环境中更具有可持续性的农业活动，开始关注农业生产对环境的不利影响。20 世纪 80 年代中期到 90 年代政策上放弃了农业基础主义和生产主义，基于一种新的哲

---

① Blacksell M, Gilg A W. The Countryside: Planning and Change[M]. London: George Allen & Unwin Ltd, 1981.

② Cloke P. An Introduction to Rural Settlement Planning[M]. London: Methuen & Co., 1983.

③ Gilg A W. Countryside Planning [M]. 2nd ed. New York: Routledge, 1996.

④ Gilg A W. Legislative Review 1985—1986[J]. International Yearbook of Rural Planning, 1987(1): 65-92.

学观而转向更稳定的生产性乡村概念。20 世纪 90 年代以后，欧共体进行共同农业政策，引入农业—环境政策，要求共同通过遵从"生态农业"的一揽子政策，包括：维护野生动植物的多样性；保护其栖息地的生活环境及自然资源；保存大量的乡村自然风光带；为公众乡村旅游提供新的机会。英国在这些政策方面花费了 3 000 万英镑。然而，这时期的乡村政策被评论者认为：乡村规划政策是基于城市发展的思路，应对郊区化对乡村地区的冲击①，忽视了对乡村地区社会、经济发展和环境问题的回应。根据 1995 年的年度报告，农业、渔业和粮食部(MAFF)开始关注乡村和海洋环境、乡村经济的发展、农村动物的福利和餐饮业的政策等，虽然此时支持农业生产仍占据了规划政策的主要目标，并没有从对农业的支持转变到对环境的支持，但是总体而言，1980 年到 1995 年间农业政策从鼓励产量最大化而忽略环境后果的政策变成了在环境参数允许的范围内控制产量的政策，这表现出了英国对乡村态度的改变。

2000 年英格兰政府通过当时的环境、交通和区域部(DETR：The Department for the Environment，Transport and the Regions)以及农业、渔业和粮食部(MAFF：The Ministry of Agriculture，Fisheries and Food)出版的白皮书《我们的乡村：未来——对英格兰乡村的公平待遇》，呼吁以更灵活、更积极的态度去对待乡村地区的发展。2004 年《乡村战略》的出版更进一步确定了乡村多样化发展的思想，提出了乡村政策 3 个方面优先考虑的问题②：

• 通过帮助商业发展、提高技术水平及构建地方机构职能，在有最大需求的地区(落后地区)支持企业发展，锁定资源。

• 应对乡村的社会排斥，提供平等的服务和机会，以确保生活在乡村的人们不受到歧视(尽管城乡居民对服务的期望值有着明显的不同)。

• 通过一体化的管理来保护自然环境，确保有更多来自不同环境背景的人可以游览和享受乡村生活。

虽然规划的重心转向了重在保持和提升乡村地区的生活的环境质量以实现经济、社会和环境目标，但农业战略目标并没有被忽视，在 2002 年对"可持续的农业和粮食"有一个单独的国家战略。

同时，随着乡村消费价值的凸显，越来越多的城市居民迁入乡村社区中，乡村社区产生了极大的变化，例如地方社区服务设施需求的增加，或者原住居民和迁入居民不同阶层之间矛盾的加剧，因此规划与社区之间关系的变化成了关注的重点，在规划变革中出现了"参与性管理"，社区自治权力和规划的角色如何变化是英国规划体系的研究重点，同时地方战略合作的参与方与社区战略(正在建立新的管理模式)赋予社区的权利问

社区规划也在这个时候介入了乡村管理。

---

① Allmendinger P，Tewdwr-Jones M. Territory，Identity and Spatial Planning：Spatial Governance in a Fragmented Nation[M]. London：Routledge，2006.

② 卡林沃思，纳丁. 英国城乡规划[M]. 陈闽齐，周剑云，戚冬瑾，等译. 南京：东南大学出版社，2011：348-349.

题也成了英国规划体系的特别关注点。

从二战期间的短暂粮食危机以来，乡村规划政策从对农业生产问题的强烈关注，转向对乡村景观变化（它为应对新的生产方式已发生了很大的变化）的关注，再转向保护乡村环境和满足城市休闲娱乐的需求，以及为郊区通勤者建设的居住区等，乡村地区不断变化的经济和社会压力，使得乡村政策不断发生变革。英国乡村规划与政策的目标与重心从维持农业经济、维护农业用地转向保持乡村自然质量与乡村社区生活质量之间的平衡，以实现经济、社会和环境的可持续发展目标。概括而言，英国的乡村规划目标可以归纳为 4 个方面：(1)提供粮食保障(Providing Food Security)；(2)提高乡村居民的社会福利(Improving the Welfare of Rural Residents)；(3)保护乡村环境(Protecting the Rural Environment)；(4)促进乡村休闲娱乐(Promoting Rural Recreation)①。

2.2 我国的乡村问题与乡村规划

英国从应对和解决乡村问题中衍化出了一套乡村规划的体系，德国、日本等发达国家最初管控乡村的目的或多或少都是基于增加粮食生产的目标。二战之后，日本有一个被称为不变的基本国策就是基本农田制度。美国的乡村比较特殊，作为欧洲人的殖民地，美国的乡村经济一开始就参与到全球化的农业贸易中，而不完全是出于自给自足的生活聚落。因此，与欧洲和日本在工业化、城镇化过程中放任“自由市场”导致农业出现了衰退的现象不同，美国农业领域自 1776 年新中国成立以来便一直制定和执行着有计划的“政府干预”，即所谓的农业政策②。美国的乡村一直处于被管控之中，在政策的干预下积极和持续发展。历史研究提供了一个国际比较的视角，无论是英国等国基于粮食安全而制定的乡村规划，还是美国为了农业贸易而管控乡村，都是采取了一种积极的态度来干预乡村发展。

中国也是一个历史悠久的农业国，这点与英国情况比较类似。由于政治制度以及社会和经济发展阶段的差异使得乡村在国家中的地位不同，城市与乡村的关系不同，所以乡村的发展模式也不同。从秦朝开始到清朝结束，中国经历了 2000 多年的“帝国时代”③，尽管王朝反复更替，然

---

① Hill B, Young N. Alternative Support Systems for Rural Areas[M]. Ashford: Wye College, 1989.

② 詹琳. 美国农业政策的历史演变及启示[J]. 世界农业，2015(6)：86-90，169.

③ 虽然学界普遍认为公元前 475 年至公元 1840 年的中国是广义的封建社会(由马克思定义，指的是以地主阶级剥削农民为经济基础的社会形态)形态，但其实质已经不是西周“封建”的分封制度本意，而是以皇帝个人为中心的中央集权制度，帝王(而不是封建地主)拥有管控和索取乡村的全部权力，因此其实质为帝国时代。

而乡村与帝国的基本关系没有变化，承担向帝国供给粮食、纳税、征兵和徭役的责任，是一种单向的经济索取的关系，而乡村获得的只是基本的外部安全保障，乡村自身的发展与治理都是自给自足的。近代开埠到民国时期，工商业和城市大发展开始改变乡村自给自足的发展状态，在工商业发展的推动下，有些乡村转化为繁荣的城镇，而有些乡村在城市发展的阴影下迅速衰退。直到中华人民共和国成立以后，国家权力才开始真正意义上控制乡村，而此时乡村的控制最早源于"索取"的需求：政策倾向工业与城市建设，形成了农村支援城市发展的阶段，由于国家要发展重工业，故乡村的角色从"生产者"转向"供血者""造血机"，国家开始管控乡村，设立人民公社，以生产队的方式将政府权力延伸至社会最基层，通过城乡产品的"剪刀差"，抽取乡村所有的剩余价值为城市工业服务，其中农业是作为城市汲取乡村的最重要的资源。同时重工业的发展也扶持农村，提升农村机械化水平。1978 年农村经济改革，实行土地承包制，一方面调动了农民的生产积极性，与此同时，由于农民收入的提高而促进乡村建设，其中就出现了农村住房建设需求与耕地保护的矛盾；另一方面，由于人民公社的解体，国家权力在乡村开始退缩，其所应承担的公共服务和公共管理职能基本丧失，乡村再次回到自由放任的发展状态。20 世纪 80 年代到 90 年代，随着国家城镇化的发展，乡村不断地为城市发展输入土地资源和劳动力，为城市发展提供持续动力，在这种历史发展的背景下，乡村对于国家而言最核心的功能是保证农产品的供给，为此国家制定了最严格的耕地保护制度，建立国家机构执行最严格的耕地保护政策，然而，土地承包权利的保障已经无法保障农民的利益，甚至成为农民的负担，由于土地负担的逐渐加重就出现了我国特有的"三农"问题。这种情况一直持续到 2000 年后，中央连续 11 年颁布中央文件关注"三农"问题，城乡关系得到重新审视，城市开始反哺乡村，开始反思对待乡村的态度，国家取消农业税，并逐年加大支农力度，加强对乡村的行政服务能力来加强对乡村地区的管控。随着城市发展，大都市区域的乡村休闲价值显现出来，旅游、休闲和文化等城市资本进入乡村，开始改变乡村的风貌。

历史上中国乡村的发展与治理以自给自足为主。

乡村规划与乡村问题有关，与对乡村功能的认识深度有关，我国不同时期乡村的主要问题及其功能认识见表 2-1。

民国后，国家权力开始进入乡村，不同时期对于乡村的态度不尽相同，甚至大相径庭，不同时期的乡村政策表现了特定时期对乡村功能的关注，差异很大。

表 2-1　不同时期对乡村问题与功能的关注

时期	做法	中央权力	关注乡村问题/功能
封建王朝	井田制/两税制等	自治机构，皇权不下县	乡村承担纳税和征兵等责任
民国政府时期	乡保之上设置区		农村是独立、自治的生产者角色

续表 2-1

<table>
<tr><th>时期</th><th>做法</th><th>中央权力</th><th>关注乡村问题/功能</th></tr>
<tr><td>1950年，中华人民共和国土地改革法</td><td>地主所有→农民所有→集体所有</td><td>中央政府权力下沿至乡镇级别</td><td>工业萌芽开始出现，乡村和城市的生产消费关系开始发生变化</td></tr>
<tr><td>1958年，人民公社成立</td><td>设立生产大队（乡镇）</td><td>公权力延伸至社会最基层</td><td rowspan="4">重大变化发生在这个时期，国家要发展重工业，抽取乡村的生产资料为城市工业服务，乡村成为供血者支持城市发展</td></tr>
<tr><td>1978年，包田到户</td><td rowspan="2">生产剩余交给国家，其余自留</td><td rowspan="3">村镇获得更多自主权，发展活跃</td></tr>
<tr><td>1980年，包产到户</td></tr>
<tr><td>1983年，人民公社解体</td><td>乡镇企业发展</td></tr>
<tr><td>1988年，分税制初期，乡镇上缴7%的财政收入</td><td>基层财政收不抵支，农村“萎缩”</td><td>村镇失去大部分经济自主能力</td><td>中央财力严重不足；希望加强村镇管控；希望补贴更多建设用地给城市发展</td></tr>
<tr><td>1987—1988年土地使用制度改革，城镇用地、宅基地有偿使用</td><td>乡镇企业整并入园，地方政府土地依赖</td><td>村镇建设发展受到限制</td><td>乡村以土地的方式第二次为城市输血</td></tr>
<tr><td>1992年改革开放，外资企业获得土地、财税等优惠</td><td>乡镇企业竞争力减弱</td><td rowspan="2">村镇内部力量更迭，政府与农民关系恶化</td><td rowspan="2">乡镇企业处于全面溃败的状态，沿海地区“三来一补”的发展导致大量民工潮。城市获得第三次“输血”的机会，乡村以输出大量的人口红利的方式第三次为城市“输血”。在这种人口大量析出的情况下乡村开始呈现“原子化”和“空心化”</td></tr>
<tr><td>1999年，“三农”问题得到关注</td><td>民工潮，乡村“空心化”“原子化”</td></tr>
<tr><td>2002年十六大</td><td rowspan="2">重新审视城乡关系</td><td rowspan="4">农业收入低，农村金融体系薄弱、公共服务和社会保障匮乏等问题仍然没有得到解决</td><td rowspan="4">中央连续11年颁布中央文件关注“三农”问题，主要关注改善农业经济，各种社会资本开始关注农业和农村</td></tr>
<tr><td>2003年十六届三中全会，城乡统筹发展</td></tr>
<tr><td>2004年，“农业直补”，允许土地流转</td><td>农民负担减轻，乡镇财政进一步恶化</td></tr>
<tr><td>都市农业、休闲农业兴起</td><td>农业收益增高</td></tr>
</table>

续表 2-1

<table>
<tr><th>时期</th><th>做法</th><th>中央权力</th><th>关注乡村问题/功能</th></tr>
<tr><td>2005 年，建设社会主义新农村</td><td>城市政府资金有计划投入村镇建设</td><td rowspan="5">农村资源匮乏，土地利益分配成为城乡关系的焦点问题，地方政府对农村的反哺更多基于土地利益和政绩工程的需要</td><td rowspan="5">关注乡村土地价值，中央逐年加大支农力度，通过提高对乡村的行政服务能力来加强对乡村地区的管控</td></tr>
<tr><td>2006 年，全面取消农业税，城乡建设增减挂钩</td><td>城市政府进一步追加建设投资</td></tr>
<tr><td>2007 年，加大“三农”投入力度</td><td></td></tr>
<tr><td>2008 年，加大农业基础设施建设</td><td>农村合作社，农业金融组织，现代农业</td></tr>
<tr><td>2009 年，加大对农业的保护力度</td><td></td></tr>
<tr><td>2010 年，城市资本下乡</td><td>现代农业、休闲农业大发展</td><td rowspan="3">城市停止抽取乡村资源
反哺
对乡村价值的重视</td><td rowspan="2">城市资本大举进入乡村，关注乡村基础设施、人居环境、经济发展等问题，开始重视和挖掘乡村的价值</td></tr>
<tr><td>2012 年，新型城镇化概念提出</td><td>从追求城镇化速度到提升城镇化质量</td></tr>
<tr><td>2017 年，乡村振兴战略提出</td><td>城乡融合发展</td><td>乡村可持续发展成为主体，不是被动接受城市反哺，而是乡村自我振兴</td></tr>
</table>

资料来源：自拟，部分参考自中国城市规划设计研究院相关报告

表 2-1 只是概略地综述了我国不同时期乡村问题的特征，粗略地阐述了现实存在的乡村问题，缺乏与之相适应的政策工具和规划工具，所有政策的出发点还是出于城市发展的需求而关注乡村，索取乡村剩余资源，对于乡村问题及其功能的认识是片面的。简单地回顾历史发展，仅仅 30 年，我国的乡村也经历了英国乡村规划的四类议题，即：保障国家粮食安全、乡村生态环境和历史文化保护、促进乡村的休闲娱乐功能、提高乡村居民的生活福利等。这就意味着英国乡村规划的议题可以成为我国乡村规划的议题，英国的经验具有参考和借鉴意义。

2.2.1　乡村规划的目的是保障粮食生产安全

根据美国人口咨询局数据显示，在 2005 年，中国香港的城市化率已

经达到100%,同时达到100%的还有新加坡、摩纳哥等国家。这些国家和地区完全消灭了农业,建立了以第三产业为支柱的经济体。2008年香港地区第三产业(服务业)占GDP比重达到最高,为92.3%。新加坡作为一个城市国家,水和土地资源均十分有限,造就其农业是典型的城市农业,农业在三大产业中所占比重不到1%,农村几乎不存在,需要从国外进口90%的国内必需食物。在全球化的市场经济下,依靠便捷的国际贸易渠道也可以实现粮食供给,那么我国现在是否需要保障粮食安全?

2.2.1.1　保障粮食生产安全的重要性

保护粮食生产安全是政治要求。

我国的人口基数大,是世界上最大的粮食消费国,粮食的平稳增产和供求平衡的问题对我们这样一个泱泱大国而言是永恒的话题,粮食安全状况不仅决定着我国的前途和命运,对世界政治经济格局也具有重要影响。对一个主权独立的大国而言,如果本国主要粮食不能保证较高的自给率,而大量依赖国际进口的话,其他国家尤其是美国,极容易在粮食隐形战争中通过粮食价格上涨的方式进一步冲击中国农业,从而使农业的主动权掌握在美国手里,使美国金融投资家轻易掌控粮食价格,通过转嫁美元危机波及国内的经济[①]。美国前国家安全助理布热津斯基在《大棋局》一书中也断言,"粮食和能源,将是中国经济增长的软肋。粮食依赖进口将给中国经济资源造成紧张,也使中国更容易受到外部压力的打击"。因此,即使农业生产产出率远远低于工业,也必须要维持粮食生产。习近平总书记强调"中国人的饭碗任何时候都要牢牢端在自己手上",这是一个政治要求,而非单纯的经济考量。

近年来,我国的粮食生产呈现稳步发展的态势,但要看到,近几年国际粮价大幅波动,国际粮食供求格局偏紧,我国粮食的需求和供给形式在快速工业化与城镇化的过程中正在发生重要变化。虽然世界粮食问题中真正短缺的很少,大多数都是因分配不公造成的,且我国粮食总量需求也基本可以满足,但是基于世界性的粮食价格战以及随之而来的各种社会、政治效应,建立我国具有主导权的粮食市场机制仍然是非常必要的。

保障粮食安全涉及国家安全的基本国策问题,属于政治范畴,这与一般城市规划的社会、经济、文化和环境议题不同,是乡村规划的特殊性质所在,也是现行乡村规划的严重缺陷。

2.2.1.2　我国的粮食生产现状

中国自2004年以来,实现粮食连续十年增产,2011年全国粮食产量

① 帕特尔. 粮食战争:市场、权力和世界食物体系的隐形战争[M]. 北京:东方出版社,2008.

达到 57 121 万吨[①],不断打破历史纪录,然而粮食总体仍然处于“产不足需”的状态,2010 年我国进口的粮食就达到了 6 695 万吨(其中主要为大豆,共 5 480 万吨),相当于国内粮食产量的 12.25%,同时还进口了 687 万吨食用植物油,意味着我国 95%粮食自给率的底线已经被突破[②]。依据计算,我国需要使用 7.6 亿亩播种面积才能满足国内对植物油和大豆的需求,相当于我国 2010 年农作物播种面积的 32%。因此,我国的耕地面积仍然远远不能保证完全的自给率,保护农村、保护耕地仍然是我国的长期国策。从粮食消耗上看,1995 年至 2010 年,我国粮食总消费的数量从 4.753 亿吨增加到了 5.5 亿吨,增加了 7 475 万吨[③],而随着城镇化的进程加快,从粮食的消费形态上看,需求的压力是不断加大的。2011 年,我国粮食产量达到历史最高的 5.7 亿吨,人均粮食产量 424 kg,但即便如此,我国当年仍然净进口粮食 6 390.3 万吨,人均粮食消费量超过 471 kg,如果把 2011 年进口的 337.8 亿美元的副食品折算进粮食消费,那么 2011 年我国人均粮食消费甚至都已经接近 500 kg。从 2003 年粮食产量 4.3 亿吨到 2011 年的 5.7 亿吨,累计增长 33%,而人均粮食消费从 334 kg 升至 471 kg,累计增长 41%。消费增速是生产增速的 1.24 倍,如果将人口增长的因素纳入考虑,粮食消费的增速则是粮食生产增速的 1.29 倍[④];此外,能源化粮食的生产面积扩大也意味着大豆生产面积的缩小。消耗超过总供应意味着要动用国防储备或国家战略储备,使谷物供求局势紧张。安民之本,必资于食,安谷而昌,绝谷则危。特别是在快速城镇化时期,粮食短缺一个月就足以让社会甚至国家剧烈动荡。

我国耕地不能完全保障自给率,保护耕地、保护农业生产功能仍然是我国要坚持的方针战略。

乡村要承担保障粮食生产的功能,这是基于以英国为代表的各国经验的总结;对比我国,乡村保障粮食生产的功能也是国家战略的重中之重。目前的粮食生产仅能基本满足国内需求,仍然需要坚持保障粮食生产安全,必须保障乡村的农业生产功能,不能单纯依靠基本农田保护,而是要保障一个完整的农业生产空间。因此,同国外发达国家走过的路径一样,我国乡村规划的首要目标体现为保障粮食生产安全,乡村规划首先是一种保障农业稳定与发展的规划。

基本农田保护也就是在空间中划定一定数量和面积的耕地,用来保证粮食生产潜力;而所谓的农业生产空间就是包括农业生产的全部要素空间,包括农民的居住及生活配套、农业生产辅助设施等。二者是不同的概念,所达到的效果也不同。

① 数据来源于《中国统计摘要(2012)》。

② 有关部门曾宣布:中国的“主要粮食自给率仍稳定在警戒线 95%以上”,“就进口总量来看,玉米、小麦、大米这三种粮食的进口量占国内产量比重不足 2%”,这是一个错误的信号。因为在统计粮食时,并没有包含大豆和其他粗粮在内,而中国大豆进口量已超过消费量的 80%,相等于用了 2 亿亩耕地来生产大豆。正因为压缩了大豆、高粱、谷类、薯类的种植面积,才产生了“粮食自给率稳定在 95%”的假象,一旦停止进口大豆,中国就需要拿出自己的耕地来生产,到时候主粮小麦、水稻、玉米势必产量大跌,粮食供应将严重不足。

③ 韩俊,等. 中国农村改革(2002—2012)[M]. 上海:上海远东出版社,2012.

④ 杜宇能. 工业化城镇化农业现代化进程中国家粮食安全问题[D]. 合肥:中国科学技术大学,2013.

2.2.2 乡村规划的目的是保护区域生态

2.2.2.1 区域生态的空间载体在乡村

乡村坐落于广大的自然区域，有人类与自然相互作用的半人工特征区域，如农田、水塘、山林等，也有纯自然生态特征的区域，如山川、水域、海洋、沼泽等。乡村具有完整的生态系统，具有生态调节功能，同时提供人类所需的一切资源和环境条件，除了给人类提供实物型的生态产品，如空气和水的净化、土壤及其肥力的形成和更新、农业、医药、工业等关键生产要素的提供外，还以巨大的生物多样性提供着非实物型的生态服务，包括废弃物的分解和去毒、生物多样性的维持、气候的稳定、极端温度的调节和抑制等①。近年来随着可持续发展研究的深入，人们逐渐意识到人类的可持续发展必须建立在保护和维持生物圈和生态系统服务功能的可持续性上。

乡村最主要的农业生产活动也具有调节生态的功能。农业耕种被称为一种具有自然再生产特征的人工产业，可调节生态平衡，包括调节气候、保护土壤和水源、维护生物多样性等功能，对生态环境的保育更有无可估量的价值。以农业生产的方式利用土地必须保持一定时间的植被覆盖，可为自然净化空气、提供氧气；水田则还需要保持一定时期的淹水状态，据测试，每公顷水田一个季度即可净化 7 500～12 000 m^3 的污水，同时产生大量的氧气。可见，农田和与之相关的农业活动对生态具有很好的调节作用。

乡村生态环境对于区域城市发展也必不可少，最早的田园城市思想中即蕴含了城乡综合规划的思想。不仅城市有精心布局，其周边也合理地安排了森林、牧场、果园、蔬菜等种植园地，提倡保护农田、尊重自然、顺应地势、养护森林和绿地，使城市有足够的供氧基地。在城市化过程中，乡村是不可或缺的，不仅不会消失，还会越来越强烈地体现出生态意义，因为不管社会经济发展到什么程度，人类永远不可能摆脱最基本的生态环境基础，不仅如此，随着生活水平的提高，人们将会对生活环境有更高质量的追求。人口虽然朝着城市集中，但是城市与乡村的生态联系却永远不能被割断②。乡村环境对城市运行支持的一个例子是，小麦对北京冬天的气候调节非常有帮助，因此北京市激励近郊农民在冬季种植小麦，用于改善城市生态环境。

相对城市区域而言，乡村区域与生态关系更加密切，被视为人与自

---

① Westman W. How much are nature's services worth? [J]. Science, 1977, 197(4307): 960-964.

② 罗守贵. 城市化过程中乡村的价值及其保护[J]. 城市, 2003(2): 31-33.

然、村庄与生态系统和谐共处的典范，体现了“天地与我并生，而万物与我为一”[①]的重要的生态哲学思想。岸根卓郎在《迈向二十一世纪的国土规划》一书中指出：农村通过保全整体生态系统来维持我们这个自然环境、社会环境、文化环境和生产环境的永久存在[②]。可见，区域生态问题的空间载体主要是乡村，乡村问题中非常重要的一个问题是区域生态问题。

乡村与自然的关系非常密切，不仅在于其坐落在自然环境中，就连含有人工痕迹的农业生产也对自然环境保有积极的维持作用。

2.2.2.2 乡村生态环境面临严重的威胁

农田、鱼塘、山林等是传统农村人居环境的有机组成部分，当前广东省乃至我国的区域生态破坏现象十分严重，由于村落的区位因素使得不同区域面临的生态破坏情况和特征不一样。

乡村生态环境受到严重的破坏，乡村规划需要直面乡村生态环境保护问题，特别是不同区域的乡村面临着不同的生态问题，不能一概而论。

在城市化地区或受城市发展的影响，乡村的农地被征用和自发转为工业用途，使得村庄的自然景观环境发生巨大的变化，原本处于自然环境中的传统乡村演变成被城市高楼大厦包围的城中村，或者是简易厂房、仓库环绕的城乡混杂景观。

部分农村在城市化的进程中，村庄建设无序扩张，低效使用生态用地及耕地，造成土地资源以及相关人力、物力、财力的大量浪费，已经危及农村的可持续发展；缺乏统一标准和整体规划，农村居住分散、缺乏科学的功能规划的问题，导致农村布局结构混乱，超标占地，浪费土地；配套设施不够完善致使农村环境较差。广东省耕地数量呈逐年减少的趋势。广东省两次土地调查数据显示，2009 年全省耕地面积 253.22 万 hm^2（3 798.3 万亩），比 1996 年调查时的 325.44 万 hm^2（4 881.6 万亩）减少了 72.22 万 hm^2（1 083.3 万亩）[③]；城镇化进程加快，建设用地需求增加，优质耕地面积也在相应减少。

处于较偏远的乡村，尽管农田、水塘等自然生态用地没有被建筑侵占，但是由于化肥和农药的滥用，导致农田土壤和水系污染情况严重。广东省化肥施用强度高达 852.4 kg/hm^2，是发达国家警戒线的 3.8 倍；农药使用量达 40.27 kg/hm^2，是发达国家对应限值的 5.75 倍[④]；2014 年广东省单位耕地面积化肥施用量和农药使用量分别比 2010 年上升了 5.18%和 7.79%[⑤]，恶化趋势不容忽略。农药和化肥超量使用危及农产品安全，大量营养元素进入周围环境，造成严重的环境污染，如近几年广东省近岸海域发生频次日益增多的赤潮，与农业化肥的大量使用有着密切的关系。同时，广东省的农药使用量逐年增加，大部分以大气沉降和雨

① 出自《庄子·齐物论》。

② 岸根卓郎.迈向二十一世纪的国土规划[M].高文深，译.北京：科学出版社，1990.

③ 数据来源于广东省第二次土地调查。

④ 数据来源于广东省政协十一届三次常委会议发布的《关于“农村环境污染治理”的调研报告》。

⑤ 数据来源于《广东省农村环境保护“十三五”规划》。

水冲刷的形式进入水体、土壤及农产品中，造成农药残留，因此导致了野生动植物一定程度的消亡和区域自然生态环境的衰退，并因食物链富集作用最终进入人体，危害人体健康。同时，乡镇企业发达的地区还表现为工业污染导致农田等自然生态环境日渐恶化。近年来广东省受工业“三废”和矿山污染而减产的农田面积达77.6万亩，其中有1.15万亩因严重污染遭废弃或改变用途①。据有关部门测算，广东省17.89%的乡村有工业垃圾排放问题，广东省农村日产生工业污水295.16万吨，有72.73万吨不经任何处理直接排放，占总排放量的24.6%②，广东省乡镇工业废气排放总量达5 656.8亿m^3。环境污染已严重威胁到村庄居住环境，据广东省社情民意研究中心统计，村民对工业、企业等污染的治理评价满意度只有29%。同时，由于城市科技向农村蔓延，导致农业生产方式发生变化，从侧面加剧了土壤退化、水土流失等生态问题，破坏了农村生态环境，阻碍了农业调节生态的功能。种种现象已经危及乡村和城市的可持续发展。

保护生态安全，改善农业生态环境，对农业、农村乃至区域的可持续发展都具有重要的意义，生态环境的保护载体在乡村，因此乡村规划需要关注和解决区域生态保护的问题。

2.2.3 乡村规划的目的是保护乡村历史文化

2.2.3.1 历史文化的空间载体大多在乡村

我国是一个农业大国，很多历史文化都发源于乡村，并且在乡村得到完整的保存和继承。

我国历史上长期是一个农业大国，在长期的农村形态、农业耕作下形成了我国独特的农耕文明，礼俗制度、文化制度乃至国家制度都是建立在适应我国农业生产生活需要之上的。农耕文明以儒家文化及各类宗教文化为载体，通过国家管理理念、礼教约束以及民俗、民歌、戏曲、方言和祭祀活动等形式，逐渐形成了独特的文化内容和特征，深刻影响着中国的内涵。中国很多传统文化哲学都发源于乡村，如“应时、取宜、守则、和谐”，包含着天人合一、避免过度掠夺和开发自然等思想，是劳动人民在劳动中发掘并传承下来的最主要的精神。薪火相传的农耕文明塑造了中华民族的行为规范与价值取向。由于我国民族众多、地域广阔，各民族创造了自己的农耕文化，如北方的游牧文化、南方的桑蚕文化等，仅广东省不同区域间就有客家、潮汕、广府等不同农业生产方式和相应的生产与生活习俗，且在不断的民族交流与融合之中，各民族的历史与文化不断互相借鉴、融合与传承。

---

① 数据来源于2013年6月18日广东省政协召开的“农村环境污染治理”专题座谈会。

② 数据来源于《南方日报》2013年9月26日报道《广东农村污染严重，化肥施用度为发达国家警戒线3.8倍》。

由于乡村发展缓慢，代际结构稳定，人民迁移频率低，与城市相比，乡村中保存着较为完好的民俗文化和民间技艺，如祈年求雨习俗、祭山拜地习俗、开犁开镰习俗、丰收庆典习俗、各地的民歌、船工号子等，至今在很多乡野中还保存着；乡村文化根植于乡土，与农民和土地紧密相连，较少受到王朝更替以及外来文化的影响，具有很强的生命力和传承延续性，见证了人类文明的发展和演变，是我国不可多得的瑰宝。因此，在农耕乡土历史文化悠久的传统农业大国，中国几乎所有的传统文化都发源于乡村，乡村是历史和文化的良好空间载体。

2.2.3.2 乡土文化沦陷与丧失的情况非常严重

在目前社会经济快速发展与推进城镇化时期，大量传统村落正在消失，大量的农业文化遗产和农耕文化在逐渐消亡，单一的城市文化正在逐渐代替多元的乡土文化，传统文化和乡村文明的样态已经沦陷，乡村无论是在地理上还是在文化上，都处于坍塌和被抛弃的状态，乡土文化的丧失成为乡村发展中很重要的问题。现代中国很大一部分人的价值观中，“城市”代表繁华和富裕，“乡村”代表落后和贫穷，人们选择涌向城市，放弃农村户口；这种特殊的情况值得注意。这与农业传统同样悠久的英国正好相反，英国人更向往乡村生活，城市只是日常工作的临时聚集地或定期会晤所。英国前首相斯坦利·鲍德温爵士曾说：“对我来说，英格兰就是乡村，乡村才是英格兰。”这句话代表了英国民众的价值观。这两种截然不同的对于乡村的价值判断，既是社会历史的造就，亦是政策与规划的干预。迥异的情况反映出不同的政策手段和规划手段所带来的不同结果。因此，为保护和传承我国文化遗产，保护文化的源头和母本，乡村不应被城市化裹挟而抛弃传统文化，乡村规划应重视乡村的历史文化的保护和传承问题，包括保护民俗文化、地方特色、历史民居、地域文化等，维系生产、生态、生活的和谐发展。

中国乡土文化正面临着丧失，和我们推行的主流价值观（城市好于乡村）有关系，如何扭转这样的价值观是一个宏大的社会学命题。

2.2.4 乡村规划需要促进乡村自治和提高农村居民福利

目前，我国13亿人口中有8亿农民，这是我国的基本国情，因此，乡村的治理不能只考虑国家、区域和城市的利益而选择牺牲农村和农民，农民与城市居民一样，应当享有完整的公民权利，应该有充分的自治权利。十一届三中全会之后，以家庭联产承包为主要形式的生产经营制的推行，使得原有的干部任命制，生产、分配以集体为单位的管理体制失去了依托；同时，获得了一定经济自主权的农民随着政治环境的变化以及受经济利益的影响，对维护自身利益和民主权利出现意识觉醒，反映在对管理村庄事务和监督村干部行为等方面的诉求上，开始出现要求获得“自治”或“参与管理”等政治上的民主权利的愿望。其次，随着新旧体制的转轨和

过去在政治强压下，农民应拥有的公民权利很大一部分无法履行，但随着社会进步，应当恢复并完善农民的公民权利，包括社区自治和城乡福利均等化等议题，这些都是未来乡村规划必须考虑的问题。

交错，农村社会问题和矛盾突出，以国家为代表的政府治理是一种自上而下的管理模式，不仅无法解决反而更加激化乡村社会矛盾；与村庄事务有直接利害关系的是农民，无论是在村干部的产生、村中人事的决定和对村干部的监督方面，还是在村中事务管理、村庄公共品和公共福利的分配方面，村庄自治都可以有效地表达民主意愿，解决农民纠纷，调动农民自主的积极性。但现在，城乡二元的政治壁垒尚未破除，乡村自治只是一种形式上的自治，而乡村内在的土地制度、政治制度、社会体制仍将农民捆绑在土地之上，农民并没有获得真正的自由，乡村自治尚未得到完整意义的、有效的实施，因此规划应当通过自身具有的沟通协调的能力，成为乡村社区当中自治的一个有效工具。

同时，随着城乡二元制度的进一步消融，城乡居民应当享受同等的保障与福利，居住在乡村的农民应当享受乡村的发展福利。然而，目前我国的农村人居环境总体水平仍然较低[①]，在居住条件、公共设施和环境卫生等方面与城市差距仍然比较大。这需要规划有效提供村庄发展与建设的基础设施，通过因地制宜、分类指导的方式，解决乡村的各类发展问题。

2.3 乡村规划问题的基本特征

乡村规划面临一系列问题，看表征是乡村自身存在的问题，然而，看待乡村问题不能割裂乡村与城市的关系来单独考虑乡村。事实上在城镇化发展的过程当中，乡村不可能脱离城市的影响，城市发展带给乡村的问题远超过乡村自身的问题，因此要从区域视角来分析乡村规划问题的特征。

2.3.1 乡村规划的尺度特征

乡村规划的问题虽然反映在乡村空间中，却不是乡村尺度能解决的，必须放置在国家、区域尺度中统筹考虑。

乡村规划最重要的问题和目标是为保障国家粮食生产安全，这是关乎国家生存和发展的必要底线，也具有维持子孙后代生产发展的国土空间、实现国家可持续发展的重要意义，是一个政治责任。保障粮食生产安全不能仅仅落实为“耕地”这个单纯的农业生产要素，也不是独立的、个体的乡村能够承担保障国家粮食安全的任务。乡村是一个空间类型概念，具体乡村（特指的乡村）在空间中是一个个独立、分散、小型的个体，一个孤立的乡村空间尺度无法承担保障国家粮食生产的责任；乡村是一个经济体，虽然有政治责任，却不构成一个完整的政治体，保障粮食生产的空

① 国务院办公厅．关于改善农村人居环境的指导意见[Z]．2014．

间尺度应是国家这个政治体。

城镇化发展必然使得城市周边的乡村受到侵蚀，从而使耕地、生态、乡村景观及休闲空间被侵占，这些乡村问题依然不是乡村本身固有的矛盾，而是城市发展与区域城镇化带来的。一部分乡村由于国家层面的决策（如耕地保护政策）而被限制缺乏发展动力。这些矛盾无法通过乡村自身进行调节，更无法通过作用于乡村地区的物质空间规划来管控。这种矛盾具有负外部性[①]，是国家和城市的活动导致了乡村受损，但造成负外部性的区域却没有为此承担成本。因此，乡村规划问题必须要上升到区域尺度，以统筹城乡关系的视角来解决。需要在区域尺度协调矛盾、平衡发展、补贴乡村，不能就村庄论村庄。

可以说，虽然乡村规划问题的承载体是乡村这个物质空间，但是解决问题的规划却不能只在乡村空间尺度中进行。乡村规划问题的空间尺度不是村庄一个个孤立点，而是区域性的，不但体现在乡村，还体现在国家、在区域。需要通过对乡村规划问题尺度的分析，需要进一步明确乡村规划的本质特征是什么，这样才能使用正确的规划工具解决乡村问题。

2.3.2 乡村规划的责任特征

保障粮食生产安全不仅是乡村本体和农民个体的责任，粮食的安全与否威胁到了全体国民的安全，更深层次来说关系到国家对外利益的问题，关系到国家是否稳定和主权独立等政治问题；乡村关于生态、文化、休闲等方面关系到区域环境与文化，与区域息息相关。因此，乡村规划的问题关系到国家与地方的稳定，这些问题影响的主体并非只是乡村所有者——农民，而是全体的城市与乡村居民，这些问题必然不应该、也不可能只通过农民自身来解决。保护乡村区域生态、文化的责任必须要上升到地区主体；而保障粮食安全的责任应该上升到国家。所以说，乡村规划问题的责任主体是国家、区域。

可以说，农民只是乡村物质空间的所有者，却不是乡村规划问题的完全责任主体，问题的根源不在乡村，解决乡村规划问题绝不能依靠乡村自身和村民自身。保障粮食生产安全是国家的责任，保护生态、文化是区域

保障粮食安全的责任仅在各级地区主体不能完全解决，从政治性看，地区是一个开放性实体，不具备国家政治责任，地区并不需要独立承担其领土范围内的安全，亦不需要保障领土范围内的人民的安全，而国家的意义则在于是一个政治实体，政治独立、经济自主，有独立的主权，完全负责自己领域内的人民的安全，地区与国家的政治责任是不同的。

① 在经济学中，解决负外部性的根本途径只有一条，就是统一公共资源的用途和使用方式。在乡村具有多种方向和使用方式的冲突情况下，涉及的利益方相互妥协直至达到能够相互接受对方的最低程度。但这种方法的前提是二者的用途和使用方法能够兼容，比如城市周围的乡村景观发展问题，若城市认为应当保留一定郊野景观，并愿意为此支付相应成本，而乡村地区也同意放弃自身经济发展而接受纳入城市福利系统，则二者就能够共存。但这种解决方案只能是在利益成员只有少数的情况下才能够进行，若涉及成员很多，相互之间的交易成本将会很大。在涉及利益群体非常复杂时，建立一套完善的赔偿机制和支付转移机制就变得非常重要，可以有效节约交易成本。

的责任。

2.3.3 乡村规划的保护特征

在城市规划的思维方式下，有观点认为乡村可以走城市的模式，通过发展经济、吸引人口、发展产业，可以达到自我振兴的目标。但乡村衰退是必然趋势，放任乡村在自由市场中发展，其结果只能是在经济驱动下资源进一步被破坏，人口进一步流失，文化进一步衰退。乡村规划关注的乡村问题，本质是资源、生态、历史文化的保护，保护应当先于发展而成为首要命题。

从政策走向看，社会似乎期待着乡村振兴，如何发展经济似乎成为乡村规划的首要命题。然而，从刚才的分析中可以看出，乡村承担着粮食生产、生态、历史文化等功能，而这些功能若是不加以保护，在工业化和城镇化的趋势下，所造成的结果必然是自然衰退和消亡。

城镇化在空间上表现为城市发展的过程中，人口增加、基础建设规模扩大、城镇用地向周边扩展、道路交通用地增加等特征，导致人口、资源和环境之间的矛盾日益凸显。在经济利益的驱动下，城市周边的农村土地不断被征用，变成城市建设用地，周边的乡村土地逐步转化为城市用地。乡村中大量优质耕地和生态绿地的经济效益低下，极容易被城市侵蚀转化为建设用地。据估算，从 1997 年到 2010 年我国总共占用耕地面积 183.1 万 hm^2 用于非农城镇建设，其中大部分是优良品质的耕地，其面积已相当于半个海南省。而这些资源恰恰具有维护粮食生产安全、保有良好生态环境的价值，如果没有及时地规划控制，有效控制城市的发展边界，这些资源岌岌可危。另外，人口增长过快对生态环境造成压力，迫于生产的需要，人们过度毁林开荒、围湖造田、乱采滥挖、破坏植被，人类建设活动许多时候已超出自然生态系统的承载力。

随着城市化进程加快，乡村的社会结构受到冲击，乡村或是随着人口流失，内部原本坚固的社会组织被破坏，形成“空心村”和“386199”的留守村，乡村社会结构断层，从而引发一系列社会问题；或是由于城市的发展而被动地征地，造成农民失去土地保障，又不被城市保障所接纳。这些都是引发社会动荡的重要因素。

同时，主流价值观下，进城农民受到现代化城市文化的影响，会逐步被城市文化所同化，渐渐排斥与丢弃原有的乡村文化，使得延续几千年传统的乡土文化和技艺正面临着逐渐失传的危险。更可怕的是，在网络化时代，城市文化向乡村地区传播和渗透的能力加强，媒体的宣传使得乡土文化被边缘化，乡村原有的特色文化也正被城市文化所取代。

城镇化是乡村问题产生的核心影响因素，乡村不能没有管控地任由城市化侵蚀。从这个角度说，**乡村放任自由的发展就是一种破坏，乡村规划问题必须使用政策和规划等各种手段进行保护，因此解决乡村规划问题的途径不能依靠发展，而是应该建立有效的保护途径。**

2.4 我国处于城镇化进程与乡村保护同步进行的特殊阶段

英国在基本上已经完成城市化之后才意识到保障乡村粮食生产安全、生态、乡村休闲娱乐的重要性,因此他们面临的是乡村单一的保护问题。而我国是一个发展中国家,处于区域城镇化的特殊历史阶段,这给我们解决乡村问题带来了更多挑战和考验。

2.4.1 我国处于城镇化高速发展的阶段

在乡村众多问题亟待解决的情况之下,我国正处于高速城镇化进程之中的特殊历史阶段。在国家编制的《国家新型城镇化规划(2014—2020)》中,认为"城镇化是解决农业、农村、农民问题的重要途径",规划到2020年我国常住人口城镇化率将由2012年的52.6%上升到60%左右,这意味着在接下来很长一段时间内,我们的城市人口将不断上升,乡村的人口发展势必不断下降,这个现实情况和欧洲一些国家城镇化已经基本稳定的情况不同,但和城镇化处于初期阶段的地区情况也不同。

我国与英国不同的是仍处于并将长期处于城镇化发展阶段,从而使乡村规划面临的问题更为复杂。

在特殊的历史阶段下,我国乡村与英国等发达国家乡村最大的不同是,在粮食生产安全的前提之下,乡村并不处于一个稳定的状态,而是面临着变化趋势的选择问题。一方面,在快速城镇化的阶段,大量乡村面临向城市转型、农民向城市转移的问题,然而,我国的特殊情况是城乡之间存在二元体制的壁垒,城与乡之间各种要素并不是一种自由流通的状态,这使得乡村在转化为城市的时候,无论是土地的转化还是人口的转化都存在层层阻碍。另一方面,需要保留的乡村,由于受到城市化引力的影响,全面呈现衰败的状态:城市发展吸引了乡村人口而导致乡村整体性衰退;大部分处于偏远地区的乡村人口净流入城市而形成"人口的浅层城镇化",而这些村庄由于没有受到城市经济的辐射推动,又缺乏政策与资金的扶持,从而呈现整体性衰退的现象,缺乏公共设施与基础设施,产生大量的卫生环境和社会环境问题。非良性的城镇化给乡村带来了更多问题[①]。

2.4.2 我国发展阶段与乡村规划问题的特殊性

高速城镇化背景下乡村发展与分化的情况,放入乡村历史发展长河

① 周游,郑赟,戚冬瑾.基于我国城镇化背景下乡村人口与土地的关系研究[J].小城镇建设,2015(7):38-42.

中看待，只是一个发展阶段中的特殊现象，是乡村在区域城镇化阶段中的问题。城乡发展仍然处于变化之中，远没有达到平衡，那么，我国城乡最终发展目标在哪？乡村和城市各自所占的比例是多少？乡村未来的发展趋势，有可能通过技术的革新和改良，通过垂直种植（耕种）生产粮食，使单位土地上的产量大幅增加，从而不需要更多的耕地和农业劳动力，最终消除乡村的生产功能，使乡村基本城镇化；也有可能改变乡村的生产生活方式，人们不需要在城市集聚，而更多生活在乡村之中，出现“逆城镇化”，城市化率进一步降低。这些情况随着社会的发展和科学技术的进步会发生变化，贸然给乡村发展的未来下一个终极的结论是不严谨的，城乡发展的平衡点仍有待更科学的研究和论证。

我国乡村的发展趋势是什么？这个判断关系到乡村目标与政策的制定，然而这个宏观命题在现在很难得出一个确定的答案。但是，乡村保护的底线却是可以被划定的。

城乡的发展如何变迁是未知的，但划定乡村的保护底线却是非常清楚的：就是基于保护粮食生产安全、保护生态空间的原则。在现阶段，广大的乡村地区正是保证粮食能够稳定生产的基石。乡村保有大量优质的耕地资源，为粮食生产安全提供了空间载体；乡村有耕种的农民，为粮食生产安全提供了潜在的劳动力。因此，虽然农村和农业在国民生产总值中的占比在下降，但是对于整个国家稳定和健康发展的价值却是在上升的。基于国家利益的需要，政府对于乡村的管控也一定是不断加强而非削弱。这就要求乡村规划基于保障粮食生产的角度、基于土地资源利用的角度，需要坚守耕地红线，划定乡村农业生产的保护边界，保存乡村物质空间实体，使其不被城市发展用地侵蚀；基于农民的角度，必须提高农民的收入水平，加强社会保障制度和制定向农民倾斜的政策，保留从事农业种植的农民；基于农业发展的角度，需要推进农业现代化，增强农业综合生产能力。乡村拥有大量优质的生态空间，为区域协调发展提供了基本的保障，对于良性的城镇化发展具有很大的意义。这就要求乡村规划必须划定生态保护区域，避免城市化和工业化对生态敏感区域的侵占，并且要有一套保障乡村生态空间的策略，如建立补贴机制等，使城市经济发展与乡村生态保护能够相协调。

我国乡村一边进行城镇化一边进行乡村保护，这使得发展和保护的矛盾更为凸显，我们不能完全复制西方国家的规划方法，必须立足于我国的现实情况，合理研究适宜的规划方法。

与英国单一的乡村保护方式不同，我国乡村面临的主要问题是快速城镇化的过程与乡村保护的双重问题，这是我国乡村问题的特殊性。这就要求我国的乡村在走城镇化的发展路径与乡村保护路径之间要协调和统筹，两条路径要并行，这涉及发展和保护如何协调的问题，涉及城市化区域和非城市化区域如何协调的问题，这将带给乡村规划更多的考验和挑战。

2.5 乡村规划的新维度：关注乡村价值

在英国乡村的研究中，逐步开始意识到乡村存在有城市不可替代的价值，体现在使用价值（包括直接使用价值和生态服务价值）和非使用价值上。其中，乡村的直接使用价值包括土地供给方面的（如提供种植谷物、生产木材和建筑房屋的土地）和非价格的收益（如提供休闲娱乐、景观和文化等功能）。生态服务价值则包括乡村保护生物多样性、进行生态循环和净化、保护水土等。非使用价值则指乡村还保有留给下一代的遗产利益价值等。英国的乡村规划虽然是为应对乡村问题而产生，但在具体开展乡村规划的过程中，不仅单纯解决了乡村存在的问题，而且对乡村这个规划对象进行了更加全面的关注和了解，逐渐发现了乡村除了保障粮食生产这个基本要求之外，对于城市、区域更有着多重价值，乡村规划因而转向了关注多重乡村价值保护之上，从解决已有乡村问题的目标转向保护和预防乡村发生问题的目标，乡村规划的内容和目标都大大扩展了。对于我国来说，进行乡村规划同样不仅仅是关注乡村出现的问题、遭到的破坏，更是要保护乡村不可取代的、潜在的价值。

除了关注乡村问题，乡村规划还应当关注乡村的价值。

2.5.1 乡村具有承担休闲娱乐需求的功能

随着城市化的发展，大量城市居民生活在城市环境中，长时间处在高强度的生活和工作压力之下，城市人居环境的日益恶化使城市居民广泛存在对自然的渴求。乡村正好提供了人类与自然直接接触的场所，乡村的聚居地处于自然之中，融入整体环境里，优美的田园风光通常给人以平静、恬淡的心态，可洗涤心灵。乡村自然资源和农业形成的田园风光拥有天然的美感，通过观赏、游憩或参与农业劳作，不仅可舒缓压力，亦可培养审美能力和体验传统生活，从而建立人与自然和谐发展的价值观。

乡村提供了人们休闲娱乐需求的功能，不仅提供了自然环境，还建立了人与自然互动的文化，具有不可复制的社会和历史价值。

现在很多农村依据自身的特色资源都发展起旅游业，这成为农民收入的重要增长途径，成为乡村可持续发展的主要动力源。乡村的自然资源不断被开发，如开发利用森林、牧场、果园，为游客提供观光、野营、探险、避暑、赛马、放牧体验的场所。部分地区从传统的种植业转向具有观光功能的现代化种植业，形成大地景观，或利用现代化农业栽培技术培植观赏花卉、高产瓜果等，组建农业观赏鱼塘、自摘瓜果园等。部分乡村农业也从过去的单纯注重经济收益的种植方式转向休闲景观农业的模式，优先关注农业的景观性和互动性，如广东珠江三角洲过去的桑基鱼塘和后来发展起来的具有南亚热带特色的农业休闲产业，建立了土地综合利用生态模式，提高了农业劳作中的艺术感和生态性，超越了传统单纯土地利用和一般传统农业，形成新的都市农业生态景观。有些地区则通过展示和再现农业相关的地方特色工艺品制作和展出，形成农业体验观光，如编制竹子、麦秸等工艺品,用椰子壳制作茶具等。可见,乡村的休闲娱乐功能不是一种纯粹的自然资源,而是经历了很长时间特定的文化渲染的综合产物,具有重要的社会价值和美学价值。乡村保有的历史文化资源和地域特色资源是不可复制和再生的,乡村的自然资源和农业资源对人们也有着巨大的吸引力,这是城市无可比拟的价值。

2.5.2 乡村可容纳隐形失业,减少就业压力

乡村的土地保障属性使其可以容纳进城农民的隐形失业,维护了社会稳定。

长期以来,农村"半工半耕"常被批判是中国制度和政策安排的结果,认为要解决这种制度,依靠废除户籍制度,让农民工能够自由进城享受城市社会福利就可以解决,这种批评没有考虑到农村"半工半耕"结构长期存在的客观基础——即使农民工自由进城,大部分人还是无法在城里真正立足;同时中国城镇化是个缓慢的过程,有能力进城生活的农民工进城安家,没有能力进城的农民工往返于城乡之间,这个过程不是暂时的现象,在未来的数十年内,这种现象将继续存在,这也决定了它对农村经济和政治社会的影响将是长期性的。

纵观我国的现实情况,村镇是我国承载人口的重要空间载体,由于我国城乡二元的户籍制度规定农民身份有土地保障,农民工在进城务工的同时仍然保有农村分配的宅基地和田地,拥有在城市和乡村之中自由进退的缓冲空间,农民工拥有土地保障作为失业保障,形成"以代际分工为基础的半工半耕结构",而非西方国家的"无产工人"。换言之,我国不存在真正意义上的"无产低收入者",这种机制在一定程度上为我国避免了大规模的社会动荡和暴乱[①]。贺雪峰指出,我国社会结构组织拥有很强的弹性,乡村既能接收尚无法城镇化的农民,又可容纳返乡农民工,这种制度稳定了现代化的进程中各种危机的冲击,乡村成为中国城镇化和现代化的稳定器。

另一个方面,农业作为一种自给自足型的产业,可容纳隐性失业。比如广东省存在大量的兼业型农民,打工间歇则回归农业,有效地缓冲了农民工就业的波动问题,这种"半工半耕"结构在沿海发达地区尤为显著。虽然城镇化被认为是解决农民、农业和农村问题的根本途径,农业人口和劳动力必将逐步转向城市和非农产业,但现阶段城市或非农产业能吸收的农村人口毕竟有限,农业仍然发挥了提供就业岗位和缓冲就业压力等作用。因此,乡村在人口问题及其就业容纳问题上还具有重大的社会意义和政治意义,**也是我国乡村规划的特殊议题之一**。

2.5.3 乡村承担农民社会保障和养老功能

据全国老龄办《中国人口老龄化发展趋势预测研究报告》,目前我国乡村地区已经进入人口老龄化阶段,人口老龄化呈现城乡倒置的情况,乡村老龄化程度高出城市1.24%,伴随着乡村劳动力向城市的转移加快,城乡人口老龄化的差距将进一步拉开。

当前,大多数乡村的养老方式依然保持着历史悠久的土地养老模

① 例如2008年的金融危机,我国2 000万农民工在城市失业后返乡务农,自行解决就业,避免了社会危机,对比美国的金融危机中无产失业工人社会游行与暴乱事件,我国半工半农的体制从一定意义上说使金融危机能够较为平稳地度过。

式与家庭养老模式。通常二者结合，以家庭为社会生产单位，父母依靠土地生产与生活，养育子女，子女则继承土地继续生产，承担赡养责任。这说明土地在传统的农村经济中是最重要的经济支柱，是农民赖以生存的谋生工具，并作为家庭养老的基础条件，也是农村养老的一道重要防线。当前，农村社会养老保险制度尚未建立与完善起来，还不能完全承担起农民养老的责任，受我国社会经济条件的制约，在未来一段时期内，单独依靠城市的社会养老保险解决农村养老问题是不现实的，因此农村老人理性的选择应该是继续走家庭养老、土地养老与社会养老相结合之路①。

短时期内由政府及商业机构为农村养老、医疗卫生、救灾、扶贫济困等问题提供足够、完全的保障仍不现实，主要还须依靠农民自我解决，很大程度上仍需依赖农业、依赖土地。即便是在法国这样的发达国家，出租土地的收入仍然是农业退休人员的一大保障。

现阶段，村庄仍然是 5.2 亿～6 亿人的安居家园，是 26 894 万在城市的农民工②返乡的重要安居地。乡村对于国家的价值已经从以前的经济供给转向社会共生，在国家经济实力无法达到社会保障与福利惠及全民的时候，乡村通过特有的土地属性，成为容纳大量人口、缓解城市压力、提供社会保障的重要空间载体，具有重大的政治意义。以广东省来说，农民目前的保障很大程度上还是依赖农业和土地，以及出租土地等方式，保护乡村关系到广东省农村社会的稳定。因此，保护乡村还具有重大的社会意义。

乡村承担了城市现阶段无法解决的农民养老问题，在国家社会福利无法普及全民的时候，这种土地养老和家庭养老的制度具有稳定社会的重大意义，并且要看到这种模式仍然会持续较长的一段时间。

从全球发展经验来看，当乡村衰退、农业 GDP 占比下跌至 10%以下时，乡村作为经济支柱的功能减弱，乡村主义反而开始复兴，乡村价值逐渐凸显。我国目前农业产值比重已迈入低于 10%的门槛，是重新审视乡村价值的转折点。乡村是粮食生产安全的保障，是生态可持续的空间载体，承载了数千年的历史文化资源，提供了人们休闲娱乐的场所，承担了全国一半以上人口的社会保障功能，认清乡村的保护价值对于乡村规划具有重大意义。乡村的价值不能放在自由市场下去评估，因为传统的经济学假设在分析乡村价值上遭遇到了限制，比如乡村不适用利润和效用最大化假设，乡村土地制度没有存在市场化的可供选择的农用地制度，乡村土地用于耕作农作物的单位产出率也不高，农业与非农生产的产出率比值差异较大。如果由市场调控，则乡村的这些功能和价值必然被消灭，被更高经济效率的产业所取代。

农业部经管司司长张红宇曾表示，从全球的发展经验来看，农业增加值占整个 GDP 的 10%是国民经济的转折点。发达经济体的共同点是，农业增加值占 GDP 的比重越低，政府对农业的支持力度和强度就越高。

因此，乡村规划应该在解决乡村问题的基础上，更全面地关注到乡村的价值，统筹考虑乡村发展，使规划目标和内容更为充实和全面。所以，乡村规划是一种综合关注乡村问题与价值的规划工具。

① 袁春瑛，薛兴利，范毅．现阶段我国农村养老保障的理性选择——家庭养老、土地保障与社会养老相结合[J]．农业现代化研究，2002(6)：430-433.

② 数据来源于国家统计局 2014 年 5 月 12 日发布的监测结果。

2.6 本章小结

1) 介绍了英国的乡村规划问题以及相关的乡村发展目标。从二战以来至今,英国最早基于粮食安全而对乡村农业问题强烈关注,后期随着乡村休闲娱乐的需求,对乡村农业、林业与景观的保护以及对乡村休闲娱乐、乡村居住区和住房、乡村经济等方面的关注与需求不断增加,使规划与政策不断发生变革,规划目标从维持农业经济、维护农业用地转向了保持乡村自然质量与乡村社区生活质量之间的平衡,以实现经济、社会和环境的可持续发展目标。随着历史的发展,英国的乡村规划目标扩充为四个方面:提供粮食保障,保护乡村环境,促进乡村休闲娱乐,提高乡村居民的社会福利。

2) 分析了我国乡村规划要解决的核心问题。比较英国乡村规划的目标及其存在的理由,同样应该转化为我国的乡村规划目标:第一,保障粮食生产安全仍然是我国的基本国策,基于目前的生产情况,仍然需要乡村承担粮食生产的责任,因此乡村规划必须要保障粮食生产安全;第二,区域生态自然环境的空间载体是乡村,目前生态环境遭受破坏,因此乡村规划要保护乡村区域生态;第三,由于乡村发展慢、代际结构稳定、人民迁移频率低,与城市相较,乡村保存有更为完好的历史与文化特征,需要乡村规划对历史文化特征进行保护;第四,目前我国的乡村发展仍然比较落后,物质环境与基础设施等尚未完善,同时乡村自治制度尚未有效建立,需要乡村规划解决乡村发展与自治问题。

3) 我国乡村规划不仅存在与英国同样的议题,由于历史发展阶段的差异、社会政治制度的差异,我国乡村规划还面临一些特殊性的问题。英国面临的是乡村单一的保护问题,而我国是一个发展中国家,处于区域城镇化的特殊历史阶段,乡村发展并未稳定,面临分化和转型选择问题,其中还有城乡二元制度壁垒带来的各种阻碍。虽然城镇化终极平衡点还未清晰,但是基于保护粮食生产安全、保护生态空间原则下的乡村保护底线却是非常清楚的。

4) 乡村规划不仅是应对乡村已有的问题,更应该转向保护和预防乡村发生问题的目标,关注乡村包括提供休闲娱乐、居住、容纳就业、承担社会保障等不可取代的、潜在的价值,使乡村规划的目标和内容更为充实。

3 乡村规划的基本特征

如果粮食生产安全、区域生态、乡村景观和历史文化是乡村规划的核心问题，那么承担粮食生产安全的空间尺度是国家范围，保障乡村生态的责任要在区域尺度，保护乡村景观、历史文化可以在村庄尺度，也可以在一组村庄中，也就是区域尺度中进行。也就是说，乡村规划问题的空间尺度具有区域性，乡村在地理、生态等学科定义中也具有“区域”的概念，因此，乡村规划具有区域规划的特征。

乡村问题变化深刻地影响了英国乡村规划关注的范围和空间尺度，我国乡村规划则由于问题视角的局限而没有采用区域规划，目前的乡村规划实质是“村庄规划”，只能解决村庄尺度范围的乡村问题（目前来看，仅解决了关于建设的物质层面问题）；规划工具自身的局限性使其难以解决区域乡村问题，无法考虑乡村区域发展目标；即使在村庄尺度中，乡村规划还存在割裂村庄建设用地区域和农田、山林等自然区域，仅考虑建设用地空间布局等问题。乡村作为一个完整区域，一部分区域被各种独立分散的规划覆盖，另一部分处于无规划的自由发展状态，矛盾的根源是规划工具的尺度不适宜的问题。因此，应根据乡村问题的空间尺度和相关利益的范围，选择适宜的乡村规划空间尺度，形成合适的空间体系。

3.1 乡村是一个区域概念

规划的本质在于对客体事物发展的前瞻和预测，规划的变革与发展则源自解决问题[①]。乡村规划的核心概念是乡村这个对象，规划是作用于乡村的一种工具，规划的目的影响和干预乡村地区的发展。因此，乡村规划首先要辨析规划作用的对象是什么，对乡村概念理解的差异会导致对乡村规划特征认识的差异，而对乡村这个客体特征界定的不同，将会导致规划体系出现范式转化。只有清晰界定了规划对象，才能在共识上讨论乡村规划的本质属性与特征。对于乡村的定义，不同的学科基于各自研究领域提出了不同的定义标准。

---

① 仇保兴. 我国城镇化中后期的若干挑战与机遇——城市规划变革的新动向[J]. 城市规划，2010(1):15-23.

3.1.1 不同学科对乡村的定义

3.1.1.1 基于地理空间的定义

在地理学的研究成果中，将乡村视为区域的做法已经成为主流思想。

乡村社会地理学家加雷斯·刘易斯(Gareth Lewis)认为，乡村是聚落形态由分散的农舍到能够提供生产和生活服务功能的集镇所代表的地区。从全球的发展来看，无论城市化多么发达的国家，乡村永远是一个不能被消灭的地区。维伯·莱(G. P. Wibberley)认为，"乡村这个词指的是一个国家的那些地区，它们显示出目前或最近的过去中为土地的粗放利用所支配的清楚迹象"①，用于表达某种特殊的土地利用的类型。地理学普遍将乡村视为区域的概念，是一个空间地域系统，乡村指代一切城市以外的区域②③，更严格来说是指城市建成区以外的地区，与作为一个产业部门的农业有本质的差异。地理学中"乡村"定义侧重相对于城市化地区而言，属于一种地域概念，泛指城市和原始无人聚居地带以外的所有区域，特指城市(包括市和镇)建成区以外的地区，是一个地域系统④。

3.1.1.2 基于生态特征的定义

乡村的生态学定义侧重人口在空间中的分布情况与特征，特指那些人口较少、独立分散、规模小的乡村聚落，聚落之间具有较大开敞地带。这个定义主要基于城乡之间生态特征的不同，如人口密度的差异、景观特征的差异、土地利用特征的差异，以及可达性和隔离度等因素，定义方式虽然也暗含了乡村农业生产为主的特征，但是着眼点在城市和乡村之间人口聚居规模差异等方面的特征，更多是从城市对乡村的影响程度这个社会学方面来考虑。从生态构成上，乡村指居民少或与外界来往较少的相对隔离的定居区，这个定义是从城乡相互作用的角度来看待乡村，乡村被表达为受城市影响较小的地方。乡村的生态学定义建立的前提是假设社会形态(social form)可被认为是人类文化适应环境特征的产物，并为人类的适应所修正。以生态特征来定义乡村区域是当前发达国家较常使用的方法和标准，但被许多社会学者批评乡村的生态学定义具有局限性，最主要的质疑是认为城乡之间最本质的差异是社会的结构与功能方面，而非生态环境背景的差异，乡村问题与社会经济特征的关系更大⑤。

生态学定义被用于乡村景观特征评估中，更注重考虑生态环境背景的景观特征差异性。

3.1.1.3 基于功能特征的定义

描述乡村功能特征时，乡村是表示以农业生产为主体的区域，多使用

---

① Robinson G M. Conflict and Change in the Countryside[M]. London: Belhavan Press, 1990.

②⑤ 张小林. 乡村概念辨析[J]. 地理学报，1998(4):365-371.

③ 郭焕成. 乡村地理学的性质与任务[J]. 经济地理，1998，8(2)：125-129.

④ 刘滨谊，陈威. 中国乡村景观园林初探[J]. 城市规划汇刊，2000(6)：66-68.

"农村"一词,农村区域中从事农业生产的人称为"农民",这些人居住活动的空间称为"乡村聚落"。这个定义是基于乡村的功能属性,认为农业生产是农村存续的基础和前提条件,农村之所以称为农村,是因其农业的特征功能。在描述乡村的功能性时,认为乡村的特征是基于土地利用的结构(特别是农业和林业)、聚落结构(低级的小型定居点和一种"广泛的景观"),从而形成一种与广泛景观有着特殊身份联系的生活方式特征①。

以功能定义乡村为我们提供了一种思路,即乡村首先是功能性的,而不是行政性的,通过行政行为划定乡村边界,将农民管制起来不让其自由迁移的做法是中国特殊时期的产物,随着时代变革,这种行政定义将会慢慢消失。

3.1.1.4　基于人类和社会学的定义

除了乡村物质空间方面的定义,人类学和社会学着重从城乡居民之间的行为差异和城乡社会文化构成差异方面来定义乡村。这个定义基于乡村是直接接触的社会,居民之间联系紧密;人们遵循着较为传统和单一的道德准则和风俗习惯,较为保守,习惯以家族为核心,以血缘纽带为主;乡村密度小、人口少,基础设施和公共服务比城市低;农民在政治地位中处于从属于国家和有权阶级的地位。Cloke 等认为"乡村性"(rurality)中附加着社会构造的概念,关注"社会空间的独特",乡村性可以用"乡村性的社会文化结构和自然等的相互关联,与在这些空间中的现实生活体验和生活实践"来定义②。

"乡村性"的概念通过我国地理学家的推广而广为人知,主要是解决我国城乡过渡地带的模糊界定。

乡村的人类和社会学方面的定义从社会方面捕捉了乡村居民和社会中最为本质的特征,通过描述乡村的社会文化特征来定义乡村,但这个定义被批评过于极端而无法适应乡村的动态发展,无法确定大量的城乡过渡地带,并且用空间方式、生活方式等定义乡村是比较模糊的,无法应用于具体实践中的空间区域划分。在城市、乡村各自独立发展时,乡村的社会特征和居民的文化特征或许与城乡地理分布相似或一致,但是在城乡相互融合和影响的过程中,乡村社会会包含诸多城市特征,具有城市共同的经济社会问题,因而无法区分出乡村。

3.1.2　乡村概念的特征

本书主要以乡村的地理、生态和功能特征为依据,将乡村的概念概括为两个特征:

其一,乡村地区从地域空间而言,均是指城市之外的广阔区域,而非狭义上的村庄发展区。与城市的概念特征不同,乡村更偏重"区域"的性质而不是一个"点"的概念,也就是说,乡村从概念上就具有区域的特征。在此定义下,乡村区域应当包括广阔的自然区域,按照地理特征来分,乡村区域应当包括人工建成环境特征(村庄聚落)、人类与自然相互作用的半人工特征

①②　Cloke P, Mooney P H, Marsden T. The Handbook of Rural Studies[M]. London: Sage Publications, 2006:20-21.

将乡村的概念外延，偏重其区域的特征，以及作为一种功能区域的特征，这既是发达国家给予的借鉴，也是随着乡村发展阶段的不同，而出现的价值观上的改变。

(农田、水塘、山林)以及纯自然生态特征(山川、水域、海洋、沼泽)等。

其二，乡村是以农业生产为主的、分散的区域，即乡村的主要功能特征是从事农业生产，而不是划定人口等级的边界，相对于我国将乡村作为一种行政意义上的划分方式，更应表现为一种功能区域的划分。

3.1.3 乡村区域的范围

虽然各个学科在定义中给出了乡村区域包含的内容，但是并没有给出具体的范围边界。在实际研究中，乡村区域的复杂性非常大，对其具体的区域范围进行界定有一定难度。为了研究的确定，需要选择一种适宜的界定乡村区域的方式。

3.1.3.1 我国乡村定义指代范围的模糊

我国对于乡村区域的界定，在不同领域有不同认知，无权威定义。

“乡村”在《词源》中定义为主要从事农业、人口分布较城镇分散的地方。在《辞海》中，“乡”是中国最低一级的政权单元，是县以下的农村行政区域。“村”是乡下聚居的处所，在我国指乡村中的居民点，其中居住的人以农林渔业或手工业生产为生，经常由一个或几个家族聚居而自然形成。通常由若干个“村”组成“乡”。“农村”在《现代汉语词典》中的定义是以从事农业生产为主的劳动人民聚居的地方。两个词的含义中都主要关注“以农业为经济活动的居民聚居的一类聚落总称”这一特征，但没有给出具体范围边界。在日常使用中，乡村/农村常常被用于指代“村庄”之意，即指“农村村民居住和从事各种生产活动的区域”，狭义时指村民聚落建设用地部分，广义时也作为行政区域的概念，指由行政划定的村域实体；有时“乡村”定义也包括镇、乡、农场周边农业基础设施覆盖的地区①，较少情况下也涵盖无人居住的广阔自然区域(图 3-1)。也就是说，乡村一词具体指代的范围仍然是模糊和混用的。

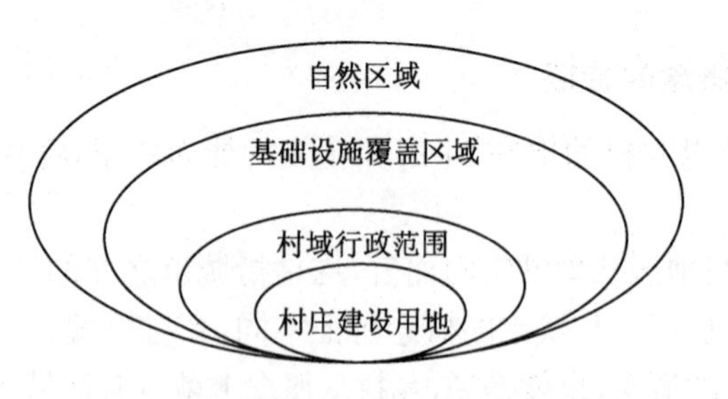

图 3-1 我国乡村定义指代的范围

资料来源：自绘

① 刘佳福，邢海峰，董金柱. 部分国家与地区乡村建设管理法规研究概述[J]. 国际城市规划，2010(2)：1-3.

3.1.3.2　国外乡村区域的界定方式

乡村在不同学科研究中，有基于地理、生态、功能、社会等方面的不同定义，对于英国等发达国家，由于其城市化已经基本完成，城乡趋于一种稳定的结构和状态，城市与乡村的关系变得越发模糊，在城市化更为发达的区域，由于现代化生活方式的普及，城与乡在社会人类学上的本质区别越发不明显，乡村的特征更多表现在地理学和生态学层面，因此发达国家开始采用地理特征和空间特征作为乡村的划分方式。如英国以空间属性作为划分的唯一标准，新的“城”“乡”定义不再考虑历史文脉、功能定位等庞杂而分散的各类因素，而是回归简单的人口密度统计：将所有 10 000 人以上的聚居地定义为“城”，其他地区则统一归为“乡村地区”，再通过不同的形态加以细分①。划分标准是“空间特征属性”而非其他定义。美国国家统计局对“城市地区”的定义是人口密度达到 386 人/km^2 的区域，其周边地区的人口密度为 193 人/km^2；其余地区为乡村地区②。德国在 1965 年指导空间整体发展的《空间秩序法》中不再使用“城市”这一概念，而是改用“密集型空间”和“乡村型空间”对整个国土空间进行划分，其中密集型空间是由中心城市及其周边“城市化”的小城镇群所组成的地区。在形式上，密集型空间是指大规模“城市的”或者至少是“近郊的”建成区。在密集型空间之外的是被称为乡村型空间中的聚落地区，这些地区的农业经济地位大大降低，同时已经与工业化和后工业化的城市地区关系越发紧密③。法国的“乡村”是与“城市”相对应的概念，只是具有不同经济社会特征的两种空间地域，而非严格区分的行政体制。乡村地区是指由小型城市单元及不属于任何城市地区的乡村市镇组成的集合，在空间上具有以下特点：(1)建设密度相对较低(相邻两组建筑物之间的距离常常大于 200 m)，拥有较大面积的自然空间或农业土地；(2)人口规模相对较小(以市镇为单位，人口总量不足 2 000 人)；(3)聚居程度相对较弱(以市镇为单位，聚居在相邻建筑物间距小于 200 m 的建成范围内的人口不足人口总量的一半)；(4)从事自然空间或农业土地相关的产业活动(如农业生产、农产品加工、旅游业等)④。

英、美、德、法等发达国家对于乡村区域的界定普遍转向了空间特征，主要以人口密度作为定义。

3.1.3.3　选择适宜的乡村区域界定方法

乡村是一个复杂的、有机的、整体性的系统，从地理、生态、社会等各方面都可对其进行多角度的定义，且每个角度的定义中还存在不同层次

---

① 吕晓荷. 英国新空间规划体系对乡村发展的意义[J]. 国际城市规划，2014(4):77-83.

② 叶齐茂. 美国的乡村建设[J]. 城乡建设，2008(9):74-75.

③ 易鑫. 德国的乡村规划及其法规建设[J]. 国际城市规划，2010(2):11-16.

④ 根据法国国家统计与经济研究中心(简称 INSEE)的相关概念定义。

的内容，可以说，乡村很难用一个简单的定义来解释，而是一个模糊的、涉及诸多因素的概念。在我国乡村城镇化及其发展分化阶段中，乡村类型多、发展趋势和目标复杂，以我国城乡二元定义下的行政边界来划定乡村区域是不适用的；而借鉴国外以乡村的职业属性、社会和空间形态等标准来划定乡村区域，在我国现阶段实践中有很大的困难。

在我国 2006 年发布的《关于统计上划分城乡的暂行规定》(国统字〔2006〕60 号)中给出过一种乡村的划分依据，将乡村规定为“本规定划定的城镇以外的其他区域”，这说明乡村的定义由城镇划出，而城镇的定义是在我国市镇建制和行政区划的基础上划定出来的城区和镇区①。乡村中主要提及的定义包括乡中心区和村庄。乡中心区是指乡、民族乡人民政府驻地的村民委员会地域和乡所辖居民委员会地域；村庄是指农村村民居住和从事各种生产活动的区域，以及未划入城镇的农场、林场等区域。国家统计局规定了“乡村总人口”以及“市镇总人口”，以这两个人口统计指标来进行统计，而没有明确规定“农村”的统计指标；这个统计标准以“市镇总人口”为基准，包括市和镇辖区内的全部人口；而“乡村总人口”则是排除市和镇辖区之外的“县”内全部人口②。

采用统计学上的乡村划定的办法，而不是重新研究一套定义方式，一是因其较为贴近国外划定标准，二是比较好地对接相关的统计指标，能够快速形成规划成果。

可以看出，这种乡村划定的方法是依附于城镇定义而存在的，即先划定了城镇区域，规定除城镇区域之外的均为乡村区域。虽然在《规定》之中划定的城镇辖区不一定恰当，但是由城镇区域划定乡村区域的方法有合理性。本书借鉴这种划分方式，同时综合地理学的定义，城镇区域由法定的城市规划规定，除去城镇区域的其他区域均属于乡村区域的范畴。即乡村地区就地域空间而言，均是指城市之外的广阔区域(图 3-2)。

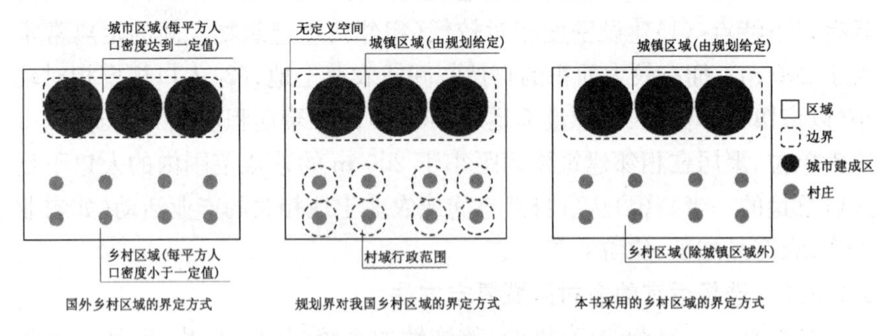

图 3-2　乡村区域的定义方式

资料来源：自绘

① 城区包括：(1)街道办事处所辖的居民委员会地域；(2)城市公共设施、居住设施等连接到的其他居民委员会地域和村民委员会地域。镇区包括：(1)镇所辖的居民委员会地域；(2)镇的公共设施、居住设施等连接到的村民委员会地域；(3)常住人口在 3 000 人以上独立的工矿区、开发区、科研单位、大专院校、农场、林场等特殊区域。

② 这里的“市”是指经国家规定成立“市”建制的城市；“镇”是指经省、自治区、直辖市批准的镇。

因此，本书所认为的“乡村”定义与大多数国家认为的“乡村”定义相一致，能够在同一空间范畴内做比较研究。乡村无论是在概念的定义上，还是在划定的标准上，都具有区域的特征。

3.2 乡村规划问题与规划空间尺度

作为旨在解决乡村问题的乡村规划，其编制的空间尺度应该由问题的特征和所涉及的相关利益范围来选择和确定。乡村问题的空间尺度是区域性的，乡村本身的概念具有区域的特征，那么乡村规划应该如何回应区域特征？英国和我国乡村规划在发展过程中，有没有回应这个特征呢？研究乡村规划的基本特征，值得我们回溯过去，描述一下两国不同的规划历史。

3.2.1 英国乡村问题与乡村规划的尺度

3.2.1.1 应对城市蔓延问题的规划

早期的英国规划以城市为重点[①]，因为城市蔓延而侵蚀到乡村，需要保护乡村土地不受城市侵蚀，因此当时乡村规划的重点和核心特征是“明确城市的范围并抑制其增长”[②]，关注乡村问题是从景观保护、历史遗产和自然环境保护的美学角度出发。

此后，对乡村问题的关注在战争年代的规划立法中得到体现：第一部关于乡村地区的规划法律是1932年的《城乡规划法》，它将规划的范围扩展到了所有土地，包括城市和乡村，将规划目标覆盖到了自然风景保护区[③]。1935年的《限制带状发展法》将规划权力扩展到限制城市对乡村的侵蚀，限制当时在英国盛行的沿高速公路的占地建设。由于乡村被侵蚀的问题涉及的利益群体是城市和乡村，因此由地方尺度的规划来负责。

二战以前乡村规划的核心是确保乡村不受到城市侵蚀。

3.2.1.2 应对农业危机和关注农业生产问题的规划

二战之后，英国意识到保护农业发展和自给自足农业的重要性，政府将农业作为乡村地区的首要功能，认为农业的首要作用是确保粮食供应安全。在这样的政治背景下，乡村地区进入了“生产主义”时代。

二战之后乡村进入保障粮食生产安全的时代。

该时期的规划核心思想是国家安全问题，因此以政府为主导制定了一系列的政策、措施，明确关注乡村农业生产用地的保护，以及第一产业生产

① 霍尔. 明日之城[M]. 童明，译. 上海：同济大学出版社，2009.

② Gallent N, Juntti M, et al. Introduction to Rural Planning[M]. London and New York: Routledge, 2007: 64.

③ Abercrombie P. Town and Country Planning[M]. 3rd ed. Oxford: Oxford University Press, 1959.

力的提高，减少英国对农产品进口的依赖性。对农业、林业和其他初级产业，如渔业、矿业和采石业都进行了国家干预，主要措施是严格限制和控制这些乡村地区的发展。1947年《城乡规划法》的出台使得规划体系与国家的乡村生产目标完全一致，规划旨在保护用于耕种的"白地"。此时，规划涉及的范围就已经涵盖非常广泛的农业生产区域，还包括了一些自然生态区域，比如在一些国家公园地区和其他景观保护区内有很多矿产，这些地区正越来越受到严格的规划控制。由于保证生产是国家的政治战略，涉及国家的政治责任，所以此时的规划是在国家尺度中开展的。

3.2.1.3 促进乡村休闲娱乐的规划

20世纪50年代和60年代，乡村地区休闲和旅游业繁荣起来，乡村田园风光的价值逐渐凸显，乡村旅游和休闲产业迅速发展，乡村地区作为休闲目的地而流行起来。随着服务阶层迁入乡村（service class in-migration），原先处于人口衰退的乡村地区开始稳定的人口增长，人们开始更加关注乡村的"生活质量"，乡村由"生产主义"阶段进入"消费主义"阶段。

乡村由"生产主义"阶段进入"消费主义"阶段，对规划而言可谓是一种范式转变。

随着乡村发展方式的转变，规划开始不再以国家粮食安全为最主要的目的，而是转向了寻求乡村自然景观环境和农业生产之间的平衡，英国乡村发展策略的核心内容转向了保护环境。1985年开始，当局试图采用农业补贴的方式，引导当地农民转向维持和保护更可持续的环境，引导农业生产更"恰当"①。在1986年农业法案的修编中，提出要"保护与提升自然风景和乡村舒适度，促进公众对乡村地区的喜爱"，提出农业部门要承担起协调和平衡农业与环境之间的关系。1987年环境管理局下发的通知中已经清楚地显示，乡村地区的政策目标已经从优先关注"耕地保护和农业经济"转向"乡村自然环境质量和乡村社区的生活质量"之间的平衡。同时，提升乡村的消费价值还必须要保护农民和帮助乡村地区发展经济，因此，一方面，规划持续关注休闲娱乐，促进"友好开发"，相关做法包括建立"国家公园管理委员会"和"公园规划办公室"，其主要职责是负责保护文化遗产和野生动物，提升自然环境质量，保障公众平等享有开放空间的机会，20世纪八九十年代，还认定了一批"环境敏感区域"，在区域内以鼓励引导和资金协助的方式，与当地农民签订管理协议，促进其进行改善环境的生产；另一方面，认识到规划在乡村社区层面的影响力，规划立场转向"以社区为中心"，鼓励"地方社区与国家公园在社会与经济方面进行合作"。从那时起，乡村规划随着关注问题的多样化，开始涉及多个尺度中乡村保护与发展的协调。

乡村规划开始涉及多个空间尺度，不再是单一类型。

① Potter C. Against the Grain: Agri-Environment Reform in the United States and the European Union[M]. Wallingford: CABI,1998.

3.2.1.4　关注乡村环境质量和保护生态的规划

风景如画的乡村一直是英国的重要文化遗产，乡村中保留着各种生态自然资源。随着乡村休闲娱乐功能的兴起，乡村环境的维护成为日益重要的责任。

与乡村有关的最值得关注的长期政策就是确立了国家公园、杰出自然风景区和其他被指定要保护的地区。国家公园正是长期公共需求的回应，是在国家政策支持的乡村保护与规划的背景下建立起来的，建立在风景优美或野生动植物丰富的地区，由独立的国家公园管理局负责相关事务与编制规划。此外，关于"杰出的自然风景区"、海岸地区、航道、自然保护区、林业等都被认定为需要保护的乡村区域，政府进行了一系列的研究和拟定报告，实行着严格的保护政策。这说明规划在保护乡村自然环境中起着非常重要的作用，规划的范围涉及各类自然保护区，在国家尺度中进行保护区的指定(图 3-3)，在地方设立独立机构进行具体规划与管理。

2017 年 9 月 26 日，中共中央办公厅、国务院办公厅印发的《建立国家公园体制总体方案》向社会公开。我国国家公园体制的顶层设计初步完成。

3.2.1.5　关注社区需求的规划

在战后规划注意力放在了生产上，对乡村住区的关注是公共设施和环境保护问题，而不是乡村社会的繁荣。在当时一份 West Suffolk 郡议会指导乡村规划的文件中，提出一系列规划政策，包括：对安全问题的关注；对耕地和树木的保护；对一般公共设施的保护；控制建筑开发(占地形式与安排)；景观控制；采矿业等的管制；国家历史古建村落的保护；房车站场①。表明当时对于社区尺度的关注偏向于物质空间环境。

随着 20 世纪 70 年代消费主义阶段乡村受到外来游客或移民者需求的影响，乡村更多被来自城市的中产阶级占领，从而形成了更具多样化的乡村社区，在此过程中形成新的住房市场和住房压力，以及乡村需求分化对基本服务提供造成的影响。因此，规划政策的关注点转向了关注作为商品的乡村空间、对乡村用地的管理和规划；随后，围绕着乡村空间开发也产生了很多冲突，规划更是成为协调乡村社区中不同群体之间利益冲突的关键工具。乡村规划成为社区尺度中的一环，Gilg 认为在社区尺度必须规划有两个重要原因："其一是解决在土地利用上的冲突；其二是允许公众在冲突的问题上具有发言权。"②

社区规划进入乡村规划体系之中，规划不只解决土地利用上的冲突，还解决乡村社区不同阶层以及乡村之外社会群体的冲突，使公众具有发声的机会。

---

① Travis A. Policy formulation and the planner[C]//Ashton J, Long W. The Remoter Rural Areas of Britain. Edinburgh: Oliver and Boyd, 1972: 188.

② Gilg A. Planning in Britain: Understanding and Evaluating the Post-War System[M]. London: Sage Publications, 2005.

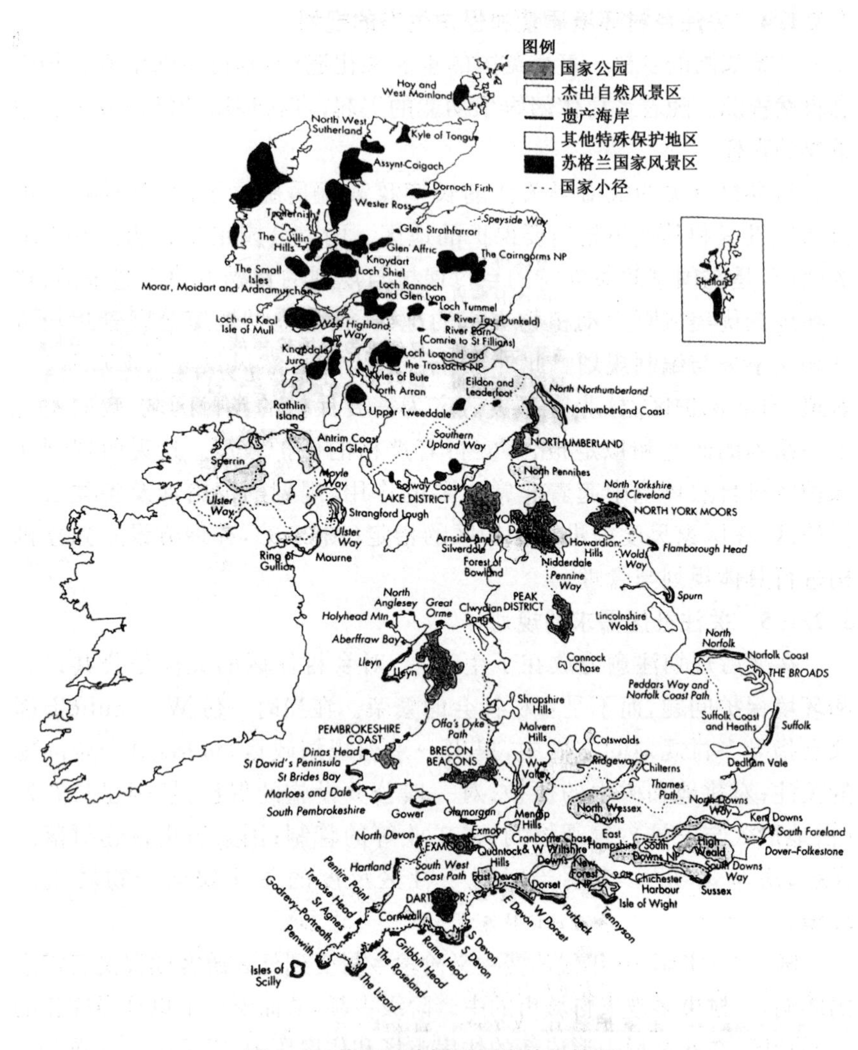

图 3-3 英国经选择后划定的保护区

资料来源：卡林沃思，纳丁. 英国城乡规划[M]. 陈闽齐，周剑云，戚冬瑾，等译. 南京：东南大学出版社，2011：355

3.2.1.6 追求乡村多样化发展的规划

21 世纪的全球化加速了乡村地区日益严重的经济两极分化，乡村就业的总体模式已经与城市地区的结构非常类似，即一产比例很低，以二、三产为主，城乡地区的互动也增多，城乡边界逐渐模糊，乡村地区已经成为实现综合和可持续目标的重要组成部分，乡村体现出“可持续价值”。

随着乡村可持续价值的凸显，乡村表现出区域化特征，体现为在经济上向“次国家(sub-national)”层面聚集；乡村居民生活范畴向乡村以外地区的空间扩展;国家政治和管理向"多层管理"结构转变[①]。2004 年规划体系的改革中,最大的改变是加强了区域尺度中的规划的作用,通过在区域层面编制"区域空间发展战略",在地方层面通过"地方发展框架"整合地方规划的形式,使规划体系覆盖到了更广阔的范围,打破了英国传统的城乡分离的行政区划,将城乡政治、经济、社会等矛盾和发展诉求统一到一个规划体系之中解决,区域尺度成为规划体系中新的核心控制和管理尺度,成为国家乡村发展战略框架与地方需求相交接、转换的规划层次。随着 2004 年新规划体系的建立,乡村规划也形成了多个空间尺度的规划框架:国家制定概念性或框架性的乡村发展战略,在城市或者郡层面编制的区域规划根据地方条件将乡村发展策略细化,地方政府结合"可持续社区战略"编制地方发展框架,最后通过社区规划方式编制具体的村庄发展策略[②](图 3-4)。

乡村规划成为多个空间尺度的规划体系,在英国规划体系中,城、乡规划是整合的。

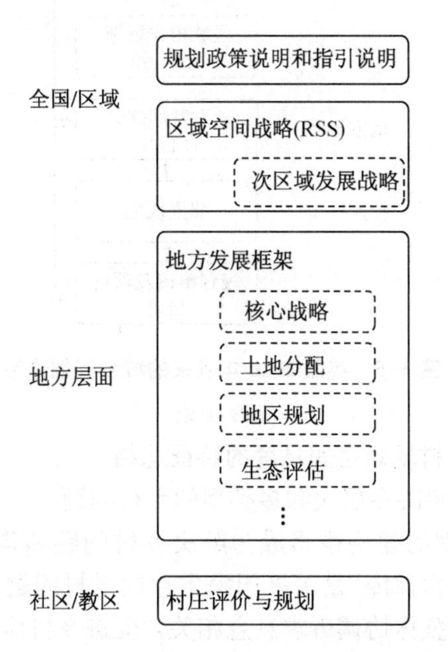

图 3-4　英国 2004 年至 2010 年的城乡规划体系

来源:自绘

3.2.1.7　实现乡村可持续的空间规划

2010 年以后,随着全球经济的衰退,在可持续发展的政治共识下,重振经济、支持地方增长与创新、明确和协调各种不同的开发需求、塑造富有活力和健康的社区成为规划要考虑的突出问题。为了应对新的挑战,

① Marsden T. The Condition of Rural Sustainability[M]. Assen: Royal Van Gorcum Ltd, 2003.

② 闫琳. 英国乡村发展历程分析及启发[J]. 北京规划建设, 2010(1): 24-29.

2004年之后英国规划体系又出现重大变革，比较重要的一个变化是取消了区域性的规划，因此乡村规划的重点核心和规划权力下放到了社区层面，此举可认为使规划更灵活，更快响应问题的解决。

减少层级过多的结构体系和庞大的文件系统，使规划体系可应对可持续发展议程所带来的挑战，英国城乡规划体系做出了调整，取消区域空间战略，简化规划体系，使地方能够从自身利益出发自主进行决策制定，规划体系的核心转向了地方当局和邻里社区[①]（图3-5）。即在国家规划政策框架中，提出关键性议题，其中涉及乡村问题的有“支持繁荣的农村经济”“保护绿带内的土地资源”“保护与改善自然环境”等，由地方政府制定规划环节，地方规划方案应尽力满足客观合理的规划需求，具有足够的灵活性，乡村社区则拥有更为灵活自主的编制规划的权力。

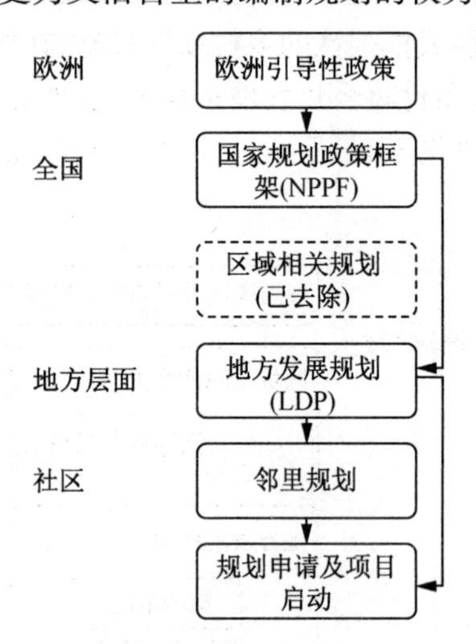

图3-5　英国2010年以来的城乡规划体系

来源：自绘

3.2.1.8　英国乡村规划空间尺度的特征总结

1）乡村规划解决多层次和多类型的乡村问题

英国乡村规划的建构逻辑成为解决乡村问题和构建乡村目标的工具。其中“提供粮食保障”是关乎国家生存的乡村问题，“保护乡村环境”则与国家、区域的整体协调诉求息息相关，“促进乡村休闲娱乐”是为了满足城乡居民的生活需求，“提高乡村居民的社会福利”则是对乡村整体发展的关注。可见，乡村问题不单纯涉及村庄景观和空间等物质形态方面，而是依据不同的利益群体，可划分为不同层次和不同类型，涉及国家、区域利益和乡村的发展问题几乎都被涵盖进了乡村规划体系考虑的范畴。

2）乡村发展问题的尺度决定了规划的空间尺度

二战前英国规划以城市为重心，基于控制城市发展边界、保护城郊景观，初现涉及乡村地区的规划。二战后英国意识到国内粮食短缺会导致

---

① 杨东峰. 重构可持续的空间规划体系——2010年以来英国规划创新与争议[J]. 城市规划，2016(8):91-99.

政治问题，因此规划政策开始大幅度地向保护粮食、农业的方向倾斜，一切开发都被停止，规划主要以国家政策为手段，为了保障粮食生产安全、维持乡村人口数量。20 世纪 70 年代以后，城市居民回归乡村生活成为趋势，引发了乡村休闲娱乐场所和优美乡村景观的关注和需求，从而引发了对乡村生态功能的保护、对乡村社区的关注、对消费产业的引入，出现多个尺度的乡村规划。21 世纪以后，乡村规划纳入了城乡规划体系，形成了在多个尺度中对乡村的全面规划与控制。区域视角介入乡村问题的研究，使得英国乡村规划的空间范围从一开始就包括了广大农业生产空间和自然生态空间，随着乡村问题逐步抽丝剥茧以及社会经济的发展，乡村发展目标逐渐呈现多元化，涉及不同的空间尺度，单一的规划形式和规划尺度无法解决全部乡村问题，英国规划体系发展逐渐趋于完善，在不同空间尺度中，依靠相关的责任主体，解决乡村相应规划问题。可以说，英国乡村规划的空间尺度是由其所关注的乡村面临的问题而决定的，根据乡村问题及其相关的利益群体所涉及的尺度，来选择合适空间尺度的乡村规划(表 3-1)。

英国乡村规划的空间尺度是由其所关注的乡村面临的问题而决定的，根据乡村问题及其相关的利益群体所涉及的尺度，来选择合适空间尺度的乡村规划。

表 3-1　英国乡村问题与规划空间尺度的发展

时间	发展阶段	乡村问题/目标	规划主导	规划策略	涉及范围	空间尺度
二战前	城市为主阶段	城市蔓延侵蚀乡村	城市主导规划	控制城市发展，乡村景观保护	包括所有城乡土地，主要关注城乡边缘地区	基于城市规划的地方尺度
二战后—20 世纪 70 年代	生产主义阶段	粮食生产安全与农业保护	国家主导规划	限制开发，保护乡村特征	主要关注农业用地空间和自然景观空间	在国家尺度中以政策为主
20 世纪 70 年代—21 世纪初	消费主义阶段	农业分化，景观保护，休闲娱乐，逆城市化，乡村社区复兴	社区主导规划	平衡、保护和发展	主要关注与乡村消费产业相关的空间	开始出现不同空间尺度
21 世纪以来	可持续发展阶段	多功能价值，整合保护与发展	区域主导的多层次规划	协调地方性生态开发	城乡综合空间	各个空间尺度，纳入城乡规划体系，建立“国家—区域(次区域)—地方”规划尺度
			地方主导的多层次规划	强化地方决策权力		强化“国家—地方—社区”规划尺度

资料来源：自制

3）乡村规划不是单一规划工具，已经形成规划体系

在二战前后，英国乡村规划关注的尺度就已经覆盖了乡村几乎所有区域，但空间尺度较为单一；随着20世纪70年代乡村问题的深入发掘，关注的内容也继续深化，涉及不同的空间尺度，因此规划也产生了不同的空间尺度，包括在"国家尺度"划定国家公园等各类保护区，在"地方尺度"更多考虑乡村社区的经济发展，着重于保护与发展之间的协调，在"社区尺度"协调利益群体的关系。21世纪以来，随着乡村价值的多元化以及与城市、区域甚至国家的关系更加明确，2004年规划体系的变革中以区域为核心，将乡村地区纳入更广泛的规划尺度中，形成"国家—区域（次区域）—地方"的三级规划尺度，城乡规划体系是整合一体的。2010年之后的调整中，依然保留乡村规划在国家尺度、地方尺度的规划框架，强化了乡村社区规划尺度。Nadin把1947年以来英国乡村规划的挑战总结为：乡村规划是"对多个尺度的乡村变化的综合回应，与新的管制框架和不同乡村政策实施机构合作，将自身置于新政策群的核心地位"①。英国经验说明，为了应对不同层面的乡村问题，规划工具必然不是单一尺度能够解决的，需要在不同尺度中形成体系，即乡村规划应形成一个体系。

英国的城乡规划体系经历过分离和整合的阶段，我国乡村规划体系是与城市规划体系整合，还是分离成两个体系，则应该结合我国国情、乡村具体问题、城乡发展阶段等具体情况再做进一步的研究与判断，不能简单照搬。

3.2.2 我国乡村问题与乡村规划的尺度

3.2.2.1 关注聚落问题的规划

在我国古代，乡村主要为从事农业劳动的农民提供居住空间。当时外界战争不断，同时低下的生产力对自然灾害的抵御能力较弱，因此聚落的选址变得十分关键和重要；另一方面，在聚落内部需要考虑更优的居住方式，涉及聚落内部的房屋布局、聚落基地进行人工化处理等问题。

我国乡村规划的起源可追溯到聚落选址的风水学。

因此，在古代就已经出现关于村落选址、聚集发展、道路和沟渠布置等规划的雏形，出现了风水学，规划内容涉及聚落与自然的关系，包括聚落选址、取水、安全等一系列问题。如风水家认为，"凡寻龙穴，固宜由祖山、宗山、间星、应星以至少祖山、穴星，逐层查看，方为的确"（《地理指正》），通过对地理环境的"十看"，达到龙、穴、砂、水四美具备（《地理正宗》），从而找到封闭式的地理环境单元。这种选址不仅有利于保持祖先的文化传统、道德伦理、风俗习惯，还可以阻挡寒流，使环境单元内的气温稳定，这对生产、生活都是有利的。在以山为主的选址中，也会根据各种不同的需要选择山的不同位置，如因军事需要会选在山顶建城，村址位于主干河和支河的交汇处，三面临水，一山为屏，村落随山势而筑，顺山蜿

① Nadin V. The emergence of the spatial planning approach in England[J]. Planning Practice and Research, 2007(1):57.

蜒，形险而峻，达到地势险固、易守难攻的效果（图 3-6）。

其次，规划内容涉及聚落内部关系的协调，聚落内部的房屋如何选址、对于场地的改造，更是研究出一套完整的系统，如对于适宜地址的回避与改造，《立宅入式歌》《三白宝海》《山洋指迷》《识余》等书中都记载有不适宜居住的恶地，《地理大全》中则提出："挖庞去滞，障水蔽风，截长补短，添砂续脉，此随时化裁，尽人合天之道也。善作者能尽其所当然，不害其所自然，斯为得之。"村舍基地不够完善的要加以人工化的处理，最常见的有引水、挖塘等（见黟县宏村风水规划）。

中国古代的风水学可以算是早期的村庄规划，当时在历史、社会、经济条件的限制下，农业和生态是自然给定的条件，很难进行改造，因此规划只能作用于人们主观意愿能改造的聚居点和聚落土地；而正是有了选择聚落的能力，才产生了最初的村庄规划。风水学的规划尺度是聚落，规划范围包括了村落内部环境及周边大环境，主要目的是"安居"。

风水学的规划尺度主要集中在人工聚落的物质空间。

· **案例：黟县宏村风水规划**

南宋绍熙元年（1190 年）汪氏"卜筑数椽于雷冈"（来龙山）之下，一溪沿山脚而流；德祐年间（1275—1276 年），暴雨洪流使溪水改道，与西南边的另一条河流汇合；明朝永乐年间（1403—1424 年），三聘地师对宏村村落进行了总体规划，将村中一天然泉水阔掘成半月形水沼，并从村西河中"引西来之水南转东出"；万历年间（1573—1620 年）将村南百亩良田掘成南湖；至此，宏村水系规划完善，从村西入村，经九曲十弯，贯穿村中月沼，穿过各家门口，再往南注入南湖（图 3-7）。这一调整，不仅符合风水学，而且为宏村发展提供了良好的基础，到了明清，此地居然成了黟县"森然一大都"了。除去风水的说法，水系的规划改善了全村的灌溉、供水条件等，自然物产丰富，人丁兴旺，可见风水规划对村落的环境改良、村庄建设有着很大的作用。

图 3-6　最佳村址选择

资料来源：张十庆. 建筑理论与创作：风水观念与徽州传统村落关系之研究. 南京：南京工学院出版社，1986.

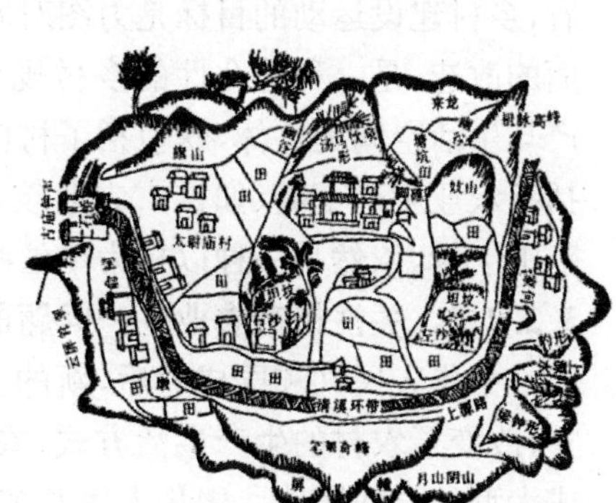

图 3-7　宏村水系规划

资料来源：张十庆. 建筑理论与创作：风水观念与徽州传统村落关系之研究. 南京：南京工学院出版社，1986.

3.2.2.2 关注乡村衰落问题的规划

20世纪二三十年代，中国农村遭遇了一连串的动荡。首先，随着西方国家商品经济体系的全球性蔓延，我国乡村经济封闭、自给自足的特征被打破，因此世界经济危机深刻影响到了当时处于弱势的中国经济，当时国内"出口农产品和工业原料、进口工业成品"的经济结构特征使得小农经济遭受重创，农业经济近乎凋敝。其次，广大乡村饱受当时国家政局动荡、战争内乱频繁、军阀土匪横行的侵扰，加重了农村的破坏。第三，频频发生的自然灾害导致乡村大面积受灾，殃及众多受灾农民。封建社会的解体、外来商品经济的影响和以工业为代表的城市快速发展使农村社会急剧衰落、城市近郊的农村"破产"，战乱和灾害导致农民流离失所、背井离乡，农村土地抛荒或价格下跌，进而导致农村经济萎缩、农产品滞留与价格暴跌、农民收入下降、负债比例上升等现象。经济衰退给乡村带来了一系列的社会问题，如封建迷信盛行、科学技术落后、环境卫生极差、文盲地痞众多、道德礼仪崩坏等。

乡村建设运动的涉及面非常广，在现存的资料记载中，探索的模式也非常多样，规划尺度主要是乡村生活空间和生产空间。

正是在这样的现实背景下，乡村运动以救济农村、改造农村为目标，很多先进之士尝试通过乡村建设来实现改革，最出名的是梁漱溟等"农化派"先锋人物发起的"乡村建设运动"。乡村建设运动是指整个社会形态和结构的建设改革，旨在培养农民的社会革新能力和传播新文化，其内容涵盖了对农村经济、农业、基础教育、文化培养、自卫等各方面的工作①。从当时的记载来看，乡村建设运动包括政治、社会、文化、经济四个方面的主要内容，其具体实践途径有政治方面改善农村政权与建立自卫组织；文化方面建立各种教育机构，推广基础教育；经济方面建立各类合作社，推广先进的农业生产技术，改良生产方式，整治村容村貌和道路；社会方面提高医疗和卫生水平，破除迷信，禁止赌博和鸦片等②。从这些内容来看，乡村建设运动的目标是力图对农村政治、农业经济和农民素质进行全面的改造，是一种综合性的乡村规划。从物质实体范围上看包括乡村生产与生活空间的整体，既包括了村庄范畴（如涉及整治村容及道路），亦包括了农业生产范畴（如推广农业技术、改良生产方式）。从建设运动空间范围上看，依然是一种以村为单位的规划尺度。

3.2.2.3 关注提高农业生产问题的规划

中华人民共和国成立后，新的土地所有制的诞生和农村合作社的成立，改变了农村的生产生活方式，农村从分散的、独立的小农经济被组织成大型的合作团体。中华人民共和国成立初期农业生产低下以及工业发

① 郑大华.民国乡村建设运动[M].北京：社会科学文献出版社，2000.

② 彭干梓，夏金星.梁漱溟的"参与式"乡村发展教育思想与实践[J].职教论坛，2008(3)：59-64.

展急需原始资本，引发了迫切需要提高农业生产力的愿望，客观上需要对农业生产的活动，尤其是农业配套设施（特别是大型水利设施）的建设活动进行规划和引导。

因此，在成立了人民公社之后，以公社为基本单位，组织编制“人民公社规划”，规划目标与出发点是提高农业生产水平和改善农民生活环境，规划形式以生产规划为基础。人民公社规划可以算是一个区域综合规划，人民公社直接负责本地的规划，是一个集农业生产、农村建设等规划目标为一体的综合考虑的乡村规划。规划内容涉及居民住宅建设、基础设施建设、农业生产活动等，当时北京师大地理系人民公社规划组将人民公社规划的内容总结为两部分：一是经济规划，包括农林牧副渔业、工业、交通和迁村定点，主要是解决生产项目、指标、规模、分布以及措施等问题。二是建设规划，包括重要居民点的总体布置和一些主要建筑的单体设计①。规划对象是乡村区域，通常是一个人民公社的区域范围（即现在一个镇/乡的范围尺度）②，规划范围有的可达到几十平方千米（详见青浦县及红旗人民公社规划），在乡/镇或县的规划尺度中进行。

人民公社时期一直因乌托邦情节被批判，但人民公社规划可以算是第一次涉及区域综合规划的概念，无论是规划尺度还是规划内容，都比以前有了很大的突破。

但人民公社时期的规划是建立在当时掠夺农村剩余的时代背景中，经济无法满足建设需求，规划乌托邦情节严重，忽视科学，过于理想化，对农村社区的规划过于强调生产，布局大而空，简单模仿城市小区形态；对农业经济的规划，忽视当前的农业生产状况和经济状况，最终造成农业的巨大损失。这使人们认识到了农业生产的重要性，并进入到经济恢复时期。

· **案例：青浦县及红旗人民公社规划**

青浦县人民公社规划工作共分五部分：

(1) 青浦全县的规划：从区域规划的眼光解决水系河道及对外交通问题、陆上交通问题，在确定主要的河道与路道后再考虑划分全县公社范围，并对全县风景疗养地区做了安排，提出公社的总体规划应以全县的总体规划为依据（图 3-8）。

(2) 青浦县城厢镇初步规划。

(3) 叶龙乡的现状调查工作：对其人口、建筑现状、居民点发展形态做了调查。

(4) 红旗人民公社的总体规划：其中一个方案划分为十个工区（生产大队），主要考虑工区的规模大小对农村生产的影响，这个方案规划居民点规模在 1 500～2 000 人，公共福利设施的项目齐全，还考虑了生产半径平均为 1 500 m，居民点至最远耕作地区不超过 15 min，工区界限大多以

① 北京师大地理系人民公社规划组. 经济地理在人民公社规划中的作用[J]. 地理学报，1959(1)：40-46.
② 李德华，董鉴泓，臧庆生，等. 青浦县及红旗人民公社规划[J]. 建筑学报，1958(10)：2-6.

县或乡级河道为界，不跨越大河（图 3-9）。

(5) 人民公社的一个居民点的规划：主要考虑居民点布置时选用的单元、居民点布置形态、公共服务设施（在工业用地上设置农具修配厂、粮食加工厂、米糠榨油及制酒精厂等，在居民点旁开辟练兵场、打靶场、学校、商店等）的配套、道路设置、基础设施（广播网、电力线）等问题（图 3-11）。除了居民点规划外，对工区也进行了规划，将若干自然村中质量较好的建筑物改建成休息站，一个生产队的耕地范围内设一处（图 3-10）。

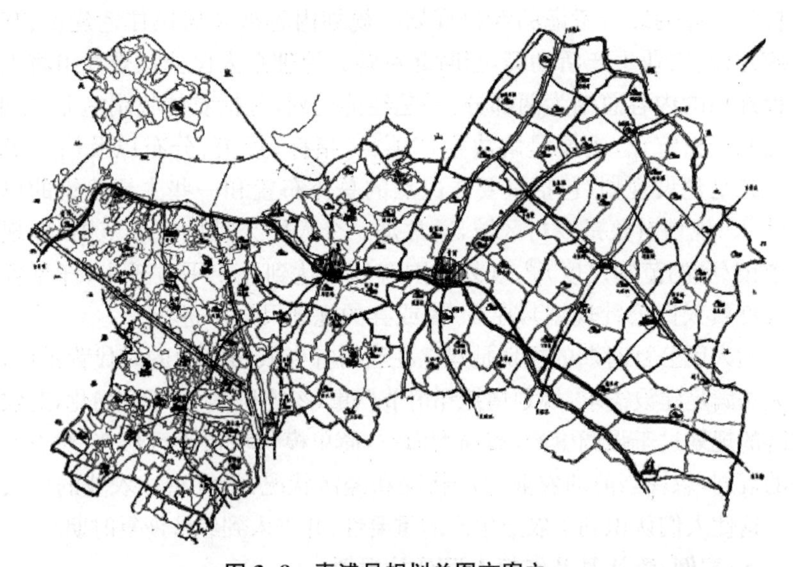

图 3-8　青浦县规划总图方案之一

资料来源：李德华，董鉴泓，臧庆生，等. 青浦县及红旗人民公社规划[J]. 建筑学报，1958(10)：2-6.

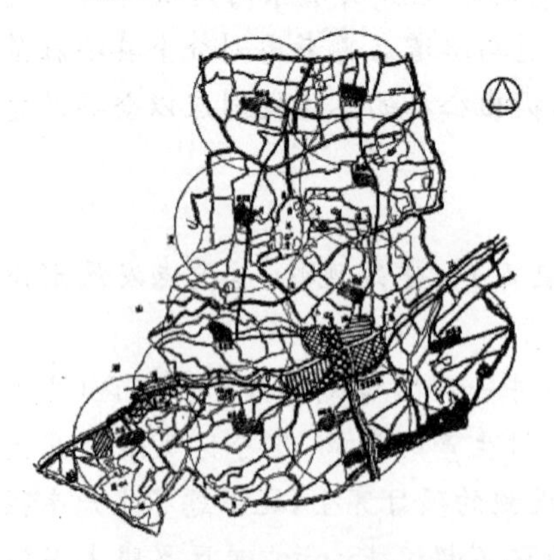

图 3-9　青浦县红旗人民公社总体规划方案

资料来源：李德华，董鉴泓，臧庆生，等. 青浦县及红旗人民公社规划[J]. 建筑学报，1958(10)：2-6.

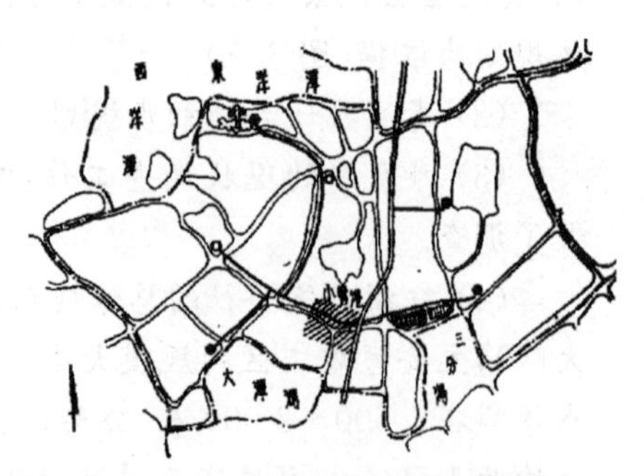

图 3-10　小曹港工区规划示意图

资料来源：李德华，董鉴泓，臧庆生，等. 青浦县及红旗人民公社规划[J]. 建筑学报，1958(10)：2-6.

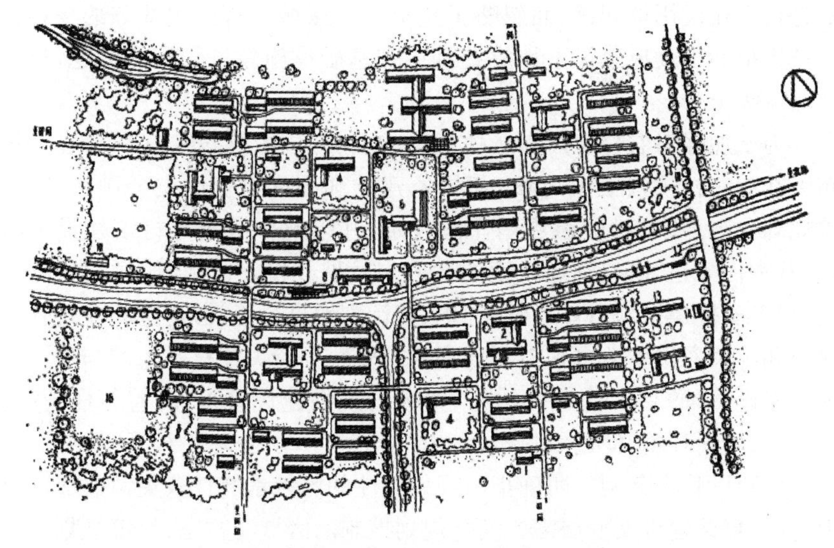

图 3-11　青浦县红旗人民公社小曹港居民点规划方案一

资料来源：李德华，董鉴泓，臧庆生，等. 青浦县及红旗人民公社规划[J]. 建筑学报，1958(10)：2-6.

3.2.2.4　关注乡村建设用地的规划

改革开放以后，农村实行土地联产承包责任制，将土地使用权交到农民自己手中，使农民在农业生产上的积极性大大增加，有力提高了农业生产力。但也由于这种很大程度上的自由性，农民自发修建住宅，出现农房大量侵占耕地的现象，导致了土地利用的低效与散乱，无形中降低了土地的单位经济价值，土地粗放利用问题成为首要暴露的乡村问题。据建设部数据统计，“1979 年全国农民建房投资就比 1978 年猛增一倍，达到 64.5 亿元，新建住宅面积由 1 亿 m^2 提高到 4 亿 m^2。随后几年，农村建设投资持续增长，农房建设量始终维持在每年 6 亿 m^2 以上”①。另一方面，也正是在改革开放期间，城镇依靠工业、商业迅速发展起来，城乡差距逐渐拉大，特别是远离中心城市的乡村，基础设施和公共服务设施缺乏导致了村庄人居环境与城市相较极为落后。

改革开放以后，乡村规划的目光又缩小到了村庄尺度，甚至于基本关注点仅放在建设用地的部分。

改革开放之后，城市化进程不断推进和加快对乡村产生了巨大的影响，因此急切需要对乡村土地进行管理和控制；另一方面，乡村发展积攒多年的首要问题是破除城乡二元结构，推进城乡统筹，减小城乡差距，因此急切要将维持乡村基础生活的设施建设起来。出于以上两个目的，政府与规划学者开始把目光更多地放在如何解决村庄建设的问题上，关注

① 中华人民共和国住房和城乡建设部村镇建设司. 中国村镇建设 30 年——改革开放 30 年农村建设事业发展历程中国建设报(一)[N/OL]. http://www.chinajsb.cn，2008-11-06(3)。

的是村庄建设用地问题，而忽略了整个乡村区域。自此大部分的乡村问题被概括和解读成建设土地集约利用和基础设施建设管理的问题，这种情况持续至今。

为了加强对农村生产和居住建设的引导，国家建设主管部门在全国布置开展农村规划工作，1982 年国家建委和国家农业委员会颁布的《村镇规划原则》开始对村镇规划作出规定，并以此作为指导村镇建设的依据，基本任务是“研究确定村镇的性质与发展规模，合理组织村镇各项用地，妥善安排建设项目，以便科学地、有计划地进行建设，适应农业现代化建设和广大农民生活水平不断提高的需要”，开始关注村庄生产与生活的各项建设。1993 年“为加强村庄、集镇的规划建设管理，改善村庄、集镇的生产、生活环境，促进农村经济和社会发展”，国务院颁布了《村庄和集镇规划建设管理条例》，明确指出规划关注的区域是“村庄、集镇建成区和因村庄、集镇建设及发展需要实行规划控制的区域”，村庄、集镇规划区的具体范围在村庄、集镇总体规划中划定；2008 年以前该条例一直指导着乡村规划。2008 年，《城乡规划法》将乡规划和村庄规划纳入法定城乡规划体系，规定乡规划、村庄规划的内容应当包括“规划区范围，住宅、道路、供水、排水、供电、垃圾收集、畜禽养殖场所等农村生产、生活服务设施和公益事业等各项建设的用地布局、建设要求，以及对耕地等自然资源和历史文化遗产保护、防灾减灾等的具体安排；乡规划还应当包括本行政区域内的村庄发展布局”。把乡村规划的空间尺度分为乡/镇行政区域和村庄规划区域两个尺度。

在学术界，1980 年前后出现过一段时间使用“乡村建设”一词，其含义却与民国时期的含义有很大差距，将“乡村建设”作为“建筑活动”，代表范例是当时的著作《中国乡村建设》①，其中认为乡村建设是指“在广大乡村区域内进行的一系列为生产和生活服务的各项建设活动”②，该书中研究和介绍的乡村建设即是各类规划、设计、施工以及管理等各项工作。这标志着那个时期学界的关注点也开始集中转向村庄建设用地的尺度与对象，随后学术界一系列的乡村规划研究与规划实践也多与村庄建设用地尺度有关。

3.2.2.5 关注侵占耕地问题的规划

20 世纪八九十年代之后，城市的扩展出现大量耕地被侵占的问题，为了保护耕地，出现了土地利用规划，其目的是为了划定基本农田保护区

---

① 袁镜身. 中国乡村建设[M]. 北京：中国社会科学出版社，1987.

② 本书中介绍的乡村建设包括：(1)农民住宅和农民需要的各项生产性房屋建设；(2)村庄和集镇建设(简称村镇建设)，包括道路、桥梁、供水、排水、供电、通信等基础设施建设，以及学校、文化馆、影剧院、医疗所、幼儿园、供销社、商店等文教卫生和商业服务设施建设。

的范围与面积，严格保护优质耕地。1987年颁布了《中华人民共和国土地管理法》，提出各级人民政府应当采取措施，全面规划土地资源，国家和各级人民政府编制土地利用规划，严格保护基本农田，控制非农业建设占用农用地；1999年制定了《基本农田保护条例》，具体要求在全国土地利用总体规划中确定耕地保护的具体数量指标，逐级分解下达到省、市、县级和乡(镇)土地利用总体规划中，以此确定基本农田保护区。土地利用规划关注耕地问题，从国家到省、市、县、镇各级行政空间尺度都对耕地进行了保护。但是土地利用规划划定的是耕地中基本农田的边界，耕地只是农业生产的一部分，只保护农田而忽视农业生产空间的整体性，割裂耕地空间和农村居住空间的关系，只能被动应对耕地不被侵蚀的问题，但无法有效保护乡村农业生产。

保护耕地的初衷是保护乡村，但是这种保护办法在实践中被证明只能应对耕地资源不被侵占的问题，无法保护乡村农业生产。

首先，耕地保护与粮食安全的关联性不是特别强。我国对粮食安全的保护目标在空间中是通过严格划定18亿亩耕地红线来落实的，即通过保障一定数量的耕地面积来保障粮食生产安全[①]。但是，在城市化背景下，仅仅保护耕地是否能够实现保障粮食生产安全的目标？如果只控制和保护耕地的“非农化”，而农民完全“城镇化”，那要如何进行农业生产？[②] 为了保障农业生产，就不能仅依靠维持一定质量耕地的做法，而需要通过政策将农民保留下来，通过补贴吸引农民继续从事农业。并且，保护乡村粮食生产需要一个完整的、以耕地为核心的农业生产空间，包括提供为农业生产而服务的空间，如为灌溉田地的水利设施、河道等空间，为运输肥料、种子原料及收获的农产品的道路空间，为提高农业生产技术与效率的农资销售网点、农业技术服务机构等农业基础设施空间，为农民就近居住和生活的农村居民点空间等(图3-12)。只有相关因素都纳入考虑，从保护耕地到保护农业生产空间，才能真正实现耕地的生产功能。大部分城市化地区，如佛山市南海区里水镇、广州番禺区石楼镇等，把耕地与周边空间的关系割裂开来对待，耕地给予保留，而周边空间作为城市发展空间进行城市化的这种做法，使保护乡村等同于保护耕地资源，并不是保护农业生产，未来这些耕地也实现不了生产功能，反而因为耕地保护而使城市建设空间破碎化。

其次，耕地划定与城市发展的矛盾特别大。现在耕地的划定是以中央根据各个省的耕地情况给出基本农田的指标，下达到省域，通过省域进

① 具体操作上，通过编制《全国土地利用总体规划纲要(2006—2020年)》来给定保护农田的面积与数量，划定基本农田保护区，对基本农田实行特殊保护，并通过《土地管理法》《基本农田保护条例》来规范具体操作。

② 这里涉及我国的粮食生产安全的战略方向，是仅要保障耕地从而保障生产粮食的潜力，使得在必要时期能够保障粮食即可，还是需要继续引导农民从事农业生产，维持粮食自给。我国现在的粮食生产还是紧平衡状态，而非生产过量状态，政策要求农村仍然要坚持生产粮食，《基本农田保护条例》中也有耕地不能抛荒的规定，说明国家的目标和愿景是要继续维持耕地的农业生产功能。

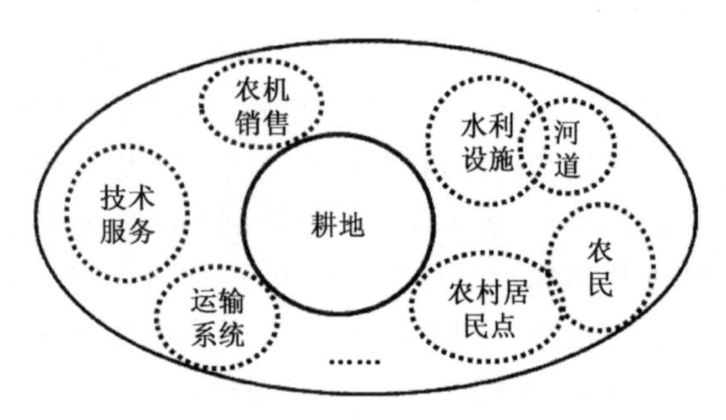

图 3-12　完整的农业生产空间包含的要素

资料来源：自绘

行划定基本农田保护区的方式进行，这是基于现有土地资源的特征与状态下的一种空间划定，而不是基于保障生产的目标而划定，这使得耕地的保护只是一种类型的土地的控制，并没有指定这个区域承担什么角色，发展定位是什么，这个区域与城市发展的关系等因素是不相关的。城市周边往往是经过良好开垦、多年反复耕种、土地较为肥沃的良田资源，而这部分土地与城市发展的建设用地需求往往形成比较大的冲突和矛盾。保障粮食生产是国家的根本战略，是乡村最重要的功能，而城市发展扩展是区域的必然选择，二者之间的空间冲突是当前乡村面临的最重要的问题。在这种冲突下，基本农田保护的政策只有对其中耕地资源进行管制，限制其发展，却缺乏这个空间中相关农业支持的配套政策，因此无法协调空间矛盾。为了实现粮食生产的功能，不仅是要有资源，还要有区域空间政策，而这个区域空间政策是建立在完整的农业生产空间的概念基础上，使城市区域和乡村区域协调发展，政策向乡村地区、农业生产倾斜，形成从城市区域向粮食区域的空间补贴机制。

土地规划强调的是对资源的管控，但只管土地，而忽略土地之上的人的利益分配，使得这类规划只能是理想型的，而非现实型的。

· 案例：佛山市南海区里水镇

里水镇处于广佛交接区位，从区域发展态势与周边地区竞合分析来看，里水镇正从广佛的"边缘"转化为广佛都市圈重要组成部分。里水镇的产业结构以工业为主，工业企业数量众多，规模产值较大，有着较为悠久的营商和办厂传统，民营中小企业发达，已形成完整的汽配、机械等产业链条，成为大企业的配套和支持的基础企业。第二产业的发展为本区域吸引了大量的外来人口，规划区域平均外来人口占总人口 63.26%，使得里水镇成为以外来人口与农村农业人口混居为主的社会生产生活群体（表 3-2）。在空间上，规划区范围内的土地现状主要以大量的工业用地、山林地、耕地、村庄以及一些居住用地为主，从图 3-13 中可以看出村镇居住用地、工业用地和农田耕地交错穿插，各类土地空间布局表现出零散无序的状态，空间呈现碎片化。在这样的情况下，里水镇农田与周边空间的关系是割裂开来的，针对农田通过土地利用规划进行了保护，而周边空间是基于城市的目标而发展。虽然农田空间被保护下来，但农民群体出于经济利益大量地转向出租物业和进行工业服务，村庄成为村民及工人的公共服务中心，乡村无法进行有效的农业生产，耕地周围被城市包围，保存下来的耕地无法实现其意义，将来也无法用于农业生产。这就是城市化区域中大量存在的典型乡村空间特征与矛盾。

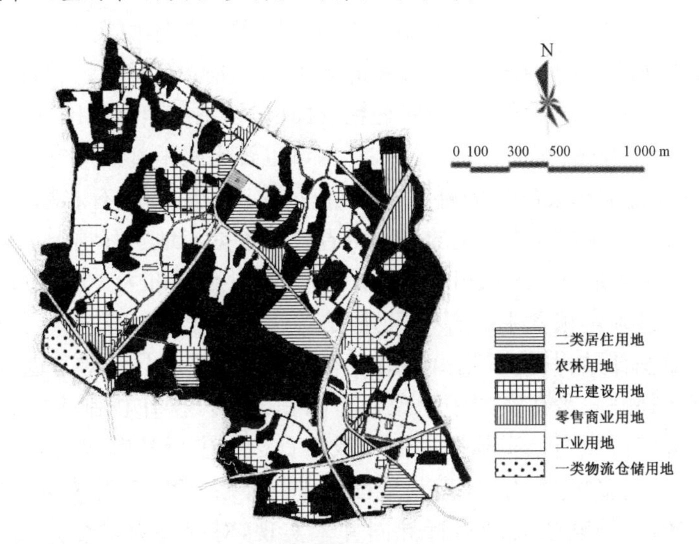

图 3-13　佛山市南海区里水镇现状土地利用图

来源：佛山市南海区里水镇沙涌大步片区规划方案[Z].佛山：佛山市政府，2013

表 3-2　规划范围涉及区域 2010 年人口情况表

户籍人口/人	22 705
外来人口/人	39 099
农业人口/人	20 632
农业人口占户籍人口比例/%	90.87
农业人口占总人口比例/%	33.38
外来人口占总人口比例/%	63.26

资料来源：佛山市南海区里水镇沙涌大步片区规划方案[Z].佛山：佛山市政府，2013

农业补贴也是一类乡村政策。农业补贴尝试过很多方式，有直接对农民进行补贴，有直接对耕地进行补贴，有根据粮食产量进行补贴。广州按耕地面积进行补贴，仍然是在解决耕地被侵占的问题。

在国家层面除了通过土地利用规划划定基本农田，也试图通过补贴政策来调节粮食生产。农业补贴政策主要分为以下两种：一是综合性收入补贴政策，包括粮食直补和农资综合直补；二是生产性专项补贴政策，包括良种补贴政策、最低收购价政策、农机购置补贴政策。其中对农民直接补贴逐步成为支持农业的重要方式①。对农民直接补贴的途径是通过

① 程国强，朱满德. 中国工业化中期阶段的农业补贴制度与政策选择[J]. 管理世界，2012(1)：9-20.

农民承包耕地，国家按相关补贴标准和实际种植面积，对农户直接给予补贴，因此这个补贴方式是与耕地相关的一种方式。

在空间落实方式上，2005年《关于进一步完善对种粮农民直接补贴政策的意见》中提出，"粮食主产省、自治区[①]原则上按种粮农户的实际种植面积补贴，如采取其他补贴方式，也要剔除不种粮因素，尽可能做到与种植面积接近；其他省、自治区、直辖市要结合当地实际选择切实可行的补贴方式"；具体补贴方式依据当地的实际情况，由省政府灵活确定。粮食主产省、自治区必须在全省范围内实行对种粮农民（包括主产粮食的国有农场的种粮职工）直接补贴；其他省、自治区、直辖市也要比照粮食主产省、自治区的做法，对粮食主产县（市）的种粮农民（包括主产粮食的国有农场的种粮职工）实行直接补贴，具体实施的范围由省政府根据当地实际情况灵活确定。广州市的做法是对基本农田实行保护与补贴，补贴标准为100元/亩·年。即国家通过确定粮食主产省，农业补贴对这个粮食主产省倾斜，并规定按照种植面积补贴；其他省则由省级政府确定粮食主产县后对其进行补贴。

当前，乡村在经历过再自由化的短暂繁荣之后又进入了衰落期。洞鉴古今，我国曾经的乡村规划和憧憬过的理想对于今天来说都不现实。古代的村落风水学已不能解决当前乡村问题，近代的乡村衰落的动因与1990年代之后乡村衰落有着相似性，都是城市化和经济推动下的改变。然而，这种衰退通过城乡二元制，可以用人民公社的方式来解决吗？历史早已给我们答案。今天，我们要思考乡村的未来在哪里。

直接补贴政策在实践中出现几个问题：第一，操作机制不完善，政策设计上规定按照当年实际播种面积或粮食产量进行补贴，然而在实际操作过程中，大多按照农户家庭耕地面积进行补贴，种粮直补成为一种普惠性收入转移，补贴政策的目标导向并未实现，对提高农业生产力效果有限[②]。第二，目前的补贴政策偏重于对粮食的生产补贴，对其他农产品生产、产后加工和流通等环节基本没有涉及，政策只能通过种植面积/耕地进行，而相应的一般农业生产的服务，包括农业基础设施的建设、环境资源的保护、农业综合开发等却没有空间支持。第三，农业补贴政策过度强调对粮食生产激励作用，大多数农业补贴政策并未考虑其环境影响，对资源环境保护关注较少[③]。因此，通过耕地控制与对耕地直接进行补贴只能保护耕地，解决耕地被侵占的问题，对于调节乡村粮食生产、保障农业和生态等乡村问题来说，规划仍然是不足的。

3.2.3 英国与中国的乡村规划对比

3.2.3.1 乡村发展问题的应对策略

英国定义的乡村是涵盖了广大自然区域的一个区域概念，在此定义下农业生产、生态、景观、社区等一系列问题都属于乡村问题，根据乡村问题，设定保护目标，形成一致的乡村目标愿景，建立一套相对应的规划机

① 指河北、内蒙古、辽宁、吉林、黑龙江、江苏、安徽、江西、山东、河南、湖北、湖南、四川。

② 黄季焜，王晓兵，智华勇，等. 粮食直补和农资综合补贴对农业生产的影响[J]. 农业技术经济，2011，(1)：4-12.

③ 李登旺，仇焕广，吕亚荣，等. 欧美农业补贴政策改革的新动态及其对我国的启示[J]. 中国软科学，2015(8)：12-21.

制,从而有效地解决一揽子乡村问题。我国也有与英国相类似的农业、环境、生态等问题,但是一直忽略着这些本属于乡村的问题,只是当某个具体的乡村问题凸显之后,被动地产生一种规划类型来应对单一问题。传统社会是基于乡村人居环境及健康需求,使用了风水学;民国时期,为了解决乡村破产和衰退问题,进行了一系列改革和乡村建设运动;50 年代中期至“文革”结束,为了提高乡村劳动生产力,进行了人民公社整体规划;改革开放以来,因为主要问题是提高乡村基础设施和改善村庄人居环境,所以开展了村庄建设与整治规划。耕地被城市发展侵占,因此开始土地利用规划。我们的规划在被动地适应着乡村主要问题和矛盾的变迁,没有对乡村问题进行过总体的分析和研究,更没有形成一套规划机制,规划无法提前应对乡村问题,而是“头痛医头、脚痛医脚”,无法主动预测对象的发展结果,只是在发现问题之后再去应对问题和修补错误。

英国针对乡村问题设立一致的乡村目标愿景,我国则倾向于逐个解决具体的乡村问题。

3.2.3.2 对规划尺度的选择

乡村问题变迁深刻地影响到规划编制范围和空间尺度。英国的乡村规划从一开始就因为关注了粮食生产安全的问题,而在国家尺度中进行规划,继而通过深入挖掘乡村生态、环境、休闲、社区发展等问题而在区域、地方和社区尺度中继续进行乡村规划,使乡村规划形成一个体系。我国很少站在区域的高度去探讨乡村规划编制尺度的问题,风水学关注聚落尺度,乡村建设运动关注与城市相关的乡村社会问题,以村为单位关注聚落和农田空间尺度,人民公社以生产为目的,曾将关注的范围扩展到了乡、镇一级地区,但是现在乡村规划关注的问题又缩小到村庄建设用地的范围,关注的内容缩小到村庄物质空间建设的单一内容,编制规划的空间主要是以村域/村庄为尺度,从规划尺度的选择上看可谓是一种倒退。虽然土地利用规划涉及较大的空间尺度,但是考虑的问题与乡村整体保护和发展无法协调。囿于空间尺度的狭小,现在的乡村规划能够考虑的问题十分单一,只能解决村庄尺度范围内的乡村问题,而无法解决更大空间尺度中的粮食生产、生态保护等问题,空间尺度的限制导致了规划工具的狭隘。

英国乡村规划从单一尺度扩展到了各级尺度。我国乡村规划的发展没有延续性,在空间尺度的选择上是断裂的。

3.3 对我国现行乡村规划工具的反思

3.3.1 规划类型:乡村规划名目繁多,但缺乏区域规划的类型

在乡村规划全面铺开之前,我国的乡村规划类型比较单一,进行规划的村庄数量也较少。以广东省来说,有 3 类比较常见的村庄规划[①]:一种

① 魏开,周素红,王冠贤. 我国近年来村庄规划的实践与研究初探[J]. 南方建筑. 2011(6):79-81.

是由于城市发展或大型项目建设的需要，对某个村庄进行整体搬迁而做的规划，比如湛江市坑里村搬迁规划；第二种是针对具有景观、生态、文化等旅游资源的村庄进行的乡村旅游规划，如中山市翠亨村旅游发展规划；第三种是在申报历史文化名村时编制的保护规划，如梅州市泮坑历史文化村落保护规划。这几种规划类型是出于城市发展、市民休闲和城市文化等个别需要而发展起来的，只涉及相关村庄，因此是基于单个村庄尺度的规划类型。

在全面开展乡村规划之后，全国各地都在摸索乡村规划的内容和形式，出现了大量类型的乡村规划，以规划涉及的范围分类，初步可归纳为区域规划层次、总体规划层次、专项规划层次，规划种类非常繁多(表 3-3)。

目前乡村规划的尺度处于探索阶段，规划种类比较多。

表 3-3　我国乡村规划的类型

作用层次		名称
区域规划层次		村庄布点规划
		村庄体系规划
		村庄布局规划
总体规划层次	基本村庄规划	村庄经济社会发展规划
		村庄总体规划/村庄综合规划/村庄建设规划
		村级土地利用规划/村庄国土规划
	特定类型村庄规划	整体搬迁村庄规划
		村庄旅游规划
		历史文化名村保护规划
		城中村改造规划
		中心村规划
		生态(文明)村规划
		“空心村”整治规划
		新农村规划
		美丽乡村规划
专项规划层次		村庄整治规划/旧村改造规划
		村庄旅游规划/村庄景观规划/村庄旅游发展规划
		村庄生态规划/村庄环境规划
		村庄防灾规划

资料来源：根据魏开，周素红，王冠贤.我国近年来村庄规划的实践与研究初探[J].南方建筑，2011(6)：79-81 修改。

在区域层次的规划延续了城镇体系的规划原则与思想，以布点规划为主，主要还是旨在解决村庄的位置布局、确定不同村庄人口规模等级，原则确定区域村庄的交通、供水、排水、防洪等设施的布局(见下文增城市村庄布点规划案例)。总体规划层次和专项规划层次多为问题导向的规划，基本上是为了解决某一类的村庄尺度的问题而存在的，如村庄土地控制、基础设施建设、农村人居环境整治、村落历史保护、发展旅游等。另外十九大提出了“乡村振兴战略”全面复兴乡村的宏伟蓝图，目前规划界正在积极探索其相关的规划形式，但由于未有较为成熟的规划成果，在此不做分析。

- **案例：增城市村庄布点规划**

增城市村庄布点规划的目标是在城市总体规划、镇总体规划等上层次规划的指导下，与国民经济发展、土地利用、生态环境保护、农业、扶贫、交通和水利等规划相衔接，对村庄的性质定位、人口和用地规模、产业布局与发展、公共管理与公共服务设施、道路交通设施、公用工程设施等进行科学规划，以指导村庄规划的编制。规划方案包括产业发展、村庄体系(发展类型、等级规模、职能结构)、村庄规模测算(人口规模、建设指标)、道路交通与设施、生态与历史文化保护等内容(图 3-14、图 3-15)。

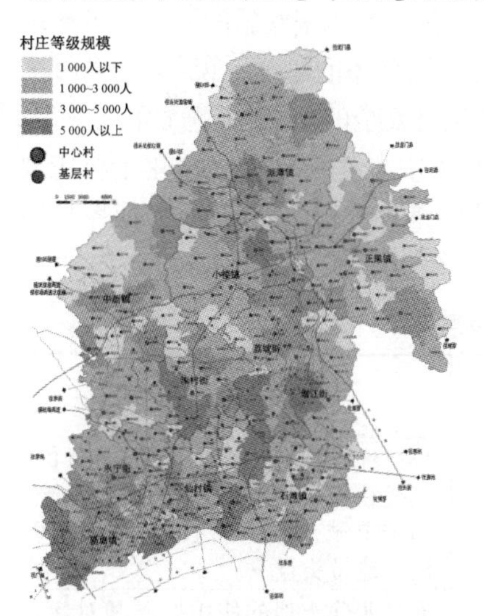

图 3-14　村庄等级规模图

资料来源：增城市人民政府，华南理工大学建筑学院. 增城市村庄布点规划[Z]. 2013

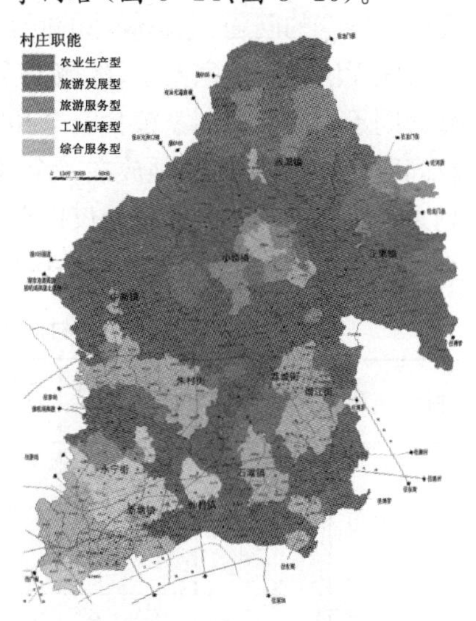

图 3-15　村庄职能结构图

资料来源：增城市人民政府，华南理工大学建筑学院. 增城市村庄布点规划[Z]. 2013

我国乡村规划发展的历史中，对乡村问题的认识更多时候仅停留在村庄层面，对于乡村问题的认识没有提升到区域的高度，因此乡村规划的空间尺度也就局限在了主要关注村庄物质层面上，而且基本上是寄希望通过编制单个村庄规划来解决乡村问题，没有对乡村问题进行有效的统筹而形成规划体系。

区域规划中有些规划涉及乡村区域，但并非综合性规划，是部门规划，旨在解决乡村某一方面的问题。

而在城乡规划体系中，有一些规划具有区域规划特征，但没有对乡村区域的综合性规划。城镇体系规划以城市角度出发，乡村是作为城市附属的身份出现，对乡村的考虑比较少，既没有统筹考虑乡村区域的发展目标，也很难针对性地解决乡村区域所出现的问题；主体功能区规划是基于资源禀赋与环境承载能力划分功能区，以空间管制为目的，并不具备综合规划的属性[①]；国土规划则是侧重土地的管控，并不涉及乡村总体发展目标的思考。

3.3.2 规划尺度：村庄规划难以实现乡村发展目标

村庄规划尺度太小，无法统筹考虑乡村区域目标。

目前，我国乡村规划大多是以单个行政村（或自然村）为单位进行编制的，这个空间尺度下，乡村是一个个孤立的点，无法承担国家战略和区域层面的要求，在这个空间尺度下的规划工具，自然也无法统筹考虑到区域和国家的目标。因此在实践中，虽然每个乡村规划项目都会谈论到该乡村的发展目标，但是这往往只是非常狭隘的、就村庄所处微观环境而论的发展目标（表 3-4），而甚少涉及区域发展目标，更遑论国家目标。乡村问题表现为粮食生产安全的问题、生态保障的问题、历史传承和休闲娱乐的问题。虽然单个村庄无法论及国家安全、区域安全，但是从整体的角度上说，整个乡村区域共同承担起保障国家粮食安全和区域生态安全的功能，从这个角度说，乡村问题具有整体性，必须放在一个区域整体中去考虑，不能依靠单个村庄规划来解决。目前的村庄规划仅以单个乡村作为规划编制的单位，使乡村规划局限在村庄尺度，而无法解决区域性的乡村问题。

表 3-4 村庄规划发展目标一览表

村庄名称	所属区域	村庄人口（现状）	村庄人口（规划）	村庄规划中提出的发展目标
平康上屯	横县	301	360	环境优美、生态文明、舒适惬意的现代壮族居住新村，成为横县乃至南宁市域范围内新农村建设规划的示范带头点
新仲村	横县	286	327	通过明确土地的使用性质和对新、旧建（构）筑物采取拆除、改造等措施，满足当前村庄的社会、经济、环境发展的需要，达到整治环境及构建民族村落的目的；指导和规范村庄人居环境建设，合理配套基础设施，树立崭新的村容村貌

① 刘小丽. 跨界合作下的欧盟空间规划实践经验及对珠三角规划整合的启示[D]. 广州：华南理工大学，2012.

续表 3-4

村庄名称	所属区域	村庄人口（现状）	村庄人口（规划）	村庄规划中提出的发展目标
公主庄	上林县	220	290	培育新农民，塑造新风貌，配套新设施
那洞庄	上林县	380	454	基础设施基本完善，村庄生态环保、可持续发展，村容卫生整洁，人居环境优美，乡风文明和谐，村民生产生活质量大幅度提高，有效保护耕地，经济稳步发展
那严坡	邕宁区	342	403	以新农民、新风尚、新房舍、新设施、新环境的"五新"为标志，统一规划、整体协调，改善村庄的生产、生活和生态环境，改善居住条件，完善道路、给排水等基础设施建设，促进农村教育、卫生等社会事业发展，为村民提供最基本的公共服务，通过规划整治将联团村那严坡建设成为生态、环保、和谐以及可持续发展的社会主义新农村
团东坡	良庆区	400	420	基础设施基本完善，村庄生态环保、可持续发展，村容卫生整洁，人居环境优美，乡风文明和谐，村民生产生活质量大幅度提高，有效保护耕地，经济稳步发展
张村坡	兴宁区	975	1 190	基础设施完善，村容卫生整洁，人居环境优美，乡风文明和谐，村民生产生活质量大幅度提高，有效保护耕地，经济稳步发展

资料来源：根据南宁市村庄规划文本资料整理

从乡村的功能性而言，乡村地区承担了生态、农业生产功能，整体形成生态系统、农业系统。英国生态学家亚瑟·乔治·坦斯利爵士在提出生态系统的概念时明确认为"生态系统是一个'系统的'整体。这个系统不仅包括有机复合体，而且包括形成环境的整个物理因子复合体……这种系统是地球表面上自然界的基本单位，它们有各种大小和种类"[①]。除了自然生态系统，城市、乡村、人工改造的农田等也属于人工生态系统。如现代农业发展规划理论中提出根据系统论的原理，认为农业自身是由相互有联系的各种要素组合的复杂系统和完整综合体[②]，农业系统中人

① 蕾切尔·卡森. 寂静的春天[M]. 吕瑞兰，译. 上海：上海译文出版社，2007.

② 刘喜波. 区域现代农业发展规划研究[D]. 沈阳：沈阳农业大学，2011.

乡村是一个生态功能整体,村庄规划尺度过小,无法管控生态问题。

口、水资源、耕地、植被、基础设施、生态工程,甚至建筑物和村庄都是农业系统的一个组成要素,一个子系统。由此可见,完整的生态系统或农业系统与整个区域的发展是相关的,系统通过要素组成一定的结构,各要素动态变化,从而影响整个区域结构和体系的发展。系统是研究事物的基本单位,割裂完整的生态系统来进行乡村规划是毫无意义的。单个村落无法构成完整的生态系统、农业系统,目前以单个村庄作为规划编制尺度,使得自然生态系统及农业系统的完整性被割裂,虽然有些村庄规划也考虑生态、农业问题,但是尺度过小,无法有效地管理和管控自然、农业与生态,生态系统的整体性要求一种整体区域性的规划。

在区域城镇化的趋势下,中国的乡村还面临着乡村转型、保留和消亡的选择。转型的村庄面临农民如何向城市转移、产业如何转型、乡村社会如何转变为城市等一系列问题;消亡的村庄面临着如何引导人口外迁和安置的问题;保留和发展的村庄面临着如何完善村庄社区的问题。而这些乡村的发展目标,不是村庄尺度的规划能够考虑的,必须从区域层面统筹考虑乡村的发展、与城市的关系,通过区域规划给定村庄的发展目标,才能根据目标选择相应的规划工具与规划方式。目前,确定乡村区域发展目标的区域规划是缺失的,乡村是“转型”“维持农业”还是“衰退”不得而知,在乡村发展目标尚未明确的情况下,盲目进行一系列“新农村规划”“美丽乡村规划”等运动,提倡和号召的是将村庄规划全面铺开、全面覆盖,进行“村村点火、户户冒烟”的地毯式规划与建设,直接指定所有村庄都进行村庄规划,造成村庄规划的盲目性。在缺乏上位乡村规划给定的乡村区域发展趋势判断和乡村发展转型目标的情况下,村庄尺度的规划只能在政策下盲目指导着乡村建设。

村庄规划缺乏引导性的上层规划,村庄的发展趋势不明确,村庄规划具有盲目性。

3.3.3 规划对象:村庄规划关注对象是村庄建设用地

村庄规划的尺度之小使其能够解决的乡村问题的范围非常小,那么,现在的村庄规划可否认为是针对村庄尺度的有效的规划?依据现行的规范,我国乡村规划的实质是村庄“建设”规划,这既是由于对乡村概念的不同理解和判断导致的,也是由于中国特殊的发展阶段和城乡矛盾所导致的。

根据《村庄和集镇规划建设管理条例》,村庄规划分为村庄总体规划和村庄建设规划两个阶段进行。村庄总体规划的主要内容包括乡级行政区域的村庄布点,村庄的位置、性质、规模和发展方向,村庄的交通、供水、供电、邮电、商业、绿化等生产和生活服务设施的配置。村庄建设规划是具体安排村庄的各项建设,主要对住宅和供水、供电、道路、绿化、环境卫生以及生产配套设施做出具体安排。《城乡规划法》中乡规划、村庄规划的内容包括:“规划区范围,住宅、道路、供水、排水、供电、垃圾收集、畜禽养殖场所等农村生产生活服务设施、公益事业等各项建设的用地布局、建设要求，以及对耕地等自然资源和历史文化遗产保护、防灾减灾等的具体安排。乡规划还应当包括本行政区域内的村庄发展布局。”十六届五中全会提出建设社会主义新农村而产生的新农村规划，主要是进行村庄整治，改善村容村貌。2008年以来为了应对乡村物质环境推出了美丽乡村规划[①]，规划的验收是以“七化五个一”为标准的基础设施的建设和村庄人居环境的改善（见黄榜岭村美丽乡村规划案例）。在2015年4月29日出台的《美丽乡村建设指南》(GB/T 32000—2015)中，亦将村庄视为一个单独实体，主要关注村庄建设与治理方面，要求村庄规划对村民建房、村庄改造、村域道路、供水等各项建设做出明确规划[②]。

乡村规划尺度集中在村庄规划区范围内，偏重于关注村庄的物质建设问题。

可以看出，乡村规划仅关注村庄规划区范围内的发展问题和村庄的物质建设问题，通常规划的红线范围是指需要“发展”的建设用地，这是关于建设用地的管理。这种规划类型不仅在农田、水域、山林等乡村非建设用地方面基本处于无管理、无规划的空白领域，对于建设用地的规划内容也基本上仅限于基础设施、生产设施和生活设施的用地布局与规划管理。

---

① 美丽乡村，是指中国共产党第十六届五中全会提出建设社会主义新农村，达到“生产发展、生活宽裕、乡风文明、村容整洁、管理民主”等具体要求。2011年开始，广东省增城、花都、从化等市县启动美丽乡村建设，依据美丽乡村建设要求编制村庄规划。广州的美丽乡村建设主要包括6个方面的内容：(1)村庄规划。其目标是体现政府的主导作用，引导群众、企业和社会力量积极参与美丽乡村建设。(2)农民增收。规划要指导各村依靠各自的资源、生态、区位、水利等条件，积极发展旅游、商业、文化、休闲、生态等特色经济，争取每个村都能形成一至两个主导产业。要加强对农村剩余劳动力的技能培训，并帮助就业。积极谋划把农民的房屋、土地等资产变成资本，增加农民收入。(3)优化环境。要大力推进“七化”工程(道路通达无阻化、农村路灯亮化、供水普及化、生活排污无害化、垃圾处理规范化、卫生死角整洁化、通信影视“光网”化)，以及公共服务“五个一”工程(一个不少于300 m² 公共服务站、一个不少于200 m² 文化站、一个户外休闲文体活动广场、一个不少于10 m² 宣传报刊橱窗、一批合理分布的无害化公厕)，加强村庄环境综合整治。(4)传承文化。要把岭南文化作为重要元素进行谋划，重点加强农村文化设施、文化人才、文化场所建设，让美丽乡村既有田园风光，也有生态景观，更有文化气息、文化品位。(5)形成合力。广州市美丽乡村建设领导小组办公室为牵头和统筹协调部门，明确美丽乡村建设各试点村的牵头单位、参与单位和工作要求，加强结对帮扶。市、区(县级市)国土、规划、工商、旅游、文化、财政、水利、交通、电力、园林、环保、城建、教育等部门要加强政策指导，合力推进美丽乡村建设。特别是要确保资金支持，市级财政安排每年不少于30%的涉农资金、区(县级市)财政每年安排不少于40%的涉农资金集中用于美丽乡村的项目建设。(6)机制建设。各区(县级市)完善领导机制、群众参与机制、市场准入机制，积极探索打造可看、可学、可用的美丽乡村建设模式，在全市发挥示范、带动、引领作用 。美丽乡村规划不是城乡规划法内法定的规划类型，是广州为应对乡村规划工具失效的情况，针对乡村出现的问题而采取的一种规划类型。

② 《美丽乡村建设指南》第5.2条“规划编制要素”中包括：(1)编制规划应以需求和问题为导向，综合评价村庄的发展条件，提出村庄建设与治理、产业发展和村庄管理的总体要求。(2)统筹村民建房、村庄整治改造，并进行规划设计，包含建筑的平面改造和里面整饰。(3)确定村民活动、文体教育、医疗卫生、社会福利等公共服务和管理设施的用地布局和建设要求。(4)确定村域道路、供水、排水、供电、通信等各项基础设施配置和建设要求，包括布局、管线走向、敷设方式等。(5)确定农业及其他生产经营设施用地。(6)确定生态环境保护目标、要求和措施，确定垃圾、污水收集处理设施和公厕等卫生环境设施的配置和建设要求。(7)确定村庄防灾减灾的要求，做好村级避灾场所建设规划；对于处于山体滑坡、崩塌、地陷、地裂、泥石流、山洪冲沟等地质隐患地段的农村居民点，应经相关程序确定搬迁方案。(8)确定村庄传统民居、历史建筑物与构筑物、古树名木等人文景观的保护与利用措施。

乡村问题中，村庄建设用地的布局与基础设施问题只是其中一部分，乡村问题还包括乡村的自然生态和农业生产问题、乡村的历史与地方特色问题、村民保障与自治问题等。而我国现行的乡村规划关注的问题，局限在村庄的发展问题和物质建设问题上；乡村规划关注的范围，局限在需要建设发展的用地上；乡村规划关注的区域尺度，局限在村庄聚落规划区内，并未覆盖全部的乡村区域。村庄规划“落地难”的实践表明，乡村规划工具无法应对更多问题，乡村规划的工具试图解决乡村物质空间的建设问题，而疲于应对乡村的发展与保护问题，例如乡村的经济趋于多样化、乡村人口流失与衰落、乡村社区重建等问题，都无法得到有效回应。在面对国家层面的粮食安全战略问题、区域空间层面的生态环境保护问题时，乡村规划更是显得束手无策。

从规划尺度中看出，我国的乡村规划仍停留在初级阶段，还没涉及更大层面的乡村问题。

可以说，这种规划制度是村庄建设规划，而不是完整意义上的乡村规划。从物质实体范围上看，规划将村庄和周边的农地割裂开来，只定义和管控村庄的建设部分而忽略自然部分；从规划内容上看，规划只负责管理土地，表达国家、社会对乡村的扶持和投入，而没有进行乡村其他方面的指定与保护。由此亦可见，我国的乡村规划非常初级，仍处于鼓励建设保障乡村生活质量的基础设施的阶段，还没有上升到保护乡村耕地资源、保护生态环境和景观环境、协调社区利益的层面。

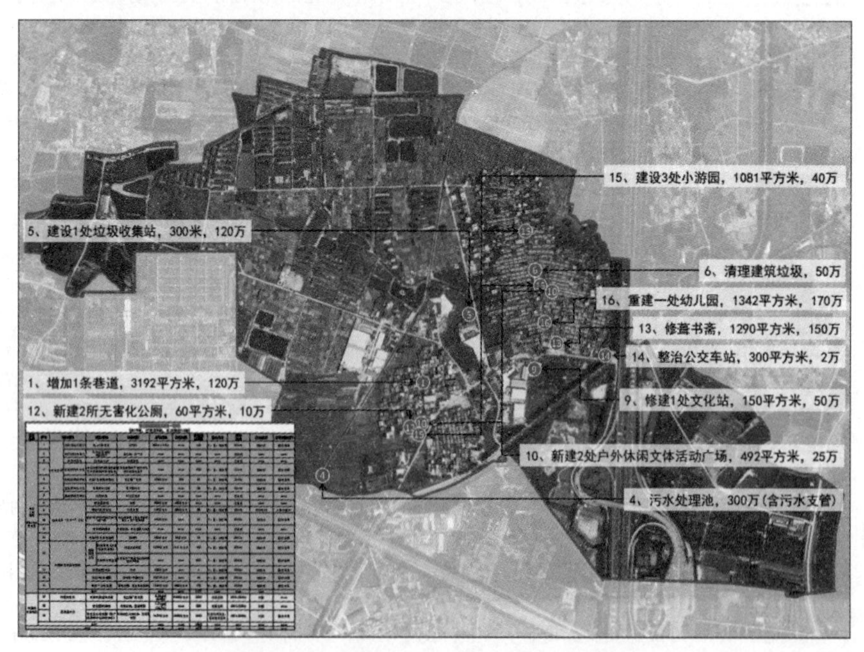

图 3-16　黄榜岭村近期建设项目布局图

资料来源：白云区人和镇人民政府，黄榜岭村村民委员会. 美丽乡村：白云区黄榜岭村示范村庄规划[Z]. 2012

· 案例：广州市白云区黄榜岭村美丽乡村规划

作为美丽乡村的示范规划，黄榜岭村规划目标是“按照功能清晰、设施完善、项目进园、农民持续增收的总体目标，通过以村民意愿为主导、政府服务、技术支持的村庄规划，美化乡村环境，提高农村生活水平和生活质量，提升农民的幸福指数，推动城乡一体化发展”。规划核心被总结为几点：一是改造低层破旧厂房，提高工业用地效率，带动村集体经济发展；二是建设集中布局的农民公寓，解决新增分户住房需求；三是通过近远期规划协调土地规划和村民意愿的矛盾。除此之外，还对村内基础设施建设项目的位置、占地面积、投资金额、资金来源、建设时间、实施主体、指导实施部门进行了具体的安排(图 3-16、表 3-5)。

表 3-5　黄榜岭村建设项目一览表(部分摘录)

项目类型		项目名称	项目位置	占地面积	建筑面积	投资额(万元)	资金来源	建设时间	实施主体	指导实施部门
“七化工程”	道路通达无阻化	增加一条巷道	西村内	300 m × 3.5 m	—	120	市、区、镇统筹	2014年	镇政府	区交通局
	农村路灯光亮化	村内主要道路铺设路灯	通心路、西一街	—	—	—	—	已完成	—	—
	供水普及化	自来水入户	村民住宅	—	—	—	—	已完成	—	—
	生活排污无害化	建设连接到村民住宅的污水支管和污水处理池	支管连接到两个自然村内，污水处理池位	—	—	300	市、区、镇统筹	2014年	镇政府	区水务局
	垃圾处理规范化	建设一处垃圾收集站	帝王帽厂北侧	200 m^2	100 m^2	50	市、区、镇统筹	2013年	镇政府	区城管局
	卫生死角整洁化	清理建筑垃圾	两个旧村内	—	—	50	市、区、镇统筹	2014年	镇政府	区城管局
	通信影视光网化	光缆改造	村主要道路	—	—	—	—	已完成	—	—

资料来源：白云区人和镇人民政府，黄榜岭村村民委员会. 美丽乡村：白云区黄榜岭村示范村庄规划[Z]. 2012

3.3.4　规划空间：乡村区域被规划割裂

整个乡村区域空间在规划之中被割裂开来，其中村庄规划是属于规划管理部门的职责，村庄规划是只考虑村庄关于农民生产生活的物质建设的规划，考虑的是基础设施、生产设施和生活设施的用地布局与规划管理，村域范围被规划割裂。除了村庄聚落，广大的农田、水域、山林等非建设用地处于未被规划定义的状态，大部分处于自由发展的状态，规划部门无法在其中发挥应有的作用。少数一些乡村区域，如基本农田、少数自然风景与生态环境突出的地方以及特殊用途的自然区域，则分别就其功能编制相应的土地利用总体规划、风景名胜区规划、自然保护区规划等(图3-17)。有规划覆盖的乡村自然区域，如自然保护区、风景名胜区等，只是乡村自然区域中具有核心价值的一部分区域，但是作为生态系统而言，这些区域生态价值的影响和受益范围远远大于规划红线。但现有的关于乡村地区的规划工具是将乡村功能区视为一个个孤立的、片段式的区域，割裂了乡村功能区域的完整性，只对其中一部分内容进行规划。

现有规划工具将乡村区域割裂开，各自为政进行规划，并没有统一的规划。

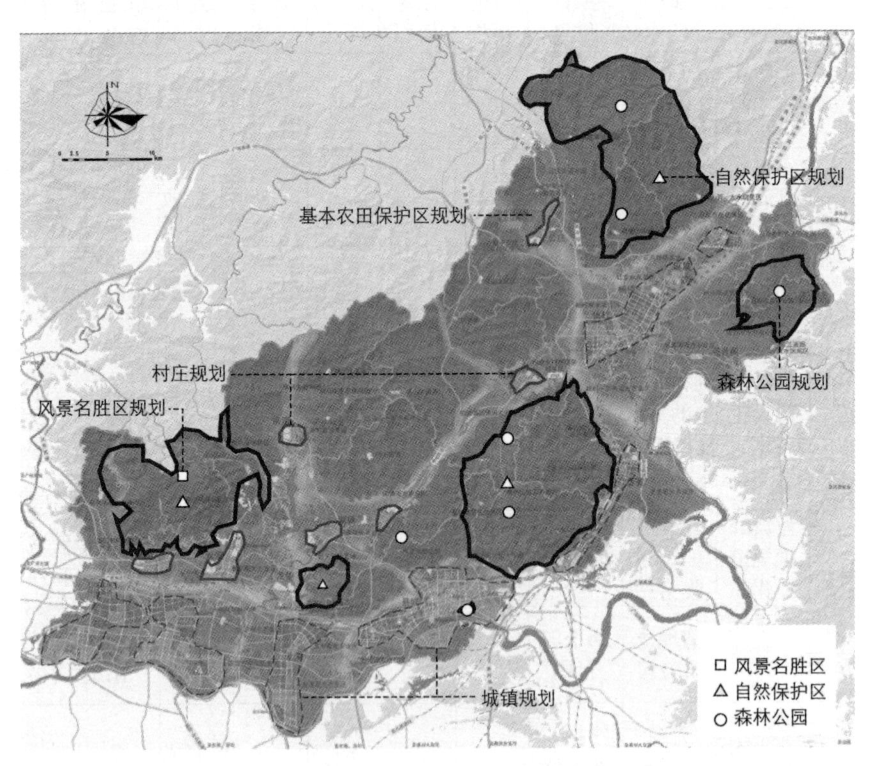

图 3-17　博罗县乡村区域的规划覆盖情况示意图

资料来源：自绘

虽然“具有突出的景观价值和生态保护意义”的自然区域有规划，但编制规划的权力是分散的，分属于各个独立的行政部门，各自管理和编制，导致规划很难统筹协调。而且各个部门间缺乏协调和统筹的机制，规划部门在这些自然区域的规划过程中属于从属地位。如基本农田由各级人民政府土地行政主管部门通过土地利用总体规划，以划定基本农田保护线的方式进行保护，风景名胜区则分为国家级与省级，国家级风景名胜区规划由省、自治区人民政府建设主管部门或者直辖市人民政府风景名胜区主管部门组织编制，省级风景名胜区规划由县级人民政府组织编制；自然保护区编制国家自然保护区发展规划，由国务院环境保护行政主管部门组织编制，自然保护区的建设规划由自然保护区管理机构或者该自然保护区行政主管部门组织编制；海洋区域由国家海洋行政主管部门编制海洋功能区划，并根据区划指导编制全国海洋环境保护规划和重点海域区域性海洋环境保护规划（表 3-6）。

表 3-6 不同的乡村区域、规划类型与编制部门

乡村区域类型	规划类型	编制部门
村庄	村庄规划	乡、镇人民政府
风景名胜区	国家级风景名胜区规划	省、自治区人民政府建设主管部门或者直辖市人民政府风景名胜区主管部门
	省级风景名胜区规划	县级人民政府
自然保护区	国家自然保护区发展规划	国务院环境保护行政主管部门会同国务院有关自然保护区行政主管部门
	自然保护区的建设规划	自然保护区管理机构或者该自然保护区行政主管部门
基本农田	土地利用总体规划	各级人民政府土地行政主管部门会同同级农业行政主管部门
海洋	全国海洋功能区划	国家海洋行政主管部门会同国务院有关部门和沿海省、自治区、直辖市人民政府
	地方海洋功能区划	各省政府落实深化
	全国海洋环境保护规划	国家
	重点海域区域性海洋环境保护规划	省、市人民政府或行使海洋环境监督管理权的部门

注：此表为 2018 年机构改革前的情况，改革后部分编制部门和规划有调整。

资料来源：自制

规划分立反映了政府权力的分割，在乡村地区表现得尤为明显，乡村被划分出各种行政权力边界。

因此，乡村规划部门的权力空间范围是小于其责任的空间范围的。甚至可以说，作为制定和实施城乡规划的主体，我国从中央到地方的规划部门都没有完整的空间支配权力[①]。规划部门只对建设范围内的、需要开发建设的土地有用行政管理许可，而对那些需要保护、限制或禁止开发

① 蔡泰成. 我国城市规划机构设置及职能研究[D]. 广州：华南理工大学，2011.

利用的土地却没有权限进行管理许可，因此对于乡村整个区域空间而言，规划部门只有对其中“建设用地”进行开发控制的权力，没有乡村完整区域的空间权力。虽然法律规定由规划部门管理乡村的“规划区”部分，但是规划区内的农田等非建设用地的空间范畴的管理职能是分由其他政府主管部门承担的，规划部门是无权的，这就使得乡村区域被分割为两部分，建设区可以运用规划进行管理，非建设区要么无法监管，要么处于部门分割的管理。这就造成在城市发展区内的国土规划与村庄规划在争夺土地性质上时常“打架”，国土规划的上位性、强制性常常导致村庄规划的发展用地受到限制，在城市化地区村庄用地增量指标有时甚至为负数，迫使村庄规划采用“造假”的方式将现状黄色的居住地块填成绿色的耕地，以达到指标上的平衡，村庄规划很大一部分工作是协调与土地利用规划的关系(详见广州市番禺区石楼镇沙南村村庄规划案例)。乡村规划尚且无法统筹整个规划区，更遑论在“建设用地”与“规划区”之外的乡村区域，规划部门基本是无权的。

· 案例:广州市番禺区石楼镇沙南村村庄规划

沙南村位于广州市番禺区石楼镇东南面，村周围均是农田和鱼塘，土地利用的现状建设用地是75.28 hm^2。在《番禺区石楼镇土地利用总体规划(2010—2020)》中，该村大部分规划为农用地，建设用地总规划仅有28.18 hm^2，因此，沙南村的村庄规划很大一部分的工作是根据土规的指标对规划进行协调，通过腾挪置换等方式，在确保不超越土规限定的建设用地指标的情况下，对沙南村进行建设安排。土规与村庄规划之间的冲突和矛盾比较大(表3-7、表3-8)。

扫码可见彩图

表3-7　沙南村村庄局部规划图

土地利用现状图(局部)	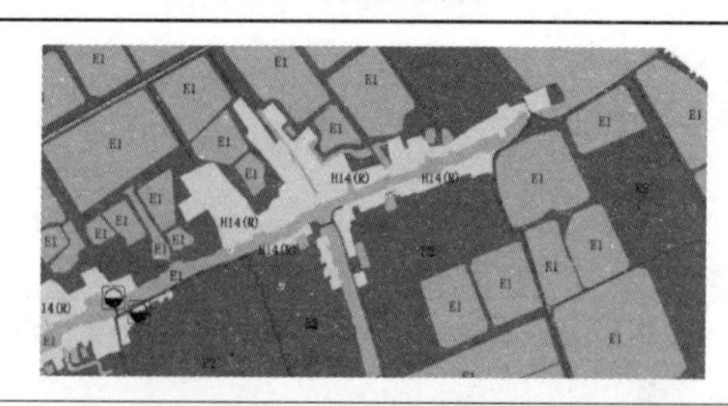
土地利用规划图(局部)	

续表 3-7

村庄规划与土规协调图(局部)	

资料来源:番禺区石楼镇沙南村村庄规划(2013—2020 年)[Z]. 2014

表 3-8 村庄规划与土规协调情况一览表

协调情况		村建设用地/hm^2
符合土规用地	占用农村居民点建设用地	24.2
不符合土规用地	占用林地	16.61
	占用一般农地区用地	5.87
	占用水域	2.57
	占用基本农田保护区用地	4.66
	小计	29.71

资料来源:番禺区石楼镇沙南村村庄规划(2013—2020 年)[Z]. 2014

总体来说,目前乡村问题的空间尺度与规划的空间尺度之间存在着极大的矛盾。首先,粮食生产安全、生态与景观保护、历史文化保护等乡村问题具有区域特征,但没有相对应的区域尺度的规划来解决;其次,村庄发展与自治问题虽然在村庄尺度中进行,但是规划的空间尺度依然过小,只关注村庄建设用地的问题,依然无法解决村庄尺度的乡村问题;最后,乡村区域完全被不同规划割裂开来考虑,要么处于无规划管理的情况,要么采用不合适的规划尺度,使得乡村问题无法在一个适宜的规划空间尺度之中得以解决。因此,为了有效地解决乡村问题,必须从区域的视角选择适宜的规划空间尺度。

乡村问题与规划的空间尺度之间不对应,存在极大矛盾。

3.4 乡村规划具有区域规划的基本特征

从乡村规划的目的来说,乡村的问题是国家和区域性的。从规划对象的概念来说,“乡村”是一个区域概念。从国外经验中借鉴,英国的乡村规划体系通过较长的实践摸索,给我们提供了如何应对乡村问题的一套方法;证明了乡村规划不只是针对村庄单个“点”的一种物质规划,还包括在区域层面的区域规划,是一种综合解决乡村问题的规划。而我国的现

乡村规划具有区域规划的特征。

行乡村规划体系中出现的种种问题亦从另一面证明了乡村规划不能割裂乡村区域,必须要有区域视角。因此,乡村规划需要从区域层面来考虑乡村问题,整体性解决乡村问题,从这个角度说,乡村规划中有一类规划应当具有区域规划的基本特征,表现为一种针对乡村区域的整体性的规划,是涵盖城市规划区范围以外其他所有空间的全域规划①。

乡村规划的研究可采用区域规划的研究成果,根据实际情况加以扩充。

依据区域规划的概念及特征,区域规划有两种规划范畴,一种是考虑区域间平衡与协调的规划,另一种是统筹区域内部各种空间矛盾的规划。乡村规划作为区域规划考虑时,同样具有两方面的范畴:对外来说,乡村区域首先面临着区域之间发展不平衡的问题,如何协调城市区域和乡村区域之间的发展,这些问题需要乡村规划体现协调的城乡发展观和区域观。乡村规划应是基于区域发展不平衡的情况之下,促使城市向乡村进行补贴和保护,从而将城市发展和乡村保护统筹起来,是一种具有城乡统筹属性的规划。对内来说,乡村区域内有多种类型和多种目标的区域,各种区域之间如何协调、对乡村区域内的社会经济发展和保护等内容进行全面规划也是乡村规划在区域层次的核心内容。

区域是一个抽象的空间概念,乡村规划应该作用在多大的空间尺度中?是一组村庄、一个镇域、一个县域、一个省域,还是一个国家的尺度?这是乡村规划作为区域规划的一个核心问题。

3.5 构建问题尺度与利益范围相关的乡村规划空间尺度

每个地理空间尺度的构建,都定义和限定了一些具体的主体,不同的社会利益群体会主动地去改变这些空间尺度和层级关系,或创造或限制,用以实现各自的利益,因此尺度的控制与挑战都是围绕这些主体展开②。根据西方构建主义的政治经济地理学思维,"尺度"是社会的一种构建,用于提供社会竞争,新构建的尺度可能形成新的空间政治③。西方政治地理学中提出的"尺度政治"可以用于乡村规划空间体系的构建之中,即,由于乡村规划问题涉及不同的行动者和空间利益,而既有的尺度构架中无法落实,故而为了乡村区域更好的落实国家政策,实现保护的目标,区分

规划尺度的形成是一种空间政治,在既有尺度无法解决利益群体问题时,社会往往转向构建新的尺度来规定新的责权。

① 房艳刚. 乡村规划:管理乡村变化的挑战[J]. 城市规划, 2017(2): 85-93.

② Leitner H, Pavlik C, Sheppard E. Networks, Governance, and the Politics of Scale: Inter-Urban Networks and the European Union [C]//Herod A, Wright M W. Geographies of Power: Placing Scale. Oxford: Blackwell Publishers, 2008.

③ Smith N. Geography, Difference and the Politics of Scale [C]//Doherty J, Graham E, Malek M. Postmodernism and the Social Sciences. New York: St. Martin's Press, 1992: 57-79.

空间利益边界，建议应按照乡村问题的空间尺度的不同，对应不同的乡村目标，构建不同的空间场域，通过不同场域规定新的责权，实现乡村问题有效解决。通过构建问题尺度与利益范围相关的乡村规划空间体系，依据乡村问题及相关利益（责权）的范围，乡村规划体系应形成不同的规划尺度。本书依据乡村问题及相关利益的范围，可以划分出 3 个空间尺度：国家尺度-区域尺度-村庄尺度（表 3-9）。

依据乡村问题，可划分出国家尺度、区域尺度和村庄尺度三个比较明确的层级。

表 3-9　乡村问题及对应的规划空间尺度

乡村问题/目标	相关影响利益的范围	规划空间尺度
粮食生产安全问题	问题是国家责任，涉及的利益范围是国家整个政治实体	国家尺度 不涉及具体规划尺度的选择
承接国家粮食生产安全的责任； 维护区域生态环境和质量； 保护自然景色、历史文化古迹； 满足人们对乡村地区休闲娱乐活动需求； 乡村社会、经济发展	问题多样化，功能区尺度不一，涉及的利益范围多元	区域尺度 虽然规划都在区域空间尺度中，但由于问题的多样复杂性，具体规划尺度的选择较为复杂
村庄自治、更新、环境整治	村庄内部村民	村庄尺度

资料来源：自制

3.5.1　国家尺度

3.5.1.1　粮食生产安全问题要放在国家尺度

乡村最重要的问题和目标反映为保障国家粮食生产安全，这是关乎人类生存和发展的必要底线，也具有维持子孙后代生产发展的国土空间、实现国家可持续发展的重要意义。保障粮食生产安全是“乡村”这个抽象概念的目标，在具体的空间中要落实这个目标，需要选择适当的空间尺度。

从空间尺度来说，乡村在空间中表现为一个个独立、分散、小型的个体，一个孤立的乡村空间尺度无法承担国家粮食生产的责任。从空间尺度看，单个地区无法很完整地承担国家战略，因为不同地区之间的粮食生产功能与区域定位不同。例如，黑龙江和河南是粮食生产大省，生产的粮食不仅能够满足本地供应，还可以供应外地乃至出口国外，而广东的粮食生产能力则比较弱，无法满足自给自足，需要依赖区域间的供给平衡，所以平衡地区之间的粮食生产任务无法在地区尺度上进行。国家尺度能否完全承担和负责粮食安全？不同的国家因为空间尺度和构成要素不同，对于城乡关系、粮食生产安全的关系是不同的，因此所建立的政策也是不同的。比如资源较为贫乏的"城市国家"新加坡，必须要依赖粮食国际进口和国际贸易，因此新加坡的粮食安全是依靠对外贸易来保障的，国家层面无法实现自给；我国的国情是国土辽阔，耕地资源较为丰富；而我国人口众多，出于国际战略保障粮食自给已经被证明是一项必须坚持的基本国策，因此我国保障乡村粮食生产安全的功能是建立在国家这个空间单元中的。

从政治责任来说，乡村可以认为是一个经济体，虽然有政治责任，却不构成一个完整的政治体。地区是一个开放性实体，不具备国家政治责任，地区并不需要独立承担其领土范围内的安全。国家的意义则在于是一个政治实体，政治独立、经济自主，有独立的主权，完全负责自己领域内的人民的安全，地区与国家的区别是政治责任的不同。因此保障粮食安全是国家责任，这个责任以及政治权利是整体性的，不可分割与下放。

在国家尺度中解决粮食生产安全的战略问题。

无论是基于空间尺度还是政治责任，保障乡村粮食生产的问题应该放在国家尺度中，用规划和政策介入保护，国家不能完全将乡村保护的责任推脱到地方层面考虑，或放任乡村自由发展。乡村规划需要从国家尺度开展。

粮食生产安全的问题涉及耕地、农民、农业生产空间、经济效益等各方面内容，建议构建综合性的乡村目标愿景和农业补贴政策，合理利用城镇化和农业补贴方式。以欧盟的共同农业政策（CAP）为例，由第一阶段（1962—1977）侧重于刺激农业生产和提高农民收入，演变到第五阶段（1992 年至今）关注延伸到农村结构调整、农业发展以及生态环境保护等方面，农业补贴政策不单纯是种粮直补，更涉及乡村发展的目标判断及其他与农业相关的方面，应是一个综合性的国家政策。

3.5.1.2 国家尺度的行动建议

国家虽然是承担粮食生产安全的责任实体，但是我国幅员辽阔，各个地区的差异性极大，空间尺度过于巨大和宏观，因此在国家尺度中很难具体地划定乡村粮食生产的区域并指定对应的空间政策。但是，又由于各地区农业资源不均匀，需要协调和平衡。目前，在国家尺度中保障粮食安全主要是依靠对耕地进行空间管制和依靠对种植面积进行补贴的政策来实现保障粮食生产安全的目标，但是耕地在整个农业生产空间之中并非全部的要素，仅保障耕地对于实现保障粮食生产安全的目标成效不大（见前文分析）。因此，应该回归问题的根本，即通过城镇化和农业补贴的方式来解决生产问题，核心是建构合理有效的农业补贴政策。

建议国家在政治层面明确乡村粮食生产的战略目标，提出粮食生产的总愿景，如每年动态的自给平衡、过量生产储备盈余或依赖国际供给等，明确的乡村目标愿景是落实乡村各尺度规划目标的前提。

在明确国家总体目标之后，通过政策制定，对区域提出生产目标，安排和落实各区域的粮食生产任务，划定区域责任，统筹区域间粮食生产的平衡，使各区域依据自身特征承担不同的责任。具体而言，应依据现有的粮食生产空间格局，结合对区域发展的判断，划定区域应该承担的粮食生产责任范畴，确定所应承担的粮食生产指标。基于现有的粮食生产格局，对区域的农业生产地位进行总体指导，或提升，或降低，或维持，给出具体的空间指引。比如黑龙江作为粮食主产区，具有实现国家战略目标的重要地位，就应该继续加强黑龙江的农业生产功能，这应是国家层面赋予区域的总体发展目标，并且应当保证这个区域目标能够有效地在空间中落实。

国家应通过政策倾斜和财政补贴来保障乡村区域的生产功能，在国家尺度中表现为地区之间的平衡。比如广东省的区域发展目标是高度城镇化的区域，承担粮食生产的责任和义务相对比较小，相对来说黑龙江的责任与义务比较大，因此国家应当建立跨省乡村区域间的财政补贴机制，以平衡各地区生产目标的差异所带来的不公平发展的问题，刺激粮食主产区域继续维持生产目标①。在国家尺度的规划工具应该以政策为主，制定合理的乡村政策和补贴机制。

3.5.2 区域空间尺度

3.5.2.1 区域空间尺度中的乡村问题是多样的

将乡村置于区域的经济、社会、生态环境背景中分析，乡村在区域层面的发展目标是多元化的。首先，国家的粮食生产安全的政策是宏观的，必须下放到各个区域中才能很好地实现，因此区域要承担国家粮食生产安全的责任，乡村要承担粮食生产的目标；其次，对不同的区域而言，乡村地区还表现出不同的附加目标，有承担农业生产功能的目标，有满足人们对乡村地区休闲娱乐活动需求的目标，有维护区域生态质量要求的目标，有保护自然景色及农业环境的目标，还有保护历史文化古迹的责任目标等。国家尺度的乡村问题是清晰的，国家作为一种政治边界和空间边界也是清晰的，但是在区域尺度中乡村的问题复杂多样，国家之下的区域也有很多层级，因此乡村规划在什么样的区域尺度中进行是一个复杂的问题，也是乡村规划中最关键的问题。

3.5.2.2 选择适宜的区域规划尺度

乡村规划作为一种区域规划，需要提出乡村适宜的区域空间尺度，划

---

① 2018年3月26日，国务院办公厅发布的《跨省域补充耕地国家统筹管理办法》《城乡建设用地增减挂钩节余指标跨省域调剂管理办法》两项新规，提出耕地指标可以在国家统筹管理下跨省"买卖"，深度贫困地区多余的建设用地指标可以在国家统筹管理下"卖给"帮扶他们的发达地区，将"地票"制度推向了全国。耕地指标从发达省市向人口密度低、有开垦潜力的省区转移，而建设用地指标从偏远的贫困地区向发达地区转移。发达地区可以突破耕地红线和规划建设用地的约束，向落后地区购买指标用于扩大建设用地规模，从而容纳不断增长的人口居住和产业发展需求。该规定虽然可以发挥经济发达地区和资源丰富地区资金资源互补优势，建立收益调节分配机制，助推脱贫攻坚和乡村振兴，但仍然着眼于耕地指标的转移，而非一个综合性的跨省乡村战略性规划。

定乡村区域应该在什么样的区域空间尺度上进行，是以省域为空间尺度，以各种功能区域为空间尺度，还是以市域、县域或镇域为空间尺度？区域层次乡村问题多、空间层次多、相关利益主体多，选择区域规划空间尺度是一个复杂的问题。

核心原则应是依据乡村问题的尺度来确定区域乡村规划的空间尺度，乡村问题的空间尺度要同时考虑乡村问题的承载空间的完整性，考虑乡村问题所影响和涉及的利益群体的范围，考虑乡村在区域中承担的功能角色等情况，进行综合分析，否则会割裂解决乡村问题的完整空间（图3-18）。

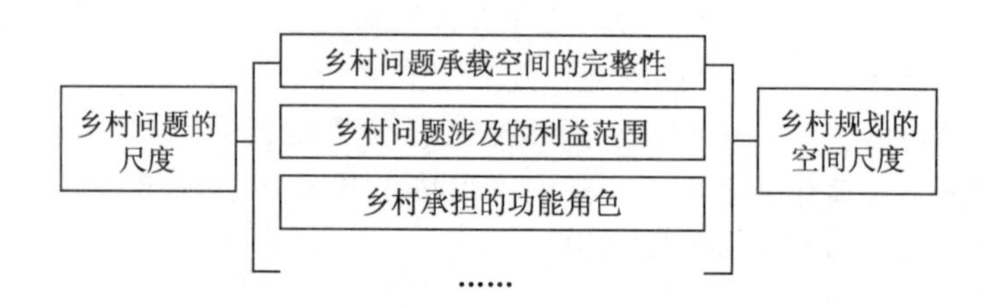

图 3-18　确定乡村规划空间尺度的核心原则

资料来源：自绘

核心矛盾是各类乡村问题的尺度与行政辖区的尺度是否协调的问题。首先，乡村问题的空间边界可能与乡村现有的行政辖区不完全吻合和对应。比如一个完整的生态功能区、景观功能区的确立主要是依据其功能完整性，从而根据地理条件而划定的，而乡村区域的行政边界更多的是人为管理划定的，二者之间不一定吻合。其次，乡村问题的影响范围远大于空间载体。比如环境问题是一个区域问题，环境问题的载体可能是被污染的水域，但是造成污染的责任主体可能是城市，而污染所影响的利益主体除了污染区域的水域外，还有可能包括下游的其他地区等；环境问题的空间载体可能在市/县范围内，但影响区域范围极可能跨越了市县范围（图3-19）。因此，选择规划尺度首先要解决乡村问题需要考虑的尺度。

中国地区之间的空间差异大，比如新疆、西藏、内蒙古等自治区面积都超过100万km^2，加起来差不多有半个中国陆地面积；而海南仅3.5万km^2，大约是新疆的1/50。不同的省份之间空间尺度的差距很大，因此可能存在不同的规划尺度选择问题，在此很难一概而论或者以一个既定的尺度标准去衡量与划分，需要结合不同地区的情况做出具体判断与划分。在地广人稀的省份，可能省域之下分出若干次区域分别编制规划；在土地面积较小的省份，可能需要和其他省份联合编制规划。针对不同的乡村问题，区域层次中可能会形成两至三个规划尺度，具体的结论需要进一步

区域尺度的选择是最复杂的，依据不同情况，各地可能会形成不同的空间尺度。这是乡村规划研究的重点任务之一。

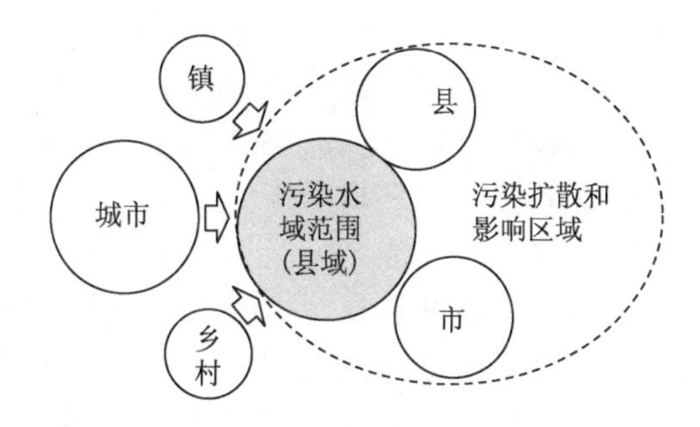

图 3-19　乡村问题的空间载体、责任主体与影响范围示意图

资料来源:自绘

研究实际情况后方可得出。

3.5.2.3　广东省的乡村规划尺度的选择

以广东省而言,首先,广东省承担了国家粮食生产安全的责任,虽然在空间中看,广东省承担粮食生产的空间载体只是省域内一部分区域,但是保证粮食生产是政治责任,且不完全只是乡村自身的责任,是所有区域共同的责任,应该由全省作为一个整体考虑。其次,广东省情况是地少人多、经济发达、城乡矛盾特别明显,发展与保护的冲突在省域层面表现十分明显,因此区域问题不能再往下细分,必须站在省域的空间高度之中才能将城乡二者的矛盾统筹解决。

以广东省为例,区域问题应放在省域尺度解决。

因此,广东省的乡村规划需要省域空间尺度统筹规划。广东省面积 17.97 万 km^2,与英国面积相当,这样的规划尺度在英国已有成熟规划实践,可以取其精华借鉴。结合广东省实际情况,城乡冲突大、城乡发展混杂、城市发展矛盾非常突出,城乡区域各自发展的方式不适用,必须通过空间规划的方式将城乡空间明确区分出来,明确乡村区域的边界,再制定有效的区域政策进行指引,平衡城乡发展。通过划定城市与乡村的区域边界,在边界内外实施不同的空间政策。属于城市范畴的,采用集聚发展、促进转化为城市的策略;属于乡村范畴的,采用保护策略,避免城市开发的蔓延和对资源环境的破坏。城市区域和乡村区域是不同的空间范畴,适用不同的规划体系。划定乡村区域的空间边界是进行乡村区域规划、制定乡村区域政策的前提条件。在此基础上,制定城市向乡村区域倾斜的区域政策、人口转移政策、农业补贴政策、生态补贴政策等,使城乡能够统筹协调、和谐发展。

虽然中英乡村问题有差别,但对于规划组织、利益群体划分、政府职权边界、公众参与等方面的经验有许多可取之处。

另外,广东省乡村区域还承担了各种生态功能、历史文化功能和休闲功能,有大量禁止开发的区域,如为了保障区域生态质量而划定的自然保护区、世界文化自然遗产区、风景名胜区、国家森林公园、国家地质公园等;基于保存文化资源而保护的村落历史文化保护区等人文资源;为了城

建议广东省分为两个尺度,在省域尺度划定城乡区域边界,实施不同空间政策;在乡村区域,根据功能区选择编制的次区域尺度。

市可持续发展而在区域规划中划定的生态保护屏障与边界；还有散布于区域之中的乡村自然生态，如河流、湖泊、湿地等。自然保护区、风景名胜区、历史文化保护区以及城镇体系规划中确定的生态红线等边界，这些功能区域承担了保护广东自然生态环境和历史文化环境的责任，需要有效的规划进行控制管理。考虑到功能区可能与行政区不一致，因此建议根据各类功能区域涉及的空间范畴选择合适的规划尺度，再根据空间尺度涉及的管理主体选择合适的规划编制主体。例如，关于粮食生产区域的规划需要在若干县域尺度中联合编制；环境功能区、林业地区和风景名胜区涉及的完整区域可能在市域或者县域范围内，也有可能在若干县域尺度中联合编制。也就是说，应根据乡村问题空间尺度的完整性，选择不同的次区域尺度，次区域尺度可能是新的空间尺度，也可能是市/县等既有的空间尺度。

3.5.3 村庄空间尺度

村庄尺度依据不同村庄的区域目标，编制相应规划。

促进自治、社区发展和改善村庄人居环境的问题涉及的利益群体是村民，涉及的是村庄内部的发展事务，因此在村庄空间尺度中也需要规划。村庄是一个个空间实体单元，有明确的空间边界和空间尺度。在较小的村庄空间尺度中，村庄面临的具体问题相对较为简单和清晰。在我国现在快速城镇化的条件下，部分村庄面临的问题是乡村整体性衰退、人口流失、农民收入低、农业基础设施非常不完善、人居环境差等综合问题，部分村庄面临的是向城市转型、融入城市的改革问题。因此，各个村庄空间依据不同的区域目标，在自身范围内或维持农业生产能力而保持乡村特征，或顺应城镇化趋势而自然衰亡，或受到城市辐射和吞并后转化为城市空间。在此基础上，各村庄采用对应目标的规划工具，编制相应的规划。

3.6 本章小结

1）论证了乡村是一个区域概念。地理特征中，乡村是指城市之外的广阔区域，而非狭义上的村庄发展区，乡村是一个“区域”概念而不是一个“点”的概念；功能特征中，乡村是以农业生产为主的分散的区域，主要以功能区域为主。

2）界定了本书划分乡村区域的方法。乡村区域的复杂性决定其有多种划分和界定的可能，根据我国统计上划分城乡的标准，界定本书依据的乡村划定标准，即城镇区域由法定的城市规划规定，除去城镇区域的其他区域均属于乡村区域的范畴。

3）回顾英国乡村规划，可以发现随着对乡村问题的关注不断深入，规划涉及不同的空间尺度，因为规划也产生了不同的空间尺度。在我国，规划被动地适应乡村问题，对问题的关注比较单一和片面，乡村规划的尺度比较小。目前，我国乡村规划类型繁多，但缺乏在区域层次有效的规划类型，现有的村庄规划难以实现区域的目标，对村庄自身的问题也回应不够。乡村区域在现行乡村规划下是被割裂的。现行乡村矛盾与规划工具失效的状况根源反映出规划尺度选择的不适宜。

4）乡村规划的基本特征是区域规划。乡村规划编制的空间尺度应该由问题的特征和所涉及的相关利益范围来选择和确定。依据我国乡村问题，保障粮食生产安全问题是国家责任，涉及的利益范围是国家政治实体，规划在国家尺度编制；承担国家粮食生产责任、维护区域生态环境和质量、保护自然景观和历史文化古迹、满足人民对乡村地区休闲娱乐活动的需求、促进乡村社会与经济的发展等问题具有目标多样化的特征，涉及的利益范围多元，规划在区域尺度编制，由于各地区之间差异较大，具体的尺度选择较为复杂，需要根据实际情况进行分析；村庄自治、更新与环境整治等问题涉及的是村庄和相关村民，规划在村庄尺度编制，这也是目前我国村庄规划作用的尺度。

通过分解乡村问题和目标，划分和选择不同的规划空间体系，可以更有效地应对和解决乡村问题，实现乡村可持续发展的目标。

4　乡村规划的实质特征

人类发展的总体趋势是城市化，城市化过程就是乡村人口的迁移过程与乡村空间的转化过程，因此，乡村规划是在城市化的总体背景下展开的。区域城镇化存在几个发展阶段，对于大多数国家和区域而言，城市化的最终状态是一种城乡平衡的状态，而我国大部分区域目前正处于城市化的中期，城市的快速增长导致乡村发展的不稳定，在区域城镇化的带动下有些乡村被城市吞没而变成城市，有些乡村在区域经济的作用下转化为城镇，而有些乡村在城市的生活和就业的吸引下发生人口迁移而导致乡村衰退。换而言之，在区域城镇化的进程中，乡村发展面临分化与转型，这就意味着乡村的发展目标存在差异，发展的目标可能是城市、城镇、乡村，甚至消失等多种状态，目标的差异就导致规划类型的不同，也就是规划的实质不同。一般而言，乡村的发展方向不是自身能够决定的，而是由区域决定的，不同区域由于发展目标不同，区域内的乡村目标就不同，所采用的规划类型也应不同，城市化和促进城市化区域的村庄发展目标主要是城镇化的转型，可以采用城市规划类型，处于农业区域和自然保护区域的乡村通常需要保持和提升自身的状态，只有保持乡村特征的规划或发展目标为乡村的规划才是真正意义的乡村规划，而支撑乡村发展的农业经济是需要补贴的经济，城市生活相较农村更有吸引力，总体上乡村面临衰退的趋势，因此，乡村规划的实质是保护规划。本章重点阐述这个观点。

发展分化中的乡村依据什么原则来选择乡村规划的类型，如何确定乡村所处的不同区域，这些问题涉及乡村的概念与定义、乡村规划的适用对象、乡村规划的内容与要求，更深层次的问题涉及乡村规划的目的、本质和特征，这些基本问题值得深入的学术探讨。

4.1　区域城镇化与乡村发展

4.1.1　区域城镇化背景下的乡村发展：分化

自工业革命以来，世界发展的主流就是城镇化，乡村的发展是被动的，它深刻地受到城市发展的影响，特别是全球化和信息时代的城镇化，已经不存在孤立的乡村和脱离城市联系的乡村。广东省在20世纪80年代初进入区域城镇化快速发展的阶段，城镇化率快速上升，1982年时城镇化率仅有

19.28%，2000 年时城镇化率就已经超过 50%，并且至今还保持着较快的增长速度(图 4-1)。增长的数据反映和描述了广东省乡村总体快速城镇化的情况，然而，不同历史时期的乡村进行城镇化的方式和途径不同；不同区位的乡村受到城市影响和辐射的方式和程度不同，城镇化的结果也不同。相较于城市发展基本一直处于增长的态势，乡村发展开始出现两极分化：一部分乡村呈现增长和发展的趋势，而另一部分的乡村则是衰退。

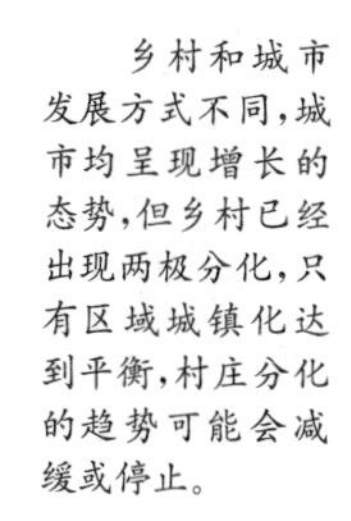
乡村和城市发展方式不同，城市均呈现增长的态势，但乡村已经出现两极分化，只有区域城镇化达到平衡，村庄分化的趋势可能会减缓或停止。

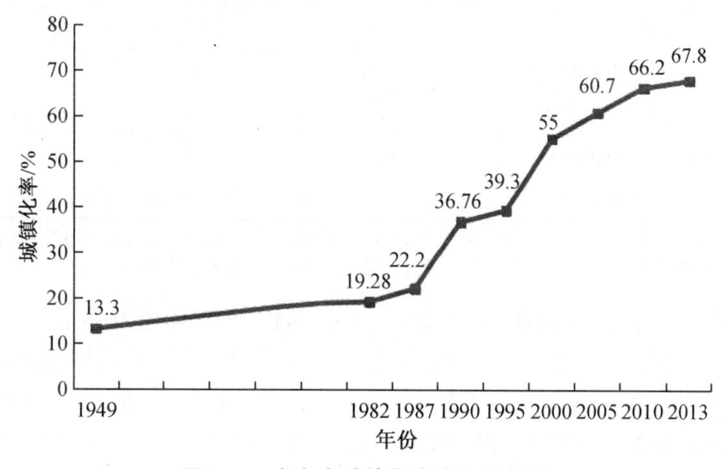

图 4-1　广东省城镇化率增长趋势图

资料来源：自绘

总体来说，乡村在城镇化的过程中沿着 3 种不同的路径分化，即：转型为城镇、保持乡村状态、衰退与消失。城市化区域内一部分乡村受到城市的影响和辐射，呈现增长和转型的趋势，但其转型与发展可以表现为两种形式——乡村城镇化的形式和中心城市扩张的形式①。另一部分乡村较少或没有受到城市辐射，总体呈现衰退的趋势。

4.1.1.1　乡村城镇化的发展方式

乡村城镇化的形式是在城市的辐射带动和乡村人口的推动下，村庄转型为非农经济的城镇；乡村在空间上表现出城镇化形态，可以认为是就地城镇化的形式，主要是依靠区域外部的推动力，如毗邻大城市等区位地理优势，通过吸纳和接收大城市的产业和资本，乡村自身提供土地、厂房、劳力等资源的方式形成乡村工业，乡村土地由耕种转化为工业用途，村民由农民转化为工人。这种城镇化的路径是由城市和市场因素推动，由于国家城乡二元政策没有改变，行政体系没有改变，虽然乡村土地转为城市建设用地，但是村民依然愿意保持“农民”的身份，一边坐享城市化后土地的升值，一边享受农村户口带来的生育政策、土地政策的倾斜；土地快速

一部分的乡村，尤其是区域性大城市腹地的乡镇，依靠区域外部的推动力，接受城市的产业和资本，自发地进行城镇化，这种城镇化可以被认为是改革开放之后到 20 世纪 90 年代广东省乡村转型的主要方式。

① 周游，郑赟，戚冬瑾. 基于我国城镇化背景下乡村人口与土地的关系研究[J]. 小城镇建设，2015(7)：38-42.

城镇化和村民不愿转为市民之间产生了矛盾。

20世纪80年代到90年代，广东省乡村城镇化的主要方式就是乡村城镇化。以1978年和1993年的乡村经济数据相比较，广东省乡镇企业数增长了16倍，从业人员增长了3.7倍，企业总产值增长了74倍，其中工业总产值更是增长了76.8倍(表4-1)。

表4-1 1978年与1993年广东省乡村经济增长情况

		1978年	1993年	增长倍数
乡镇企业数/万个		8.09	138.99	16
从业人员/万人		194.56	915.51	3.7
乡镇企业总产值/亿元		29.36	2 202.1	74
其中	工业总产值/亿元	21.59	1 679.29	76.8

资料来源:广东农村统计年鉴编纂委员会.广东农村统计年鉴[Z].北京:中国统计出版社,1993;广东农村统计年鉴编纂委员会.广东农村统计年鉴[Z].北京:中国统计出版社,1978.

在乡镇企业的带动下，以珠江三角洲为代表，广东省发达地区的乡村从单一的农业经济变为以工业/乡镇企业为主体，迅速进入城镇化，农村集体经济随着乡镇企业的发展而增强。在经济上，珠三角大部分乡村已经表现出城市经济形态:以1978年和1993年两年的农村各项经济数据相比较，企业营业总收入超千万元的村增加了1 887个，最高收入的村达到4.65亿元;企业营业总收入超千万元的乡镇增加了1 006个，其中超亿元乡镇532个，最高收入超过36亿元。在劳动力就业上，农村劳动力呈现向第二、三产业转移的特征:1978年全省农村劳动力中从事非农产业的有162.2万人，占农村总劳力的8.4%，其中在农村乡镇企业就业的仅40.9万人，占农村总劳力的2%;而到1993年，该项数据突破了915万人，占农村总劳力的37.22%;尤其是珠三角和沿海发达地区，农村劳动力非农化比例达70%以上。但对比同时期的人口城镇化的数据，1978年城镇化率为16.25%，1993年达到27.47%，城镇化率并没有随着经济的增长而表现出非常巨大的转变，村民仍然保持着农民的身份，城镇化率远低于经济发展的增长(表4-2)。

我国在城乡二元制度的约束下，广东等发达地区的乡村自发走出了一条乡镇企业的道路，自发在空间上完成城镇化。这个情况与英国完全不同，英国乡村在无约束的情况下完成城镇化，等到乡村规划介入时，乡村人口已经仅剩2%左右，又在生产主义的思想下被严格管控，在空间上没有形成中国这种城乡混杂的形态。

表4-2 1978年与1993年农村经济、社会形态的转变

	经济	1978年	1993年
经济	企业营业总收入超千万元的村/个	60	1 947
	企业营业总收入超千万元的乡镇/个	48	1 054
就业	农村乡镇企业就业人数/万人	40.9	915.51
城镇化率		16.25%	27.47%

资料来源:广东农村统计年鉴编纂委员会.广东农村统计年鉴[Z].北京:中国统计出版社,1993;广东农村统计年鉴编纂委员会.广东农村统计年鉴[Z].北京:中国统计出版社,1978.

在空间中，村庄地区表现为村庄与工业区犬牙交错，地域布局大而分散，如东莞市从 1979 年就开始广泛动员各个区、镇、乡兴建工业区或工业村；到 1991 年，已建成 130 多个工业区或工业村，从航拍图上看东莞市各乡镇的工业区已几乎连成一片，厂房面积达 700 多万 m^2，呈现乡村区域与城镇区域交融、连绵的空间格局（图 4-2）。由于乡镇企业的分散和建设数量的增多，珠三角的农村建设用地无序扩展，形成大量“半城市化”的地区形态（图 4-3）。

图 4-2　东莞乡村地区的卫星图

资料来源：http://www.gdsjxjy.com/courses/gdxxw/GDZY20140200802/inchen/html/lecture.html

图 4-3　珠三角大量的半城市化地区

资料来源：http://www.gdsjxjy.com/courses/gdxxw/GDZY20140200802/inchen/html/lecture.html

4.1.1.2　中心城市扩张的发展方式

中心城市扩张的形式，表现为城市扩张将邻近的乡村整体性吞没，人口与土地整体性向城市转化；城市的迅速蔓延吞没了周边的乡村，大城市利用其自身良好的公共资源吸纳人口集聚，进而通过房地产等的推动继续扩张。因为在国家政策中农民土地利益的不明确，这种城市化的形式通常是通过不平等的拆迁征地强行剥夺近郊农民的土地权益，是造成失地农民增多的主要原因；另一方面，大量人口在城市的聚集和失地农民的问题导致公共服务设施缺乏、环境恶化和社会阶层进一步分化。大城市扩张的“征农地留村庄”的发展方式导致了大量的社会、经济和环境问题。

一部分的乡村，由于位于中心城市近郊，在城市扩展蔓延的过程中被吞并，被动地完成城镇化，在过去十几年中，这是一种主要的乡村发展形式。这种形式衍生了现在城中村的问题。

90 年代以后，以广州、深圳等为核心的大城市扩展，城市通过经济和资源的优势吸引人口，政府通过土地征用以重大设施或重大项目向乡村拓展，带动乡村工业化和住宅建设，城市边缘区的乡村被大城市吞并，呈现高度融合状态，从而以被动的方式完成乡村城镇化的过程(图 4-4)。以广州市为例，2000 年城市建设用地 713 km^2，2011 年增加到 1 079 km^2，年均增长 33 $km^2$①。

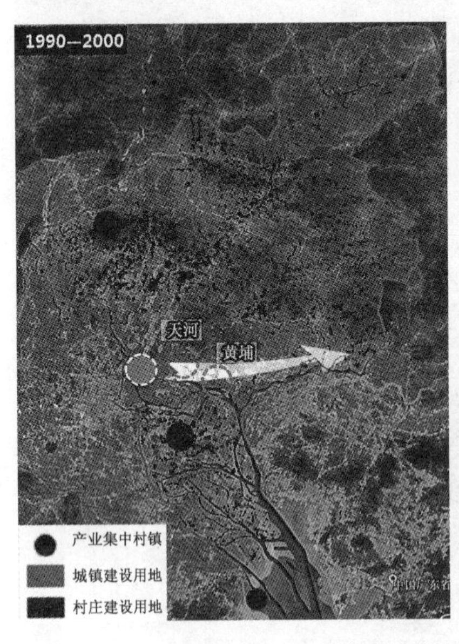

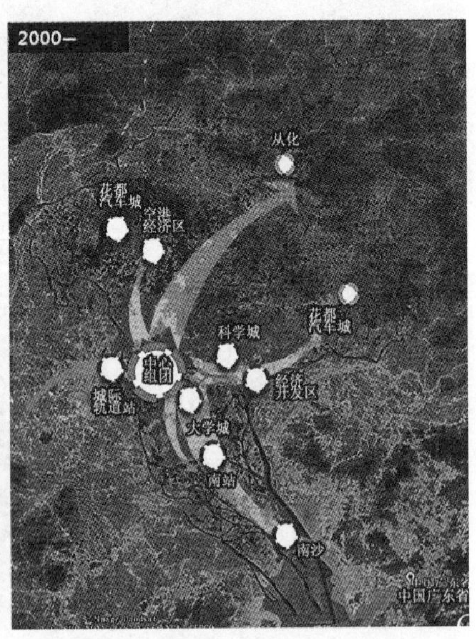

图 4-4　广州市城市扩展吞并周边乡村的发展过程

资料来源：广州市规划局，中国城市规划设计研究院. 广州市村庄地区发展战略与实施行动(征求意见稿)[Z]. 2014

① 值得注意的数据是，此时乡村建设用地也从 506 km^2 增加到 603 km^2，年均增长 9 km^2，占城市增长的 1/4，乡村建设无序蔓延的情况也十分显著。

在空间中，大城市的扩张方式征用乡村的耕地，绕过乡村建设用地，使得在高度城镇化地区中间形成城中村（图 4-5），这些村庄的经济十分蓬勃，主要提供居住出租和商业服务等，部分为工业用途；虽然空间上已融入城镇，但依然采用农村管理模式，基础设施和服务配套不完善、环境治安问题突出。如冼村、石牌村等著名的城中村，其风貌与城市形象格格不入（图 4-6）。

图 4-5　卫星图中的城中村

资料来源：google 卫星图截取

图 4-6　广州市冼村、石牌村航拍图

资料来源：http://k.sina.com.cn/article_6001412643_165b64a23001001x3q.html，http://www.sohu.com/a/154484174_673054

4.1.1.3　乡村整体衰退的发展方式

在距离中心城市较远和区位条件较差的地区，城镇化无法有效辐射和带动乡村发展，经济水平较差。由于城市发展吸引乡村人口而导致乡

一部分的乡村，由于地处偏远，没有区域城市化的推动力，而趋向于整体性的衰退。这种乡村发展方式是目前大部分乡村面临的情况。

村的整体性衰退，大部分处于偏远地区的乡村人口净流入城市而形成“人口的浅层城镇化”①。从2013年广东省农村劳动力就业分布情况来看，农村劳动力中外出务工和从事第一产业的人数基本持平，其中外出务工中79%都是常年在外务工的，并且有较大比例是跨区域性地向城市流入（表4-3）。但这些“流动人口”普遍存在难以融入城市社会，市民化进程滞后，不能享受城镇居民的基本公共服务，如医疗、教育、养老、保障性住房等问题，目前农民工参加养老保险、医疗保险、工伤保险和失业保险的比例分别仅为18.2%、29.8%、38.4%和11.3%②；同时由于“农民工”多为18～30岁的青壮年群体，男性比例稍高，造成在农业人口流失的农村，留守儿童、妇女和老人的问题加剧，产生了诸多社会风险。

表4-3　2013年广东省农村劳动力就业分布情况　（单位：万人）

从事第一产业	外出务工的劳动力	其中			
		常年外出务工的劳动力	其中		
			乡外县内	县外省内	省外
1 145	1 242	986	379	535	72

数据来源：广东农村统计年鉴编纂委员会. 广东农村年鉴[Z]. 北京：中国统计出版社，2014.

在空间中，这些村庄由于没有受到城市经济的辐射推动，也缺乏政策与资金的扶持，而呈现整体性衰退的现象，在物质层面中表现为村内空心化明显，留守现象加剧（图4-7）；房屋坍塌、被废弃（图4-8）；缺乏公共设施与基础设施，如污水、垃圾处理设施（图4-9）；建筑设施差，抵御灾害能力弱（图4-10）。人口的流失与经济的衰退产生大量的卫生环境和社会环境问题。

以前家族式聚居方式如今已荒芜

田间耕作多为老人

村内人烟稀少

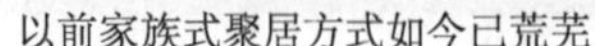

图4-7　部分自然村空心化严重

资料来源：自摄

① 周游，郑赟，戚冬瑾. 基于我国城镇化背景下乡村人口与土地的关系研究[J]. 小城镇建设，2015(7)：38-42.

② 数据来源于《中国城市发展报告2012》。

坍塌的泥砖老房

传统的住宅被荒弃

土建垃圾随意被丢弃，建筑环境差

图 4-8　房屋废弃状态明显

资料来源：自摄

无排水设施的村，污水直接排入河道

河涌水质浑浊，有垃圾污染

部分村内道路没有硬底化

图 4-9　部分自然村基础设施的薄弱现状

资料来源：自摄

大雨、溃堤和海水倒灌村居发生严重内涝

暴雨导致大规模农民房屋坍塌

图 4-10　村庄建筑防灾条件差

资料来源：自摄

从广东省乡村城镇化的历程中可以很明显地看出，乡村受到城镇化的影响，开始出现发展目标的分化、生产生活方式的改变、土地功能用途的转变等，衍化出不同类型。《中国三农问题报告》中将我国乡村分为 3 种类型：正在经历城镇化或者已经转变为城镇的乡村、将来会转化为城镇地区的乡村以及将会长期保持乡村形态的地区①。根据中国乡村建设院的推断,我国有10%的村庄最终会融入城市;大概有60%的村庄会随着城镇化趋势而衰退和消亡;绝大部分村庄未来会成为农机化大农区或专业型的生态养殖小区,这其中70%左右的人口最终将转型为城市人口,另外20%左右的人口则会聚集中心村;只有30%的中心村将一直保持村庄形态。乡村的分化固然受到自身资源、环境的影响,但最重要的原因是受到城市发展的影响。从某种意义上讲,乡村发展不取决于其自身的因素,而主要取决于乡村与城市的联系。

乡村发展目标出现分化,并且是截然不同的分化方向,转化为城市还是保留乡村形态,或是消亡,主要取决于乡村与城市的关系。

相比国外城镇化基本完成、乡村发展目标趋于稳定的状态而言,我国的乡村仍然处于一种变化和转型的阶段,乡村分化的情况仍将持续,这将是较长一段时间乡村发展的最主要特征。直到区域城镇化达到一个较为稳定和平衡的时期,乡村分化的趋势才有可能会放缓并逐步趋向停止。

4.1.2 城镇化进程中的两类区域

乡村分化的现象固然与其自身的因素有关,但更重要的是与区域城镇化密切相关,区域城镇化带来了乡村分化的两种结果:一种是乡村受到城市带动而逐步转化为城市,另一种是乡村受到城市的吸力而衰退。

因此,分析和研究乡村问题不能只关注村庄自身,而应以区域发展的眼光和城镇化的历史视角来科学分析。依据城镇化的影响,可以将乡村区域分为两类:城镇化区域和非城镇化区域。这两类区域中的乡村发展又因地理区位、区域发展目标和自身发展条件的不同而呈现不同发展阶段和发展类型。

要用区域的宏观视角来分析乡村,依据城镇化的发展趋势,可以将乡村分为城镇化区域和非城镇化区域两类。

城镇化区域的总体发展趋势是城镇化,城乡互动加剧,一方面城市的蔓延吞噬村庄,另一方面在城市经济的影响下村庄转化为城镇②。珠三角的大多数乡村,粤东、西、北部中心城市附近的农村,以及自然生态资源丰富、交通条件便捷的村庄,普遍表现为建设强度大、无序,环境风貌没有特色,已经是城中村或即将演变成城中村。此类区域内的村庄发展的根本问题是发展控制,而问题的本质是空间协调问题和人的城市化问题,人的城市化涉及复杂的土地制度问题和征收补偿制度、户口制度问题,以及城市发展的历史遗留问题等。城市化是解决此区域乡村发展的重要途径。

非城镇化区域的村庄在地理上表现为离散和孤立状态,如粤东、

---

① 刘斌,张兆刚,霍功. 中国三农问题报告[M]. 北京:中国发展出版社,2004.

② 周游,周剑云. 农村人居环境改造与提升的策略研究——以广东省为例[C]//2014 中国城市规划年会论文集. 北京:中国建筑工业出版社,2014.

西、北大部分乡村和一些远离中心城市的乡村，乡村受到城市的辐射带动能力弱，受耕地保护和生态保护的政策影响，农村自身依靠的农业产业无法提供更多的经济支持，使得乡村发展与城市相较总体呈现基础设施落后和缺乏、村庄人居环境差、经济衰退等情况。此类区域内的村庄类型多样，现状问题不同，发展阶段不同，农村存在的理由和发展的动力存在根本的差异。根本性问题涉及农村社会组织趋于解体、村集体组织发展极不平衡、乡村自治尚未有效建立等政治性因素。重构有效的乡村自治制度和加大外部资金投入与政策扶持是解决此区域乡村发展的重要途径。

4.1.3　城镇化区域的乡村发展类型

同处于城镇化区域的乡村，随着与中心城市的距离区位条件的不同而呈现不同的特征。就城市影响程度而言，乡村发展有 3 种类型：彻底城镇化的村庄、半城半乡的村庄和仍然保持乡村特征的村庄。

在城镇化区域的乡村，中心城市对其的影响远大于自身，所以可以根据距离中心城市的区位条件划分乡村的类型。可分为彻底城镇化的村庄、半城半乡的村庄和仍然保持乡村特征的村庄。从后文的实例中可以看出，即使同处于城镇化区域，乡村仍然有不同的发展方向和类型，主要由区域目标所决定。

1）彻底城镇化的村庄

指那些处于城市建设区范围内，其经济形态、村民从事职业、村庄物质形态等已经转型为城市的居民点，俗称“城中村”。其特征是建设密度极高、基本没有建设用地、经济实力较强、社会构成复杂、管理体系相对成熟。

2）半城半乡的村庄

指毗邻一般城镇的边缘地带，或者位于农村的城市化地区。其特征是已被纳入城市发展范围内，但仍未完全被城市包围，兼具城乡特征、用地少、经济实力一般、社会人口构成日趋复杂。

3）仍然保持乡村特征的村庄

指主要以农业为主导的传统农村，或是具有一定生态旅游资源、远离主要城镇建成区的农村。其特征是传统农村形态、农地多、经济实力差、社会人口构成比较单一、管理维护水平较差。

4.1.3.1　彻底城镇化的村庄实例：猎德村

猎德村位于广州市天河区珠江新城南部，南临珠江（图 4-11）。据记载，中华人民共和国成立初期猎德村仍地跨珠江两岸，有 3 000 余亩的稻田，村四周被果基和菜田围绕；土地改革后的猎德村域范围已被减少，公社化时期以珠江南岸的土地置换了北岸的海心沙。后来政府根据建设需要多次征用猎德村用地，海心沙也于 1976 年被征用（表 4-4），猎德村从此只在珠江北岸上。1994 年珠江新城征地之前猎德村占地面积为 193.76 hm^2（2 906.4 亩），仍然保有大量的绿色农田，表现为一个传统农耕水乡村落的特征（图 4-12）。

猎德村是广州彻底城镇化的村庄典型案例，几经挣扎，试图保留，但物质空间和空间形态最终还是完全被城市化。

表 4-4　公社化后猎德村土地征用和变动表

年份	征用或划出单位	地点和面积
1964 年	市种苗场征用后不久转给市聋人学校	渔港祖祠及周边用地共 90 亩
1966 年	广州军区后勤部木材综合加工厂	约 6.87 亩
1976 年	广州港务局征用海心沙，同年与部队交换用地，海心沙归部队管理	海心沙 120 亩
1987 年	广州市环卫局粪便处理厂（猎德污水处理厂前身）	沙头 90 亩
1991 年	沙河镇政府征用用于扩大镇农科站	远渡头 11.49 亩

资料来源：王林盛. 广州城中村改造实例研究——解读猎德村[D]. 广州：华南理工大学，2011：29

图 4-11　猎德村在广州市中心区的区位

资料来源：自绘

改革开放之后广州城市用地急剧扩张，大量郊区的农村迅速被纳入城市范围。随着广州在 90 年代以后开始策划实施“珠江新城规划”，处于征地范围内的猎德村开始被纳入城市发展范围，结束了其 900 多年的农耕历史。1994 年珠江新城的规划和建设把猎德村完整纳入了城市发展建设区，按 1993 年《市府常务会议对珠江新城市中心规划的意见》中“三个自然村猎德、冼村、谭村要保留，适当留一些土地给农民作发展用地”的意见，猎德村并未完全被征用，被征收了耕地及其他土地共 166.6 hm^2，而保留了 21.33 hm^2（该数据未计入村庄内部道路、河流）的原旧村居住

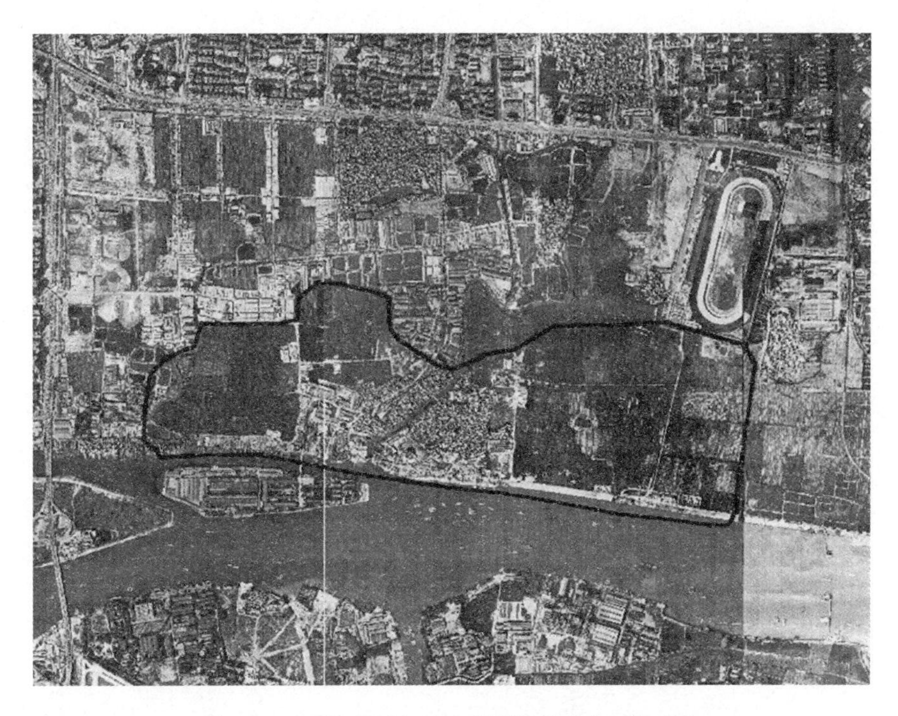

图 4-12　珠江新城征地之前猎德村的范围与现状

资料来源：王林盛. 广州城中村改造实例研究——解读猎德村[D]. 广州：华南理工大学，2011：30

用地；并于 1992 年 5 月到 1993 年 4 月与政府签订用地补偿协议，村留地为被征土地的 12%，其中 4%为建设发展用地，8%作为经济开发用地，猎德村共留地 33.124 6 hm^2[①]，由此开启了猎德村 13 年“城中村”之期。

珠江新城规划的实施快速地推动猎德村转变为城中村，猎德村的发展与转型完全是由城市经济推动的。一方面，征地款对猎德村集体经济的发展起到了巨大的促进作用，征地后猎德获得了城市中心区 350 亩经济发展留用地、征地款 44 982.162 万元和补偿村青苗款 38 000 万元，城市征地补偿的资金和土地对猎德村集体经济和村民个人收入的发展起到巨大的作用(图 4-13)，拥有资金的村民开始纷纷兴建居住房屋和商办企业(图 4-14)。另一方面，征地完成后，猎德村进入城市建设区，村民不再从事农业生产的工作，依靠集体经济分配和出租屋收入[②]；在经济利益的驱使下村民大量兴建和随意搭盖出租房，住宅密度高质量差、消防隐患严重、空间形态杂乱无章、卫生条件恶劣；低廉的租金使外来人口大量涌入，导致猎德村使用者构成极为复杂，犯罪分子藏匿，缺乏治安管理而成为城

① 数据来源于《GCBD21——珠江新城规划检讨》。

② 据相关统计调查，改造前旧猎德村家庭人均收入约 5 475 元，其中 74.8%来自集体经济分配，25.1%来自出租屋收益。

市死角;本地村民离开村庄,以血缘凝合的传统农村社区解体,加上环境卫生、生活服务等公共配套设施并不完善,造成村庄人居环境质量逐年恶化。截至 2004 年年底,猎德村民 4 741 人,而外来暂住人口达到 3 万多人,人均建设用地面积约 9.1 m^2/人,村庄环境差,是城市中的一个"毒瘤"(图 4-15)。

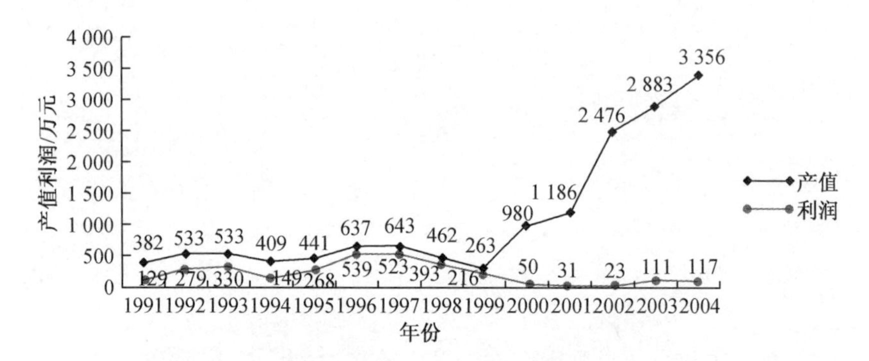

图 4-13　1991—2004 年猎德村集体经济产值和利润

资料来源:王林盛.广州城中村改造实例研究[D].华南理工大学,2011:40

图 4-14　城中村时期的猎德村

资料来源:https://graph.baidu.com/thumb/2219264659,1673704646.jpg? qq-pf-to=pcqq.c2c

猎德城中村的众多问题与中心商务区的发展品位格格不入,更为迫切的是规划的城市主干道需要穿越猎德村,两方面的城市发展需求成为

图 4-15　城中村时期猎德村内人居环境杂乱

资料来源：http://travel.fengniao.com/224/2249733_4.html

政府迫切改造猎德的推动因素。同时，随着广州城市发展用地需求的提高，中心区土地的市场吸引力越来越大。2007 年，广州市政府进行猎德城中村整体改造，整体拆除旧村，复建 37 栋高层居民回迁住宅，建设中小学、幼儿园、文化娱乐中心和老人活动中心。居住形态从独院独户改为现代城市邻里关系，城市基础设施覆盖入村，村民不从事农业生产，社区关系彻底由血缘关系转为地缘关系。猎德村无论是在物质空间形态方面还是在社会形态方面都完成城市化，村庄原有的历史、环境等各方面基本被抹去而不复存在，最终彻底完成了城市化的过程(图 4-16)。

图 4-16　改造后的猎德村

资料来源：http://travel.fengniao.com/224/2249733_4.html

芦湾村已经处于城市发展的核心范围内，但数十年都未进行城市大规模开发，因此仍然保留着部分乡村形态风貌，形成“半城半乡”的空间特征。

4.1.3.2　半城半乡的村庄实例：芦湾村

南沙街芦湾村地处广州市辖区最南端的南沙区城市发展核心范围内，毗邻东莞、佛山，在珠三角城市群中占有优越的地位(图 4-17)。村庄聚落由芦湾上、下两村组成，村域面积 835 hm^2。2011 年村总人口 513 户，1 708 人，其中，村民 1 288 人，外来人口 420 人；村集体经济收入 826

万元，人均年收入达 18 000 元/人，福利待遇为 3 800 元/人，集体经济收入的 90%以上来自出租土地、厂房和发包临海码头；村民主要收入来源是在周围的工厂务工、承办采石场、经营与高尔夫有关的商业服务以及村内每年两次的分红。在村庄土地方面，芦湾村村域面积约为 835 hm^2，其中建设用地面积约为 246 hm^2，水域面积约为 450 hm^2，农林用地约为 138 hm^2；村域范围内除了村生活用地和经济发展用地之外，其他用地已于 1992 年被南沙开发建设公司全部征购，因此真正属于村所有的土地是村民宅基地 13.19 hm^2 和村经济发展用地 16.12 hm^2，总面积约为 30 hm^2（表 4-5）。村庄基础设施建设情况较好，道路全部硬地化，给排水设施、电力电信设施完善，都接入城市市政系统；村公共设施齐全，包括老年活动中心、曲艺社、图书室、卫生所、篮球场、肉菜市场等。

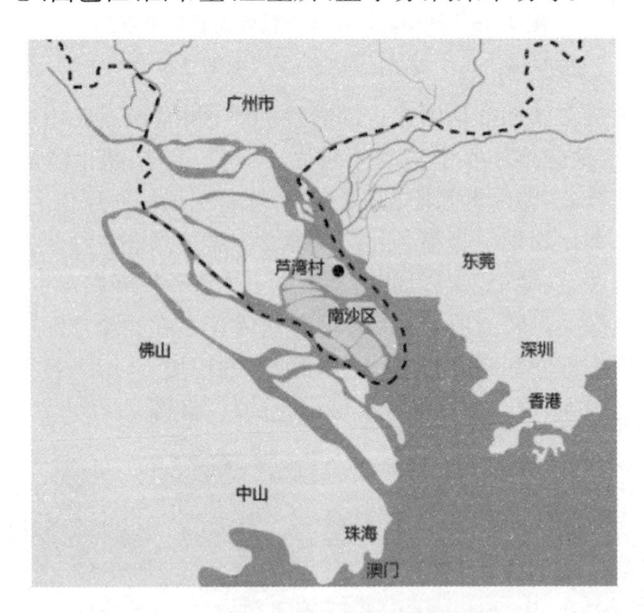

图 4-17　芦湾村在珠三角城市群中的区位

资料来源：自绘

表 4-5　芦湾村 2011 年基本情况一览表

名称	数值
总户数/户	513
总人口数/人	1 708
集体经济总收入/万元	826
人均年经济收入/万元	1.8
村域面积/hm^2	835

续表 4-5

名称	数值
村庄建设用地/hm^2	30
人均建设用地面积/m^2	176
村经济发展用地/hm^2	16.12
建筑数量/个	590
总建筑面积/m^2	90 848.5
人均建筑面积/(m^2·人$^{-1}$)	53

资料来源：芦湾村美丽乡村规划设计[Z].2012

芦湾村还是乡村吗？乡村是农业生产的基本地理单元，包括建筑聚落的村庄和农田、山林、鱼塘等自然生态空间两个部分。对于芦湾村而言，首先，在土地与经济方面，芦湾村已经没有农业经济，集体经济收入均为非农业经济收入，村民以城市务工和经商为主，零星的蔬菜种植也是临时借用城市已征用而未开发的土地，满足自己的生活需要，并非生活来源，因此从经济意义上说芦湾村已不是农业生产为主的乡村。其次，在居住与生活方式上，芦湾村已经城市化，其基础设施与城市基础设施完全并网，享受城市基础设施提供的便利，居住面积和居住条件高于城市居民平均居住水平，生活方式已经彻底城市化。但是，村民依然保留乡村生活习惯，利用各类空置地进行种植，部分家庭还有家禽养殖，农业生产的节庆活动还有保持，传统的乡村社会关系依然完整。尽管村庄居住着一些外来人口，但大部分为本地村民，占居住人口的75%以上，保有婚丧嫁娶等浓郁乡土气息的活动，依然保有完整祭祀、敬老和宗族活动，村集体经济组织、村民自治组织保持着良好的凝聚力。尽管大部分村民都更新了自己的住宅，将单层庭院式砖瓦房更新为两层半式的混凝土框架结构的楼房(图 4-18)，但村庄聚落形态依然是传统的村庄形式，村庄周边土地尚未充分城市开发，傍山面田的传统村落自然格局特征比较突出(图 4-19)。

图 4-18　芦湾村两层半式的楼房

资料来源：自摄

图 4-19　傍山面田的传统村落自然格局

资料来源：自摄

芦湾村没有农业用地，不从事农业生产，就经济特征而言它不是乡村。芦湾村的居民以本地村民为主，外来人口很少，社会关系和生活习惯具有浓厚的传统村庄社会特征，由于已经没有农业生产，其社会组织和生活方式上处在向城市社会的过渡阶段，是以村民聚居为主的城市居住社区。村庄的自然背景保持完好，村后的山林、滨海的河涌、部分征购而未开发的农田等乡村的基本景观特征仍然存在(图 4-20)，景观风貌保持村庄形态，是处在城市化进程中的村庄，维持着“半城半乡”的特征。

图 4-20 芦湾村现状图

资料来源：芦湾村美丽乡村规划设计[Z]. 2012

4.1.3.3 仍然保持乡村特征的村庄实例：三角村

三角村在城市规划区之外，但是由于周围城市群交错，故仍然受到城市化的影响，在总体规划中该村被划定从事农业生产，而丧失了发展潜力。

三角村位于珠海市斗门区莲洲镇内，在珠海市与中山市的交接区域，距离珠海机场约 48 km，距离高栏港约 55 km，距离最近的新会市 16 km；三角村位于斗门区的边缘区域，距离斗门中心区 18 km (图 4-21)，是一个位于发达城市群边缘的村庄，在城市化辐射影响范围内，但是在城市建成区和城市规划区之外。

三角村全村面积约为 420 hm^2，其中村庄建设范围 23.34 hm^2，山地 87.51 亩，耕地面积 2 579 亩，其中鱼塘 1 550 亩，水稻 975 亩，其他作物 54 亩①；没有工业企业，是传统型的农耕乡村(图 4-22)。因被国土规划划定了

① 珠海市斗门区莲洲镇三角村幸福村居建设规划[Z]. 2013.

图 4-21 三角村的区位

资料来源:自绘

水稻基本农田保护区(图 4-23),因此村内土地只能从事农业生产,不能变更性质,根据农业补贴政策,国家每年补贴 300 元/亩;加上离城市区位较远,因此无法受到城市吞并而转化为城市,也没有受到辐射而就地城镇化。由于农业产业的弱质性,三角村内集体经济薄弱,主要经济来源是土地出租,承租人全部为村内居民,主要发展水稻种植和水产养殖,村民平时以编制藤椅为副业(图 4-24);年总收入约 125 万元,人均年收入 6 200 元;历史遗留债务重(欠债约 200 万元),没有能力还工程款(表 4-6、表 4-7)。截止到 2012 年,该村常住人口有 2 017 人,流动人口为 132 人,户数为 462 户(表 4-8)。村内常住人口中,大于 60 岁人口占总人口的 15%,按照国际标准 10%来计,三角村已经进入老龄化社会(图 4-25)。村内人居环境条件比起大多数珠三角的乡村差,一些道路还没有硬底化(图 4-26),住宅也多以砖瓦房为主,普遍较为陈旧,村容村貌较差;公共设施有待完善,特别是公共活动空间和绿地少,村民休闲游憩活动受到严重制约。

图 4-22　三角村现状图

资料来源:在 Google 卫星图上自绘

图 4-23　村内农田保护区

资料来源:自摄

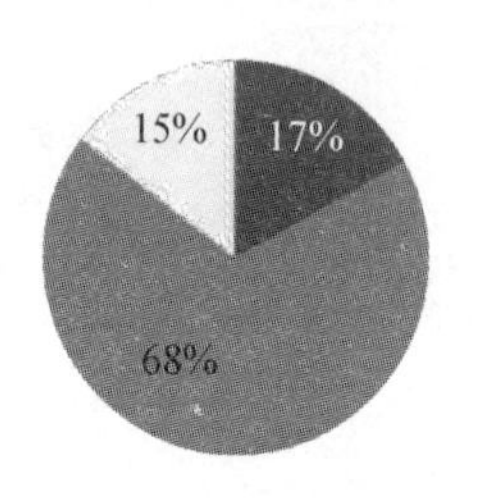

图 4-25　三角村人口年龄构成图

资料来源:珠海市斗门区莲洲镇三角村幸福村居建设规划[Z]. 2013

图 4-24　村民以制作藤椅为副业

资料来源:自摄

图 4-26　村内道路没有完全硬底化

资料来源:自摄

表 4-6　三角村 2012 年基本情况一览表

名称	数值
总户数/户	462
总人口数/人	2 149
集体经济总收入/万元	125
人均年经济收入/万元	0.62
村域面积/hm^2	420
村庄建设用地/hm^2	23.34
耕地/亩	2 579
山地/亩	87.51

资料来源：珠海市斗门区莲洲镇三角村幸福村居建设规划[Z].2013

表 4-7　三角村各产业面积分布情况一览表

产业类型	类型	面积/hm^2	占总面积比例/%
第一产业	水产养殖	146.66	44.88
	水稻种植	86.85	26.58
	果树种植	10.09	3.10
	合计	243.6	74.50
第二产业	工业	2.83	0.87
第三产业	商业服务业	0.39	0.12

资料来源：珠海市斗门区莲洲镇三角村幸福村居建设规划[Z].2013

表 4-8　三角村 2008—2012 年人口数据

年份	户数/户	常住人口/人	流动人口/人
2008	465	1 889	72
2009	486	1 904	90
2010	486	1 918	95
2011	486	1956	116
2012	462	2 017	132

资料来源：珠海市斗门区莲洲镇三角村幸福村居建设规划[Z].2013

总体来说，三角村虽然处于经济发达的珠三角区域，位于珠海、中山、江门等经济发达城市之中，交通区位较好，但由于区域目标将其设定为农业村落，划定了基本农田保护区，使三角村在城镇化区域内仍然维持着乡村特征，从事农业生产。这说明虽然同处于城市化范畴之内，村庄的发展仍存在很多方向和类型，主要由区域目标所决定。三角村这类村庄如何融入城市发展、融入的方式与途径是研究的重点。

4.1.4 非城镇化区域的乡村发展类型

在非城镇化区域，由于乡村自然与农业资源、经济发展水平的不一样，与城镇化区域的村庄发展大多呈增长趋势不同，非城镇化区域的村庄发展的分化趋势加强，有些呈现整体衰退的类型，有些则基本维持现状，有些则出现扩展的趋势。

在非城镇化区域的乡村，乡村自身的资源优势成为决定乡村发展类型的主要影响因素。根据资源条件划分乡村的类型，可分为整体衰退的村庄、维持农业特征的村庄和资源丰富的村庄。从后文的实例中可以看出，这个区域的乡村普遍特征是缺乏自身发展动力，需要依靠外部力量的扶持。

1）整体衰退的村庄

部分村庄处于偏远、交通不便的区域，由于区位不佳、资源缺乏等情况，出现人口迁移和经济整体衰退的"空心村"现象，乡村自身缺乏发展动力，不能实现自我发展与更新。

2）维持农业特征的村庄

部分村庄处于农业区域，以农业经济为主，农村人口基本稳定，基本维持现状农业特征，由于农业的效益增长是缓慢的，所以人口与经济处于停滞或非常缓慢增长的状态。

3）资源丰富的村庄

部分村庄的基本特征是区位条件较好、交通便捷，村庄自身具有较丰富的文化价值，具有旅游开发的潜力等。一般由于外部资金投入量大，村庄基础设施比较完善，在经济上农业稳定增长，农产品加工业和增值农业潜力较大。这类村庄能够吸纳偏远村庄的人口居住，或服务周边分散的自然村，人口和经济同步增长，出现人口集聚和村庄空间扩展的趋势。

4.1.4.1 整体衰退的"空心村"实例：东升社区

东升社区整体呈现衰退和空心化的现象，乡村自身缺乏发展动力，不能实现自我发展与更新，由此带来的物质空间的问题和社会问题日益凸显。这是现阶段大部分非城镇化区域的乡村现实情况。

东升社区位于韶关市始兴县城东面，四周环山，面积 200 hm^2，是 2005 年农村体制改革时，由石俚坝、教场下、低坝 3 个自然村组成(图 4-27)。全社区有 263 户，总人口 893 人，其中劳动力 538 人，仅占全村总人口的 60%，从劳动力结构上看，留守老人和儿童的比例比较大；而劳动力中外出务工 230 多人，占到劳动力总人数将近一半，村庄空心化现象严重。目前社区集体无任何资产和经济收入，农户的主要经济收入以外出务工为主，种植业为辅。贫困户 19 户，人口 31 人(含低保 16 户，人口 23 人)。社区内耕地面积 380 亩，其中旱地 107 亩，农业生产以种植水稻、蔬菜为主，人均耕地 0.43 亩，仅是全国人均量 1.43 亩的 3/10，农业资源十分紧缺(表 4-9)。从东升社区农村的整体发展现状来看，一是没有支柱产业，不能形成有效的经济链，严重制约着当地经济发展；二是社区农民主要靠传统的种植蔬菜、外出务工为生，其经济收入低；三是由于历史原因，社区无任何可开发资源，造成集体无任何收入。

图 4-27　东升社区区位图

资料来源:在 Google 卫星图上自绘

表 4-9　东升社区 2013 年基本情况一览表

名称	数值
总户数/户	263
总人口数/人	893
劳动力/人	538
其中:外出务工/人	230
集体经济总收入/万元	0
村域面积/hm^2	200
耕地/亩	380
人均耕地/(亩·人$^{-1}$)	0.3

实地进入村庄考察,村内人烟稀少,房屋空置、破败,不少房屋已经濒临崩塌(图 4-28)。在基础设施建设方面,村内并没有完全"道路硬底化",缺乏有效的垃圾收集点和转运点,农民缺乏卫生意识,随意将垃圾和污水倒入村内水塘中,造成人居环境卫生的进一步恶化(图 4-29)。

村内人口的流失和经济的衰退使得东升社区无法通过自身的力量去建设村庄,劳动力的流失和宗族长老的缺失导致传统农村社会结构的解体,使得村内人居环境缺乏维护。虽然东升社区发动社会力量参加新农村建设,2013 年扶贫开发三年帮扶发展规划中计划投入 15 万元以上专项资金来建设办公大楼和水利工程以及农村基础设施等,加

图 4-28　无人居住的老房子,建筑质量差,墙体已部分塌落,无排水,下雨天地面积水严重

资料来源:自摄

图 4-29　村内道路、垃圾处理、污水排放等基础设施并未完善,卫生条件差

资料来源:自摄

上得益于国家的惠农政策,促进该村经济和社会事业的发展,但是社会外界给予的建设资金远远不足。农业经济衰退、村庄建设资金投入不足、人口流失和社会结构解体等因素共同导致东升社区整体处于衰退和空心化,乡村自身缺乏发展动力,不能实现自我发展与更新,由此带来的物质空间的问题和社会问题日益凸显。这是现阶段大部分非城镇化区域乡村的现实情况。

北政四村农业资源丰富,但是传统农业生产模式无法从根本上提高村庄经济效益,缺乏外部政策与资金投入的情况下,乡村无法获得更多发展机会。

4.1.4.2　维持农业特征的村庄实例:北政四村

北政四村位于阳江市阳东区南部沿海一带,西部沿海高速公路、S365省道(江台公路)、X596县道(良东公路)贯穿而过。全村共有105户,户籍327人,常住人口287人,流动人口较少;劳动力占全村人口的80%,外出务工人员占全村人口的19%;村庄的社会结构比较稳定(表4-10)。北政四村拥有连片集中的基本农田和优质耕地资源(图4-30),现状仍以传统农业为主，正在逐步发展特色农业和开展高标准基本农田建设，耕地面积 106.19 亩，以种植水稻、荔枝、瓜果为主，山林资源丰富，村集体经济收入薄弱，2013 年人均纯收入 1.2 万元。养殖方式以农户散养为主，散养牲畜主要是鸡，圈养牲畜有猪、牛，散养方式占用大量生活和交通空间，牲畜饲料和粪便严重影响村庄生活质量（图 4-31、图 4-32）。村内有文化室、公厕、停车场和公交站点各一处，但部分设施较为陈旧，可利用空间有限，区域性服务设施（中学、医院、文化中心、邮政局等）均需至东平镇镇区，距离 9 km 左右，小学需至良洞村或北环村，距离 3～4 km。

表 4-10　北政四村 2013 年基本情况一览表

名称	数值
总户数/户	105
总人口数/人	327
常住人口/人	287
劳动力/人	263
其中：外出务工/人	63
集体经济总收入/万元	0
人均年经济收入/万元	1.2
耕地/亩	106.19
人均耕地/（亩・人）	0.32

资料来源：阳东"省级新农村连片示范区"总体规划[Z]. 2015

这类乡村由于自身农业资源尚且良好，交通条件、基础设施条件也相对比较便利，因此仍然能够维持基本农业特征，村民有一定的收入维持生活，人员流失少，乡村社会结构稳定，既不表现出增长趋势，也没有明显衰退趋势。但是传统农业生产模式无法从根本上提高村庄经济效益，缺乏外部政策与资金投入的情况下，乡村无法获得更多发展机会。

4.1.4.3　资源丰富的村庄实例：兴井村

兴井村位于广东省北部河源市和平县林寨镇北岸的盆地之中，北靠丘陵小山，南临浰江，东西与楼镇村、下正村相邻，四周都是宽阔平坦的田地（图 4-33）。村域面积约 7.98 km^2，包括旧村以及山体、农林地用地；村庄建设用地面积约 1.12 km^2。2012 年全村共有 767 户，户籍人口 3 737 人，劳动力 2 695 人，其中外出务工 1 551 人；村民以农业生产和外出务工为主要收入来源，人均年经济收入 4 282 元（表 4-11）。

林寨兴井村有着 2 000 多年的悠久历史，保存着古巷、古井、古墙等历史文化遗迹，拥有"全国最大四角楼古建筑群"（图 4-34），具有明显的

兴井村的历史文化资源非常好，是非城镇化区域少数发展较好的村庄，但这种发展模式依靠着大量外部补贴和持续的资金投入建设，加上丰富的文化旅游资源才促使乡村经济快速发展起来，不是村庄自身原生的发展动力，不能大量复制和推广。

图 4-30　北政四村耕地资源

资料来源：阳东"省级新农村连片示范区"总体规划[Z]. 2015

图 4-31　维持传统农业特征的村落形态，背山面田

资料来源：自摄

图 4-32 散养牲畜

资料来源：自摄

图 4-33 兴井村鸟瞰图

资料来源：和平县农业局，广州地理研究所. 和平县林寨省级新农村示范片建设总体规划(2014—2016)[Z]. 2014

客家文化特色和极高的历史考究价值，曾荣获“国家历史文化名村”“中国传统村落”“广东十大最美古村落”等荣誉。由于自然与历史文化资源丰富，先后几次获得政府整治资金扶持，据当地负责人介绍，先后有过两次大型的对村庄的扶持投入，每次投入 4 000 万以上，村内的基础设施和公共服务设施因而得到了很好的建设和维护，古建筑得到完整保护和修缮，人居环境良好。在当地政府对旅游区的持续投入下，2011 年 5 月 1 日林寨古村旅游区开业，旅游业得到较快发展，同时也直接促进当地农民就业和农业的快速发展，农民收入得到较大提高。兴井村北面目前在建的旅游大道促进了兴井村的交通极大改善，带动了商贸物流的发展，当地人气和财气的持续上升，是兴井村重要的兴村富民工程。

表 4-11　兴井村 2012 年基本情况一览表

名称	数值
总户数/户	767
总人口数/人	3 737
劳动力/人	2 695
其中:外出务工/人	1 551
集体经济总收入/万元	4.2
人均年经济收入/万元	4 282
村域面积/km^2	7.98
村庄建设用地/km^2	1.12

资料来源:和平县农业局,广州地理研究所.和平县林寨省级新农村示范片建设总体规划(2014—2016)[Z].2014

图 4-34　四角楼古建筑

资料来源:和平县农业局,广州地理研究所.和平县林寨省级新农村示范片建设总体规划(2014—2016)[Z].2014

像兴井村这类自身具有丰富的文化价值和旅游资源、发展潜力大的村庄,是目前广东省非城镇化区域内少数发展得非常好的村庄,从其发展轨迹来看,虽然自身条件比较好,但仍然是完全靠政府与社会等外部力量推进下发展起来的,不是村庄自身原生的发展动力,依靠着大量外部补贴和持续的资金投入建设,加上丰富的文化旅游资源才促使乡村经济快速发展。

区域城镇化使乡村具有了截然不同的发展目标。

从以上广东省各个类型乡村典型实例的发展过程来看,总体来说,区域城镇化是乡村分化的主要因素,因为所处区域的不同,乡村发展有着不同的目标。在城镇化区域,乡村发展与城市息息相关,受到城市的吸引和辐射,在城市建设区或规划区的大多数村庄,或主动或被动地纳入城市发展建设，最终成为城市区域的一部分，融入城市是城镇化区域乡村的主要目标。但是如何更好地融入城市，融入城市之后如何差异化发展，如何避免先错误发展后再修正发展路径，仍然需要进一步的研究。

在非城镇化区域，由于城市的辐射力薄弱，乡村的总体发展趋势是衰退，具体到每个村庄，则因为其所处的环境、自身资源等的不同而呈现不同的发展状态与发展目标，有些继续衰退和消亡，有些继续维持乡村目标而优化更新，有些则因为外部资金投入而呈现增长趋势。这个区域的乡村普遍特征是缺乏自身发展动力，需要依靠外部力量的扶持。

4.2　乡村规划实践中的典型案例

城镇化区域和非城镇化区域的乡村目标出现了截然不同的分化，有些乡村最终融入了城市，有些则仍然维持乡村特征。在面对不同区域与不同类型的乡村发展时，乡村规划是如何应对的？规划的思想和目的、规划的方法和特征是否是正确的？最终是否有效地实现了乡村发展的区域目标？以上文的村庄发展类型的实例，分别对猎德村、芦湾村、三角村、兴井村、北政村等乡村的相关规划进行分析和评述。

4.2.1　城镇化区域的乡村规划情况

4.2.1.1　城中村的规划案例：猎德村规划

在广州近30年快速城市化进程中，猎德村共经历过3次规划，从旧猎德村整体保留“岭南水乡”的构想，到最终被改造成37栋20至40层的高层住宅、具有典型城市居住区形态的“猎德新村”，乡村规划的思想和目的、规划的方法和特征都发生了很大的变化。

猎德村三次规划采用了不同的规划思想和方法，结果证明了忽略城市发展对村庄的影响，而片面地采用不合适的工具，会造成村庄与城市建设的发展目标极难协调，编制的村庄规划难以实施。这类村庄自始至终都不适用村庄规划类型，而适用城市规划工具。

1）1993年珠江新城规划

20世纪90年代，广州开始规划珠江新城。1993年，在美国托马斯规划服务公司的方案基础上，编制了《广州市新城市中心——珠江新城规划》，猎德村被完全纳入了这个规划建设区的范围之内（图4-35）。在规划方案中，完全征用了猎德村农田部分，成为珠江新城的城市建设用地。对待猎德村建设用地部分的规划思想则保留托马斯方案的“岭南水乡”的构想，旧村居住建设用地部分采取传统特色风貌保护和适当更新改造相结合的方式，形成猎德村风情景观带；沿猎德涌两岸规划景观性绿化步行带。为了城市交通的通畅，规划了一条猎德路穿越旧猎德村。由于猎德村民的抗议，广州市政府在1997年曾表示不会割裂猎德村庄，保证规划道路在10年内不会动工，未来将采用隧道形式穿越猎德村。但2002年的《珠江新城规划检讨》将规划的猎德路拓宽到52 m，提升为城市主干道性质，成为连接广州南北交通的新光快速路的一部分。

图 4-35　1993 年珠江新城规划方案中猎德村的规划

资料来源：广州市新城市中心——珠江新城规划[Z]. 1993.

可以看出，1993 年的规划思想主要是基于城市发展对于用地的需求进行的，征用乡村农田耕地、规划道路穿越村庄，都是为了城市发展，是一种典型的城市规划的思想。当时的规划方案中虽然也考虑了村庄问题，但是只是理想化地保留村庄，并依据城市规划的方式对其进行了功能的再利用，是一种对村庄物质形态空间的理想化的设计；而没有提出村庄和村民在城市化过程中转型、融入城市的具体方法，更加没有涉及乡村转型背后的城乡二元社会制度、集体土地制度等深层次问题。因此，城市发展在规划方案的指导下，只是完成了较为容易实现的耕地农田的征用和发展，而无法将村庄建设用地部分有效地纳入发展控制，使村庄被动地在城镇化中保留下来，无论是村庄建设用地还是在此之上的农民都被规划和城市发展忽略和绕过了。

到了 2002 年《珠江新城检讨》时，城中村已经形成，规划意识到征地以后农民无地可耕，生活来源主要靠出租房屋来解决；村镇企业拆迁，村级经济发展受到严重影响，更难以保证农民有正常的生活来源。城中村农民既非真正的农民，又非城市居民，户口仍是农民，所以再就业、揾工有困难，没有固定的收入来源[①]，提出旧村改造问题应结合城中村政策的制定尽快开展专题研究。但此时改造城中村已经出现困难，埋下了社会问

① 广州市城市规划局，广州市城市规划勘测设计研究院. GCBD21——珠江新城规划检讨[Z]. 2002.

题和空间景观的隐患。

2）2002年猎德村更新与改造规划

2002年广州市政府委托市城市规划勘测设计研究院对旧猎德村、冼村等7个试点村的改造规划方案进行研究，对猎德村编制了《猎德中心村更新规划》和《猎德村修建性详细规划》(未公布)。从《猎德村修建性详细规划》的现状与规划的容积率指标对比中可以看出，这次村庄规划的方案并没有考虑猎德村已位于城市建设区内，城市发展对村庄可能产生的影响，仅建立在猎德村的现状和村庄未来人口发展的预测上，因此规划方案仅仅是规划容积率略微提高了，而建筑密度下降了一半，绿地率提高了一倍，整体开发强度增幅并不大，同时规划只单独对村内涉及珠江新城路网中20 m以下的道路做了局部的调整(表4-12)。改造和更新规划方案虽然仍尝试将岭南水乡和CBD融合在一起，但最终在实际操作中，本次改造规划因为与现实情况相差太大，过于理想化而缺乏可操作性，最终失败了，仅市政部门对猎德涌进行了整治，其他的规划目标完全没有落地，猎德村作为城中村继续发展。

表4-12 2002年猎德村修建性详细规划主要技术指标

项目	2002年现状指标	规划方案指标
居住人口/人	4 741	10 184
总用地面积/m^2	316 294	317 448
总建筑面积/m^2	538 552(含临建)	552 092
住宅建筑面积/m^2	504 712	458 468
公共建筑面积/m^2	33 840	93 424
容积率	1.59	1.74
建筑密度/%	49.84	21.00
绿地率/%	13.6	25

资料来源：广州市城市规划勘测设计研究院. 猎德村修建性详细规划[Z]. 2002.

从表中可以看出，虽然2002年时猎德村已经完全进入城市建设区内，征地早已将乡村的农田完全转变为城市建设用地，无论是村庄的形态，还是村民的生产生活方式，早已经不是传统意义上的村庄特征了。但是，此时的规划思想仍然把猎德村当成一个独立的村庄，而忽略城市发展对村庄发展的影响和辐射，仍然还在试图回归村庄传统的形态特征，规划还在延续一种纯粹的、传统的村庄规划思想，而不是顺应城市发展的选择采用城市规划的工具，这就造成了在城市建设区内采用乡村规划工具的错位。由于规划思想和规划工具的选择错误，这次规划尝试毫无疑问是失效的。

3) 2007 年自下而上的改造规划

广州在“中调”战略提出之后，面对城市发展空间瓶颈，开始在城中村引入市场机制。《关于广州市推进“城中村”(旧村)整治改造的实施意见》提出“一村一策”原则，由各村自行编制村庄改造规划，由政府有关部门审批通过后，可获准实施。在新的政策基础上，旧猎德村成为第一个全面改造的试点。当时的规划法规中规定城市暂不负责编制城中村规划，所以猎德村的规划草案是由猎德村民最早提出，后由天河区政府指导规划编制。期间由于旧猎德村地块已有城市的控制性详细规划，而控规与此次改造规划存在矛盾，故而首先修改和调整了控制性详细规划，最后于 2007 年 7 月获批通过。

在改造规划中，新猎德村分为桥东、桥西、桥西南 3 个片区。桥东地块转为村镇建设用地，用于居民回迁安置，复建成 30 层左右的公寓；桥西地块用于拍卖融资，由村镇建设用地全部转化为商业金融用地，旧规划的菜市场、小学和规划道路被取消，新规划路网和珠江新城道路网方整地衔接起来，建筑限高可达 30 至 50 层，开发控制强度和珠江新城其他区域接近一致；桥西南地块用于发展村集体经济，按之前规划方案建设酒店和商业办公，建筑限高可达 120 m(图 4-36)。

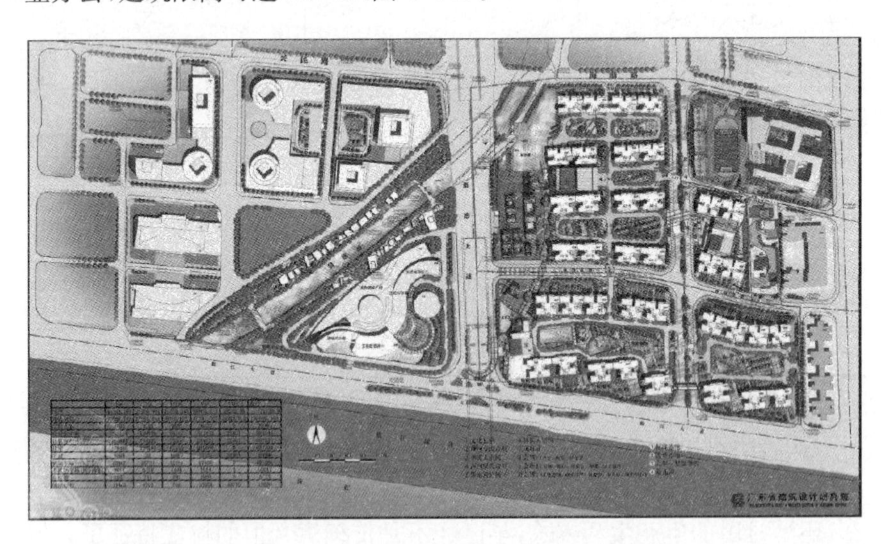

图 4-36　旧猎德村改造方案总平面图

资料来源：广东省建筑设计研究院. 猎德村改造项目方案设计[Z]. 2007.

由于之前城市发展规划不当，城中村已经形成，作为城市中心区地段的猎德村，土地再开发的潜力十分大，出于经济利益的增长，面临着不可避免转化为城市建设的模式。虽然 2007 年的规划方案之中也考虑了尽量保留原村内的祠堂、古树等村落历史特征元素，但是整个方案的基本思想是城市规划的思想，将猎德村整体推平改造，建设成完全城市形态的联排高层，原有旧村物质空间中的历史痕迹基本抹平。

总结猎德村的几次改造思想，城乡二元制度的改变晚于城市发展建设的速度，虽然作为城中村的猎德在空间上已完全纳入城市建设区，但土地制度仍然是农村集体所有，管理上也是农村管理模式，一个发展区域内是两种土地制度和管理模式，采用两种规划工具，使猎德村与城市建设的发展目标极难协调，编制的村庄规划难以实施，最终导致猎德村基础设施滞后、环境恶劣、社会控制困难、违法建设严重。这种情况出现在广州新城市中心，集中反映了城乡规划政策的失当。

猎德村的城镇化经历了两个阶段，第一阶段是经济、人口的城镇化，第二阶段是村庄形态城市化与村庄社会组织的彻底转型，这是城市规划策略的反映。在第一阶段，由于城市经济实力不足，不能整体地征地和全面地保障被征地农民的生存和福利，而采用征地留人以及留用村庄集体建设用地的城市发展策略，因而出现"城中村"这种城市发展的怪胎。第二阶段是城市更新阶段，借用市场力量保障农民福利、改善城市风貌并解决城市问题。这类村庄自始至终都不适用村庄规划类型，而适用城市规划工具。

4.2.1.2　城市规划区内村庄规划案例：芦湾村规划

处于城市规划区内，但是城市建设尚未覆盖的芦湾村，维持着半城半乡的特征。芦湾村是城市还是村庄？是该采用城市规划工具还是乡村规划工具？正处于发展过程之中的乡村规划面临着规划工具的不确定。

芦湾村面临着村庄发展目标和规划工具的不确定，在上位规划中村域被割裂成两部分，分别制定了城市和乡村的发展目标，这类村庄目前没有确切适宜的规划工具，极容易重蹈城中村的覆辙。

1）芦湾村规划的目标选择：城市或村庄？

芦湾村所处的区域已有明确的城市规划。在20世纪90年代，该区域首先被东部开发公司征地，作为南沙新城的一个部分，但至今已20余年仍未进行开发。20世纪初，番禺划归广州，在南沙发展规划中芦湾村被划入发展核心区。2008年年底公示的新一轮《南沙岛分区控制性详细规划（修编）》中，南沙岛被定位为"服务城、科技城、滨海城"，是南沙区的综合服务中心，广州"多中心网络式布局"的中心之一，南沙科技创新产业与现代服务业基地是适宜创业发展和生活居住的现代化海滨新城的典型示范区。芦湾村位于南沙岛东部，在南沙岛分区控规修编功能分区中将芦湾村定位为南沙岛的综合配套服务区，在芦湾村村域内规划了居住、行政办公、商业等功能。《广州南沙新城东部总体规划》将芦湾村港前大道以东规划为货运物流区和中心商业区，西面为商业和商住区。为协调城乡发展不平衡问题，针对南沙地区的乡村开展规划政策研究，在《南沙地区村镇建设规划政策研究》成果中，芦湾村属于保留更新的范围，具体按广州市有关规定执行(表 4-13)。

扫码可见彩图

表 4-13　上位规划中对芦湾村的规划与定位

2008 年《南沙岛分区控制性详细规划(修编)》	
《广州南沙地区村镇建设规划政策研究》	合法的、与南沙地区发展规划无冲突的旧村，拆迁安置区和已批的新建设住宅予以保留，并按中心村规划建设管理要求对旧村的住宅进行更新。芦湾村属于保留更新的范围，具体按广州市有关规定执行。新增人口的用地在符合规划的前提下利用村内空地见缝插针或通过旧村改造，或通过进城来解决
《广州南沙新城东部总体规划》	将芦湾村港前大道以东规划为货运物流区和中心商业区，西面为商业和商住区。规划的医院位于芦湾村的经济发展用地内，广场位于高尔夫球场入口处。因南沙港的建设需要，位于芦湾村东面的港口将逐步搬迁
《南沙区土地利用总体规划》中划定芦湾村建设用地为 377.9 hm^2	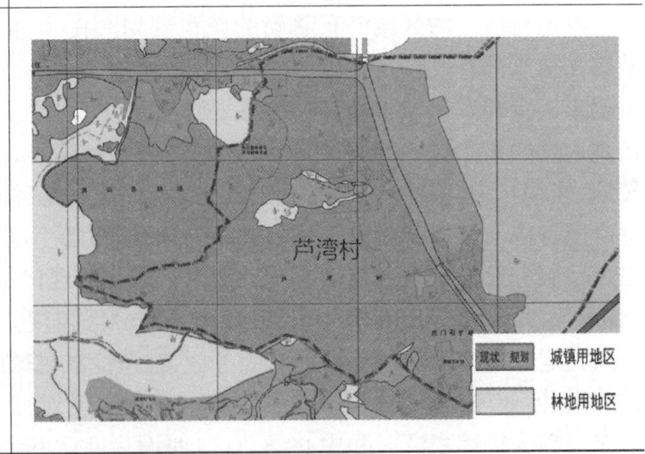

资料来源：广州发展集团有限公司，华南理工大学建设设计研究院. 芦湾村美丽乡村规划设计[Z]. 2012

由此可见，现行上层次诸多规划都将芦湾村分为两个空间范围分别规划，将村域的农田、池塘、山林等纳入城市规划，而将村庄部分(即村民住宅和村公共建筑部分)在城市规划中仅仅注明予以保留，既没有给予明确的发展目标和规划要求，也没有指明适用的规划类型。芦湾村的空间被上层次规划割裂成城市和村庄两个部分，芦湾村的发展目标被割裂成城市和村庄两个目标。农业用地被征购按照城市用途发展，村庄部分却保留下来继续村庄的形态，致使芦湾村是使用村庄规划，还是使用城市规划区内详细规划，成为有争议的问题。

而在实践中，芦湾村仍然被当成村庄整体纳入村庄规划中，编制《广州市南沙区南沙街芦湾村村庄规划》对整个村域进行了规划，因此造成在村庄规划中旧村片区仍是村生活用地，而周边的经济发展用地已转化为城市性质的商住用地等，使用乡村规划明显已经不能适应村庄的发展要求(图 4-37)。

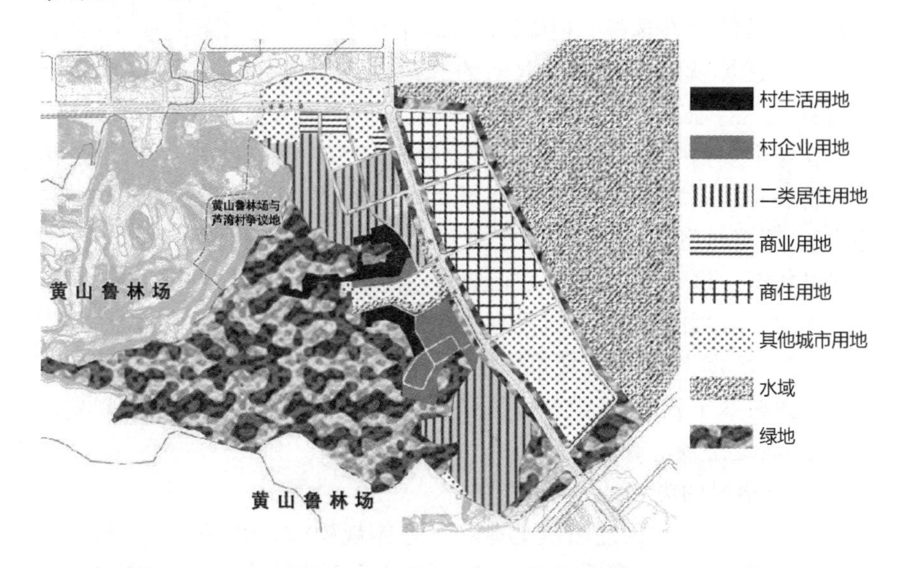

图 4-37 《广州市南沙区南沙街芦湾村村庄规划》土地利用分析图

资料来源：广州发展集团有限公司，华南理工大学建设设计研究院. 芦湾村美丽乡村规划设计[Z]. 2012

3) 乡村发展目标与规划类型不确定性

芦湾村不是真正的乡村，也不是一般的城市社区，“半城半乡”的芦湾村处于城市规划区，被纳入城市总体规划，按城市规划要求编制了地段的详细规划；但是芦湾村的村民仍然是农村户口，享有宅基地和集体经济发展用地，芦湾村仍保留村庄的社会组织形式、行政组织单位。那么，芦湾村适用什么样的规划类型，适用国家法定城乡规划中的村庄规划，还是规划区内的详细规划？这就面临着几重矛盾：一是现状与规划目标的矛盾。芦湾村现状仍然保有乡村的景观特征，上层次规划确定为城市，规划目标是强化乡村形态特征，还是改造更新为城市？换而言之，芦湾村的物质形态发展目标是城市还是乡村？二是社会组织结构和物质形态的矛盾。芦湾村的农业和农民都不存在了，乡村的实质内容已不存在，但是乡村的物质形态仍然存在，采纳村庄规划的方法已经没有村庄的实质，采纳城镇控制性详细规划则与村庄社会组织相矛盾。三是经济与政治（身份）上的矛盾。村民已从事非农业生产，但仍然保留农民身份，这是因为在政策上农民身份在城乡差异的计划生育政策、村集体用地制度、村集体经济等保障上较城市社会保障更优越，同时村民可以无门槛地享受城市提供的教育、医疗、公共交通等的便利条件，这些优越之处使得村庄的社会形态和物质形态都存在现实的凝聚力。村民主动保留农民身份和农村组织来抵抗城市发展的侵蚀，是维护自身现实利益的理性选择，在国家农村政策没有实质性改革之前，乡村发展目标的选择就是农民利益取向的选择，城市目标的选择是区域发展的趋势，显然，农民的利益取向与区域发展的趋势发生矛盾。

在城市规划中芦湾村的村庄部分被规定为村庄建设用地，那么芦湾村的发展是适用城市规划，还是在城市规划体系中适用村庄规划？如果是后者，芦湾村将重复猎德村的发展途径，但未必能够达到猎德村被改造的终极状态。显然，这需要在城市规划层面确定芦湾村的发展目标，而不是采用村庄规划的类型、由村民决定未来发展。

4.2.1.3 城市化区域内、城市规划区外的乡村规划案例：三角村规划

三角村处于城市化区域内，受到城市发展的影响，但是在城市规划区以外，仍然维持乡村特征。

城市化区域内的三角村需要的是转型更新规划，但进行的仍是传统建设规划，村庄规划与村庄的区域发展目标不符，也与乡村人口和经济自然衰退的现实社会情况不符。规划图纸应该是政策目标的转译和诠释，规划类型的选择应该依据乡村的发展目标。

1）三角村的规划目标

在《珠海市斗门区莲洲镇土地利用总体规划（2010—2020）》中，三角村职能类型为生活服务和农业服务中心。规划中三角村保留基本农田 224.4 hm^2；建设用地规划面积 26.17 hm^2，其中水利设施用地面积 13.18 hm^2，旧村保留面积 10.25 hm^2；现状旧村已存在建设面积 23.34 hm^2，超出土规旧村面积 13.09 hm^2。在《珠海市幸福村居城乡（空间）统筹发展总体规划（2012—2020）》中，三角村的村居类型为农业村，确定其发展方向为保留发展——以传统农业生产为主的村居，主要发展现代农业，进行生态建设，塑造成特色村居。《珠海市莲洲生态保育区发展规划（2008—2030）》（在编）中，确定三角村村域农用地发展生态农业，以水产养殖为主（表 4-14）。

表 4-14　三角村上层次相关规划与要求

《珠海市斗门区莲洲镇土地利用总体规划(2010—2020)》	《珠海市幸福村居城乡(空间)统筹发展总体规划(2012—2020)》	《珠海市莲洲生态保育区发展规划(2008—2030)》(在编)
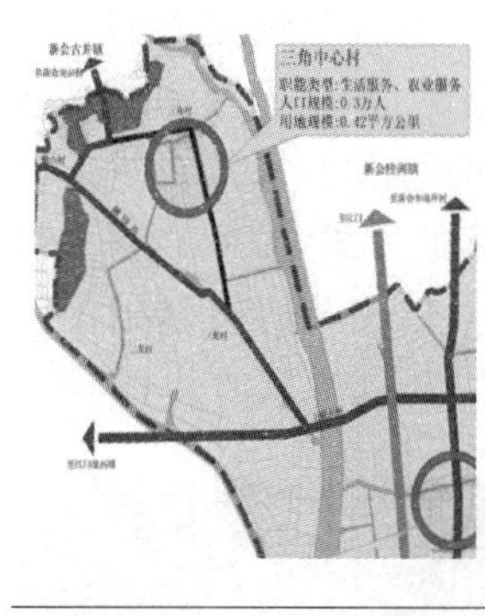	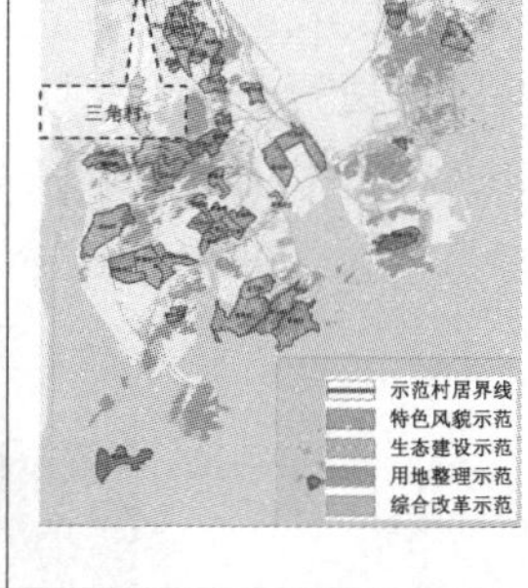	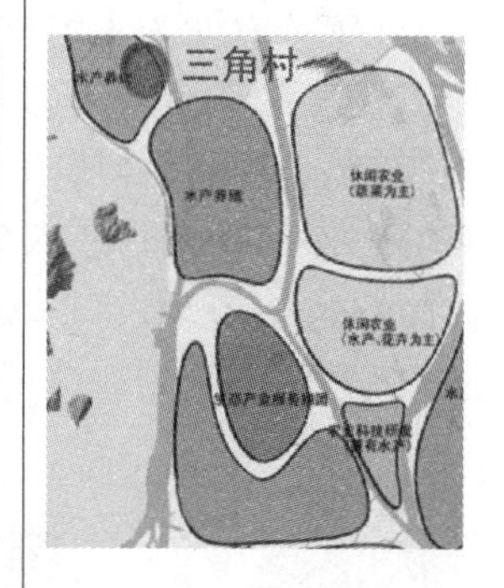
生活服务中心、农业服务中心	生态建设、现代农业	生态农业、水产养殖

资料来源:珠海市斗门区莲洲镇三角村幸福村居建设规划[Z].2013

上层次的规划对于三角村的目标是维持农业生产特征,强化农业与生态保护措施,三角村本身处于发达城市群之中,城市对该村也具有很强的反哺和扶持能力,那么三角村在城镇化的发展下,发展目标应该成为城市生活服务、生态建设的一个功能区。三角村的规划思想应该顺应村庄发展目标,保留乡村特征的同时促进三角村向城市融合,引导三角村转为城市功能区和城市社区,承担城市休闲娱乐功能。充分考虑城乡关系和对农业产业的转型、乡村人口向城市的转型,是一种转型更新的规划。

2) 三角村的人口发展趋势

在三角村明确的保留发展农业生产的区域目标之下,三角村的人口趋势是如何变化的?三角村的基本农田面积是 224.4 hm^2,那么根据农业耕作所能承载的人口来说,目前三角村有 2 149 人,人均耕地仅 0.1 hm^2/人(1.5 亩),已属人多地少,青壮年多在外打工的现实情况也印证了这一点。随着发展现代农业的需要,农业人口必然会更少,因此村内人口的发展趋势是逐步减少和向外转移。

3) 乡村发展目标与乡村规划的矛盾

在成为城市生态、农业功能区的区域目标下,现有的《三角村幸福村居建设规划》中,采用的村庄规划方式仍是一种传统的"建设规划"的形式——采用城市规划的思想对村庄进行土地利用规划,关注的仍然是土地利用,以及相关的整治环境、提供垃圾处理与公厕设施、建设道路等物质性建设内容，而没有关于落实三角村如何转变成城市功能区的具体行动途径（图 4-38）。三角村的区域发展目标是保留发展，以传统农业生产为主，发展生态，因此村庄建设用地应该是限制管控发展，但是在规划中仍然强调建设，增加建设用地，增加各类基础设施，建设新村。

以传统农业为主的村庄，在耕地恒定的情况下，无法吸纳更多的农业人口，更多的剩余劳动力只能通过城镇化的方式转移，乡村人口必然是减少的趋势，而不是像城市人口可以通过集约用地而继续增加。在三角村现有规划中，预测村庄人口仍然是采用自然增长率的方式，预测户籍人口增加 124 人，流动人口增加 292 人。并根据这个人口预测进行基础设施的投入和住宅规划。

村庄现状用地情况

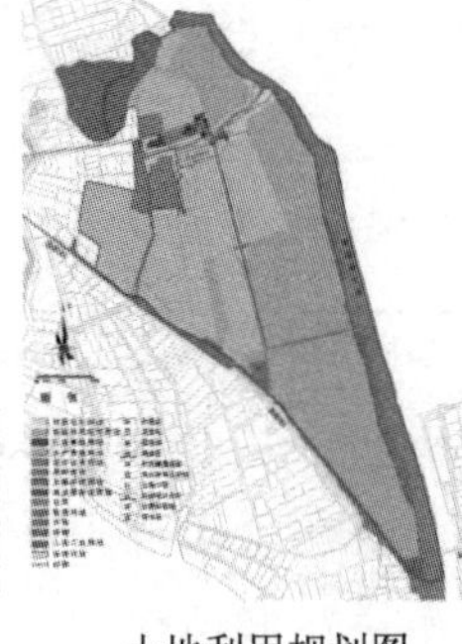
土地利用规划图

村庄建设总平面图

图 4-38　三角村幸福村居建设规划内容

资料来源：珠海市斗门区莲洲镇三角村幸福村居建设规划[Z]. 2013

现有村庄规划的目标既与村庄的区域发展目标不符，也与乡村人口和经济自然衰退的现实社会情况不符，盲目地进行建设规划，村庄规划的目标判断不准确造成规划成果与现实的矛盾。乡村规划的目标选择反映的是区域的政策，规划图纸应该是政策目标的转移和诠释，规划类型的选择应该依据乡村的发展目标。因此，清晰的乡村社会发展目标是进行乡村规划的前提。

4.2.2　非城镇化区域的乡村规划情况

在非城镇化区域，乡村规划的编制覆盖率非常低，如韶关市截至 2013 年已编制村庄规划的自然村只占全部自然村的 6.75%，已编制村庄规划的行政村占 30.62%。茂名市已编制村庄规划的自然村和行政村分别只有 8.78%和 32.45%[①]。乡村规划工具对于非城镇化区域的乡村是

① 数据来源于《广东建设年鉴 2014》。

否有效？

4.2.2.1　有规划的乡村：兴井村、北政四村

对于一些区位比较好或自然资源与旅游资源丰富的乡村，政府给予了极大重视。由于近些年来对乡村保护的重视，这些村由不同的部门牵头编制过多轮规划，每次组织规划与建设都投入了大量的资金，如林寨古镇的核心村兴井村，共有 3 次对村庄进行规划和投资建设。第一次是《河源市和平县林寨历史文化保护规划》，第二次是《林寨古村旅游开发总体规划》，两次规划均为省、市政府拨款的专项乡村建设资金，选择兴井村作为投入和扶持试点，因此需要对村庄进行规划，据悉每次建设资金投入均在 4 000 万元以上，对兴井村的基础设施和旅游项目都有长足的提升。2015 年，由省委农办牵头负责的“省级新农村示范片建设工作”中，和平县林寨镇又编制了《和平县林寨省级新农村示范片规划建设方案》，对包括兴井村在内的 5 个行政村的基础设施、公共服务设施和住宅整治进行新一轮的规划编制，预计将投入逾亿元。资源良好的村庄经常重复进行规划和重复投入建设资金，兴井村几次的乡村规划都是为了指引各个政府部门拟投入兴井村的建设资金的使用和落地，因此主要是针对建设资金使用的指导，是一种针对建设投入而编制的规划，对村庄其他问题考虑的深度较浅，缺乏综合性的规划，且多次重复针对建设问题而编制规划使得规划效用不大(表 4-15)。

在非城市化区域，有编制规划的村庄一般是区位或自然资源比较好的村庄，但存在规划重复编制，或者编制内容与村庄主要矛盾不符合的情况。

表 4-15　兴井村相关规划一览表

编制规划名称	内容
《河源市和平县林寨历史文化保护规划》村落规划总平面图	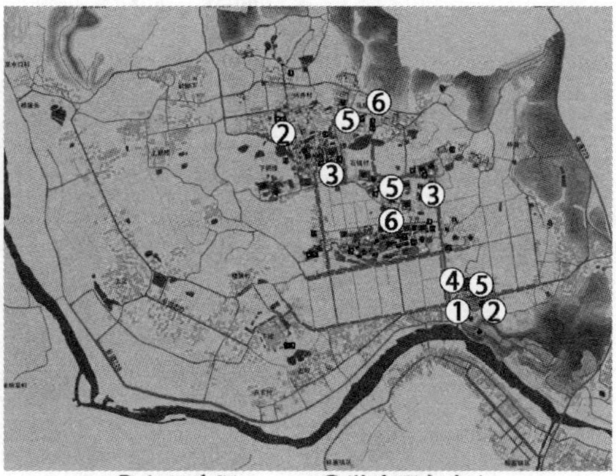 ①入口广场　④游客服务中心 ②停车场　⑤商业街 ③小卖部　⑥幼儿园

续表 4-15

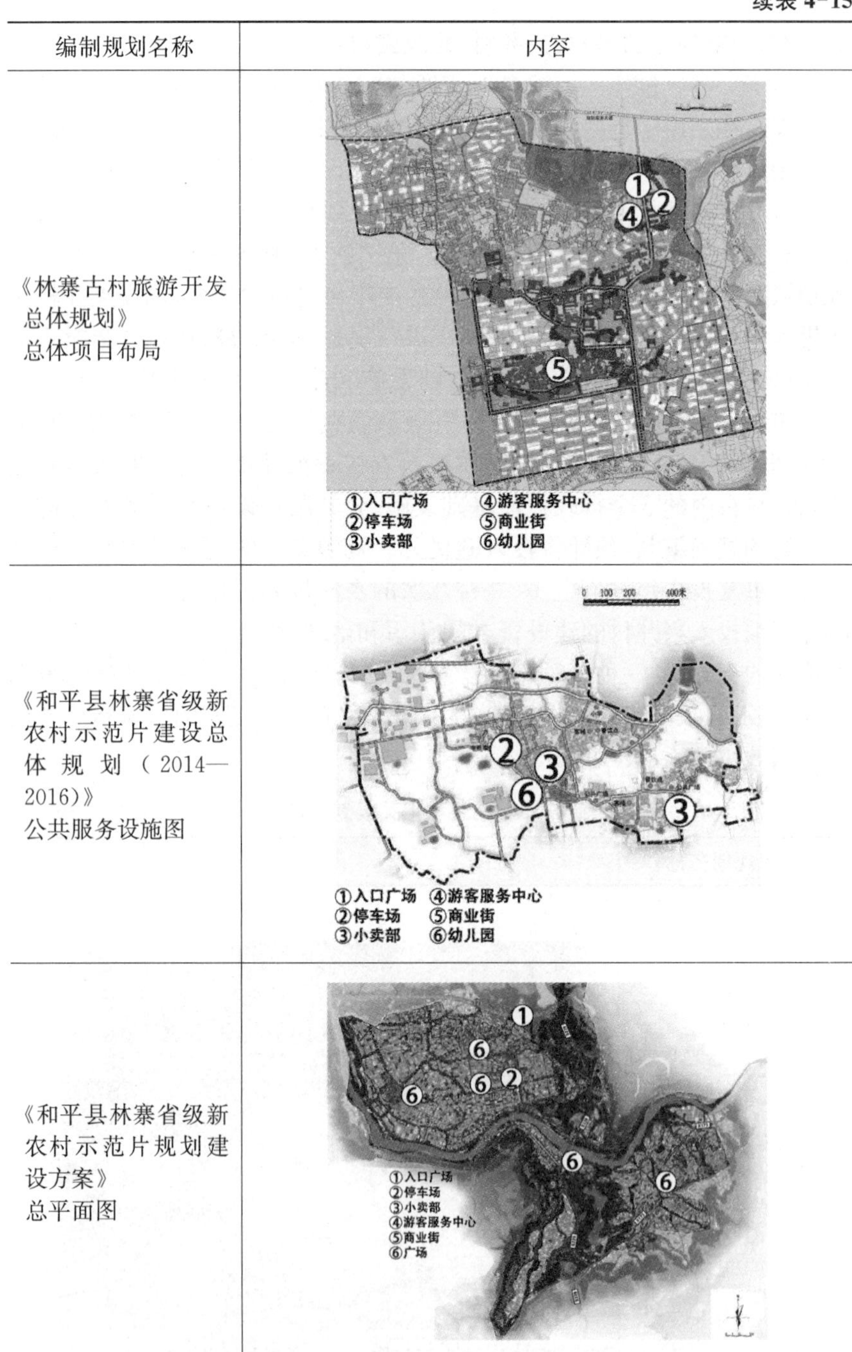

编制规划名称	内容
《林寨古村旅游开发总体规划》 总体项目布局	①入口广场 ④游客服务中心 ②停车场 ⑤商业街 ③小卖部 ⑥幼儿园
《和平县林寨省级新农村示范片建设总体规划(2014—2016)》 公共服务设施图	①入口广场 ④游客服务中心 ②停车场 ⑤商业街 ③小卖部 ⑥幼儿园
《和平县林寨省级新农村示范片规划建设方案》 总平面图	①入口广场 ②停车场 ③小卖部 ④游客服务中心 ⑤商业街 ⑥广场

资料来源:河源市和平县林寨历史文化保护规划[Z]. 2013

林寨古村旅游开发总体规划[Z]. 2013

和平县林寨省级新农村示范片建设总体规划(2014—2016)[Z]. 2014

和平县林寨省级新农村示范片规划建设方案[Z]. 2015

对于北政村这类从事农业生产的村庄而言，其特征是基本维持农业生产，人口和经济都处于停滞状态或者缓慢自然发展之中。大部分的乡村短期内甚至数十年内无增加用地的需求，除了个别打工赚钱的农民回村盖楼之外，建设的数量非常小，只对建设进行管控，甚至进行土地利用规划，这种乡村规划所起的干预作用非常小。没有受到城市辐射影响的村庄，有些小至二三十人，多则不过一两千人，其自身发展十分缓慢微弱，数十年间极有可能根本无变化，很多村庄可以说现状即为规划，反而是如何激活农业生产价值、振兴乡村、提升村庄活力成为比较重要的问题。然而反观这类村庄的规划，要么延续着城市规划的思想进行发展规划，要么因为政府资金投入或政策要求的关系而编制建设规划，基本只是对人口增长进行预测，对村庄物质空间进行管控和改变，增加基础设施建设，而无更深入的内容(图4-39)。这种增长型的规划思想和规划方式，对于面临停滞或衰退问题的乡村而言，无疑是隔靴搔痒。

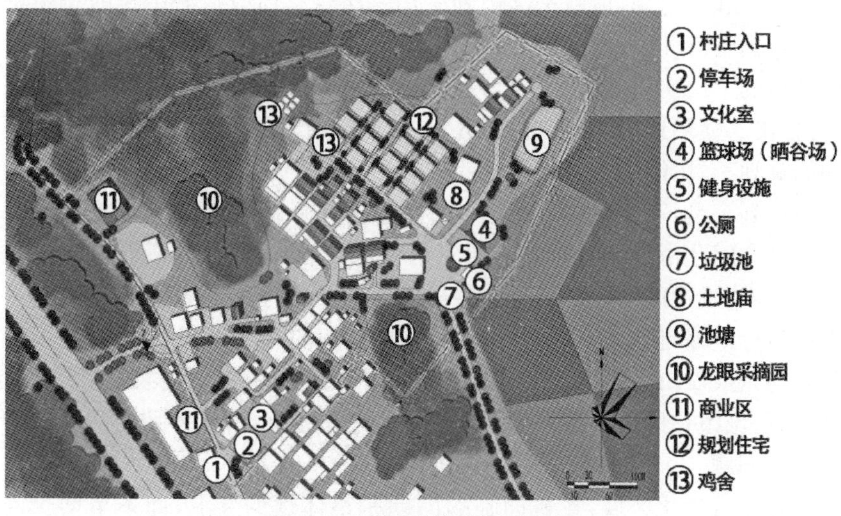

图4-39　北政村规划总平面图

资料来源：阳东区政府，广东粤建设计研究院有限公司.阳江市阳东区东平镇北政村美丽乡村规划[Z].2015

4.2.2.2　无规划的乡村：东升社区

尚有很多非城镇化区域的村庄处于无规划的状态之中，这类村庄通常处于自由发展之中，现状人居环境差、经济衰退、人口流失。由于没有区域规划给予这类村庄发展目标的指导，是维持衰退迁移人口，还是振兴经济维持乡村特征，乡村发展方向和目标是不明确的。

无规划的村庄在自由放任的发展中慢慢衰退。

总体来说，非城镇化区域的乡村由于发展方向分化很大，规划面临着

非城镇化区域的乡村需要区分其区域目标，并且改变原有村庄规划思想和方式，切实通过新的手段来解决乡村面临的主要问题。

目标的选择问题。对于需要保护和更新的村庄，目标是转变为更美好的村庄，规划更多的是对乡村的有效保护与外部补贴的投入，通过持续性的外部资金来扶持乡村建设，应该区分不同的乡村发展类型，有计划地制定长期的投入政策，统一资金投入渠道和机制；对于需要迁移的村庄，应制定好迁移、安置、提供就业等相关政策，这些属于乡村规划的核心内容。

4.2.3 乡村发展目标的多样性与规划工具的失效

在城镇化区域，乡村与城市的互动加强，受到城市化的影响，城市规划区范围内的乡村，除了少数因为历史文化价值而需要保留的村庄之外，其他村庄的发展目标是人口和村庄都朝着城市转化，从而完全融入城市。在猎德村数次的规划思想中，从一开始用城市规划的方式试图保留村庄，到忽视城市发展对乡村目标的影响而使用村庄规划的方式，到最后城中村的问题积累到了严重的程度之后，通过一次性的整体拆除而将村庄彻底转变为城市，抹去村庄历史痕迹。前几次规划无法落实印证了规划工具的失效和不适用，最后一次规划采用一次性整体改造城中村的思想是否恰当仍有待评说，但可以看出规划工具是被动地应对乡村的发展目标。芦湾村的上层次规划仍然将芦湾村割裂看待，农田耕地纳入城市发展范畴，村民居住用地仍然当成村庄看待，从而在芦湾村两个区域采用两种不同的规划工具，继续沿着猎德村的旧规划途径进行着规划，若没有有效的变革规划工具，芦湾村规划的结果必然是下一个“猎德模式”，而在其中产生的社会问题依然无法解决。像三角村之类的远郊村，处于城市化区域之内，经济发达的区域城市对这些村庄有着很强的反哺能力和支持能力，发展目标应该是在城市的支持下，依据所承担的区域/城市功能转化为特色功能区或城市社区，规划工具应该转化为更有效的社区规划工具。总体来说，城镇化区域的乡村规划的根本问题是发展控制、协调空间和人的城市化问题。

在非城镇化区域，乡村面临的问题是整体性的衰退，而不是增长问题，这使得乡村规划工具不能像城市规划工具那样控制增长。这个区域的规划应该是以乡村的社会现状为目标，还是以乡村的社会规划为目标？如果以乡村的社会现状为规划目标，那么非城镇化区域的大部分乡村，如东升社区、北政村，村庄的人居环境条件差，远远没有达到城市区域的标准，则应该加大基础设施的投入，改善村庄人居环境，美化乡村。但是，从未来趋势判断，可能有很大一部分村庄，由于自身条件的不良，会顺应目标衰退、搬迁，以现状为依据而进行乡村规划，对村庄进行资金投入、设施建设，在村庄人口衰减的将来是一种极大的浪费和空置，资金、设施不能发挥最优效果。从另外一个角度说，规划应是预测未来，而不是回溯过去。然而规划所依托的乡村社会规划目标常常是不明确的，这涉及一系列宏观的乡村地区政策，牵涉到城乡差异的户籍政策、养老医疗保障、乡村土地制度、生育政策等，这些常常成为门槛阻止了社会流动的趋势，造成乡村发展的不确定性。国家政策中对于衰退型乡村的发展方向，没有明确指明是维持衰退，还是引导人口回流？是引导人口外迁消灭衰退乡村，还是保持分散的乡村维持现状？现阶段针对乡村地区的政策仍不明确，这是导致规划目标不确定的原因。乡村规划的目标选择决定了乡村规划所采用的技术方法和工具，只有先确定是改变衰退、管制衰退还是促进衰退的趋势，然后才能针对性地提出具体的规划干预手段。

乡村规划的首要前提是对乡村发展趋势进行方向性的判断，任何不做预测而盲目规划的行动，都会对乡村发展造成不可逆转的影响。目前我国的诸次乡村运动，如新农村建设、美丽乡村、乡村振兴战略等，都有将乡村发展目标“一刀切”的倾向。

对乡村发展趋势不进行方向性判断或者混淆规划目标，盲目地使用城市规划工具，是现阶段乡村规划的问题所在。特别值得指出的是，对像乡村这种小型的规划体而言，自身处于非常薄弱的地位，任何一种外力的介入都可能导致乡村走向完全不同的一种路途，因此错误的目标判断或者错误的规划工具会对乡村造成极大的损害，而且是不可逆转的。

4.3 乡村规划的选择、目标与范围

4.3.1 依据乡村发展目标选择规划类型

我国城乡规划体系采用行政辖区对应规划类型的制度，对乡村而言，分别是乡规划和村庄规划。这里的“乡”和“村”都是按照行政属性，而不是经济与空间特征划定的乡村，即具有“乡村”行政建制的使用乡村规划，这是按照规划对象的行政归属特征来确定规划类型，因此乡村发展目标与规划工具就出现了错位的困境。

乡村发展目标与所选择的规划工具有错位。

猎德村在已经纳入城市建设用地、现状变成城市之后，仍然采用乡村规划的工具。芦湾村现状是乡村，未来可能发展为城市，对于这类区域而言，虽然规划的对象为乡村，但发展的目标是城市，规划的措施应是促进乡村向城市转化的城市规划，但在实际中仍按定义采用乡村规划类型。三角村仍然维持农业特征，但是由于处于城镇化的影响范畴，所以会逐步转化为城市的生态与休闲功能区，因此也不适用传统的村庄规划工具。北政四村现状是乡村，未来仍旧维持村庄目标，对于这类区域而言，其规划的对象是乡村，发展的目标也是乡村，属于乡村规划，规划的目的是改造和提升乡村，即美丽乡村规划。东升社区现状是乡村，未来乡村目标没有给定，可能趋向于衰退和消亡，那么规划的目的是引导搬迁和促进衰退。

在很多国家和地区，由于城市化的发展过程已经完成，城和乡的结构

趋于稳定，故而认为城乡只是不同的社会现象，并不受行政区划的限制，不再明确区分村庄规划和城市规划的区别，建设区内统一用一种规划类型覆盖，村庄建设同样受城市规划法规的约束。但是统一的规划制度对于我国并不适用。首先，我国是城乡二元结构的国家，城乡政治、社会与经济制度不同，城乡规划作为法律和政策需要与国家基本政治制度安排以及社会经济发展水平相协调；其次，我国仍然处于城镇化进程之中，现实情况使乡村产生了根本性的分化，或成为城市或保留乡村，而且这种分化仍然处于不稳定的发展态势中，使乡村的现实状况与乡村的发展目标这两者之间产生了矛盾。变化最大的是城乡边缘的乡村，存在乡村发展目标是“融入城市”还是“维持乡村”目标的发展抉择，这个目标由于区域规划的不明确而常常悬而未决。因此，乡村的现状特征与乡村的发展目标之间常常是不一致的。对于乡村规划而言，乡村规划使用对象不应依据乡村现状特征，而是应该依据乡村的发展目标。即乡村规划的适用规划对象不是“现在是乡村特征”的乡村，而是“未来是乡村目标”的乡村。

我国与已完成城镇化的国家不同，乡村的现状特征与乡村的区域发展目标经常是不一致的，所以导致了规划的错位。从规划的角度说，只有未来仍保持乡村目标的乡村，才适用乡村规划。

换个角度说，对于乡村适用的规划类型，应按照规划对象的目标划分，而不应以规划对象自身的特征来划分，村庄的发展目标决定规划的类型[①]。

是否采用乡村规划，不能通过行政区的划定而决定，应该根据村庄的发展目标来决定。

正在城市化或已经城市化的村庄，如猎德村，毫无疑问，其形态、特征、内涵都已经不再是乡村的类型了，应该使用城市规划的工具，纳入城市规划的范围内进行统一的安排和布局。

处在城市规划区，而发展又处于“非城非村”的状态的村庄，如芦湾村，是一种特殊的类型，情况比较复杂。芦湾村由上位规划给定了城市目标，但还有大量“芦湾类型”村庄的规划目标处于不确定的状态，或促进发展成为城市，或强化保护和管理成为美丽乡村，也可能长期维持这种“非城非乡、半城半乡、亦城亦乡”的中间状态，成为中国城市化的一种特殊类型，“芦湾类型”的特殊性导致其规划目标的确定需要理论研究和实践探索。这类村庄是特殊的规划对象，需要特殊的规划类型。规划对象的识别需要从社会、经济、环境景观和物质建设等多个方面综合评价，作出准确的基本判断。而规划目标的确定需要深入分析和预测发展趋势，针对现状的特点提出规划措施，是促进、阻止还是改变当前发展的趋势，分析影响因素，提出具体的干预手段。不同的规划对象适用不同的规划类型，混淆规划类型是战略性的错误。

处于城市化区域内，但是在城市规划区以外的乡村，如三角村，虽然

① 周游，周剑云．城市规划区内的乡村规划编制实践——以广州市南沙区芦湾村规划为例[J]．城市规划，2015(8)：92-100.

受到城市的影响，但是由于发展目标的限定而继续维持着乡村形态，这是属于城市发展范围内的保留地带。“三角类型”的村庄未来可能转化为城市的一个功能区，纳入城市规划中的功能区规划，或者维持乡村特征，采用乡村保护规划。与“芦湾类型”一样，村庄的发展目标决定了不同的规划类型。

处于非城镇化区域，长期保持乡村特征的地区，如北政四村，区域规划和国家战略需求划定了耕地保护范围而长期保持农业生产；又如林寨村，有碉楼等国家级历史文化遗产古迹需要保护。这些乡村的首要问题是保护的问题，基于保护的目的，对乡村施行农业补贴、生态保护、历史文化保护等政策，维持乡村不受城市化的侵蚀而消亡。

处于非城镇化区域，因为自身资源和条件的限制而衰退的地区，如东升社区，人口减少，农业资源匮乏；又如梅州布心村，偏远、分散、小型、交通不便；还有一些处于地质灾害频发地区、自然生态环境保护区域、风景名胜保护区的村庄，应顺应自然，逐步将人口迁移出来，首要问题是对这些区域的村庄目标进行指定。

“乡村规划”与“城市规划”是两种不同的规划类型，在规划对象的特征和规划类型上都有所不同。城市规划是以城市为目标进行规划活动，规划的对象和目标都是城市；而乡村规划的对象与目标则比较复杂，规划的对象存在着可能现状是乡村，但发展目标不是乡村的问题。以城市为对象的规划，其主要目的是促进增长，因此城市规划的特征是增长规划。以乡村为对象的规划，其目的可能是改善村庄环境，使之成为更好的村庄；也可能是转型，从村庄转化为城市，即乡村城市化，是一种发展转型。增长规划和转型规划是两种不同的规划类型，在中国乡村向城市转化就面临土地制度、户口制度、社会保障制度的变化，涉及一系列政策和法律问题，而一般的城市增长规划则没有这个问题。

城乡规划作用是发展控制，包括自然与历史文化保护，以及经济、社会和城镇空间增长管理两个方面。对城市而言，主要表现为增长规划，是一种目标导向的规划过程；对乡村而言，规划首先面临的是发展目标的选择问题，即乡村发展的目标是城市还是更好的村庄，是促进转型的城市规划，还是保持乡村状态的乡村保护规划。前者是包括社会、经济、土地利用等方面的发展转型，后者是保持原有的社会形态、物质空间特征、历史文化特色等内容的乡村保护与环境提升规划，属于村庄整治规划类型。这是两种不同类型的规划，有完全不同的工作内容和规划方法。

由于规划对象的特征存在很大不同，城市规划和乡村规划有着不同的工作方法。

4.3.2　乡村规划的目的与目标

现有的乡村规划实践中出现了几种误区，一种是规划目的重点完全放在发展城市之上，忽略乡村；另一种是仍把村庄现状当成发展目标，对村庄的现有问题通过规划进行策略性的解决，并没有综合考虑规划对象的发展目标；还有一种是规划中没有考虑规划目的，为完成任务而进行规划。

猎德村处于城市经济发达的中心区，已经彻底转化为城市。芦湾村已被划进城市发展区内，在区域目标的指导下，未来的发展趋势是转化为城市。北政四村由于被区域划定的农田耕地保护限制发展，其发展目标就不可能转化为城市，而是变成更美丽的乡村。东升社区自身条件薄弱，可能会逐步搬迁。各个不同类型的乡村发展印证了乡村的发展目标出现了根本性的分化：或转化为城镇，或成为更好的乡村，或逐步衰退与搬迁。乡村规划必须对乡村的发展目标进行判断。**因此，乡村发展目标的判断是乡村规划编制的首要问题**。

判断乡村的发展目标是乡村规划工作的首要环节，该发展目标一般由区域给定。

但是，村庄的目标往往不是自主选择的结果，而是区域政策给定的。乡村发展目标尽管与自身因素有关，但是更重要的是取决于区域发展和城市规划，即村庄在城市区域发展的定位。一般大致可分为几类：如果村庄自身没有特别丰富的历史文化资源，其区位又处于城市中心区域或城市重要基础设施的规划范围，其发展目标就是自身消亡和彻底的城市化，比如珠江新城规划范围内的猎德村，白云机场规划范围内的新华街团结村等；处于一般城市发展区域的村庄，其发展目标则是在市场的推动下，逐步融入城市而变成城市的一个部分；处于城市影响区域内但是在城市规划区以外的，其发展目标是依据城市的目标定位，通过城市的辐射，成为城市的休闲娱乐功能区或城市社区；处于基本农田划定区域、风景名胜区、历史文化保护区域的村庄，由于区域政策和规划政策的影响，限制市场力量的介入，必将长期维持农业生产，其发展目标将长期保留村庄形态；处于自然保护区、地质灾害频发区的村庄，因规划与市场力量的忽视，又受城市生活和就业的吸引力影响，会处于衰落的状态。

所以，村庄的发展目标主要取决于其所处的区域发展和上位城市规划。

4.3.3 乡村规划的范围选择

抛开行政区划定义，乡村可以分为两类具有不同发展目标的区域，分别选择适宜的规划。

目前，我国乡村仍是行政定义，是一种为了管理而人为划定的边界，而这个定义下的乡村已经被证明不完全适用乡村规划。规划是为了解决问题，因此**乡村规划的适用范围应当与规划解决的问题以及规划的目标相结合**。应当依据乡村的问题和区域给定的乡村发展目标，对现有的乡村进行分类，选择适用的规划：未来将融入城市的乡村使用城市规划，未来将维持乡村形态的乡村使用乡村规划。

按乡村所处的区域及可能的发展方向，可将乡村区域划分为“城市化和促进城市化区域”“乡村区域和自然保护区”两类①。

4.3.3.1 城市化区域和促进城市化区域的村庄

这一区域内的村庄的总体发展趋势是城镇化，城乡互动加剧，一方面是城市的蔓延吞噬村庄，另一方面是在城市经济的影响下村庄转化为城镇。这类村庄的根本问题是发展控制问题，问题的本质是空间协调问题和人的城市化问题，这些问题涉及复杂的土地制度、征收补偿制度和户口制度，以及城市发展的历史遗留问题。

城市化地区乡村规划的实质是促进农民发展与转型的村庄社区规划。由于市场经济的进入，城市化区域和促进城市化区域的乡村受到经济刺激呈现发展的趋势，所以这类乡村规划的主题是乡村发展管理和控制，属于增长型规划。由于城市和市场经济对此区域的影响因素远大于其自身的发展因素，所以这类乡村不能以个体的方式单独编制规划，应该统一纳入城市规划之中。城市化和促进城市化区域的村庄规划的根本问题是发展控制，是空间协调和人的城市化问题，是城市规划的一种特殊空间类型，可以称之为村庄社区规划。这种村庄社区规划的核心是人的城镇化与村庄空间转型，规划的目标是将农民及其土地整体融入城市社会与城市空间发展之中。然而，现行规划体系中的村庄规划是保留农民身份的土地城镇化的策略，规划的对象和目标都是土地，潜在的规划前提是维持农民的政治身份，这种农民与土地分离的村庄规划思想是其规划失效的根本原因。改进规划的策略之一就是将农民和土地视为一个整体，即村庄社区开展综合发展规划，也就是以农民为规划的核心，以土地为规划的对象，从社会、经济、环境等多方面开展综合村庄社区规划。对于村庄社区规划，目前还在积极探索，可以确定的是这类村庄不适用我国城乡规划体系中的村庄规划编制办法。

城市化地区的乡村规划面临的是空间协调和人的城市化问题，不适用于我国城乡规划体系中的村庄规划编制办法，建议应纳入城市规划之中，探索有效的规划编制办法。

4.3.3.2 乡村区域及自然保护区域

这个区域属于生态发展区和禁止开发区的空间范畴，此区域的村庄在地理空间布局上表现为小型、离散和孤立状态。该区域的村庄类型多样，现状的问题不同，发展阶段不同，规划发展的目标也不同，有单纯的农村居民点，有历史文化村落，也有农村旅游的村落等，农村存在的理由和发展的动力存在根本的差异。与城市化区域的村庄发展的增长趋势不同，乡村区域的村庄发展的分化趋势加强，一部分村庄出现人口迁移和经

① 周游，周剑云. 农村人居环境改造与提升的策略研究——以广东省为例[C]//2014 中国城市规划年会论文集. 北京：中国建筑工业出版社，2014.

乡村区域及自然保护区域发展受到阻碍，总体为衰退趋势，适用于乡村规划，应成为一类保护工具。

济衰退的“空心村”现象；一部分村庄则基本维持现状，人口与经济停滞或非常缓慢地增长；还有一部分村庄是人口和经济同步增长，出现人口集聚和村庄空间扩展的趋势。但总体来说，由于受到区域政策的限定或城市辐射力不足，此类乡村的发展受到阻碍，总体呈现衰退趋势。

这类区域适用乡村规划，本质是一种保护乡村、农业和农民个体的工具。

4.4 乡村规划的实质

4.4.1 乡村规划的首要任务是强调保护还是促进发展

纵观中国城乡发展的历史阶段，在城乡分离各自发展的时代，造就了乡村衰败以及一系列的问题，也从侧面佐证了乡村放任自由的发展是不可行的。在城市有能力反哺与支持的今天，城市应该承担这个责任。

依据乡村的定义，乡村规划是促进乡村发展的规划，使乡村成为更美好的乡村。因此在乡村规划中，以产业发展、经济振兴、人口增长等命题来进行规划是非常常见的，但是追踪十余年规划的实施成果，很明显看出规划实施的失效，不是因为规划没有做好，而是对于乡村规划的实质并没有分析透彻。在“乡村区域及自然保护区域”的乡村发展，最大威胁是在城市影响下的衰退以及转型问题，在缺乏城市辐射的情况下，如东升社区、北政四村等，普遍出现难以依靠自身维持发展的动力，即便如兴井村的发展，自身经济也都表现出衰退的问题，都是依靠外部投入和农业补贴才获得了发展的资金，同时也是因为有效保护了历史文化和生态资源才获得了发展旅游的动力。对于目前诸多言论认为产业发展和集体经济壮大是乡村发展的基本途径（甚至是唯一途径），仍然有争议。从城乡统筹论来看，城乡的发展是共同体，不能让乡村为区域利益牺牲后还要求其自我复兴，而城市应当承担起这个责任。因此，保护应是这个区域乡村发展的基本前提。

保护与发展是规划的两大命题。在规划隶属于住建部时，发展与建设的职能得到了有效的释放，指导了我国近30年的城市建设。2018年规划职能划归自然资源部，被评论为加强对自然资源的管控力度，规划只管建设的时代已经过去。在新时期重新审视规划的本质特征十分必要，而乡村规划由于其对象的特殊性，对于保护的要求比发展更为迫切，保护是前置于发展的。

乡村规划首先是在空间中落实各种保护措施，包括农业补贴、生态保护、历史与文化保护等措施，在保护措施落实的前提下，使乡村获得发展的动力，才能进一步对乡村发展进行规划，并在此基础上调动各项因素促进乡村发展。乡村发展的前提是乡村保护，村庄发展也要保护乡村的基本特征，在这个意义上乡村规划的本质特征是保护，属于保护类型的规划。

4.4.2 乡村规划实质特征是保护规划

不同区域目标下的乡村应该采用不同的规划类型，城市化地区的乡村，其规划实质上不应成为乡村规划，而是促进农民发展与转型的村庄社区规划，属于城市规划中的一种。真正属于乡村区域的乡村规划本质上是保护，通过保护促进发展。对于乡村区域，乡村规划应该成为一种保障工具，通过乡村保护规划落实农业补贴政策，落实城市扶助乡村的政策，切实保护农民、农村和农业。在这个意义上，乡村规划是国家以及地方农业补贴、生态保护、历史文化保护政策的空间落实。

导致乡村衰退的原因可能是政治、经济、地理区位和生态环境等多种复杂的因素，乡村在保证粮食安全、保护生态和历史文化等方面所具有的多重价值，使得乡村规划的具体规划目标和规划措施存在很大的差异。具体而言，在偏远地区，由于人口的流失而加剧的乡村衰退会导致粮食生产危机，因而乡村规划的主要任务是维持乡村农业生产功能，这类乡村规划的突出特征是维持农村生产功能的保护性规划。具体措施是政府对从事农业生产的农民进行政策倾斜和资金补贴，鼓励农民继续从事农业，补贴的力度应使农民的收入水平达到区域内的平均收入水平，以此维持农村生产与农民生活的正常运转。用于粮食生产的农田不能通过自然调节来维持，需要区域内划定基本农田保护区来维持，健全国家对农业的支持保护体系和宏观调控体系。农业地区的乡村规划实质是通过规划明确职业农民和用于粮食生产的耕地，进而落实国家对农民和耕地的补贴政策，是国家农业补贴政策的职业落实和空间落实。

在近郊地区，由于城市的扩张蔓延，乡村面临的最大问题是受到城市的侵蚀，而这类乡村更多的是承担区域的生态休闲功能，无管制的城市化使区域生态环境与城市生活品质下降，因此乡村规划的本质是规定乡村生态功能属性，防止城市侵蚀，维持乡村本来状态，目的是保护区域生态环境和为城市居民提供良好的休闲度假空间。在这个意义下，乡村规划是生态环境规划和城市绿色开敞空间规划的一种类型。规划策略是区域空间的开发管制，协调相关主体的利益平衡。

此外，部分村庄具有丰富的历史文化遗产，其中包括非物质文化遗产。在城镇化趋势中，由于历史文化保护是自由市场经济自身固有的缺陷，所以保护村庄历史与文化的责任应是城市和政府的，在这个意义下，乡村规划是历史文化保护规划。处于风景名胜区、历史文化保护区域的村庄，其发展目标是长期保留村庄形态，应该通过规划政策的限制，限制市场力量的介入；处于生态敏感区、禁建区的村庄，应利用政策逐步引导村民外迁，政府财政支持建立中心村；历史文化保护区和农业区域应保留村庄形态，保留传统文化形态，通过政府补贴和发展旅游业，成为记忆乡愁和文化传承的基地。

对乡村进行补贴和保护已成为英国政府的共识，在面向乡村发展的财政投入上具有系统性。目前，英国政府通过财政支持乡村的方式有：

1. BPS(basic payment scheme 乡村基本支付支持计划)。2017 年约有 7.1 万农户接受该项目计划支持，资助金额达 13 亿英镑。

2. 乡村经济发展主题(Liaison entre actions de développement rural)资助计划。该计划是欧盟共同农业政策在英国的执行方案。2015—2020 年英国安排 1.38 亿英镑用于该方面。

3. 农村生态服务系统(Ecosystem Services)。在英国国家生态系统评估的基础上，深度挖掘乡村生态环境的经济价值，并为乡村生态系统保护提供保障。

根据乡村所处区位和自身特征的不同，乡村规划的具体措施有所不同。

4.5　城市规划与乡村规划的本质差异

城市规划和乡村规划是同一类规划吗？两种规划是同一规划体系下

不同的内容，还是具有完全不同工作任务和目标的规划类型？辨析城市规划与乡村规划的根本差异有助于理解我国规划体系自身的问题，有助于理解乡村规划的制度背景，有助于理解具体乡村规划制定工作的法律前提。更深层次的讨论是，城市规划和乡村规划二者是同一套规划体系，还是不同的两个规划体系，这是两种不同的制度建设，将对规划体系的设立和调整产生革命性变革。

4.5.1 城乡规划的特征与我国规划体系的演变历史

城市规划与乡村规划的本质差异特征与我国规划体系和制度安排是不一致的，从我国规划体系确立之初到现在，乡村规划从无到有，从与城市规划分离到附属于城乡规划体系，整个规划制度的安排中并没有考虑到城市规划和乡村规划的本质差异。

我国规划体系的演变历程中，乡村规划经历了“没有设置”，“不被重视、与城市规划体系分离”，“城乡规划合为一个整体、乡村规划成为城乡规划体系中的一个类型”等3个阶段。

1949年之后，为了“一五”计划进行重点工业项目所在城市的建设的开展，城市规划体系开始逐渐形成。1956年国家建委颁布的《城市规划编制暂行办法》中确定了城市规划的3个阶段——初步规划（总体规划前期阶段）、总体规划、详细规划，作为对计划经济的空间落实，而对乡村规划并未作出明确规定，乡村规划管理处于空白。改革开放后的20年间，随着城市发展的需要，城市规划体系逐步完善，1989年颁布的《城市规划编制审批暂行办法》、1991年颁布的《城市规划编制办法》中明确了城市规划体系分为总体规划和详细规划两个阶段，1990年颁布的《城市规划法》使城市规划有了法律依据。但是，由于重城市发展轻乡村发展的思想，乡村规划未同期发展起来，乡村规划仍然在很长一段时间内接近空白，没有法律文件指导乡村规划。

1993年颁布的《村庄和集镇规划建设管理条例》才开始填补长期以来乡村地区规划的空白，该条例确定了村庄、集镇总体规划按照总体规划和建设规划两个阶段进行。“一法一条例”的管理文件分别管理着城市规划和乡村规划，使我国城乡实行的是有差别的规划体系，城市和乡村两个规划体系相互分离、相对独立，重城市规划轻乡村规划的思想十分明显。城乡规划相互之间缺乏有效衔接，存在着空间落实的静态性、规划内容均一性、体系相对封闭、与宏观调控的过程很难结合等问题[①]。

2008年颁布的《城乡规划法》中明确了城乡规划体系包括城镇体系规划、城市规划、镇规划、乡规划和村庄规划，虽然将乡规划和村庄规划的

---

① 何强为，苏则民，周岚. 关于我国城市规划编制体系的思考与建议[J]. 城市规划学刊，2007(8)：28-34.

法定地位由行政法规提升至法律层次，纳入国家法定规划之中[①]，使城市和乡村实现了在规划立法上的统一[②]，但是，《城乡规划法》将乡村规划作为一个规划类型纳入城乡规划体系之中，将城乡规划定义为一个五层级的相互关联的空间规划体系，认为从区域到乡村是统一的空间规划体系，适用同一个规划原则。这次规划体系调整之后，乡村规划成了附属于城乡规划体系的一部分，不是一个独立的规划体系，乡村规划是城乡规划体系中主要适用于村庄区域的一个规划类型。

实际上，乡村和城市是两个完全不同的空间规划类型和空间单元，不应是一个统一的空间规划体系，因此城市规划和乡村规划是纳入统一规划体系还是作为两个不同的规划类型区别对待，是一个值得思考的深层次的学术问题，且具有重要意义。

4.5.2　学界对乡村规划与城市规划体系之间关系的研究

乡村规划与城市规划是同一种类型的规划还是两个不同的规划体系？乡村规划是纳入城市规划体系之中成为一个层级的规划，还是独立作为一个不同的规划体系而存在？对于这些问题，国内的研究有一些较为初步的争论，但是这些争论是在村庄规划的尺度上进行的，在这个基础上进行城市规划与村庄规划的区别研究。有些学者认为应该将城市、乡村规划统一起来，构建覆盖城乡的统一规划编制体系。如王芳等认为《城乡规划法》已将城市和乡村纳入同一个法定规划编制和管理体系，并认为这是国家层面规划编制体系最大的改革[③]；黄晓芳等认为《城乡规划法》为乡村规划纳入城乡一体的规划体系提供了法律依据，因此应当构建城乡一体的乡村规划体系[④]；北京市规划委员会主任陈刚根据北京城市总体规划的要求，提出村庄规划是城市规划体系中不可缺少的一部分[⑤]；葛丹东等认为空间规划体系从“城市”转向“城乡”，应建构覆盖城乡的空间规划体系[⑥]。

在英国2004城乡规划体系建立时，城、乡规划被纳入统一的规划体系之中，这是英国规划对象和规划制度的特殊情况决定的。而我国乡村规划体系是纳入现有城乡规划体系之中，抑或是单独形成一套完整的体系，这个学术问题值得更深入的讨论。

也有学者表示城市、乡村规划无论是编制主体还是编制手段均有不同，应该区别对待。如周锐波等认为村庄规划与城市规划有密切联系，但

---

① 雷诚，赵民．“乡规划”体系建构及运作的若干探讨——如何落实《城乡规划法》中的“乡规划”[J]．城市规划．2009(2)：9-14.

② 陈峰．城乡统筹背景下的村庄规划法治化路径初探[J]．苏州大学学报(哲学社会科学版)，2011(2)：115-119.

③ 王芳，易峥．城乡统筹理念下的我国城乡规划编制体系改革探索[J]．规划师，2012(3)：64-68.

④ 黄晓芳，张晓达．城乡统筹发展背景下的新农村规划体系构建初探——以武汉市为例[J]．规划师，2010，26(7)：76-79.

⑤ 陈刚．正确把握新农村规划工作方向 构建城乡覆盖的规划工作体系[J]．北京规划建设，2006(3)：10-12.

⑥ 葛丹东，华晨．适应农村发展诉求的村庄规划新体系与模式建构[J]．城市规划学刊，2009，184(6)：60-67.

也有鲜明的特点，尤其从规划对象、规划动机与实施主体上看，村庄规划有别于传统的城市规划[①]；刘松龄认为《城乡规划法》建立了城市规划、镇规划、村庄规划3个相互平行的法定规划体系，并认为应该建立与城市规划体系对应的村庄规划体系，但可纳入统一管理平台[②]；高文杰认为村镇体系是否应该纳入城镇体系规划仍存在争议[③]；但大多数学者均认同城市、乡村规划之间需要统筹协调，并且应做好规划衔接。《城乡规划法》将加强城市规划和乡村规划之间的统筹、协调与衔接[④]。

4.5.3 乡村区域与城市区域属于不同的空间范畴，适用不同规划体系

由于城市规划和乡村规划的对象分属于不同的空间范畴，在持续城镇化的影响下，二者并不具有相同的发展目标和特征，乡村分化尤其明显，因此需要两类不同的规划工具。

乡村规划和城市规划是同一套规划体系还是两种不同的规划工具，取决于乡村和城市是否具有同样的发展目标和特征。乡村规划与城市规划的本质差异源自乡村和城市具有不同的发展目标，城市的主要目标是发展，而乡村的主要目标基于国家战略必然是保护，因此乡村区域与城市区域从国家角度上看是两个不同的发展目标，空间范畴不一样，使用的规划工具也不一样。针对城市区域，如何管理发展是规划的任务，城市区域内用总体规划管理，城市区域间用城镇体系规划来协调各城市之间的发展，形成一整套规划体系；针对乡村区域，如何更好地保护是规划的任务，因此不能采用城市规划工具，应当有一套乡村区域规划从战略到空间对乡村问题进行保护。城乡不同的特征使得城市与乡村应该分开管理和编制规划，虽然区域间城乡问题要统筹考虑，但是城乡统筹强调的是城与乡的互动发展，发挥工业对农业的支持和反哺作用，发挥城市对乡村的辐射和带动作用，强调的是两种类型的规划能够互相协调，而不是将“城乡融为一体”“城乡无差别”地使用同一种类型的规划。

在未来，随着社会发展和体制制度的稳定，城乡之间的差别可能会变小，城乡之间的问题与功能交互可能会加强；城市规划体系和乡村规划体系可能整合成一个空间规划体系，统筹解决空间问题，关于城乡规划体系的终极发展形态仍需要学术探索和研究[⑤]。现阶段，我国的城乡仍需要

---

① 周锐波，甄永平，李郇. 广东省村庄规划编制实施机制研究——基于公共治理的分析视角[J]. 规划师，2011,27(10):76-80.

② 刘松龄. 城镇密集地区村庄规划编制思路探讨——以广州市为例[C]//2012中国城市规划年会论文集. 昆明:云南科技出版社,2012.

③ 高文杰，连志巧. 村镇体系规划[J]. 城市规划，2000(2):30-32.

④ 范凌云，雷诚. 论我国乡村规划的合法实施策略——基于《城乡规划法》的探讨[J]. 规划师，2010(1):5-9.

⑤ 英国正是处于这样的阶段，城乡的社会差别很小，城乡问题已上升到区域之中，因此将城市问题和乡村问题纳入统一的框架之中，用城乡规划统一解决。而我国现阶段，乡村规划体系尚未建立，目前将乡村规划视为城乡规划体系中的一种类型，其上位规划是城市规划，这种安排必然使乡村规划的地位低下，应先采取过渡型的规划体系，将乡村规划独立出来，解决目前乡村面临的问题。

协调发展、分而治理，而我国乡村规划体系尚未建立起来，因此首先应该建构独立的乡村规划体系，使之区别于城市规划体系；这个体系是个过渡型的体系，但适用于我国目前的现实情况，而且依据我国的发展情况，独立的乡村规划体系在相当长的一段时间内是适用的。

4.5.4 城市规划的基本任务是增长控制，乡村规划的基本要求是维持与防治衰退

城市规划的产生正是基于自由市场经济的失效，由于市场不能有效提供公共产品、外部效应造成资源利用效率低下、具有盲目性和滞后性，所以市场之上需要规划作为引导控制，或引导开发，或进行控制，可以说，市场经济下城市规划基本特征是增长的管理。

城市规划与乡村规划是两种完全不同的规划类型，具有完全不同的规划思想。

与此相反，大部分的乡村区域的发展趋势不是增长，而是衰退，因此，乡村规划的本质是保护，通过或维持或采取防治的方式预防衰退，促进发展。

由于规划对象和发展目标的根本差异，城市规划与乡村规划是两种完全不同的规划类型，城市规划的本质特征是一种发展规划，基本任务是增长控制；乡村规划的本质特征是保护规划，基本要求是维持与防治衰退。二者具有完全不同的工作方法和规划思想。

4.6 本章小结

1）在区域城镇化的背景下，乡村的发展是分化的，沿着乡村就地城镇化、中心城市扩张以及乡村总体衰退的路径分化。3种分化路径都证明了乡村发展方向最主要取决于城市发展影响的方式，因此可以依据受到城市影响的不同，分为城镇化区域和非城镇化区域两类区域。

2）城镇化区域内的村庄发展的根本问题是发展空间，本质是空间协调和人的城市化问题，依据城市影响程度，可以分为“彻底城镇化的村庄”（猎德村）、“半城半乡的村庄”（芦湾村）和“仍然保持乡村特征的村庄”（三角村）。选取的3个有代表性的村庄案例，其历史、现状与发展过程都印证了这类村庄的发展目标是向城市转化，但不同村庄转化的途径应不一样，有待研究。

非城镇化区域的村庄分化趋势加强，可以分为“整体衰退的村庄”（东升社区）、“维持农业特征的村庄”（北政四村）、“资源丰富的村庄”（兴井村）。选取的3个有代表性的村庄案例，发展程度差异很大，从发展的机制来说，非城镇化区域的村庄普遍缺乏自我发展动力，需要依靠外来补贴与资金投入的扶持。

3）在乡村发展目标多样性的面前，乡村规划工具表现出失效。城镇化区域的村庄，其发展目标是朝着城市转化，但规划仍然视其为乡村，采用乡村规划的思想来进行规划；非城镇化区域的村庄面临着整体性衰退，而规划通常还是控制增长和加大建设投入，或者是处于无规划的状态。

4）乡村规划中的“乡村”定义应依据发展目标，而不是依据现状特征，“乡村”是指“未来是乡村目标”的区域。乡村适用的规划类型应按照规划对象的目标划分，而不应以规划对象自身的特征来划分。发展目标是城市的应该采用城市规划类型，发展目标仍然是乡村的应该采用乡村规划类型，即发展目标决定着规划的类型。因此，进行乡村规划之前，首先要对乡村的发展目标进行判断，发展目标主要取决于其所处的区域发展和上位城市规划。因此，可以通过规划划定乡村规划的适用范围，将乡村区域划分为“城市化和促进城市化区域”“乡村区域和自然保护区”两类，分别适用不同规划。

5）乡村规划实质特征是保护规划，保护是这个区域乡村发展的基本前提，通过落实保护措施，使乡村获得发展的动力，才能进一步对乡村发展进行规划，并在此基础上调动各项因素促进乡村发展。乡村规划应该成为一种保障工具，在偏远地区通过农业补贴维持乡村农业生产功能；在近郊地区规定乡村生态功能属性，防止城市侵蚀，维持乡村本来状态；处于风景名胜区、历史文化保护区域的村庄，应通过规划政策限制市场力量的介入；处于生态敏感区、禁建区的村庄，应利用政策逐步引导村民外迁；处于历史文化保护区和农业区域的村庄，应采用政府补贴和发展旅游业的方式。

6）城市和乡村是两个不同的空间单元，具有不同的目标。城市规划是发展规划，乡村规划是保护规划，二者是不同的规划类型。针对我国发展情况，乡村规划是一个独立的规划体系，且适用于相当长的发展阶段。

5 乡村规划的相关主体

粮食安全、区域生态保护、乡村历史文化保护、村庄自治与发展是乡村规划的几大主题,虽然这些乡村问题的承载主体是农民,但乡村规划的主体涉及国家和区域。根据3个主题的空间尺度涉及国家、区域和村庄3个层次,与此对应的是中央政府、地方政府、村民委员会3个主体;其中中央政府与地方政府属于政府治理问题,而政府与村民则涉及国家与农民的关系,涉及国家的基本形态与建构。国家与村民的关系涉及规划目的、规划对象及其利益关系,是乡村规划的前提,以及赖以存在的制度环境。城市规划的最终目的是提高城市人口居住的生活质量,乡村规划的最终目的是否也可以类推为提高乡村人口居住的生活质量呢?后一个问题需要深入分析,粮食安全、生态和历史文化保护涉及土地用途问题,而土地用途与土地业主的利益有关,也与土地业主的权利有关。粮食安全涉及全体国民的利益,但是为获得粮食安全所付出代价的群体是部分农民,付出与收益不对等是政策实施的核心问题之一,否则就不会出现在国家土地管理法和最严格的耕地保护政策下"三农"问题日益严重的情况。规划的对象是土地,而规划的原则是"以人为本",为改善人的生活质量,然而每一种规划都不可能针对人类全体,而是针对一个群体,一个利益相关的群体,因此乡村规划所涉及的利益群体是什么、他们之间的关系如何协调是本章的主要内容。

乡村规划作为制度安排,本章首先讨论国家与农民的政治关系;其次,规划作为政府的政策工具,本章接着讨论中央政府与地方政府的关系;最后,合理的规划制度是权利与责任的统一,为此本章最后建议建构乡村规划目标与群体利益相关的规划类型及其责任主体。

5.1 乡村规划的编制主体与责任主体

5.1.1 乡村规划的编制主体应是中央政府、地方政府和村民组织

保护乡村是区域发展的必然选择。保护乡村关乎国家粮食安全,关乎区域生态环境维育,关乎民族文化传承,关乎社会稳定发展。乡村规划是国家治理乡村的工具和手段,反映的是国家意志,因此国家需要用乡村规划作为回应和解决乡村问题并能有效管理乡村的工具和方法。乡村规

目前我国编制乡村规划的主体是政府，一般由中央政府的部门（原住建部、现自然资源部）制定上层规划政策，由县/市政府和镇政府负责具体编制任务。

划的编制主体必然首先是国家政府和区域政府：首先，保障粮食生产是整个国家之根本，是国家尺度的问题，区域尺度和村庄尺度无法解决，因此国家尺度的问题应由中央政府作为责任主体，以粮食生产安全为目标，实行耕地保护，维持农业的可持续发展，通过制定相关的农业政策、建立农业生产转移支付与补贴机制进行调控等措施来解决。同时，国家对于保障农民、乡村发展负有责任，要破除城乡二元结构，破除我国农民身份制带来的乡村发展弊端，也需要在宏观层面制定政策，并通过乡村规划落实。

在区域层面，乡村的生态环境维育关系到区域协调发展的问题。良好的生态环境和自然环境有益于区域地区的发展，优美的乡村风景和淳朴的乡村生活吸引着城市居民，城市居民选择在附近的乡村地区娱乐、休憩的活动不断增加，乡村实质上承担了城市一部分的休闲娱乐职能，因此保护乡村生态和环境、维护乡村休闲娱乐的责任应由地方政府承担。

以村民为主体的村庄面临着不同类型的问题，转型、保留、消亡的不同方向，在目标之下村庄的发展方向与转型方式和村民利益息息相关，应该由村民组织自身来承担村庄的规划责任。

与城市规划不同，乡村规划的编制主体较为复杂，不同的乡村问题有不同的责任主体。

城市面临的问题是发展问题，与之利益相关的是城市居民，所以城市规划的编制自然而然是地方政府的责任；乡村面临更迫切的问题是保护问题，与之利益相关的不仅是村民，更多的是城市和区域，乃至国家，出于“谁受益谁保护”的原则，应该依据乡村问题的空间尺度和内容，区别出不同的编制主体，厘清各自的责任边界，建立协调有序的规划体系。

5.1.2 当前乡村责任主体与规划编制主体的错位

目前我国乡村规划中的核心问题是乡村发展的责任主体与规划编制主体错位，这是造成规划失效或缺失的很重要原因。讨论乡村规划的编制主体很容易陷入非此即彼的陷阱之中，认为主体要么是政府，要么是村民，但乡村是一个宏大的区域，不同区域所涉及的利益主体不同，所以要分而论之。

乡村与城市的情况不同，城市的发展/责任主体是城市全体公民，在城市规划编制过程当中，城市的发展主体即为规划编制的主体，体现在高层管理者通过其社会地位与权力掌握规划的编制权和管理权；知识分子或作为技术人员参与规划编制或基于对社会事务的敏感和关注拥有较多的话语权；城市资本拥有者通过市场运作对规划编制和实施施加影响①。因此，城市的发展主体可以在规划的编制及实施过程当中利用自身的或市场的力量参与和干涉规划，通过沟通和协调，使规划的合理性和有效性得到保证。

但是乡村发展的责任主体与规划的编制主体却是错位的：首先，村庄区域的发展主体是农民，村庄现在也是自治制度，但是村庄规划的编制权

---

① 罗吉，彭阳. 对城市规划中的社会阶层的再认识——对当代城市规划编制主体和对象的考虑[C]//2005 城市规划年会论文集. 北京：中国水利水电出版社，2005.

和管理权掌握在县、乡(镇)级政府规划部门[1],参与规划编制的技术人员通常也非在村人员,而最能体现村民意愿的公众参与和规划公示,则通常因为缺乏有效的实施途径而较难对规划产生影响,农民很难通过自身对规划编制施加影响。乡村规划在实践中被评论为编制主体、实施主体与需求主体相互独立,规划主体过程与乡村空间生产的自组织主体完全隔离[2]。

其次,乡村地区的耕地资源、自然生态空间是国家安全、区域发展的必要因素,也就是说这部分的乡村区域的受益方具有外部性,发展主体是国家和区域的全体公民,但这部分乡村区域却是农民在自行管理,或者处于无人监管的空白中,鲜有规划覆盖(图 5-1)。

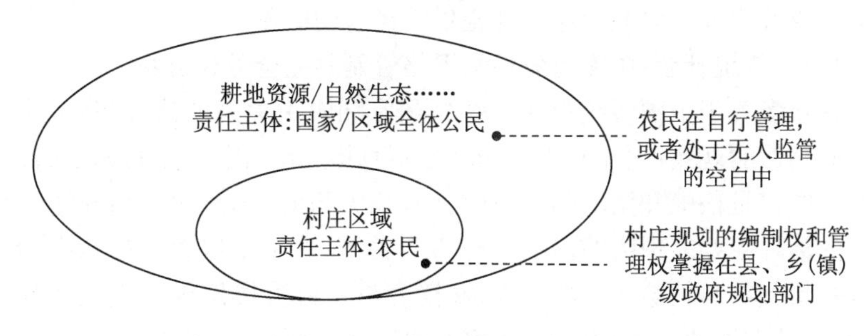

图 5-1　责任主体与编制主体的错位

资料来源:自绘

在划分责任边界的时候,可能会出现乡村问题的责任边界与政府治理边界(行政区)的不统一,这是划定编制主体中面临的最大问题。将在后文详述。

乡村区域的特殊性在于它本质是受保护的区域,不能取消规划放任市场经济调控乡村发展,亦不能试图通过市场来影响规划实施。因此,只有通过乡村问题的责任边界,划分不同层级政府各自的保护责任边界,通过各级政府强有力的行政控制来达到乡村保护的最终目的。通过划分不同的规划编制主体,使乡村规划的编制主体与相关的发展主体相互对应起来。

5.2　国家和农民的关系

粮食生产安全是一个国家的政治战略,是维护国家安全的必要手段,因此要明确相关的责任主体来保障乡村粮食生产安全。从问题所反映的尺度来说,国家尺度的问题应由国家政府作为编制主体,保障粮食生产安全是国家的责任。那么,从国家这个政治主体自身来说,国家需要负担起

① 《城乡规划法》第二十二条“乡、镇人民政府组织编制乡规划、村庄规划,报上一级人民政府审批”。

② 孟莹,戴慎志,文晓斐. 当前我国乡村规划实践面临的问题与对策[J]. 规划师,2015(2):143-147.

规划编制主体的建立关系到我国的行政体制构架问题，关系到乡村社会的建构问题，因此需要从历史的视野中探讨国家和农民、农村社会的关系的内在逻辑线索。因此本节追本溯源，试图从历史线索中找出农民目前的困境背后的根本原因，厘清国家和农民这两个基本的乡村规划编制主体的特征和它们之间的矛盾。

保障粮食安全的责任吗？国家的责任边界在哪里？这里涉及的“国家”的概念是什么？现代国家要具有什么样的特征？我国现有的政治制度下，国家能否承担起对乡村的责任？进而追问，现代国家应该如何转型来回应乡村问题？

5.2.1 国家与农民关系的历史演变

中国几千年的“帝制时代”是没有国家概念的，“帝制时代”的中国是单向的朝贡体系，也就是统治与压迫的关系，而近代以来的国家具有契约的特征，也就是纳税/保护(公共服务)的双向关系。国家和农民之间的关系演变很好地诠释了国家权力在承担乡村责任方面经历了怎样的变化，历史的成败为我们研究国家责任提供了经验的借鉴。

5.2.1.1 传统社会:国家对农民从严格管制到完全放任自由

传统社会中国家权力并未直接掌控农民，二者的联系是通过土地建立起来的，这也是传统社会中缺失基于公共利益的乡村规划的原因。

在众多关于中国传统封建社会中国家和农民关系的研究里，或多或少认同相似的观点:国家和农民两者并不直接互动，国家(皇权)在人民实际生活中，“是松弛和微弱的，是挂名的，是无为的”①，国家政府对于乡村社会的治理主要表现为“规则”——遵守关系，而不是以直接的行政命令的方式治理乡村社会②。因此，国家权力与乡村直接发生关系仅在两个方面:一是土地的关系，表现为国家对农民征收粮税;二是人的关系，表现为国家对农民征兵。这两个关系随着人地相对关系而变化。

农业社会早期，政治组织和行政机构面临巩固政权的问题，由于当时地多人少，在新占领的土地上需要人力开垦耕种，所以统治者建立起坚固的城堡，作为镇戍的据点，以奴役人民劳作来供养贵族，无论是城墙内的“国”还是郊野地区的“野”，都有城墙圈围③。从夏朝后期出现的“邑制时代”可以看出，邑(城市)外没有人们定居的村落(散布的村落)，农民或者居住在城里，至少也会居住在城的周围。“邑制城市”以人口构成来说或可称为“农耕市民城市”(马克斯·韦伯语)，即拥有城墙的大型聚落且周围没有散村④，这表明远古时期的农民是住在城里受到管制的。

后来随着经济社会的发展，乡村开始独立散布;但国家要按“丁”对土地征税，以及在战略要地需向农民征兵，需要对农民的情况有一个详细的

① 费孝通. 乡土中国[M]. 北京:人民出版社，2008.
② 徐勇. 县政、乡派、村治:乡村治理的结构性转换[J]. 江苏社会科学，2002(2):27-30.
③ 梁庚尧. 中国社会史[M]. 台北:台大出版中心，2014.
④ 斯波义信. 中国都市史[M]. 布和，译. 北京:北京大学出版社，2013.

了解，从而制定了“编户齐民”[①]的政策来对农民进行管制；对农民的管制政策一直持续至唐的“租庸调制”，仍规定在人民受领土地以后，采用户调的形式纳税，户赋和田赋是并行的[②]。

但唐中期以后，由于地多人少，逐渐放开了户籍的管制，“户无主客，以见居为簿”，人口迁徙较为自由。“人无丁中，以贫富为差”，有多少田，政府便向其收多少租。人口和土地的关系逐步解放，户籍政策变得不再重要，“免役法”的出现使中国社会直到清代不再有劳役，因此人口不再需要详密计算，以至于户口册子到清代后逐渐没有了，转向了“摊丁入亩”[③]的政策。至此，计田征税，人口税摊进地税后，只有田地和政府有直接关系，农民和政府再无直接关系了，一般人民除非有田地房屋，否则可以终生不与国家发生丝毫关系[④]。国家既不知晓农民的田产情况，也不保障农民的生计，乡村社会完全处于自治状态。正如孙中山先生所说：“在清朝时代，每一省之中，上有督抚，中间有府道，下有州县佐杂，所以人民与皇帝的关系很小。人民对于皇帝只有一个关系，就是纳粮，除了纳粮之外，便和政府没有别的关系了。因为这个缘故，中国人民的政治思想就很薄弱，人民不管谁来做皇帝，只有纳粮，便算尽了人民的责任。政府只要人民纳粮，便不去理会他们别的事，其余都是听人民自生自灭。”[⑤]

土地是国家与农民的纽带，土地制度决定国家与农民的关系，国家管理私有土地的基本制度就是纳粮与赋税制度。传统中国是一个以自耕农为主的小农经济社会，一方面，国家无权干预土地发展，另一方面，分散的小农经济和乡村缺乏公共机构都使得基于整体利益的乡村规划没有存在的基础。

5.2.1.2 中华人民共和国成立初期：国家直接保障农民

中华人民共和国成立之后，随着土地改革，国家权力全面深入渗透至乡村个体，农民被组织到人民公社体制内，集体劳动，统一分配，传统农村自治的机制基本被摧毁，形成国家与农民直接对接的一元管理体制。国家权力进入乡村也反映在规划之中：代表思想是“人民公社规划”，乡镇是集体组织的空间单位，通过集体化的方式组织基本生产单元与生活单元，从传统乡村自给自足的生产与生活方式迅速转向社会化的生产生活方

---

① 所谓编户，是指所有户口登记在政府的户籍中，政府透过户籍控制每一个家庭，作为赋役的依据。所谓齐民，是指就最高统治者而言，所有登记的户口的地位是相等的，没有阶级之分，是国家组成的一分子。

② 长野郎．中国土地制度的研究[M]．强我，译．北京：中国政法大学出版社，2004:215.

③ 将丁银摊入田赋征收，废除了以前的“人头税”。

④ 钱穆．中国历代政治得失[M]．北京：生活・读书・新知三联书店，2001:95.

⑤ 孙中山．三民主义[M]．长沙：岳麓书社，2000:89.

中华人民共和国成立初期，国家建立了一套直接保障农民个体的机制，国家和农民第一次跨越其他管理层级，直接对接。因此，乡村规划基于提供公共品的目的，由国家作为编制主体而开始被使用。

式，并将农民组织起来进行集体化生产，自助来提供乡村公共品，通过高度组织的集体生活和各种福利设施的提供（如公共食堂、托儿所、幼儿园及养老院等），实质上是在农村建立了一套保障农民个体的社会福利制度。人民公社旨在改革传统的农村生活方式，打破原有以家庭和宗族为中心的村落结构，建立起农民与国家之间的牢固联系，激进的空间革命反映了国家的政治意愿——渴望发生的社会变革：建立在宗族和家庭利益的小农经济的瓦解、国家权力在乡村的进一步介入、对农民生活的理性化控制，以及生产力的快速提高[①]（图 5-2）。国家的思想是全面建立城乡无差别的社会保障，实现现代国家对乡村承担的责任；然而，在当时生产力不发达的基础上建立一个平等、平均和公平合理的社会，只能是一种超越阶段的空想。

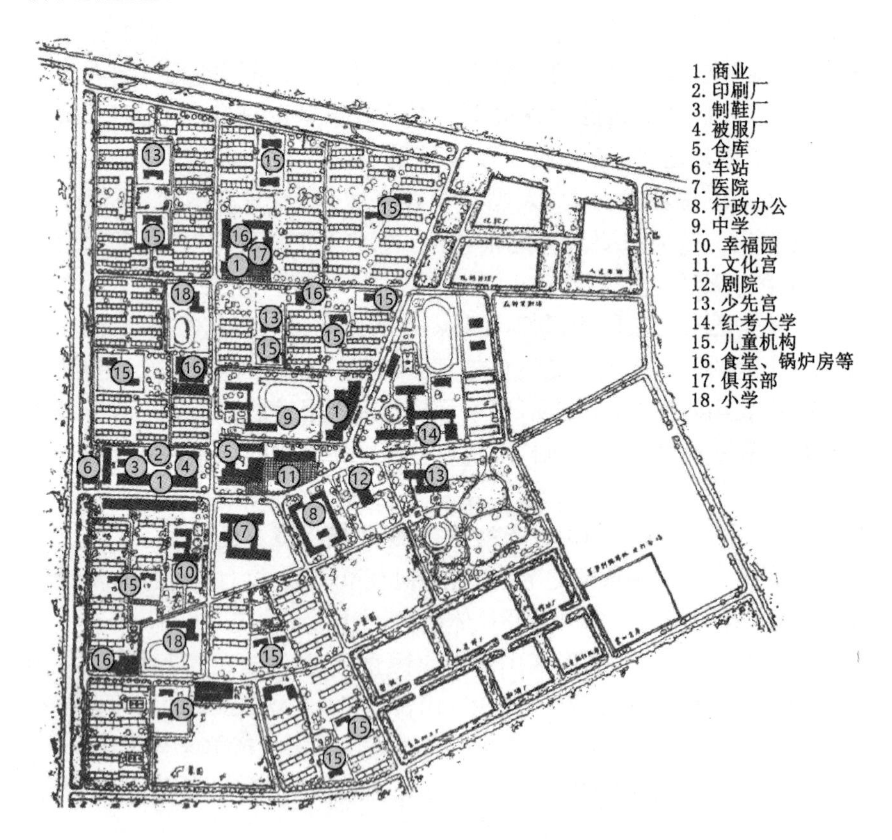

图 5-2 红旗人民公社皂甲屯居民点远景规划

资料来源：沛旋，刘据茂，沈兰茜. 人民公社的规划问题[J]. 建筑学报，1958(9)：9-14.

① 卢端芳. 欲望的教育：公社设计、乌托邦与第三世界现代主义[J]. 时代建筑，2007(5)：22-27.

5.2.1.3　改革开放后：国家权力撤离，国家回归传统治理模式

改革开放以后，国家权力逐步从农村中撤离，通过划分土地，以土地保障代替了社会保障，形成了城乡差别的社会保障制度。国家不负担农民的社会保障问题，在就业、医疗、教育等方面全面放弃对农民的责任；国家对农民的责任仅剩划分农地、协调乡村土地问题和保障农民的宅基地等事项，与传统国家只通过土地来保障乡村社会的治理本质类似，只是方式不同：传统社会利用统治和镇压的方式，现在这个权力是通过乡村规划来实现的(图 5-3)。

改革开放以后国家放弃了对农民的社会保障义务，仅保留了对乡村土地权力的控制，反映在空间上就是支配土地的权力，因此乡村规划就成了国家管理土地性质的一类工具。

广州番禺区坑头村示范村庄规划的任务主要集中在考虑乡村规划与土地利用规划的协调上，其主要目的是为了协调城市发展用地和乡村发展用地之间的关系。

扫码可见彩图

图 5-3　广州番禺区坑头村示范村庄规划(土地利用总体规划协调图局部)

资料来源：番禺区坑头村示范村庄规划[Z].2013

近几年来，国家重新重视对于农民的社会福利方面的保障，通过编制村庄规划、城市扶持乡村、政府和社会建设资金大量投入农村等方式重新介入乡村管理，也逐渐开始承担农民的社会保障，试图打破城乡二元结构。在偏远地区表现为国家对农村医疗、教育、经济等方面持续不断地投入了大量资金；在近郊地区则表现为乡村城镇化的快速发展中不断消融的城乡壁垒和不断缓解的户籍政策，尤其是新型城镇化提出的“人的城市

国家如何接管乡村事务？管辖边界划定在哪里？政治意图的调整将导致规划工具的改革。

化”的命题，打破了数十年以来土地城市化的怪圈，开始重视作为城镇化主力的农民个体。这标志着国家和农民的关系将要突破历史循环，两者间将构建起人口与土地的双重关系，这是历史进程的必然发展趋势，也是社会发展的终极目标。国家要重新接管乡村事务，这在客观上要求乡村规划作为一种管理工具，要适应管理目标，从单纯的土地规划转向综合全面的社会规划，涵盖乡村的城镇化、农业生产、经济发展、环境保护等各个主题。

5.2.2 传统国家与现代国家中国家与农民关系的差异

历史上存在土地税与人头税的关系。人头税比奴隶制更可恶，奴隶制的奴隶主至少要保证奴隶生产所需要的生产资料，而纯粹的人头税连基本的生产资料都不保证，是逼人造反的制度。因此，传统国家中这套国家与农民的关系制度是落后和不平等的。

国家和农民之间的关系反映了我国从传统国家向现代国家转变的路径。封建社会直到中华人民共和国成立之前的中国，具有传统国家的性质，内部存在异质性，由“众多社会组成”，具体来说传统国家的人民以部族、地方性民族、氏族、家族等主要形式组成各类共同体，共同体之间是分散的、独立的、互不联系的[①②]，民众只认同自身所处的氏族、部落或家庭等个体社会单元的目标，而没有一个全国统一的目标[③]。国家极少“干预”和统治乡村，不负担农民的生活，不承担农民的保障，绝大多数农村社会是独立于国家政权的。传统国家中国家与国民的关系是统治与压迫，是不平等的关系。就国家而言，其基本特征是，国家对乡村仅负有限的责任，不承担保障农民福祉的责任，不保障粮食生产等问题；就农民而言，其基本特征是国家向农民提供土地，农民向国家交纳赋税，前者的本质是土地税，后者的本质是人头税。

改变传统国家的统治和压迫关系，建立现代国家体制，国家和国民是平等的契约关系，任何对个人和群体利益的侵害都应该通过协商得以补偿。

中华人民共和国成立之后，时代要求中国要构建一个现代国家。现代国家有几个特征，其中一个比较重要的是国家垄断合法使用暴力的权利与税收的权利，为一国的人们提供“公共产品”[④]，促进民众福祉。这意味着现代国家具有服务型的重要特征，其中一个很重要的任务是承担保障和维护农民的义务，国家需要全面接管和负责农民、农村问题。中华人民共和国成立初期的一系列制度和做法可以说是在乡村地区建立起了全面的保障制度，只是这种保障是建立在经济和生产力低下的情况下，因而失败了。改革开放之后，随着国家权力撤离乡村，乡村重新陷入自由发展的状态之中，出现了诸多问题。一个现代国家体制中，国家需要保障全体公民，提供个体自由和提供公共产品。因此，负担农民的保障问题和农村社会的发展问题是一个现代国家必然的责任，而不能继续延续传统国家

---

① John H, Kautsky. The Politics of Aristocratic Empires[M]. Chapel Hill: University of North Carolina Press, 1982:120.

② 迈克尔・曼. 社会权力的来源(I)[M]. 刘北成，等译. 上海：上海人民出版社，2002:18-19.

③ 塞缪尔・亨廷顿. 变化社会中的政治秩序[M]. 王冠华. 等译，上海：三联书店，1989.

④ 李强. 后全能体制下现代国家的构建[J]. 战略与管理，2001(6)：77-80.

任由乡村自我发展的管理方式。

现代国家与国民是权利与义务的契约关系，是一种平等的关系。税收的目的是换取公共服务，包括安全、公共设施等个人和集体无法提供的产品。现代国家保障个人的财产和权利，基于整体利益而对个人或群体利益的剥夺都需要平等的协商与补偿，其中规划就是一种具体问题具体协商的方式。厘清现代国家的土地关系非常重要，如果土地是国家的，那么农民就是土地上的劳工，国家需要保证在土地上劳作的农民的基本生活水平，以及享有平等的社会福利的权利。如果土地是农民自己的，那么，对农民土地权利因受国家干预而遭受的损失都应当进行补偿，具体补偿标准是协商出来的，不是政府单方定价的结果，否则就是强买强卖。

重新认识现代国家的土地关系，有助于重塑乡村规划的价值取向。土地是国家的时，保障农民是国家的义务；土地是农民的时，二者应具有平等协商的权利。二者将使乡村规划具有不同的编制主体。

5.2.3 城乡二元政治制度下的桎梏

我国一直以来处于城乡二元制度之下，至今这个政治制度仍未消解，这个制度将农民绑定在土地之上，国家通过土地保障来实现对农民的保障，这种保障方式存在着极大的问题。

5.2.3.1 农民从职业特征到身份固化

“农民”一词最早出自《谷梁传·成公元年》：“古者有四民。有士民，有商民，有农民，有工民。”其中，“农民”表示从事农业劳动的一类人，与士、商、工并为职业的划分。北齐的颜之推在《颜氏家训·勉学》中认为“人生在世，会当有业，农民则计量耕稼，商贾则讨论货贿”，表明“农民”更多的是表示一种职业含义，而较少包含身份、阶级等级等外延含义。中国古代的“农民”概念与西方古代的概念[①]相较，职业分化比较明显而身份壁垒却较宽松，是更加进步的社会体现。

我国的乡村规划正是在这样一个政治制度的背景下建立的，制度的桎梏是乡村规划面临诸多问题的根本。

中华人民共和国成立后，为实施土地改革，在政治上将乡村社会划分为地主、富农、中农、贫农等阶级成分，划分的标准是有无土地与工具、是否出卖劳动力谋生[②]，这种做法完全脱离农民本身的职业含义，赋予其“阶级”的概念。通过划分阶级成分，没收和重新分配土地，在农村彻底消灭地主和富农，成为均田制下的农民，“农民”不仅是职业而且是一种政治身份，在社会主义公有制的旗帜下赋予农民拥有土地的权利，政治意味完全取代了职业性成为目前广泛认同的“农民”含义。1950年通过的《土地

古代“农民”一词指代职业，现代国家建立后将“农民”一词赋予了“阶级”的概念，成为一种身份属性，享有不同的社会保障制度。在未来，农民将从身份阶级转化为职业性。

① 据考证，西方表达汉语“农民”之意的Peasant是源于古拉丁语Pagus(异教徒、未开化者、堕落者)，在古代表示“卑贱者、奴役、附庸”等意，因而它与其说是一种职业，不如说是一种低下的身份或出身。只是由于那时卑贱者大多种田，这个词后来才与农业有了关系。不仅英、法、拉丁语如此，俄语、波兰语等欧洲语言中近代表示“农民”的词汇也有类似特点：原不带有“农”义的构词成分，只是泛指卑贱者或依附者而言。

② 《中央人民政府政务院关于划分农村阶级成分的决定》(1950年8月政务院第44次政务会议通过，1950年8月20日公布)

改革法》依据身份的不同而实行不同的国家保障，农民平均分得土地，工人则没有土地，也因此建立了一系列的城乡差异的社会保障制度，如失业保障、养老保障、医疗保障等通过这种身份划定而区分：农民因为有土地保障（某种意义上是小资产者），而被排除在国家保障之外；工人阶级则因为无产而获得国家保障。

随着农村合作社和人民公社的建立，农民个人所有的土地变成集体所有的土地，农民自由买卖土地和自由种植的权利被剥夺，所有生产劳动由集体组织安排，农民变相成为雇工。户籍制度确立和强化身份制度，更是将农民捆绑在土地之上，失去了自由迁徙的权利。20 世纪 80 年代以后，“农民”一词逐步淡化阶级身份含义，但是法律确定的城市户口和农民户口的“二元结构”至今依然保留，由此带来差异化的社会保障制度的矛盾更加突出。具有城市户口的居民，不论从事何种职业，其社会身份是城市居民；同样的，具有农村户口的居民，即使不从事农业，其社会身份仍为农民，即制度上仍然将农民视为一种身份属性而不是职业属性。

“农民”(farmer)一词在当代发达国家完全指代职业，指从事农业或经营农场(farm)的人，这个概念与商人(merchant)、工匠(artisan)、渔民(fisher)等职业是平等的关系，都具有同等的公民(citizen)权利，从事所有职业的人在法律意义上都是市民①，只不过从事的职业有别，它与“市民”之间并无身份等级界限。随着社会的进步，中国社会发展的趋势终将会把身份阶级转化为职业性，农民外延特征中的社会等级、身份特征、生存状态、社会组织形式等将会等同于市民，农民与市民平等享有相同的权利。身份制的消解既是社会发展的趋势，也是社会发展的进步状态。

5.2.3.2 社会从职业分立到阶级分立

中国古代的社会，对于“农民”一词没有阶级的概念，只有职业的分立②，虽然中国古代农村社会存在“阶层”分化现象，但农民可以通过努力攒钱买地成为地主，地主也可能破产转化成农民，这是极其常见的，并没有一个阶级垄断生产资料，土地亦可以自由兼并，这其实是一种自由资本主义的社会形态。“阶层”是社会经济自然发展而形成的，而“阶级”却是政治制度的产物，按阶级划分、限制生产资料自由流通，将农民束缚在土地上的做法是一种封建制度。中国古代乡村的经济关系一直在资本主义和封建制中反复变更，多个王朝的初期以均田授田开始，规定农民所持有的土地不能买卖和分割，农民被束缚在土地之上，不能自由迁徙，具有封建制度的特征；而王朝的后期则逐渐开放土地的买卖和兼并权利，承认土

① 西方中公民、市民为同一词。

② 梁漱溟. 乡村建设理论[M]. 上海：上海人民出版社，2006.

地可为私人所有,带有资本主义的特征,总体上是一种半封建、半资本主义的乡村经济模式。20世纪50年代划分阶级成分和均田制的土地改革是带有封建性质的,合作社与人民公社的土地集体化具有社会主义特征,70年代末以来的农村土地承包制又回到半封建的状态。

现在,农民由古代的职业特征退化为身份制,由土地自由买卖的资本主义生产关系退化为将农民捆绑在土地上的封建土地关系,这种历史的退化是当前乡村发展的困境。

5.2.3.3 农民封建身份制与现行市场经济的内在冲突

国家赋予了农民一种政治身份,这反映出一种社会生产的关系:在政治上,国家与农民是封建性质的身份关系;而在经济上,国家采用市场经济的发展方式。农民土地的半封建制度与现行的市场经济体制是不匹配的,其矛盾主要表现在以下两个方面:

农民拥有的封建制的身份与现行的市场经济是不符合的,这是造成城市地区诸多农村社会问题和乡村地区整体性衰退的根本制度性原因。

1) 经济主体不匹配

在计划经济时代,农民身份是一种保障,可以依法分到土地,国家保护农民土地不能被买卖、掠夺。而在自由市场经济下,农民身份成了一个难以逾越的障碍:其一,对于土地,农民没有所有权、交易权,只拥有经营权,对土地的基本权利是不完整的,不符合社会主义市场经济提出来的"产权关系独立化",因此农民不能成为真正意义上的法人实体,没有资格参与市场经济活动;其二,从拥有经营权的角度来看,农民不可以自由地解除或者拥有该项权利,即使脱离农业生产进城务工,也仍然是农民的身份,而不享有市民的各项权利,不能自由迁徙,迁移之后的相关社会问题也无从得到解决,如医疗、子女上学等,农民无形中被绑定和束缚在土地之上;其三,从整个社会劳动关系上看,农民身份带来的社会地位与城市居民不平等,如农民工和正式工之间的报酬差异等。

2) 经济行为受限制

自由市场经济在理论上应该是自由的经济、公平的经济、产权明晰的文明经济,自由市场体系下资源的配置、产品和服务的生产及销售不应像计划经济时期一样由国家调控,而应该由自由价格机制所引导。但是,中国的模式是一种典型的"政治决定产权"的模式:地方产权是国家权力的附属,农民是否拥有土地以及土地的大小等,都是由国家权力决定的,土地所有权和使用权都不能进行交易,这是一种产权不自由的表现。权利的概念是西方自由主义兴起的产物,权利的本质是自由,或者说权利和自由本身就是一体的[①],经济不自由的情况之下,何谈现代市场经济?

农民身份制与经济发展方式的错位关系导致农民权益被双重剥夺,

---

① 刘承韪. 产权与政治:中国农村土地制度变迁研究[M]. 北京:法律出版社,2012.

在不同的地域区位中反映出不同的问题。

1）在城市化地区农民权益受侵害

在快速城市化地区，经济发展和城市扩张占用乡村土地，政府利用垄断的规划权力和土地开发权力，以成本价向农民征地，以市场价向开发商供地，以此换取城市发展的动力。在城市化过程中，由于政府没有充分的社会保障，多数地区仍采用集体留用地的方式保障农民的权益，甚至放松开发管治任由农民以违章建设的方式获取土地市场的价值。征地过程中政府和农民的社会关系是完全不平等的，农民产权不自由，没有相关法律保障自己的产权，农民阶层的权益受到伤害；但城市化地区的农民不愿意转化身份，借用农民身份拥有土地或通过违章建设获得非法利益，城中村是这类乡村城市化的表征。

2）在农业地区政府推卸应当承担的责任

在经济落后、城市经济影响不到的乡村区域，国家继续维持农民身份制的社会保障关系。尽管目前国家在农村实施多种社会保障制度，但据数据显示，占35%的城市人口得到近80%的国家社保基金，国家社保基金的供给表现出严重向城市倾斜的状态①；在养老保障方面，农村老年人的覆盖率仅4.6%②。国家通过政策和法规强制乡村承担国家粮食安全的责任，而农民的社会保障和农村的发展主要依靠农民自身，这种不合理的制度安排导致乡村地区的农村社会呈现整体性衰退的趋势。

5.2.3.4 乡村重现封建制或资本主义时期存在的问题

国家本意是保障农民，但是历史路径证明了这种绑定在土地之上的封建保护方式行不通，回到资本主义生产方式也不适用于城镇化进程中的乡村。

国家为何要划分农民阶级，将农民绑定在土地之上，退回到半封建性质的社会关系中？其目的是通过这种不自由的产权关系去控制农民和剥削农民吗？土地改革历史研究表明，恰恰相反，这种制度安排的初衷是保障和保护农民权益，因为国家在对农民的管理上只剩下通过土地管理，但这个管理工具无法保障农民个体，因此国家希望通过界定农民的身份，进而提供土地的保障，并通过法律规定的禁止买卖来防止土地兼并，防止侵犯农民的经济权益，从而保障农民的生活。这与古代历朝历代对待农民的方式一致，都是以保护农民为目的。政策的目标是正确的，保护思想是正确的，实践证明封建性质的土地关系并不能真正保障农民，小农的、封建的土地关系不能保证乡村的可持续发展。

那么，如果乡村回到资本主义的生产方式是否就可以解决乡村问题？历史研究表明，中国唐朝推行两税法后，农村土地彻底可以“自由买卖”，佃租关系是一种“自由契约”，乡村实际上已经进入资本主义的生产模式。

① 陈佳贵，王廷中. 中国社会保障法制报告[M]. 北京：社会科学文献出版社，2007.

② 陈荞，樊瑞. 超四成老人自认为是家庭负担[N]. 京华时报，2013-10-13(4).

但是，资本主义生产方式的本质特点并非是对机器或改良技术的使用，而是拥有这些机器和技术的是少数人。资本主义一直都是一种自相矛盾的进程，增加真正的财富，却又不均匀地进行分配。因此，资本主义的发展历史是一个导致异化、分隔、外部化和抽象化的社会过程①。资本主义的生产方式是由少数人基于利润标准和内部的便利做出一整套决定，在这个前提下，无论怎么调节工业和农业的平衡，所谓地区政策只是包含在工业优先的内部的补偿性措施，而不是决定性的对抗物。资本主义赋予了城市和工业以绝对优先权，使得城市不断汲取乡村而发展、现代化，乡村不断受到拉力而退后。托洛茨基说过，资本主义的历史就是城镇战胜乡村的历史。马克思和恩格斯在《共产党宣言》中也谈到，资产阶级使农村屈服于城市的统治②。资本主义的生产方式使得大部分资源(主要是土地资源)更加集中在少数人的手里，地主掌握生产资料，真正耕种的农民没有土地，反而加速乡村社会的分化，并导致乡村社会的解体。历朝历代的王朝后期大多是因为乡村社会的动乱而灭亡，再通过均田制的方式重新分配和整合乡村，乡村发展坠入“封建制—资本主义”的恶性循环。在新的历史条件下，为摆脱这个恶性循环，就要求国家必须建构新的社会制度，改变乡村治理方法，调整乡村政策和法规，使保护农民的目的、方法和效果取得一致。

5.2.4　我国二元社会实质是现代国家与传统国家的混合体

国家通过城乡二元政治制度，人为地把全体公民区分为农业户口和非农业户口，形成农民和市民社会地位完全不同的制度体系，形成了城市和农村两个封闭的且各自运作的体系，也形成了市民与农民两种迥异的公民身份。历史研究表明，这种试图利用身份制、通过土地绑定农民从而来管理和保障农民的方式，造成了很多问题。这种举世罕见的城乡隔离制度使乡村社会至今仍然不是一个现代社会，它本身与运行现代民主政治体系所要求的成熟公民社会相距甚远③。

国家在城市社会中已经建立起提供公共品、公民个体自由和公民社会保障等具有现代国家特征的制度，城市户口由地方政府负责基本的社会保障，包括教育、医疗、住房、养老等。而在乡村社会中却仍然沿用传统国家的策略，虽然解除了农民和国家政权之间的人身依附关系，但国家仅在制度上保证农民的土地，而不提供基本保障以及公共服务，

在乡村社会中，仍然缺乏健全的制度来保障农民权益，使乡村规划在某种程度上沦为剥夺农民权益的工具，例如让农民上楼的村庄宅基地规划、村庄搬迁规划、近郊的村庄与城镇土地协调规划等。即使是打着“扶持乡村”口号的村庄规划，仍然是政府主导性的规划，“自上而下”的管理体制和规划决策取决于政府部门的领导意志，没有体现乡村地区“自下而上”的自治组织要求，无法体现与满足村民的普遍性需求和愿望，也无法协调与平衡公共利益。

---

① 威廉斯. 乡村与城市[M]. 韩子满，刘戈，徐珊珊，译. 北京：商务印书馆，2013.

② 马克思，恩格斯. 共产党宣言[M]. 北京：人民出版社，1963：42.

③ 杨友国. 农民利益表达：寻求国家与乡村的有效衔接[D]. 南京：南京农业大学，2010.

通过农民身份制固化了传统农业社会的农民和土地之间的人身依附关系,乡村土地关系仍具有半封建制度特征[①]。没有通过保障农民的民主权利和物质利益,将农民从绑定在土地上的身份制中解放出来,仍然缺乏健全的机制和制度安排,未能使农民享有与市民一样平等的社会地位和发展机会,农民仍然不是现代宪政意义上的公民。当前乡村社会的诸多冲突被认为根源于乡村治理结构的制度性缺陷[②],乡村规划的矛盾与问题也大多源于制度的内在缺陷。更糟糕的是,在乡村地区,对传统国家简单套用现代国家的行政方式,更加重了对农民权益的剥夺,乡村规划演化为剥夺农民权益的工具。虽然近些年来国家逐步在乡村提供公共产品,但与建立现代国家意义上的保障制度仍有一段距离,乡村社会与国家之间仍缺乏相互契合的衔接匹配。从这个意义上说,我国仍是现代国家和传统国家制度的混合体,国家制度并未完全符合现代国家体制的标准,仍需要进一步改革乡村社会中保障农民权益、民主和自由等方面的机制。

现代社会要求提供公共产品和提供个体自由,我国实现了一部分目标,开始面向乡村提供公共产品,但是农民仍不自由。乡村问题得以解决的根本办法是充分建立现代国家,全面去除城乡人口差异,全面保障乡村社会福利,实现城乡公平、和平等。

5.2.5 城镇化进程中我国乡村规划的主要任务是促进转型

由于制度的缺陷,我国还未真正建立起现代国家制度,这是乡村问题难以解决、国家责任难以落实的根本原因。展望未来社会,我们要构建公平的公民社会,打通城乡壁垒,去除城乡人口的身份差异,使农民真正是职业特征而不是社会特征和身份特征,农民同样公平地享有国家一切政治权利,具有公民权,建立公平社会、农民的权利和义务对等的社会,这将是现代国家的发展趋势。在这样的社会发展趋势之下,现代国家的责任是全面保障乡村,保障公平和平等的社会公共品提供,保障农民个体自由,保障乡村社会福利。在这样的社会制度下,乡村问题才能得到根本性的解决。

乡村规划反映的是国家权力作用于乡村的意志。随着社会的变革,乡村规划在历史时期被赋予了新的使命,即促进乡村国家的转型,促进农民身份的转型。这让我国的乡村规划比发达国家的乡村规划承担了更多的历史使命。

国家与农民的关系构成了规划关系的本质,乡村规划反映了国家对于乡村发展的愿景在乡村地区的具体落实,因为无论是通过人民公社规划来全面掌控农民和农村社会生产关系,还是通过乡村规划来实现对乡村土地关系的调整,反映的都是国家权力作用于乡村的意志。在国家保障乡村这个目标之下,乡村规划应该成为国家治理乡村、实现社会变革的一种新工具。因此,我国乡村规划的核心目标是促进传统乡村的转型,促进农民身份的转型。

---

① 周游,周剑云.身份制农民、市场经济与乡村规划[J].城市规划,2017(2):92-100.

② 刘晔.治理结构现代化:中国乡村发展的政治要求[J],复旦 学报(社会科学报),2001(6):56-79.

1）乡村规划应划定乡村管理边界，提供乡村保护的政策

身份保障制度在市场经济下是失效的，乡村完全市场化又侵蚀农民、农业和自然环境，乡村完全进入市场和完全拒绝市场都是片面的，乡村有发展阶段的差异和地理空间的差异，不能用同一方式对待乡村，要有区域化的差别对待，因此需要划定乡村区域的空间边界。通过规划确定两个不同的政策管理区域，一是用城市规划调节市场经济的城市化区域或城市化促进区域，二是乡村规划保护下的乡村区域。城市化或城市化促进区域应该交由市场发展，而乡村区域的特征决定其不能在市场经济之下自由发展，需要通过一系列的手段维持和保障乡村地区的发展，因此乡村规划要在边界之内制定适宜乡村的管理政策，制定城乡协调政策，协调相关利益主体保障粮食安全，保护乡村的生态、历史文化，促进乡村自治。

划定乡村区域的空间边界，区分出哪部分区域可以进入市场经济自我调节，哪部分区域需要通过乡村规划进行保护。

2）乡村规划应成为促进农民身份转型的工具

不同于欧洲从彻底的封建制过渡到彻底的资本主义制，中国历朝在资本主义制和封建制之中交替，政治制度的目标与保护农民的目的是不符的，可以说一直没有走出矛盾的循环，至今农民身份制仍然是市场经济下的一种桎梏。历史证明政治手段解决乡村问题的效果是反复的，摆脱乡村发展的周期振荡只能依靠城镇化，因为城镇化的过程彻底解体了国家与农民的传统关系，使农民有转化身份的迫切需求。在这样一个历史契机下，我国的乡村规划成为促进农民身份转化的一种工具，在现阶段，这是我国乡村规划的核心问题，也是解决我国土地问题、环境问题、资源问题的关键，这是其他国家乡村规划所没有的特征。

我国的乡村规划面临两个特殊的问题：如何破除农民身份制的弊端？如何解决乡村行政方式和经济方式的冲突？由于乡村规划的本质是保护规划，与城市规划具有完全不同的思想原则，所以可以借助乡村规划，给乡村划定一条保护的边界，将农民的保护、生态环境的保护、农业与农村经济的保护统一起来，并建立一套相关的政策，可以超越单纯保护农民的身份制。未来发展的趋势是，国家保障农民的方式应该从身份制这样一种政治政策逐步转向利用规划来实现，规划成为一种工具，调节和整合作为共同体的区域内的城乡发展。通过规划将保护乡村的责任和方式从国家层面转向地方和城市，以去除身份制给农民带来的束缚和阻碍，使农民和市民能够共享平等权利，实现更平等的社会发展。

破除身份与土地绑定的制度来实现保障农民的现状，应通过乡村规划，促进农民身份转型，将保护农民的责任分解，由地区、城市共同承担，并探索更为公平的社会发展方式。

3）乡村规划应提供公共品

乡村规划是政府和国家管理乡村发展的重要工具，在国家保障乡村的目标之下，乡村规划应该重视促进农业生产、改善农民生活质量、保护生态环境等方面的内容，因此乡村规划应涉及配置和安排乡村空间的发展以及供给乡村公共物品。乡村规划反映了国家利益与农民、农村利益的结合，在

目前我国大部分的乡村公共品的建设仍然十分缺乏，乡村规划还应考虑如何根据乡村发展的区域目标提供乡村公共品，促进乡村社会的发展。

规划成果之中既要保护公共利益,也要关注农村和农民的发展需求①。

5.3 中央政府与地方政府的关系

我国是市带县且多层级行政结构,与英国扁平化的两级政府体制不同,这使得哪一级政府具体接管乡村事务成为非常值得探讨的问题。

我国是一个中央集权制的国家,国家的责任和目标可以有效和直接传递到一个个区域层级进行落实,但是,与英国政府扁平化的两级政府体制不同,中国实行的是市带县的广域性行政区划体制,并且是多层级的行政结构。从中央机构到乡村之间有数级政府,具体负责乡村的主体应落在哪一级政府?中央、省、市、县、镇级政府对乡村各负有什么样的责任与义务?厘清中央政府与地方政府的关系,厘清乡村管理的责任边界,厘清各级政府之间的关系,对于落实乡村规划具有重要意义。

5.3.1 我国管理乡村的行政体制的演变

历史上我国管理乡村的行政体制在县一级,中华人民共和国成立初期下沉至乡村,改革开放之后退回至镇一级。

历史上我国管理乡村时,行政权力曾经有所进退,政权组织在乡村社会有过“深入控制”,也有过“无为而治”(图5-4)。建立什么样的政权体系,国家的权力要深入到哪个层级才能有效管理乡村,是乡村治理中一直在探索的话题。

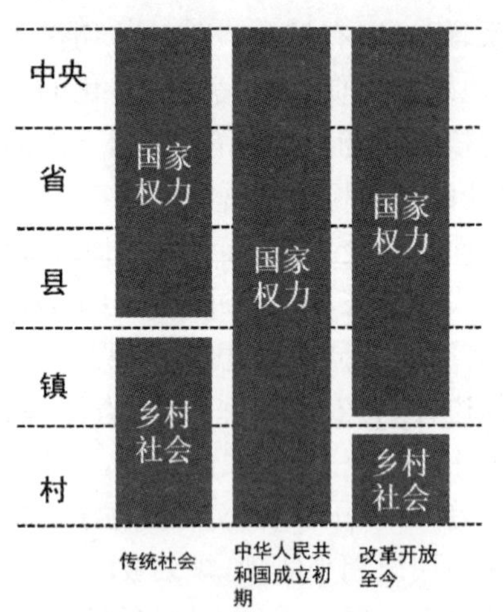

图5-4 国家权力与乡村社会的进退关系示意图

资料来源:自绘

5.3.1.1 传统社会:国家政权下至县一级,县以下自治

传统社会中“王权不下县”,中央权力并不能直接下至乡村,由此构成

① 唐燕,赵文宁,顾朝林. 我国乡村治理体系的形成及其对乡村规划的启示[J]. 现代城市研究, 2015(4): 2-7.

两个权力体系：一个是正式的统治权力，由皇帝为主体进行高度集中的纵向绝对统治，正式权力只延伸到县一级；另一个是非正式的乡村社会管理权力，横向分散在各个村落自治体中，是乡村的实际管理权力。治理体系形成国家统治与乡村自治分治的上下分立的"⊥"型权力结构，被称为"县官治县，乡绅治乡"[①]。县以下的乡村社会是一个自治社会，实际运行的方式是绅治，即乡村治理基本把持在地方士绅手中，社会结构形成"国家—乡绅—农民"的三角格局。这种长期以来形成的稳定的乡村社会结构适应于保守的小农经济，并在长期的封建制度下，形成一套严密的依靠士绅地主和宗族制度来实施乡村治理的逻辑结构，形成"官权"与"绅权"并存的格局，乡绅的产生被评论为是填补早期的官僚政府和中国社会之间的空白[②]。这表明中国传统乡村有着完善的自治体制，能够自我运作，自行提供乡村发展的公共品，但并非封闭的社会系统，有充当调节国家与农民关系的中间人；村庄也有着强烈的自我发展意识，是一种自下而上的治理形式。

5.3.1.2 中华人民共和国成立初期：国家政权取代乡村自治，深入乡村社会

自封建社会瓦解之后，社会的动荡使乡村精英阶层不复存在，因此国家开始无力管辖农民，进而需要将分散和外在于政治的农民组织到国家体系中来，所以国家政权开始由县下移至乡村，整个 20 世纪，就是国家政权不断下沉，向乡村渗透的过程。民国时期，政府试图通过组织政权体系来维护国家与农民的联系，但这种做法最终以失败告终，并造成所谓的"政权内卷化"[③]。中华人民共和国成立之后，中国共产党通过"政党下乡""行政下乡""政权下乡"等方式实现了中国农民的"组织化"，通过土地改革，首次将实际统治乡村社会上千年的权力集中到正式的国家政权体系中，而且摧毁了乡村社会的自治结构。国家完全主导了社会[④]，国家和社会的边界不清而变成一元化，农民完全处于"臣民政治"的时代，乡村社会没有独立性可言[⑤]。土地改革只是将乡村的政治统治权集中在国家手中，"政社合一"的人民公社体制则将分散于农民之中的经济权力集中于

① 徐勇. 现代国家的建构与村民自治的成长——对中国村民自治发生与发展的一种阐释[J]. 学习与探索，2006(6)：50-58.

② 费正清. 美国与中国[M]. 北京：世界知识出版社，1999：37.

③ 该时期乡村治理中的"内卷化"现象，是指国家政权以地痞恶绅为代理人进入乡村，剥夺农民利益、汲取资源，形成"赢利型经纪体制"；由于代理人的腐败和剥削，这种体制的经济效益随规模增加而递减，同时也阻碍了国家政权向乡村的进一步深入，只能勉强维持现状。

④ 李成贵. 国家、利益集团与"三农"困境[J]. 经济社会体制比较，2004(5)：61.

⑤ 罗大蒙，任中平. 现代化进程中的中国农民权利保障——从国家与乡村社会关系的视角审视[J]. 西华师范大学学报(哲学社会科学版)，2009(5)：83-88.

政权组织体系，乡村权力的集中程度达到前所未有的程度。乡村社会的自治彻底被摧毁了。

5.3.1.3 改革开放后：国家政权退至乡镇一级，村庄实行自治

在村庄空间尺度中谈自由，是有限度的自由，比如公民权利中的迁徙自由，就不可能放在村庄的尺度中去谈；更何况目前的村庄自治仍然是在政府的管理边界下的自治，仅能做的是选举村委，一旦涉及外部利益，这种自治立刻会被打破。

随着改革开放和市场经济的推行，国家与社会逐渐分离，在乡村社会中，农村的改革使农民开始获得一定的独立性。1984年废除了人民公社体制，重新设立乡镇政府，使"政社分开"，在乡镇政府之下设立村民委员会，实行"村民自治"的制度体制。因此，现在通过宪法的保障，理论上乡村社会的自治是在村庄层级，国家行政的边界止于乡镇一级。

虽然村庄实行自治，但"中国的村民自治权不是自然生成的，而是国家赋予的"[①]，其推广和延续都是国家自上而下的制度保障和政权支持，社会对国家的依附性依然存在，"国家农民"的特征并没有完全改变。首先，农村现有的土地制度和产权关系不变，农民对自己的土地并没有完整的处理权力，谈不上完整的"自治"；其次，村庄的空间尺度太小，在这个尺度内谈自由与自治，其可容纳的权利边界是微乎其微的；最后，国家在农村构建的精英阶层始终是居于农民之上的阶层，与国家的政治联系远远甚于与农民的联系。因此在实际中，"村庄自治"并未能完全实现原有目的。

对于乡村规划而言，虽然规划法要求在规划审批之前必须进行公众参与，但从各地的实践反馈中可以看出，公众参与很多时候沦为一种形式。究其原因，一方面是村民的法律维权意识尚不强烈，一般更多的只关心自己的一亩三分田，而对其他公共事务不甚关心；另一方面公众参与的程序机制仍不完善，一般都是公示几日，缺乏有效的沟通交流与长效协调；但最根本的原因，是乡村规划（村庄规划）代表的是自上而下的政府管控，村庄是一种被动接受发展的状态，这使得公众参与的积极性不高。

这就使得地方政府对乡村规划事务的责任边界不清晰：由于《城乡规划法》的要求，乡镇政府负责编制村庄规划，县政府则掌握着审批权来管理乡村的建设发展，对村庄规划过分干涉，村庄规划是一种自上而下落实政府目标的规划形式；虽然在村庄规划的编制中，也有村民公众参与的环节，但是更多时候是一种参与式的民主，农民对于农村社会的事务并没有真正民主的决定权。目前，对地方政权与乡村自治之间的边界究竟应该划到哪里，仍在讨论之中，国家如何放权，放到何处为止，尚不清晰[②]。

5.3.2 现有行政体制的特点与问题

今天，我国已经建立了一套行政体制，这套制度建设是基于带动城市发展的思想，而对于乡村的问题考虑明显不足，行政体制严重制约了乡村的保护与发展。

5.3.2.1 地方政府与单一制的国家中央政府之间产生冲突

由于不同的国家有不同的体制，中央和地方的规划权力存在很大不同，故而规划体系所涉及的政府层级和部门不尽相同。有些国家由中央政府制定相关的法律，具体的规划运作由地方政府执行。如美国是联邦

① 徐勇．村民自治的成长：行政放权与社会发育——1990年代后期以来中国村民自治发展进程的反思[J]．华中师范大学学报(人文社会科学版)，2005(2)：2-8.

② 金太军，王运生．村民自治对国家与农村社会关系的制度化重构[J]．文史哲，2002(2)：151-156.

制国家，其中央机构并不具备完整的权力，地方政府则有更多的规划权力和职能，中央政府只能通过财政补助等方式对地方规划有一定的影响，而非决策。也有的国家直接由中央政府制定规划政策，控制规划体系的形成和运作，甚至干预具体的规划实践[①]。如英国是单一制（unitary government type）的国家结构形式，地方政府不享有独立自治权，中央政府对地方政府具有很大的约束力，以国会作为执行主权的机构，可以不断调整委托给地方政府的权力和管理权限，因此中央政府对于地方政府的所有公共事务都具有直接干涉和操纵的权力。

在不同的政策领域，英国的中央政府与地方政府之间的关系是完全不同的，部分原因是它们以政治事务为焦点，各自考虑问题的出发点和关注点不同，还有部分原因是涉及特定问题的不同参与者之间存在差异。

中国也是单一制国家，中央政府有权力制定统一的法律法规和规划政策，并且有审核批准地方规划的权力，能对地方的规划事务进行较强的干预。目前我国在规划权力的纵向配置上存在一些制度上的困境，如中央政府与地方政府责权分工不明，容易导致政府越位或缺位管理；中央政府虽然权力集中，但传达和执行相关政策的途径不完善，规划难以保证目标的一致性；地方利益缺乏表达和平衡的机制，规划权力配置不均衡等。目前，政府正在探索中央有限集权与地方适度分权的机制。

由于中央政府拥有更大的规划权力与规划意志，而作为地方事务的直接负责者的地方政府，更多受到地方利益的驱动和城市经济发展的影响，所以中央与地方的规划目标和相关利益不一致时，表现出明显冲突。以乡村为例，中央政府制定的乡村各类政策主要出于保护、扶助和振兴乡村的目标，比如每一年的中央 1 号文件，关注的问题大多都是完善各项支农政策、加强农业综合生产能力、促进农村经济社会全面发展、促进农民增收等议题（表 5-1）；而在地方层面，城市发展带来的经济效益显而易见，地方政府的考核评价体系标准中，GDP 指标占据了很重的分量，这使得地方政府侧重于城市的发展，对乡村的扶助缺乏动力。

我国的中央政府具有统一制定规划标准的权力，而地方政府则更为关注经济发展，所以在面对乡村这个规划体时，二者极容易产生分歧，从而使乡村治理缺乏连贯性和一致性的目标。

表 5-1 2004—2018 年中央 1 号文件及主要聚焦点

年份	中央 1 号文件	主要聚焦点
2004 年	《关于促进农民增加收入若干政策的意见》	农民增收
2005 年	《关于进一步加强农村工作提高农业综合生产能力若干政策的意见》	提高农业综合生产能力
2006 年	《关于推进社会主义新农村建设的若干意见》	社会主义新农村建设
2007 年	《关于积极发展现代农业扎实推进社会主义新农村建设的若干意见》	现代农业

① 于立. 控制型规划和指导型规划及未来规划体系的发展趋势——以荷兰与英国为例[J]. 国际城市规划，2011，26(5)：56-65.

续表 5-1

年份	中央 1 号文件	主要聚焦点
2008 年	《关于切实加强农业基础设施建设进一步促进农业发展农民增收的若干意见》	农业基础设施建设
2009 年	《关于 2009 年促进农业稳定发展农民持续增收的若干意见》	农业稳定发展
2010 年	《关于加大统筹城乡发展力度进一步夯实农业农村发展基础的若干意见》	统筹城乡发展
2011 年	《关于加快水利改革发展的决定》	水利改革发展
2012 年	《关于加快推进农业科技创新持续增强农产品供给保障能力的若干意见》	农业科技创新
2013 年	《关于加快发展现代农业进一步增强农村发展活力的若干意见》	现代农业
2014 年	《关于全面深化农村改革加快推进农业现代化的若干意见》	农村改革
2015 年	《关于加大改革创新力度加快农业现代化建设的若干意见》	农业现代化
2016 年	《关于落实发展新理念加快农业现代化实现全面小康目标的若干意见》	农业现代化
2017 年	《关于深入推进农业供给侧结构性改革加快培育农业农村发展新动能的若干意见》	农业供给侧结构性改革
2018 年	《中共中央国务院关于实施乡村振兴战略的意见》	实施乡村振兴战略

资料来源：王玉虎，张娟. 乡村振兴战略下的县域城镇化发展再认识[J]. 城市发展研究，2018(5)：1-6.

5.3.2.2 多层级的行政结构对乡村的管理边界模糊

我国行政结构实际运行的层级是五级，每级政府对乡村地区都具有一定的管辖权，这反而使乡村的管理边界较为模糊，各自责任范围不清晰。

宪法规定了中国行政层级为“中央—省—县—乡(镇)”四级，但由于市带县体制，使省、县之间无形中增加了一个层级，实际运行层级为“中央—省—市—县—乡(镇)”五级政府，突破历史上和世界各国大多只设中央、州、县三级政府的惯例①。中央、省、市、县级均设有规划机构，乡、镇一级没有实质的规划机构，规划建设事务基本交由上级政府处理。目前，

① 根据目前世界上 191 个国家和地区的初步统计，地方行政层次多为二级或三级，占 67%；超过三级的只有 21 个国家，占 11%。在我国历史上，秦至民国末的 2 100 多年中，290 年为二级制，占 13.6%；610 年为虚三级制，占 28.7%；600 年为实三级制，占 28.2%；276 年为三四级并存制，占 13.0%；350 年为多级制，占 16.5%(孙学玉，伍开昌. 构建省直接管理县市的公共行政体制——关于市管体制改革的实证研究[J]. 政治学研究，2004(1)：35-43)。

世界上大多数国家实施的行政结构是“少层级、大幅度”的管理模式。如英格兰普遍建立了以郡为基础的两级体制①，郡级划分为都市郡和非都市郡，在郡之下划定基层政区，两个主要管理层级各有自己的职责范围，扁平化的层级使地方政府不需要通过城市而直接管理乡村地区(图 5-5)。在欧盟等国，如德国，随着城市化和工业化的进程，乡村地区改变了以前处于边缘地带的地位，重要性逐渐凸显，在社会和经济各方面与城市地区高度关联。因此，乡村地区获得与城市地区更为平等的地位，政府直接管辖乡村，在规划中，乡村规划与建设问题也不再被视为城市地区规划和建设问题的附属物②；行政层级设计上，在最上层次的国家机构下，乡村社区与周边的城市政府是平级而非上下级的关系，乡村社区对自身的发展有着较大的主导和控制权，而不是根据城市政府的发展意愿进行发展。

英国的城市和乡村在政治上处于平等地位，分而治理，乡村社区拥有较大的主导权。而单一制体制的中国则是由城市政府管辖区域内的乡村，形成市带县的体制。城、乡政府是平级还是上下级关系，其掌握的权力有较大不同。我国各级政府之间的事权划分以上级决定为主，缺乏必要和足够的协商与统筹，因此形成了各级政府“下管一级”的局面，上级处于法律和实际中的优势和优先地位，通常拥有安排的主动权，设想或草案的制定和提出权以及最后的决定权都在上一级。

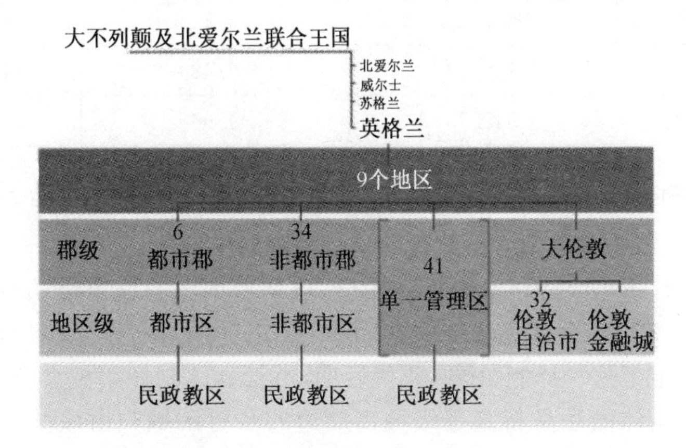

图 5-5　英国行政区划结构

资料来源：自绘

相比英国乃至欧洲等国，中国的四级制政府对于乡村的管理程序显得复杂，省、市、县、镇级政府均对乡村地区实施管理，而管理权限模糊交叉，各自的责任范围也未厘清，容易出现越权管理和缺位管理的现象。查阅《中华人民共和国宪法》中对我国中央和地方政府职责范围作出的规定，除了少数事权，如外交、国防等部门主要属于中央政府外，各级政府的职责并没有明显区别，高度重叠交叉，地方政府拥有的事权几乎全是中央政府事权的延伸或细化，形成了同一事务各级政府“齐抓共管”的局面，各级政府之间的分工主要体现在同一事务的具体分工和相应的支出比例大小③。特别是对基本公共服务事权的重心设置偏低，事权配置与各级政府行政和财政能力不

多级政府齐抓共管乡村地区，会造成各级政府之间在公共服务具体事项划分中实行多重标准，责任相互交叉冲突，以至中央对一些地方性公共物品承担责任，而地方对一些全国性公共物品承担责任，或是在同一乡村问题上各级政府责任覆盖重叠，办事效率低下。

① Alexander A. The Politics of Local Government in the United Kingdom[M]. London: Longman, 1982: 336.

② 易鑫. 德国的乡村规划及其法规建设[J]. 国际城市规划，2010(2)：11-16.

③ 宋立. 各级政府事权及支出责任划分存在的问题与深化改革的思路及措施[J]. 经济与管理研究，2007(4)：14-21.

适用，导致中央政府承担的事权尤其是直接支出责任相对不足，能力比较有限的地方政府尤其是基层地方政府承担了过多的实际支出责任(表5-2)，使县、乡尤其是乡级政府财政收支普遍失衡，隐形债务越来越重，在不同程度上影响了基层政府的有效运作，不仅导致乡镇基本公共服务提供不足，更对农村发展以及基础设施建设产生了不同程度的影响，客观上加大了城乡之间在基础设施和公共服务方面的不平等程度。

基层政府承担了过多的乡村财政支出，地方债务过重，提供乡村服务的责任不应由基层政府一力承担，建议应当对各级政府的职权和责任进行不同的界定和分配，由省级政府或中央政府提供不同的转移支付支持，以便改变农村地区公共服务严重落后于城市的不平等现象，努力实现全国范围的公共服务均等化。

目前，在《广东省国民经济与社会发展第十三个五年计划纲要》中提出了探索事权和财政支出责任相适应的运行机制，探索将具有明显受益性、区域性、来源稳定的收入划分为市县收入，健全与事权和支出责任改革相衔接的财政转移支付制度，加大对经济欠发达地区的支持力度。

我国市带县的地方行政体制使乡村附属于城市管辖，从而具有不平等的政治地位，客观上导致城市优先于乡村发展的局面。

表5-2　2003年各级政府在支农和农业事业费方面的支出

级别	财政支出/亿元	占本级财政比例/%	占全国比例/%
全国	1 134.86	4.07	100
中央本级	135.59	0.73	11.95
省本级	527.61	9.71	46.49
地市本级	128.93	2.43	11.36
县乡级	342.73	4.66	30.20

资料来源：中华人民共和国财政部. 中国财政年鉴[M]. 北京：中国财政经济出版社，2004；中华人民共和国财政部预算司. 全国地市县财政统计资料[M]. 北京：中国财政经济出版社，2003.

5.3.2.3　市带县的地方行政体制使乡村附属于城市

出于促进城乡经济社会协调发展，以及发挥中心城市带动乡村发展的目的，1978年，我国宪法首次对“市管县”的体制进行了明确规定，以法律形式确定了这一体制，1980年代后期，市管县体制开始被大范围推广。市管县的具体做法是将高等级城市周边的乡村区域归由该城市统一领导，旨在促进城乡一体化，以中心城市辐射和带动周边区域发展，形成以大、中城市为核心的经济区，通过将经济区和行政区的范围对应来加强行政管理。这种行政体制使得地级市地位逐步突显出来，在空间上地级市既是区域概念，又是城市概念，“市”具有管理城市和乡村的双重功能①。这种行政制度对乡村而言是不平等的，体现为乡、村均是归上层级的县/市所管辖，将乡村视为城市的附属物，这种不平等的政治地位必然会导致乡村只能从属于城市，而无自身的话语权；城市的主要目的便是发展，可见，城市对乡村以发展为目标的要求与国家对乡村地区的保护管理的目标是不相吻合的。从这个角度而言，不平等的政治地位客观上就导致了城市对乡村的剥削与利用，乡村地区无法从自身的发展与保护的需求以及国家对乡村地区的目标中寻求合适的发展方式。

具体来说，“市管县”的体制使城市与乡村同属一个管理部门，出于城与乡的不同政治地位，管理部门在市、镇域范围内重视城镇的发展，忽视

① 杨帆. 城市规划政治学[M]. 南京：东南大学出版社，2006.

乡村建设，例如市、镇域的财政收入使用、人才和机构都主要为城镇服务，市镇没有起到服务乡村的作用。在规划体系中，城市区域范围内是城镇体系规划在指导区域内城市与镇、村的发展，但由于这个区域层级的规划——市(县)域城镇体系规划是"市(县)总体规划"中的一个组成部分，地位上是附属于总规的，因此编制城镇体系规划时较易以城市为主，使规划将空间、职能、规模、设施等资源配置向城市倾斜，而忽视和抑制了周边小城镇和乡村的发展。

目前我国现行的"市带县"体制正在寻求改革，学界对此讨论也十分热烈。从政府的职能中看，市主要是为城市居民服务的，县主要是为非城市化居民服务的，二者都直接针对自身行政区内居民提供公共服务，相互之间存在一定程度上的竞争关系，因此持"市县竞争论"观点的学者认为市、县是平等的竞争主体，主张市与县分治①②。但也有部分学者持"市县一体论"观点，认为市与县存在相互作用关系，二者相互依存利于发挥区域经济一体化的效率优势，主张建立区域一体化的政治结构③。

村民委员会虽为非政府的自治组织，但大部分乡村没有形成有效的自治能力，反而是村委会变成隐形的政府派出机构。

5.3.2.4　农村基层组织的功能错位

农村基层组织的功能是从最早的完全管理乡村，到"政社合一"的人民公社体制下完全变成国家政权的代理和延伸，再到随着家庭联产承包制的推行而对农村失去经济控制。1987年第六届全国人大常委会审议通过的《村民委员会组织法》认为，基层组织——村民委员会是建立在农村的基层群众性质的自治组织，不是国家基层政权组织，不是一级政府，也不是乡镇政府的派出机构。

然而，尽管法律规定村民自治，但大部分乡村并没有形成自治的能力，而政府则出现对乡村事务干涉过多，使得本来应该作为自治机构的村委会在很多情况下变得越来越像政府的派出机构，越来越具有行政化的特征。如很多农村的村长和村支书拿的是上级政府派发的工资；政府经常以代劳或下达命令的方式制定乡村的制度规范甚至乡规民约④。制度有些时候还给予村委会在工作职责中互相矛盾的角色要求，一方面要求对上级要协助和配合，一方面要求对下面要成为自治代表，使村委会在特殊时期内很难同时实现制度要求的全部内容。如乡村规划的具体编制当中，村委会一般是协助乡镇政府开展工作的，这使得村委会的行为模式是积极回应乡镇行政的命令，而不是作为村民代表"向人民政府反映村民的意见、要求和建议"，

目前很多村庄的乡规民约都有政治化倾向，将乡规民约的制定变成落实国家法律法规的工具，而不是村民间自发制定的生活处事规范。比如襄城县大郭村的乡规民约，第一条是"积极参与清洁家园、和谐乡村创建活动……配合做好综治工作"，第三条是"使用土地都应服从村的统一规划和调整，不得非法转让土地……"，第四条是"建房必须服从本村规划，并按照规定程序申报批准后施工"，第五

① 何显明. 从"强县扩权"到"扩权强县"——浙江"省管县"改革的演进逻辑[J]. 中共浙江省委党校学报，2009(4):5-13.

② 薄贵利. 稳步推进省直管县体制[J]. 中国行政管理，2006(9):29-32.

③ 陆军. 省直管县:一项地方政府分权实践中的隐性问题[J]. 国家行政学院学报，2010(3):42-46.

④ 汪锦军. 农村公共事务治理——政府、村组织和社会组织的角色[J]. 浙江学刊，2008(5): 113-117.

条是"实行计划生育,遵守《计划生育村规民约》有关规定",第八条是"凡符合服兵役条件的本村村民,都应积极主动参服兵役"。

在我国尚处于社会转型的一段时期内,村委会服从于上级乡(镇)政府行政命令的要求与村委会维护村民利益的要求之间往往存在着矛盾。

5.3.3 规划行政体制的改革建议

5.3.3.1 区域政府为乡村规划的责任主体

区域政府上可承接国家对于乡村地区的保护目标,下可负责区域事务,应成为乡村规划的责任主体,对应我国的行政层级,应以省政府作为乡村规划的责任主体。

国家之下可分为若干区域,区域既承接了保护粮食生产安全的责任,又负责区域生态平衡,正好处于一个将国家、区域问题统筹平衡的关键点之上,因此区域政府应该是乡村规划体系中的核心主体,应建立以区域政府为主体的乡村管理体系,将乡村问题统筹在一个管理主体上进行协调解决。

在我国,省政府作为中国的一级行政区划,地方最高行政区域政府,承接国家战略目标,执行国家决议和命令;具有发表决议和命令,规定行政措施,领导和统筹地方各级人民政府的工作,管理本省的经济、文化、民政等综合事务的职责;具有一定规模的财权,可以较好地统筹涉农资金投入。因此,应该以省政府作为区域政府的主体。

5.3.3.2 市与县分治

为促进城乡平等发展,应推进市与县分治,但并非简单地按现有行政区划直接分离,而是划定城市区域与乡村区域,采取不同的管理方式。

从城市与区域的关系中看,中心城市对外部地区既有积极作用,如城市的科学技术、基础设施、生活方式等向周边地区辐射和扩散,被称为"涓滴效应"①;也有消极作用,表现为中心城市吸引外部地区的人口、资本净流入,城市发展加快的同时减慢了外部地区的发展,被称为"极化效应"。城市与县的关系中,有明显的特点:中心城市对于乡村的"涓滴效应"和"极化效应"是随着地理空间距离和发展阶段而变化的。就地理距离来说,临近城市的乡村比远离城市的乡村受到中心城市的"涓滴效应"更加明显;就发展阶段而言,在发展的前期阶段,区域经济表现出明显的"极化效应",在发展的中后期阶段,区域增长极对落后的地区则更多表现为"涓滴效应"②。因此,市对县的关系中,根据地理区位和发展时段的不同,表现出城市对周边县的促进发展具有协作作用,对于偏远县的抑制发展具有竞争作用③。由于我国尚处于城镇化进程之中,仍有大量乡村要转化为城市,现有的市县体制中促进和抑制的冲突表现得十分明显。为了使区域更好地发展,应该打破现行市域的行政划分方式,首先在省的层面划分出乡村区域和城市区域,分别采取不同的行政区划方式。

城市区域的县已经不承担农业生产的责任,受到城市的影响与辐射

① 艾伯特·赫希曼在《经济发展战略》中将增长极对外围地区的积极影响称为"涓滴效应"(trickle-down effect),而其消极影响称为"极化效应"(polarization effect)。

② 赫希曼. 经济发展战略[M]. 曹征海,等译. 北京:经济科学出版社,1991.

③ 杨宏山. "省管县"体制改革:市县分离还是混合模式[J]. 北京行政学院学报,2014(1):10-14.

比较大,应不再称之为"县",可撤销并入相关城市成为"区",纳入中心城市实行一体化管理,城市公共品应延伸到这些与城市密切相关的周边县,城市财政和投资也应该考虑城市与周边县的共同发展。还有一些具有较大经济实力的县,可考虑改制成为城市建制。

这样一来,乡村区域的"县"的含义彻底指代从事农业生产功能的区域,这些县由于享受不到城市发展的福利,反而因为附属于市的地位而被边缘化,因此应脱离城市管辖,与中心城市实行分治,由省一级政府直接管辖。由于增长极的效应,乡村区域受到中心城市的辐射带动能力比较弱,市级政府很难有效地提供相应的扶助,需要省级政府统一负责,通过转移支付和项目投资来调动其发展的活力。这样可以实现市、县分治的行政体制,实现城市、乡村平等发展。

5.3.3.3　厘清政府管理与村自治的职责边界

国家与农民、乡村社会关系的演变历程表明了国家干预乡村社会的内在必然性,但问题的关键在于国家如何进行干预?历史证明,国家权力全面插手乡村事务并没有取得很好的治理效果,反而遏制了乡村社会自身的发展;而传统社会中全面放弃乡村管理的方式在今天也是不适用的。究其根本,政府是在市场失灵的领域或是需要提供公共产品时,才进行介入和干预,比如农业作为一个基础产业在完全竞争市场条件下无法独立存续,存在着市场失灵的问题。生态安全的维系本质属于一种公共品的供给,因此有关于公共性的乡村问题应该由政府负责,而乡村整治和发展的事务则关系到乡村自身,可以下放给乡村负责,避免国家对乡村社会的过度干预。乡村自治不是政府单纯地将乡村事务完全推卸和下放,相反,乡村自治需要镶嵌在政府完善的政策和法律等更高层次的制度框架中。政府和村组织应该厘清各自的职责边界,高度互补;不应在乡村管理中完全抹去政府的功能,而应通过提高政府机构的有效性,通过制度设计使政府成为乡村自治的协作机构,弥补乡村自治能力的不足。

政府和村组织应划定好各自的职责边界,政府负责关于公共性的乡村问题,村组织负责乡村整治与自身发展的事务,两个机构独立运作。

传统国家的乡村治理是上下分立的,乡村社会完全自治,因此在提供公共产品等方面,乡村存在无力负担的困境。而现代国家的乡村治理应是政府与乡村相互交融,乡村公共治理离不开政府的有效参与,不意味着排除政府的作用,但是政府参与乡村的管理应该是以提供乡村保障为目的,职能应限制在平衡城市与乡村的发展,建立科学的转移支付制度和社会分配制度,使得农民在中国社会发展利益格局中得到公平对待,为农民提供制度性的法律保障,提供农村公共产品服务,建立保障农民生活的各种制度等方面。同时,设立村集体组织/村委会来完全管理与乡村自身有关的发展事务,这个自治机构应该去除"听命于"乡镇政府的传统,具有完全独立处理事务的能力,真正成为村民的代理机构。

5.4 构建规划目标与群体利益相关的乡村规划责任主体

当谈论到规划责任主体时，值得深入思考的问题是：规划可否独立于政治考虑？规划的制定和实施都需要权力，而政治的本质正是权力的使用，因此任何规划的结果都是权力的博弈结果，理论上不可能将规划体系与政治剥离考虑。

规划体系的建立关系到社会制度与行政体制，现有的社会制度中存在诸多问题，从而使规划体系存在根源性问题。构建规划体系的理想状态是相关的社会制度能够进行改革，然而，体制的变革牵涉面极广，相关因素甚多，已超出本书讨论的范围，其改革实施亦非一朝一夕之事，因此对规划体系的讨论只能是厘清自身的边界，基于行政体制有限的改进之下，建立现阶段合理且可行的乡村规划体系，明确各个责任主体。在现有体制下，乡村发展是国家责任，那么，乡村发展与规划的责任如何在国家和地方政府中分配呢？

建构合理的乡村规划责任主体涉及行政体制的改革，现阶段建议在有限的改革下，厘清各主体之间的关系和责任。

建议从乡村问题的责任边界出发，将乡村的保护目标从国家层层分解到各个地方主体，厘清各主体之间的关系，明确各主体的责任，将乡村保护的边界对应到不同层级行政机构的责任边界中。建议在市县分治的行政体制下，简化区域的行政层级结构，将乡村问题的责任边界分解，形成"中央政府—区域政府—村组织"三级责任主体，作为乡村规划的编制主体。建议以区域政府作为规划编制的主体。

5.4.1 中央政府

国家作为一个完整政治单元，应主动负起保障乡村的责任。从事权重点来看，中央政府的职责应以高级职能为主，以宏观目标和相关政策指引为工具。

国家是一个拥有完整政治权力的单元，需要保障乡村、农业与农民。中央政府是国家的行政机关，负责国家对乡村的保护与管控目标。农村与农民问题、粮食安全问题属于国家事务，应由中央政府负责。农村与农民问题的主要内容包括调整国家与农民的关系，法律、户口、土地权利、税收等一系列涉及农民权利的制度，是一个政策问题。保障粮食安全的核心手段是中央政府的补贴政策，补贴政策是克服土地资源不平衡、区域城市化发展不平衡、城乡发展不平衡的有效工具，在欧洲的实践中已经取得积极的成效[①]。由于国家的尺度巨大，各个地区的差异巨大，中央政府无

---

① 2013年年底欧盟成员国颁布了共同农业改革《2014—2020年计划》，该计划提出了增强农业竞争力、实现自然资源可持续管理以及成员国区域平衡发展等三大长期目标。其中应对内部区域经济发展不平衡、农村人口下降、农业劳动力减少等问题，制定了相应的政策措施：一是通过实现"外部趋同"，逐步减少成员国之间的补贴标准的差异；二是通过实现"内部趋同"，确保低于国家和地区平均补贴水平的农户的补贴水平有所提高，并通过设置"再分配补贴"及支付封顶限制等措施促进国家和地区范围内补贴的公平，限制并减免大型农场主获得的补贴水平；三是结合农村发展政策中的相关环境保护措施，对自然条件限制及农业环境欠佳的地区提供专门的直接支付，以保障区域平衡发展。此外，通过增加第一和第二支柱间预算转换的灵活性，相互调剂资金，给予成员国充分的自主权来分配相关经费，以满足其不同成员国的发展需求。

法也无须事必躬亲地管理具体的、琐碎的乡村事务,中央对乡村的目标应该聚焦在保障粮食生产上,改变中央在地方的管理方式,由规划管理转化为政策管理和目标管理,中央确立管理粮食安全等保障乡村的战略目标,并制定相关政策指引,同时负责对区域政府进行监督检查,将其他具体的乡村事项下放给区域政府去解决。

5.4.2　区域机构

乡村的目标和问题在国家和村庄尺度都是基本清晰的,而区域上的乡村问题有农业生产维持、区域生态保护、历史文化保护、城乡发展协调、乡村发展诉求等问题,区域生态问题、历史与文化保护问题的受益者是区域整体,主要是区域中的城市人口,因而区域层次的政府应当担任这个责任主体。但区域政府的空间责任边界因管辖边界的大小而不同,省政府、市政府和县政府所管辖的范围和职权不一样,应该通过乡村问题的尺度来确定具体的区域编制主体。

区域机构是解决乡村问题的主体单元,这个层次较为复杂,建议依据具体乡村问题的尺度来确定相应的区域规划编制主体。从事权重点来看,区域政府的职责应以中级职能为主。

国家下放到区域的保障粮食生产的目标,应由省政府作为责任主体来承担。省制起源于元朝并沿用至今,最初元世祖在地方设立省,作为朝廷在外地的代理机构,因此省一直作为中央的派出机构而对地方进行管理,负责将国家对乡村的保护管理目标层层落实,职责是对上负责,落实上级政府对乡村的保护目标;同时,省是具体负责地方事务的机构,可作为上下协调的区域机构。

具有地域属性的生态服务应该由区域内所有受益者共同承担。但在具体实践中,地域属性的生态服务提供者与受益者往往分属于不同的行政区划和财政级次,生态服务的收益外溢使现实中极易出现成本与收益不对称的问题。我国目前没有以制度形式确立横向转移支付,使得现实中地方政府在生态保护方面的积极性不高,因此应由对应的政府机构或设置新的区域机构进行管理,以便更好地确立生态补偿的横向支付转移制度。

区域生态保护的问题涉及的责任主体可能是若干县、市,建议依据区域生态功能的整体性尺度,分别由相应的省政府或市、县政府来承担管理责任,或者设置区域机构或专门机构,类似国家公园、历史名胜保护区等;历史文化保护可能只涉及单个市、县,可直接以市、县政府为责任主体进行管理;乡村经济、社会发展则考虑可以由最基层的地方政府负责。总之,划分责任主体的原则是乡村问题的尺度和边界,尽可能以合适的责任边界对应空间尺度来进行管理,这需要根据当地情况作出具体的判断。这样一来,具体的乡村事务由中央主管下放到了区域政府,使区域政府作为一个管理中心,以“省—县”两级政府,或“省—次区域机构—县”三级政府作为区域政府主体,更好地落实乡村目标,管理乡村。

5.4.3　村组织

农村社区的发展与更新、村庄人居环境问题等,涉及村民自身的利益,但由于村庄尺度小,无法自身完全解决,所以地方政府要承担起管理责任,应该多采用村组织与政府合作的方式。在城市化区域,由市政府统筹建设和纳入管理,村组织维护;在农业区域,以由国家补贴、政府指导、

村组织应探索多元自治管理形式，建议与政府合作，对上纳入法定机构，对下成为有效的自治机构。从事权重点来看，村组织应联合基层镇政府，以低级职能为主。

农民自治的方式逐步更新改造。村组织对上，应成为一个法定机构参与到区域政府的发展战略目标的制定中，使得区域发展战略能够反映社区发展需求；村组织对下，应通过与全体村民充分的沟通与协调，自主自治发展经济和管理社区。

5.5 本章小结

1）乡村的粮食安全、生态和历史文化保护、村庄自治与发展是乡村规划的三大主题，其责任涉及国家、区域和村庄3个层次，与此对应的是中央政府、地方政府、村民委员会3个主体。目前乡村规划的编制主体和责任主体产生了错位的现象，建议应该划分乡村问题的责任边界，明晰不同层级政府各自的保护责任边界，使编制主体和责任主体相对应。

2）政府与村民主体中涉及国家与农民的关系问题。我国历史上，国家和农民的关系是从只纳税而不保障，到直接全面保障，再回到通过土地保障。按国家的基本形态来说，在传统国家中国家与国民的关系是统治和压迫，国家纳税而不保障农民；而在现代国家中国家与国民的关系则是平等的契约关系，国家收取税收，提供个人财产和权利的保障。以这个标准来看，目前我国二元政治制度存在桎梏，使农民被身份制绑定在土地上，农村土地制度具有半封建特征，这种制度与现行市场经济存在内在冲突，在城市化地区农民因征地而丧失利益；在农业地区，政府不承担保障农民的责任。这种制度下，我国实质上是现代国家和传统国家的混合体，对城市采取现代国家制度，对农村采取传统国家策略。随着构建现代国家的要求，应打破城乡壁垒，建立公平社会，在国家保障乡村的目标之下，乡村规划的核心目标是促进传统乡村的转型，促进农民身份的转型。

3）中央政府与地方政府责任主体之间属于政府治理问题。政府治理涉及管理乡村的权力边界，我国目前以村为自治单位，自治权力的边界太小，使得地方政府对乡村事务的责任边界不清。在目前的行政体制中存在很多问题，如地方政府与中央政府之间的治理目标有冲突，行政结构层级多而对乡村管理模糊，“市带县”的体制下乡村附属于城市而不平等，农村基层组织功能错位等问题。建议对行政体制进行改革，以区域政府为主体，市与县分治，厘清政府管理与村自治的职责边界，以有效地解决政府治理中结构性的矛盾。

4）在现有体制下，乡村发展是国家责任，应在国家政府、地方政府以及村民中分配责任。建议从规划目标出发，考虑相关群体利益，将乡村的保护目标分解到各主体，对应到不同层级的行政机构中；建议形成“中央政府—区域机构—村组织”三级责任主体。国家保障农民和粮食安全问题，主要内容包括调整国家与农民的关系及保障农民权利等相关制度，以中央政府作为行动主体；区域层次负责维持农业生产、保护区域生态、保护历史文化、协调城乡发展等问题，区域层次的政府有多级主体，建议通过乡村问题的尺度和利益完整性来确定具体的区域规划编制主体；村庄层次的社区发展与更新问题、人居环境问题等，建议采用村组织与政府合作的方式，在不同地区采用不同方式；村组织应成为对上沟通，参与地方政府目标制定，对下协调和管理社区的角色。

6 乡村规划的成果形式

乡村问题是多样性的，因此解决乡村问题的工具就不会是单一规划，而是存在着多种规划。规划是一种干预地区变化的工具，包括各种形式，以特征和类型来分，可以分成5种主要类型：议程、政策、愿景、设计、战略。这5种类型适用于不同的规划对象，所能达到的规划效果也不同，其中战略是最符合规划特征的类型。目前，我国法定的乡村规划形式类似终极蓝图式的建设规划，属于“设计”类型，在区域和国家层次则有一些政策和指引的规划形式。英国的乡村规划非常成熟，灵活地采用了政策、战略、设计等各个类型，为我们提供了乡村规划基本形式的借鉴，包括农业与环境政策、乡村空间战略/规划、社区规划/发展规划/行动规划等。

通过对英国不同空间尺度中规划形式的具体分析，选择规划形式的原则应是依据空间体系，根据乡村问题的特征与空间体系的特征来选择合适的规划形式；对应我国的具体规划目标与空间体系，国家尺度应以政策和愿景为主；区域采用空间规划/战略和政策指引；村庄则根据具体问题采用社区规划、行动规划或整治与开发规划。

6.1 规划的形式与类型

6.1.1 规划工具包括多种形式

乡村规划工具具有多种形态。

规划是一种干预和管理地区变化的工具。在实际的城乡规划中，规划以各种形式或机制对周围环境产生影响，因此规划可以以不同的方式运作，存在着多种形态。如英国的规划框架是浩如烟海的法律、规章、条例、规划指令、规划报告、规划通告、规划指引以及其他官方文件的总和①，能够对乡村地区发展产生影响的手段都被纳入规划工具的定义之中。

6.1.2 规划的五种类型

霍普金斯教授在其《都市发展——制定计划的逻辑》一书中将各类规划工具进行了总结归纳，列举了5种主要规划（plan）类型：议程（agen-

① 卡林沃思，纳丁．英国城乡规划[M]．陈闽齐，周剑云，戚冬瑾，等译．南京：东南大学出版社，2011:87.

da)、政策(policy)、愿景(vision)、设计(design)、战略(strategy)(表 6-1)。这 5 种规划类型不是某个固定规划的类别,而是对影响地区发展的规划工具的本质特征进行的归类,因此一个规划可以包含一个以上的类型[①]。

规划可分为5种类型,以不同的运作方式产生规划行动。

表 6-1 规划的形式及运作

类型	议程	政策	愿景	设计	战略
面向					
定义	所做事项的表列,不是结果	是行动,使用"如果—则"(if-then)的规则	未来可能性的意象(image)或结果(outcome)	目标(target),描述成熟完整的结果	视情况而定(权变)的行动(决策树中的路径)
例子	乡村基础设施建设的项目库(美丽乡村规划)	在远离现有的定居点开阔的乡村地区,或发展规划指定发展以外的地区,新建建筑的发展应严格受控(PPS7:核心原则)	提高乡村地区的生活质量和环境(PPS7:目标与愿景)	乡村建设规划	道路兴建方案视情况而定,这些情况包括如有多少土地开发、何时及何处开展、资金多少等,根据不同条件选择不同的策略
如何运作	提醒;如果公开,则必须承诺去执行	将重复决策自动化以节约时间;相同情况采取相同行动以求公平	激励人们采取行动,并相信它们会导致所想象的结果	显示相关决策完整的结果	决定何时何地采用何种决策,取决于采取行动当时的状况
何时运作	许多行动须记住,且需要被影响群体的信赖	重复决策须有效率地制定、一致性(consistent)及可预测性	能提升热望或激发作为(effort)	具有高度相关的行动,行动无不确定性,且只有少数行动者参与	许多行动者,就很长的时间及有关不确定事件,拟定相关行动
效果衡量	列表的行动采取了吗?	规则的应用是否不需要不断重新考虑,或规则被一致性的应用	信念是否被改变了,此可从行动中直接撷取或明显表现	设计是否兴建或达成了	权变的相关性,在行动中是否维系下来,以及信息是否在适当时机被使用

资料来源:根据霍普金斯. 都市发展——制定计划的逻辑[M]. 赖世刚,译. 北京:商务印书馆,2009:41-42 部分修改。

① 霍普金斯. 都市发展——制定计划的逻辑[M]. 赖世刚,译. 北京:商务印书馆,2009.

议程是所从事事项的表列(list)。议程的运作是以表列的方式记录或公开承诺所要完成的事情,比如设施改善方案或预算一旦产生,就可以作为议程。再比如目前我国美丽乡村规划中,以乡村基础设施建设的项目库作为规划的重点,将需要建设的设施项目通过表列的形式展现出来。

政策是"如果—则"的规则。政策的运作为节省时间而将重复的决策自动化,或者为保证公平性和可预测性而在同样情况下采取同样行动;政策与法规的不同在于法规是在法律和行政上改变的可实施的权利,而政策是针对同一情况的重复决策,拟定出标准反应。比如在英国规划政策说明7(PPS7)的核心原则中通过政策文字规定"在远离现有的定居点开阔的乡村地区,或发展规划指定发展以外的地区,新建建筑的发展应严格受控",所有的乡村新建建筑都适用这个决策。

愿景是对未来可能的想象。愿景的运作是改变信念,即描绘一个所期望的未来,说服人们该愿望将会实现。愿景首先强调结果,然后再考虑可能的行动,以达到此结果。愿景有助于克服系统的弹性。比如在PPS7的"目标与愿景"中描述了乡村发展的目标包括四项:提高乡村地区的生活质量和环境,促进可持续的发展模式,改善英格兰地区的经济、促进其发展、充分发挥其潜能,提升可持续的、多样化的和适应性强的农业部门。

设计是完整而详尽拟定的结果。设计的运作是在相关行动中详细拟定结果,并在尚未采取任何行动之前,提出这个结果作为信息。设计使用的情况是具有高度相关的行动,行动可以轻易从结果的信息中来推断,以及行动的实现没有不确定性。我国目前的村庄规划大部分属于设计的类型,即通过蓝图对村庄未来发展拟定一个非常确定的结果。

战略是一组行动,其在决策树(decision tree)中形成权变的路径。战略的运作是决定现在应采取哪个行动,同时已知未来相关的行动。战略适宜的情况是有许多行动者,有许多相关的行动,且发生在长时期而不确定的环境下。战略代表着由综合性规划或蓝图规划以及渐进式规划、以决策为中心的规划等所形成的连续轴,包括了一系列规划形式。战略可以协调不同但又相关的政策,战略也可以产生政策,以作为决策规则的陈述。

6.1.3 规划类型与所达到的目标

不同规划类型适用于不同的对象,产生不同的效果,没有优劣之分,通常也可并存。

规划的5种类型适用的对象不同,所能达到的规划效果也不同。战略最直接考虑行动、结果、意图以及不确定性,能够较为完整地解决规划对象发展状态不确定所造成的困难,可以通过设定好的一系列路径来实现对不可预期的发展情况的控制。设计形态是在能够精确描述规划对象空间发展状态的情况下,以蓝图这样一种成果表达形式来指导未来的建设，比如村庄建筑设计、基础设施工程设计等，主要强调结果。政策的形式是制定规则，以面对重复决策，其表达的是一种价值观和程序，不涉及对空间的规划。规划通常包括愿景、议程和政策，但有时愿景、议程和政策也在严格的规划定义之外的情况发生。这些规划类型之间没有价值观上的差别，它们不断适应规划对象的变化，是规划目标出现分歧时呈现的并存的状态。具体在实践中衍化出来的各类规划形式基本上都脱离不了这几种基本的类型。

6.1.4 战略是最符合规划特征的类型

战略可应对发展的不完全预见性，在乡村区域层次更为适用这种类型。

从根本上说，规划的核心内涵是以拟定决策的方式来干预地区的发展。地区的发展具有相关性(interdependence)、不可分割性(indivisibility)、不可逆性(irreversibility)以及不完全预见性(imperfect foresight)，也就是说，狭义的规划内涵是指同时解决地区发展的上述所有特性时，规划的决策才是起作用的①。从狭义的规划角度说，规划主要是应对发展的不完全预见性，是在制定决策时同时考虑其他当下决策以及未来的决策的规划方式。因此，可以认为在规划的5种类型中，战略最具有“规划”基础性和概括性的概念，战略可明白地表示相关意图、决策、结果、不确定性及导致的后果之间的关系，因而能最全面地解决发展之中相关性、不可分割性、不可逆性和不完全预见性的问题②。

设计方式是在行动之前，已经为许多相关的行动先想出结果，其结果是可以实现的完全预见的预设假定。愿景、议程也能处理一些情况，但并未完全符合相关性、不可分割性、不可逆性和不完全预见性的严格标准。政策则是倾向忽略空间而强调措施，并不着力于处理空间问题，因此也不算严格意义上或狭义上的规划，在一些研究中将其与“规划”当作并列关系。乡村在区域层次上长期具有发展不确定性，相关发展和利益群体又具有较强相关性，在所有规划尺度中最符合战略类型，方是严格意义上的规划，也是本书研究的重点。

6.2 乡村规划的具体形式

6.2.1 我国法定乡村规划的形式是“设计”

根据我国现行乡村规划的要求，规划是对村庄各项建设活动的安排，在村庄非常确定的发展状态下，强调规划结果，规划不考虑村庄发展目标

①② 霍普金斯. 都市发展——制定计划的逻辑[M]. 赖世刚，译. 北京：商务印书馆，2009：6；47.

根据我国城乡规划法的要求，乡村规划的具体形式是“设计”类型。适用于规划对象目标十分清晰，村庄未来发展方向十分确定的情况。虽然在国家、区域层面有一些关于乡村的政策、空间规划类型，或因缺乏完整体系，或因非专门针对乡村地区，而没有起到预期规划效果。

可能存在的不确定性，而是直接在默认目标的前提下进行关于建设的终极蓝图式的规划，通常给定规划布局、发展项目、住房、公共服务设施、道路交通、环境整治等具体的空间位置(表 6-2)。对应规划的 5 种类型，可以纳入“设计”类型的范畴。这种设计形式的村庄规划对乡村的具体用地进行控制，但是对乡村地区的经济、社会发展、环境效益等方面的管理和干预却显得无能为力。

表 6-2　示范村庄规划的成果形式范例

项目	表达方式与说明	
用地规划布局	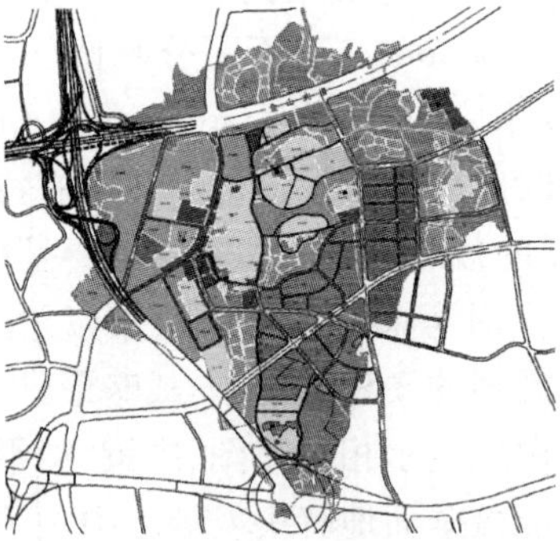	坑头村现状已建设的用地基本位于土规规划建设用地范围内，符合土规。本次规划将严格按照《广州市土地利用总体规划(2010—2020)》的建设用地指标和图斑，落实村民意愿的 4 项新增建设项目。经过本次规划，建设用地(包括城市建设用地和村建设用地)251.33 hm^2，其中城镇建设用地 111.08 hm^2，比土规增加 9.47 hm^2；村建设用地 140.25 hm^2，与土规一致；非建设用地 148.49 hm^2，比土规减少 9.47 hm^2
村经济发展项目规划	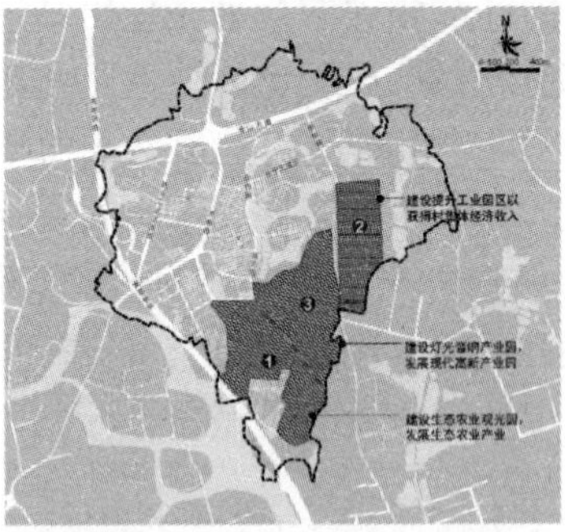	村经济发展意向项目共 3 项，经过评估研究，3 项都与土地利用总体规划、广州市总体规划、海珠区控制性详细规划导则相符合，可完全落实
村住房建设规划	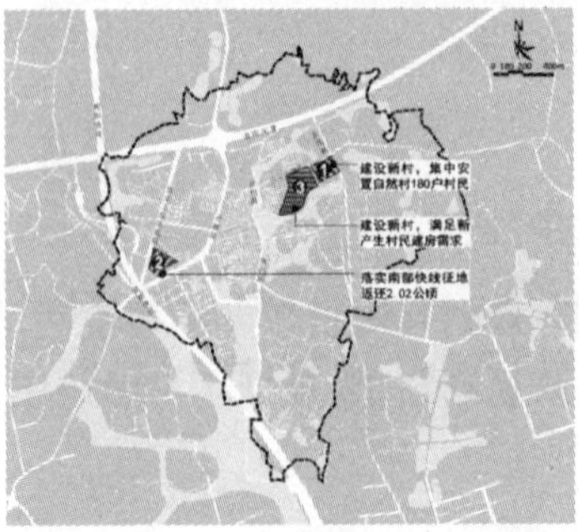	通过对现状村民住房情况摸查，新增村庄人口规模预测，对村民住宅进行规划布局

续表 6-2

项目	表达方式与说明	
公共服务设施规划		本次公共服务设施规划共保留 15 处，撤销 1 处，改造 7 处，新建 1 处。规划依据相关规范对现状较好的设施采取现状保留；对现状不能满足规范要求且没有改造价值的设施（坑头第一卫生站）进行合并；对现状已有，但条件还不能达到规范要求的设施（如幼儿园、公共厕所、肉菜市场等）进行改造升级；对现状欠缺的设施（如托老所、公交首末站等）进行补充新增
道路交通规划		规划新增农业生态园和工业园区道路，新增建设滨水道路，内部道路红线宽度 10 m，外围道路红线宽度 15～20 m；拓宽东线路红线宽度为 26 m；打通北约路等断头路；加快推进中部和南部两条东西向交通干道的建设；市新路规划期内按照现状控制，远景按 60 m 红线宽度控制；结合商业设施建设社会停车场 1 处
历史文化保护与旅游规划	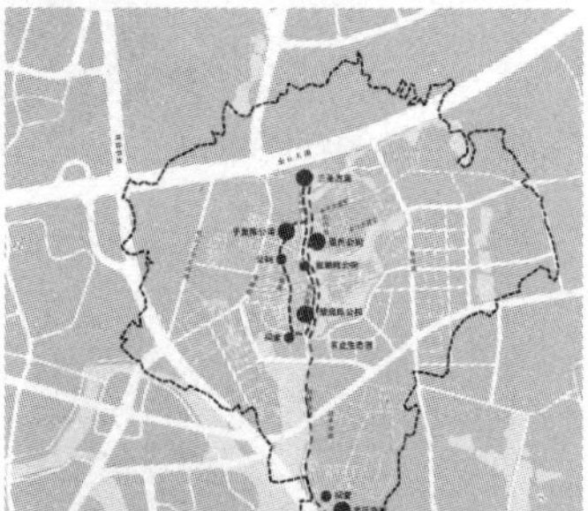	整治策略：对历史建筑进行修葺，提升其周围场所品质，整合历史文化资源打造特色展示路线，使其能为村庄发展旅游业服务。本次规划设计的展示路线分为以步行为主的旧村风情路线和以自行车为主的美丽乡村路线 历史文化资源保护与开发利用策略：根据历史建筑及其周围环境条件，规划选取敬义堂、孝思堂、文氏祠堂、茂盛陈公祠、三圣古庙等 5 个节点进行场所提升改造整治
环境整治规划	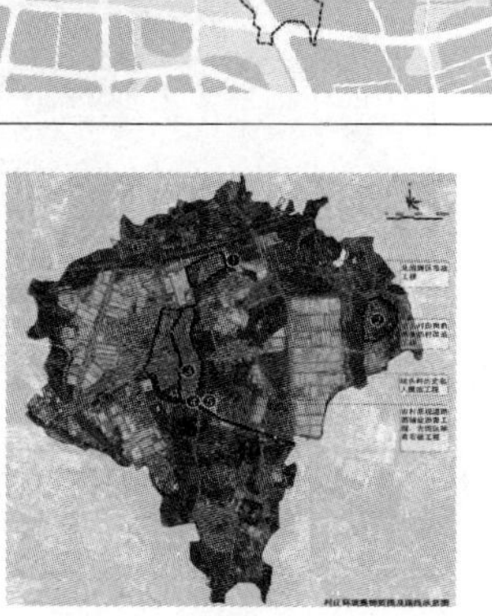	规划对策：通过雨污设施修建、电力电信线路下地、古祠堂修复、旧村落街道环境整饰等工程，继续改善提升村庄的居住、生活、工作等方面的总体环境质量。具体项目包括：1）北园新区市政工程；2）坑头村白岗自然生态村改造工程；3）坑头村历史名人展馆工程；4）古村景观道路面铺设沥青工程；5）古街区铺青石板工程

资料来源：广州市人民政府，广州市城市规划勘测设计研究院. 番禺区坑头村示范村庄规划[Z]. 2013

在区域层面，经常以村庄布点规划来对乡村的发展方向作出规定，其使用的规划形式是一种偏物质性的空间规划，并且极少有配合落实的相关政策（表 6-3）。另外有几类区域规划涉及乡村区域，如总体规划中的城镇体系规划、主体功能区规划、国土规划等。城镇体系规划主要以城市为主，主体功能区规划和国土规划则偏重于资源管控，没有关于乡村地区的战略性规划。虽然也有一些政策和指引涉及乡村地区，但并非以乡村地区为主。如广东省建设委员会从 1998 年起根据省内实际情况，已陆续制定并发布了若干篇“广东省城市规划指引”（GDPG），其中对乡村地区范畴进行政策指引的有《村镇规划指引》《环城绿带规划指引》《区域绿带规划指引》等[①]。

表 6-3　布点规划成果形式范例

项目	表达方式与说明	项目	表达方式与说明
布点规划图	城中村 城边村 搬迁村 远郊村 规划村庄居住用地 规划村庄经济发展用地	生态保护用地图	基本农田保护区 基本农保区内城市生态绿地 生态保护区 城市生态绿地
配套服务设施布局图	行政办公用地 农贸市场用地 文化活动设施用地 体育设施用地 医疗卫生用地 中小学用地 公用设施用地	产业功能片区图	城市配套区 工业发展区 农业生态区

资料来源：华南理工大学建筑设计研究院，广州市番禺城市规划设计院. 广州市番禺区石楼镇村庄布点规划（2013—2020）[Z]. 2013

① 广东省城市建设委员会. 广东省城市规划指引（若干篇）[Z]. 1998—2005

在国家层面，对于乡村地区的干预主要通过政策来执行，如近年来先后出台一系列“三农”方面的政策，并继续完善政策支持体系，主要包括深化农村改革、支持粮食生产、促进农民增收等政策措施，对农资补贴政策、农业生产奖励支持及价格政策、新型农业经营主体培育支持政策、农产品加工流通支持政策、农村综合改革支持政策、农村环境治理支持政策等方面给予了政策说明(表 6-4)。由于我国“三农”问题十分严重，涉及的土地资源状况、人口与社会组织、地区经济发展水平差异大，使统一性的政策落实具有一定难度；另外，区域层次的规划要落实政策缺乏空间维度的支持。法国不同时期的区域政策，一是在自然保护方面给予了极大关注，二是区分了乡村更新区、山区经济区等不同区域，有针对地进行不同政策支持(表 6-5)。

表 6-4 我国国家支持乡村政策

政策类别	政策名称
农资补贴政策	种粮直补政策 农资综合补贴政策 良种补贴政策 农机购置补贴政策 农机报废更新补贴试点政策 新增补贴向粮食等重要农产品、新型农业经营主体、主产区倾斜政策
农业生产奖励支持及价格政策	产粮(油)大县奖励政策 生猪大县奖励政策 提高小麦、水稻最低收购价政策 农产品目标价格政策 农业防灾减灾稳产增产关键技术补助政策 深入推进粮棉油糖高产创建支持政策 园艺作物标准园创建支持政策 测土配方施肥补助政策 做大做强育繁推一体化种子企业支持政策 农产品追溯体系建设支持政策 农业标准化生产支持政策 畜牧良种补贴政策 动物防疫补贴政策 草原生态保护补助奖励政策 振兴奶业支持苜蓿发展政策 渔业柴油补贴政策
	渔业资源保护补助政策 以船为家渔民上岸安居工程 海洋渔船更新改造补助政策 村级公益事业一事一议财政奖补政策 农业保险支持政策

续表 6-4

政策类别	政策名称
新型农业经营主体培育支持政策	扶持家庭农场发展政策 扶持农民合作社发展政策 健全农业社会化服务体系政策 发展多种形式适度规模经营政策 培育新型职业农民政策 阳光工程政策 培养农村实用人才政策
农产品加工流通支持政策	农产品产地初加工支持政策 鲜活农产品运输绿色通道政策 生鲜农产品流通环节税费减免政策
农村综合改革支持政策	国家现代农业示范区建设支持政策 农村改革试验区建设支持政策 加快推进农业转移人口市民化政策 完善农村土地承包制度政策 推进农村产权制度改革政策 发展新型农村合作金融组织政策 基层农技推广体系改革与示范县建设政策
农村环境治理支持政策	农村沼气建设政策 开展农业资源休养生息试点政策 开展村庄人居环境整治政策 农村、农垦危房改造政策

资料来源：自制

表 6-5　法国不同时期乡村政策

乡村发展水平	乡村政策	主要内容
1945—1950 年代：工业发展迅速，以劳动密集型为主；农业生产力水平较低，农业从业人口多；城乡间收入、就业机会、设施等差异大	莫内计划（1947—1952 年）	推进农业机械化水平
	第二次全国规划（1954—1957 年）	推广农业技术；扶持农业经济合作组织；转移乡村剩余劳动力
1960—1960 年代末：工业化和城市化持续推进，农业生产力水平提升，但乡村其他产业发展缓慢；乡村劳动力持续外流，乡村老龄化问题严重	农业指导法（1960 年）	完善农产品价格补贴；调整农场规模；建立土地与乡村整治公司
	乡村行动特别区（1960 年）	改善乡村设施；资助乡村产业
	农业指导补充法（1962 年）	老年农场主退休金补贴；青年农场主培训；建立农业结构行动基金
	国家公园（1963 年）	严格保护自然空间

续表 6-5

乡村发展水平	乡村政策	主要内容
1960 年代末—1975 年：工业转向技术密集型为主，服务业的增速高于工业；一些乡村地区由人口持续外迁转为回迁；人们对生活质量有了更高要求	乡村更新区(1967 年)	推动农业现代化；扶持手工业和中小企业；发展乡村旅游业；改善包括道路、电信、学校等方面的设施
	山区经济区(1967 年)	保持山区的农业活动；保留手工业和中小型企业；提高居民生活条件
	区域自然公园(1967 年)	在保护生态、文化资源的同时发展农业、旅游业；维护商业和手工艺体系；改善山区生活条件
	乡村整治规划(1970 年)	推动经济发展，建设和改善乡村基础设施；保护自然空间
	土地占用规划(1970 年)	协调城市发展与乡村空间保护的关系，避免城镇空间无序开发
	中部山区发展规划(1975 年)	改善对外联系的基础设施；利用当地资源促进生产；改善山区生活条件

资料来源：汤爽爽，孙莹，冯建喜. 城乡关系视角下乡村政策的演进：基于中国改革开放 40 年和法国光辉 30 年的解读[J]. 现代城市研究，2018(4)：17-22

6.2.2 英国乡村规划灵活采用政策、战略等形式

6.2.2.1 政策类型

在英国城乡规划体系成立至今，已经从单纯的土地利用蓝图演变为一系列不同的政策，将关注点从对详细图纸的控制转移到通过文字来引导，规划很大一部分转化成各种政策的表述，研究的重点不再是建立一个明确的未来发展的蓝图，而是转向规划要完成的任务和实现这些任务的各种途径，实践时也从极力完成终极目标转向要求过程的公平性和合理性。农渔食品部(MAFF)和环境、交通和区域部(DETR)在 2000 年《乡村白皮书》中指出，在政策制定中应满足乡村地区特别认可的长期需求。适用于乡村的各类政策非常多，下面简要介绍农业政策、环境政策、林业政策等几个类型的政策。

英国的乡村规划不仅是关于乡村的土地规划，更多是采用政策这种类型，通过制定关于乡村地区保护与发展的各种政策，来影响地区的变化。政策表达规划意图，可以实现管理者对于乡村地区的总体规划原则，以应对乡村发展的完全不确定性。同时，针对乡村地区的发展目标，英国的环境、粮食和乡村事务部会进行乡村验证（rural proofing）的活动，确保所有政府政策对乡村的影响都得到检验。乡村管理局每年发布一份乡村验证评估报告，管理成为乡村最重要的工作。

1）农业政策

通过1947年的《城乡规划法》，农业用地从开发控制中得到保护，乡村土地保留作为农用，保护耕地免受侵蚀，由于严格控制开发，乡村不需要编制土地利用蓝图，而转向了通过政策来干预和管理。在科斯特报告（Scott Report）中针对战后农业政策提出4个观点：(1)政府要清楚地意识到采取一个长期的农业政策，这非常关键；(2)农业用地必须要适当地进行耕种和维持；(3)应尽可能地采取措施来稳定情势；(4)为使农业生产更经济和高效，应投入足够资本。政策的运行方式是通过价格控制、生产许可、进口管制、资助和补贴，通过提高科技和产业调整来管理。1972年之后，加入了欧洲共同体的英国开始受共同农业政策（CAP）的指导，主要措施是统一农产品价格、进行市场干预、施行出口补贴和差别关税。共同农业政策也在不断地改革，1992年改革引入了农业—环境政策和资助方案，如果农民采取了超过“优质农作”的环境措施以满足现有的环境要求，那么就可以从项目中申请补偿；1981年《野生动物和乡村地区法》中提出“付给农民报酬使其不再进行破坏农业环境的行动”，开始关注生产补贴对环境的不利影响。政府不再通过买下土地来使农民不从事破坏环境的活动，而是为农民提供补偿，使其维持现有（在环境上更具有可持续性的）农业活动。如今的欧盟农业政策有两个内容，一个是针对农村的直接偿付，另一个是针对乡村开发的基金。这些经费用于资助更为多样性的活动，以及资助同时生产食品和环境产品的多功能农业。

“农业政策”这种规划工具对英国乡村发展起到了非常关键的作用，有效地保护和改善了乡村环境，极大地改变了英国乡村的发展轨迹。一直担任欧洲委员会农业委员并领导了CAP改革的Franz Fischler认为，“乡村地区要么被工业化，要么被废弃，两者都要为可持续发展付出代价。目标明确的政策通过农业管理，能够资助农民成为乡村品质的创造者和环境的保护者”。

2）环境政策

环境政策是从共同农业政策中分化而来的，建立在认为农民不仅是粮食生产者，还是乡村事务管理者，有义务协调好粮食生产与生态环境保护的关系和保护耕地免受污染。政策通过指导执行保护措施、进行物质奖励等一系列鼓励农民维护环境的补偿政策来促进环境提升。一揽子政策的目标是：维护野生动植物的多样性；保护其栖息地的生态环境、保护自然资源；保存大量的乡村自然风光带；打造新型乡村旅游。

1955年提出的绿色隔离带政策，对大都市地区、周边城镇和历史城镇周边划定绿化带，这个政策被认为是乡村规划的一部分，是英国受到最广泛支持的规划政策。

表 6-6　英格兰、威尔士和苏格兰地区绿色隔离带地区保护要点

地区	英格兰	威尔士	苏格兰
政策名称	PPG2 绿色隔离带政策	威尔士规划政策	规划政策 21:绿色隔离带规划
时间	2001 年	2002 年	2006 年
划定绿色隔离带地区的目的	控制大型建筑区周边不严格的扩张现象 通过鼓励城市废弃地和其他用地的再利用来协助城市更新 防止城镇与相邻城镇的融合 保护历史城镇的环境特征 坚持保护农村不被城市侵占	通过控制城市扩张现象 通过鼓励对城市废弃地的再利用来协助城市更新 防止大市镇扩张与其他居民点合并 保护城市地区的设施 保护农村不被城市侵占	将增长和发展控制在最合理的范围和区域内,支持城市更新 保护和强化城镇内涵、景观风貌和特征 保护市镇内和周边地区的开敞空间,增强其可达性,作为绿色空间结构中的一部分
绿色隔离带地区的土地利用	为城市人口到达乡村开敞空间提供机会和通道 提供城市周边的室外运动和休闲场所 农地、林地和相关用地 保护和加强居住区附近的有吸引力的景观 确保自然保护的利益 改善城镇周边被破坏和被废弃的土壤质量	接触乡村开敞空间的机会和通道 提供室外运动和休闲场所 农地、林地和相关用地 保护自然景观与野生动物利益 改善废置土壤质量	与自然和农业特性相兼容的休闲用途 保持农业用途,包括对传统农业设施的再利用以保护其周围景观 林地和森林,包括社区树林 园艺用途,包括经营类的花园

资料来源:DETR,2001 年;威尔士政府集会,2002 年;苏格兰执行计划,2006 年

3）林业政策

1919 年林业法案制定了两个林业目标:战略目标是降低对进口木料的依赖性;经济目标是为制造业减少软木材的成本。战争时期有关造林的法规开始出台,如 1947 年的《林业法案》、1951 年的《林业法案》、1947 年的《城乡规划法案》等,拟定了林业政策。1967 年的《林业法案》补充了

"加快发展森林产业、保护和改善环境、提供消遣娱乐条件、刺激人口下降地区的地方经济、促进林业和环境的一体化"等方面的政策要求。随后1981年的《林业法案》继续对当时政策进行了调整。1991年政府的林业政策做了大量的调整,主要目标是加强对现有林木的管理,稳步扩展森林覆盖面积以增加林业产生的多样性利益,包括8项规划任务:保护森林资源,强化森林资源的经济价值,保护并加强生物多样性,保护并促进物质环境,开发休闲娱乐机会,保存并维护景观和文化遗产,促进合理经营管理以及提升公众的理解力和参与性。

导则等与政策在表达方式和意图目标方面有所不同。例如,对于乡村建设,导则可能具体规定乡村建筑最多层高不超过3层,有一个6 m或更大的后院,侧院至少要有2.5 m等,其意图在于明确、准确,实质上并没有"解释"的余地。而政策则可能是规定在乡村居民点进行新的乡村建筑修建,必须受到严格控制,其意图是表达政府对乡村地区控制建设的总体原则。

总结来说,政策的特征是表达总体的规划原则,应对完全不确定的发展。考虑到不同地区具有不同的实际情况,政策通常用非常普通的语言来表达,如"保护环境的舒适度""可持续发展乡村经济""限制城市的蔓延"等。这些政策与条例、导则、议程截然不同,后者是政府用于具体指导的主要手段,而前者表达的是总体的规划原则,具有很大的弹性,而不是给土地所有者和开发商以规划的确定性①。

6.2.2.2 战略类型

当乡村面临着保护与发展问题的协调时,英国乡村规划体系引入战略这种类型来应对,其中包括综合性和专项性战略,其成熟度和完整度都非常高,涵盖了乡村各个层次和各个专项。

早期英国的乡村奉行的是保护主义,因此一切开发活动都被严格禁止,乡村规划主要以政策的形式进行。随着乡村地区休闲娱乐功能的兴起,乡村面临着保护与发展的协调问题,因此战略作为一种协调和统筹的规划开始被广泛引入乡村地区。随着规划体系的调整,发展出一系列区域战略来指导区域的发展,有些是综合性的,有些是解决单独一项问题的。针对乡村的综合行动战略,有乡村战略、区域发展战略、地方发展战略、社区发展战略等。此外还有单独针对水、环境污染、生物多样性等特殊乡村问题进行的专项战略,如生物多样性战略、林业战略、住房战略等。

1) 乡村战略

在乡村地区收入差距日益扩大和社会隔离日益严重的情况下,政府在2004年制定了乡村战略,以设定乡村优先发展的重点的方式引导乡村发展,将乡村优先发展的目标设定为"经济和社会复兴""实现全体成员的社会公平""提高乡村地区的价值",依据这3个目标,采用相关的战略手段,如"支持英格兰地区的乡村企业,越贫困的地区给予越大的资源支持""应对乡村社会隔离,为乡村全体成员提供平等的服务和机会""为当今和后代保护自然环境"等。

2) 发展战略

目前乡村地区编制的区域战略统筹在城乡规划体系中,分别编制区

① 卡林沃思,纳丁. 英国城乡规划[M]. 陈闽齐,周剑云,戚冬瑾,等译. 南京:东南大学出版社,2011:57.

域空间发展战略和地方发展战略。发展战略是在区域层次为实现空间的多功能性和协调不同社会、经济和环境方面的政策和机构，为改革提供保障的规划形式。随着规划体系的不断变革，现在的发展战略主要是以空间规划为工具，实施（不同社区、不同参与者的）共同目标，并在政策和（欧洲、国家或区域的）参与机构的项目之间进行调和。

《欧洲空间发展展望（ESDP）》表明空间发展政策能够通过均衡的空间结构促进可持续的发展。它呼吁负责不同部门政策的机构间应紧密合作，包括负责空间发展的各部门之间的横向整合协调，以及社区层面、跨国层面、区域层面和地方层面相关参与者之间的纵向整合，协作是整合空间发展政策的核心。

空间规划不同于传统的土地利用规划，不是简单局限于用地使用方面，而是旨在实现更广泛的公共服务，它将主动融合相关政策，整合与汇总各种开发与用地政策，以及其他影响地区性质和功能的政策，并且提供了一个有效的政策传递的途径，如将国家层面的生物多样性政策目标转述到地方性的发展目标和行动策略当中。

3）社区战略

在社区发展战略（SCSs）中，规划不再是土地使用和空间使用的工具，而是关于健康服务、教育、社区凝聚力和共同参与、环境质量、气候变化、地方治安，以及很多其他以往被认为完全不相关的内容①。

6.2.2.3　设计类型

设计类型描绘的是一个完整的可预见的结果，一般作用的尺度比较小，多用于社区/教区这样一个比较小的空间尺度上。下面简要介绍一下社区规划。

战略已经延伸到社会、环境、生态、安全等各个领域，极大扩展了规划只考虑空间安排的传统规划形式。

社区主导的规划

一些村庄在获得公共服务设施、就业、住房和交通设施等方面仍然面临严重的困境，乡村规划的一项核心内容是关于公共设施和就业机会的“准入性”。由于公共政策在干预和处理这类确定性的地方问题上往往是无效的，因此社区规划往往能够提供一种解决问题的途径②。现在，社区规划的关注点已经从干预和物质性开发转向支持、激发和实现社区福利。在2000年的乡村“白皮书”中社区获得“授权”来决定地方需求，由社区成员领导，通过愿景建立社会资本，并且反映社区的特殊需求，不同地区的规划形式有所不同③。规划行动有两个任务：第一是收集信息，保障高层次规划能够真正体现社区需求；第二要促进社会凝聚力，通过特殊的行动来实现对地方服务的支持。在面对具体的指导村庄建设的形态特征的要求时，充分考虑地方性，由当地社区依据社区规划的形式提出一套“村庄设计原则”（VDS）的建议式文件，成为一种“补充规划导则”，是物质规划的补充，各个社区一共提出过大约600个VDS。社区规划是一种通过规划决策影响当地服务设施供给的方

设计类型一般作用尺度比较小，可有效地弥补政策和战略类型对于乡村确定性问题的无效之处，成为乡村规划工具的一部分。

①②③　Gallent N，Juntti M，et al. Introduction to Rural Planning[M]. London and New York：Routledge，2007：306；197；218.

式,被认为是行动规划中的一部分,现在也成了"社区策略"中的一部分,为地方规划政策提供导则。可见,一个完整的规划并非是单一的规划形式,而是将多种规划形式纳入总体框架。

通过对英国乡村规划中具体形式进行分析和归纳可知,在实践中运用到的乡村规划基本形式可分为农业与环境政策、空间战略/规划、社区规划/发展规划/行动规划等形式。

6.3 规划形式与规划的空间尺度相对应

应根据解决乡村问题的方法来选择规划工具的形式。

规划存在多种形式,在规划体系中,选择规划形式的原则和逻辑是什么?由于规划是一种干预发展的工具,故实现有效干预是规划运作的目标,应根据解决乡村问题的方法灵活选择规划工具的形式,换而言之,规划形式应该对应空间体系。

6.3.1 英国乡村规划形式与空间体系

6.3.1.1 国家层面

在国家层面,一般采用政策制定和愿景指引的形式来进行规划,这是一种通过管人的方式来干预规划,而不对具体空间进行规划。

在国家层面,乡村规划表现为政策制定和愿景指引的形式,是以政策为主的规划。以英格兰为例,英格兰政府通过的《我们的乡村:未来——对英格兰乡村的公平待遇》中表达了规划优先考虑的问题之一是保护乡村、重要的景观和环境,对乡村地区的服务设施、乡村交通、可达性以及提供更多可支付住房等方面的国家政策一直在进行不断的修订,国家乡村规划政策主要在《规划政策说明 7:乡村地区的可持续发展》(*Planning Policy Statement 7:Sustainable Development in Rural Areas*)中有详细的规定(见下文关于《规划政策说明 7》的介绍)。

在国家层面,规划大臣有权力左右具体的规划决策,但通常是将开发规划的决策下放到地方,因而这项权力一般很少被启用。在这种规划制度中,中央政府若想在地方决策中贯彻落实国家关心的问题(如环境或国家基础设施),只能通过政策的指导,规划的具体作用方式是通过"政策"对开发规划(由地方政府负责编制和实施)和地方政策进行直接干预,这种方式能保证决策和实践的质量,提高稳定性。按照法律要求,区域机构编制区域空间战略(RSS)与地方政府编制地方开发文件(LDD),必须基于国家政策和指南,并表达其要求①。中央政府有权力也有责任对规划编制提出意见。从具体操作上讲,中央政府的规划大臣以"政策指南"为依据,对区域和地方规划提出询问或质疑,以保证区

① TSO. Planning and Compulsory Purchase Act[M]. 2004, Chapter 5.

域和地方的规划符合并落实国家政策，有效避免地方和国家政策之间的误解。只有这样，规划政策的要求才能够有效地传递和反映到区域规划和地方规划中去[①]。

·介绍：PPS7乡村地区的可持续发展（Planning Policy Statement 7: Sustainable Development in Rural Areas）

PPS7是一项作用于乡村地区的规划政策说明，提出了政府管制乡村地区的工作目标与愿景、地区规划政策。目标与愿景具体包括提高乡村地区的生活质量和环境，促进更可持续的发展模式，改善英格兰地区的经济、促进其发展、充分发挥其潜能，提升可持续的、多样化的和适应性强的农业部门等四项具体目标。

地区规划政策核心原则具体规定了五大项目，即：核心原则，可持续的乡村社区和经济发展，乡村地区，农业、耕种多元化、农耕活动、林业，旅游与休闲（表6-7）。在每个大项目下都有具体和详细的政策规定。比如针对乡村住房的开发，PPS7要求“在远离较大的城市的地区，规划部门应在（或接近）最重点地方发展新的就业、住房（含经济适用住房）、服务和其他设施，并提供当地的服务中心”；针对社区服务和设施，PPS7认为“规划主管部门应采取积极的态度，通过规划设计提高现有的服务和设施的活力、可到达性和社会价值，如村里的商店和邮局、农村加油站、村教堂大厅和农村公共房屋等在农村社区中发挥重要作用的设施。规划部门应支持保留这些地方设施，并应在LDDs中列明它们在规划申请中应参考的标准”。

可以看出，政策指南的内容是通过描述一种愿景、提倡一种价值观来引导地方规划的方向；在政策中表达一种对开发建设活动或鼓励支持或否定的态度；国家和区域层面的规划是一种行政手段，政策的作用形式是通过管人的方式去管理，不直接转化为空间目标，也不对具体空间进行规划。

表6-7　英国《规划政策说明7》的框架

目标与愿景	提高乡村地区的生活质量和环境
	促进更可持续的发展模式
	改善英格兰地区的经济，促进其发展，充分发挥其潜能
	提升可持续的、多样化的和适应性强的农业部门

① 张险峰．英国国家规划政策指南——引导可持续发展的规划调控手段[J]．城市规划．2006(06)：48-53.

续表 6-7

地区规划政策	核心原则	
	可持续的乡村社区和经济发展	发展定位
		经济发展和就业
		社区服务和设施
		住房
		农村居民点的设计和特征
	乡村地区	乡村保护与在乡村中的发展
		乡村地区的建筑再利用
		乡村地区的建筑置换
		国家指定区域
		当地景观认定
		城市区域周边的乡村
	农业、耕种多元化、农耕活动、林业	农业发展
		最佳和最大功能的农业用地
		耕种的多元化
		农耕活动
		林业
	旅游与休闲	观光者和游客的设施
		游客住所

资料来源:Planning Policy Statement 7:Sustainable Development in Rural Areas[Z]. 2004,自译

6.3.1.2 区域层面[①]

在区域层面编制区域空间战略,成为国家政策和区域实际情况的结合点。

在国家政策的指引下,在区域层面应该考虑的乡村问题非常多样,如生物多样性和自然保护、气候变化、海岸线、绿带、农村发展与乡村等,因此英国 2004 年修改的城乡规划体系在区域层面编制区域空间战略(RSS)。区域空间战略是为区域提供未来 15 至 20 年的发展战略,包括:①确定新住房的供应规模和分配;②对环境的优先考虑,例如乡野地区和生物多样性保护;③交通、基础设施、经济发展、农业、矿物采掘和废物处理,区域空间战略的编制中要求纳入诸多与乡村相关的主题。RSS 内容包括两个方面的战略:一方面是区域可持续发展框架(RSDF)以及区域文化、经济、住房战略,另一方面是国家、区域或次区域层面的战略和计划,例如空气质量、生物多

① Planning Policy Statement 11:Regional Planning[Z]. 2004.(注:2010 年后有较大变动)

样性、气候变化、教育、能源、环境、健康、土地利用以及可持续发展。

RSS的作用形式是促进整合,尤其是成为国家政策和区域具体情况的结合点。为实现以上的展望,提供一个简明的空间战略,定义其主要的目标,以一个核心图表描绘出来,并且清晰地强调其政策。规划格式包括一份实施规划(implementation plan)和一张核心图纸(key diagram),指出发展和土地利用的政策。当政策和核心图纸产生矛盾时,以政策为准。

6.3.1.3　地方层面

在地方层面,采用了多种规划成果形式,灵活地使用地方发展规划文档(LDDs)这种文件夹形式,将地方层面的其他规划和政策统一进来,除了强制性的核心战略、用地位置的特定分配文件外,其他补充性的文件可根据当地的实际条件和需求编制规划,探索创新性的发展模式。因此,在个体特征比较明显的乡村地区可以获得更大的编制自由。在《规划政策说明12:地方发展框架》中说明,地方发展文件应考虑的其他战略和规划应包括社区战略以及教育、健康、社会排斥、废弃物、生物多样性、循环利用和环境保护等方面的战略,地方发展文件的编制应考虑乡村重建战略、地方和区域经济等战略。

地方层面规划成果形式灵活,可根据当地实际情况编制适宜的规划内容。

·案例:北诺福克地区(North Norfolk District)地方发展框架

北诺福克地区地方发展框架(North Norfolk Local Development Framework)的主要文件是核心战略(core strategy)。核心战略通过愿景和目标、空间战略、核心政策、发展控制政策以及监督和实施框架等作为主要内容,通过政策的描述和主要图纸的空间控制来解决北诺福克地区面临的挑战(表6-8)。

在愿景描述中,北诺福克地区应"保持特有的地区特征,保护乡村环境特征和独特的海岸线,以及建立地方多样化且强盛的经济"。文本首先分析了北诺福克地区需要解决的核心问题,包括地方经济欠发达、劳动力供应不足、农业面临转型、可支付住房供给不足、人口老龄化、应对气候变化的问题,以及保护环境、自然景观和人造环境遗产的诉求。

在空间战略中,为了协调乡村区域的保护与发展,提出应当划分不同的城镇和村庄类型,主要的新发展应集中在城镇和大的村庄中,规划将提供住房、就业、零售和服务中心等基础设施。其余部分,包括未被规划列出的所有定居点,将被制定为限制发展的特定类型,以保护景观特征、提升环境质量和生物多样性为主。通过一张核心图表将区域内聚落划分为主要聚落、次级聚落、服务型村庄、沿海服务型村庄(图6-1),在其Policy SS1中指定不同聚落的发展目标等。

在发展控制政策中,对于乡村地区自然景观和聚落特征的保护是规划中的关键内容,通过景观特征评估,提出相关的发展和保护建议(图6-

2)。对特殊的保护区域和历史文化公园等乡村景观功能区域进行了空间指定(图 6-3)。乡村地区同时具有发展和保护的特征,通过空间规划的形式,可以将经济社会发展与环境协调发展的要求统筹在一个规划内进行考虑,成为一个结合实际问题和愿景、可操作性强的规划成果。

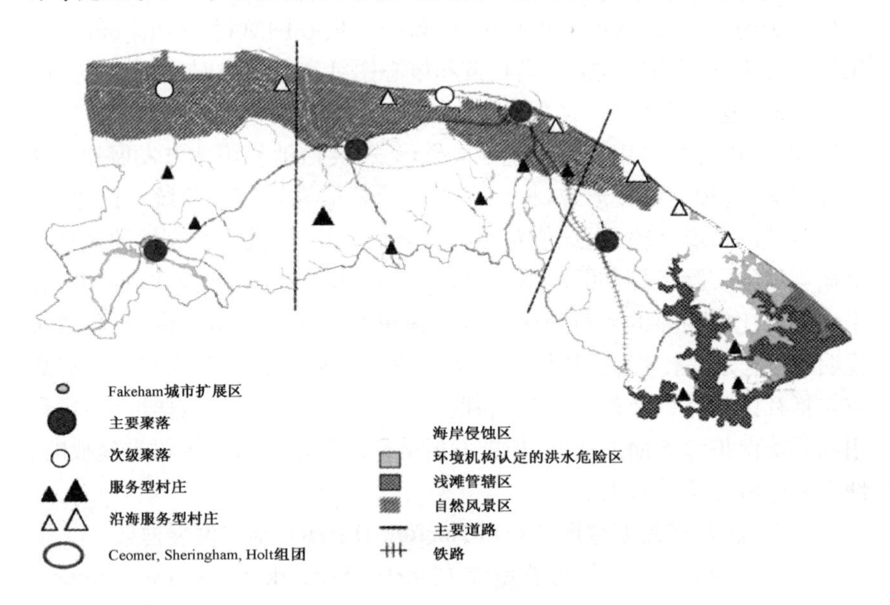

图 6-1 核心图表

资料来源:North Norfolk District Council. North Norfolk LDF: Core Strategy Incorporating Development Control Policies[R]. 2008

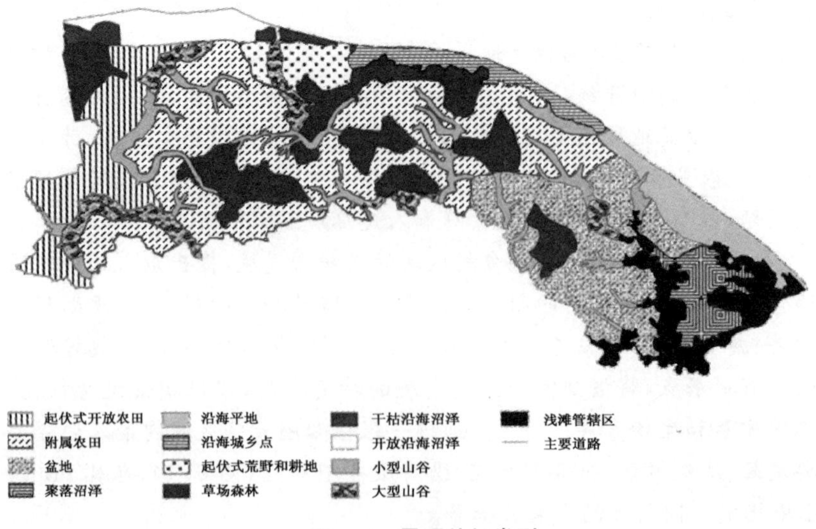

图 6-2 景观特征类型

资料来源:North Norfolk District Council. North Norfolk LDF: Core Strategy Incorporating Development Control Policies[R]. 2008

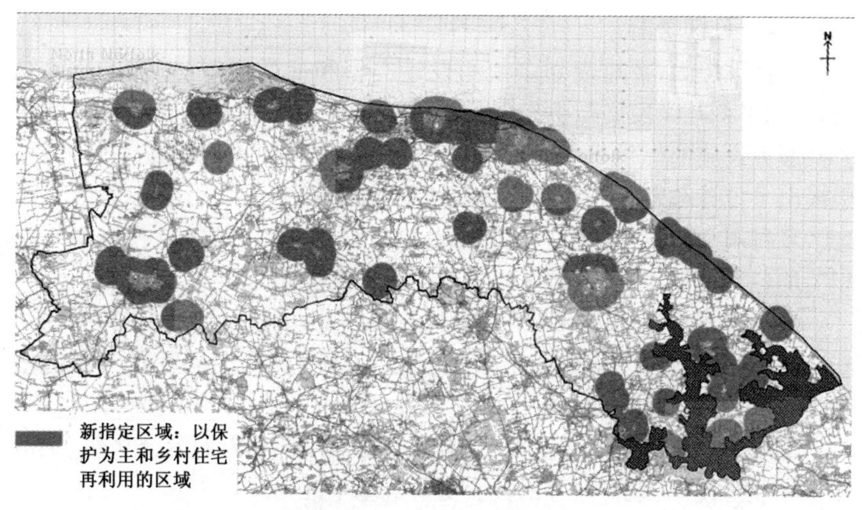

图 6-3 指定的政策区域

资料来源：North Norfolk District Council. North Norfolk LDF：Core Strategy Incorporating Development Control Policies[R]. 2008

表 6-8 北诺福克地区核心战略文件的内容框架

<table>
<tr><td rowspan="4">1. 简介和背景信息</td><td>1.1 地方发展框架</td><td rowspan="5">3. 发展控制政策</td><td>3.1 发展控制：一般原则</td></tr>
<tr><td>1.2 核心战略的准备</td><td>3.2 住房</td></tr>
<tr><td>1.3 空间描绘</td><td>3.3 环境</td></tr>
<tr><td>1.4 关键问题和挑战</td><td>3.4 经济</td></tr>
<tr><td rowspan="9">2. 核心战略</td><td>2.1 北诺福克愿景</td><td>3.5 社区和交通</td></tr>
<tr><td>2.2 核心目标与目的</td><td rowspan="5">4. 实施与监测</td><td>4.1 基础设施的制约</td></tr>
<tr><td>2.3 战略性的政策</td><td>4.2 发展阶段</td></tr>
<tr><td>2.4 空间战略</td><td>4.3 住房轨迹——5 年土地供应</td></tr>
<tr><td>2.5 住房</td><td>4.4 实施</td></tr>
<tr><td>2.6 环境</td><td>4.5 监测</td></tr>
<tr><td>2.7 经济</td><td rowspan="3">附件</td><td>A. 开放空间标准</td></tr>
<tr><td>2.8 可达性和基础设施</td><td>B. 北诺福克地区生态网络</td></tr>
<tr><td>2.9 城镇战略</td><td>C. 停车标准
D. 现存地方规划政策的替换</td></tr>
</table>

资料来源：North Norfolk District Council. North Norfolk LDF：Core Strategy Incorporating Development Control Policies[R]. 2008

6.3.1.4 社区层面

在社区层面多使用设计类型和社区规划，前者规定物质空间设计手法，后者有效动员居民共同参与。

在社区层面，乡村规划多使用设计类型和社区规划，强调可持续发展，包括平衡社区发展与生态保护、居民共同参与规划、基础设施供给和公共服务设施的提供等方面。英国政府制定的《21 世纪地方发展纲要》中提出了可持续发展的乡村设计的原则和方法[①]：

乡村规划与设计应借鉴生态学的方式研究乡村社区，以及研究与之相关的各种背景，如生态系统、自然景观、水资源和能源等。

乡村规划与设计应尽量强化乡村社区的地方性以及综合和独立的功能，避免乡村社区在区域中功能的退化。此外，应减少社区对汽车的依赖，以减少过度使用能源和土地、交通设施分布不均、环境污染等问题。

尽量采用人的尺度进行乡村的规划与设计，体现人们混合居住、土地和空间混合使用、维护地方的社会资本等基本准则。

社区的规划设计过程应动员各方主体有效参与，每个居民都应承担起尽量减少对生态系统干扰的责任。

·案例：西禾村村庄规划

西禾村是苏格兰可持续发展的示范村之一，整个村庄土地面积为 90 km^2，土地贫瘠，距离最近的公路 5 km，它的规划目标是尽量减少村庄对环境的影响。为此，村庄规划在西禾村土地利用中规划了 1/3 的面积用于林木种植，其余的土地中保留现有农田；只在 40 km^2 林地中规划 12 户、每户 0.25 hm^2 宅基地的住宅，居住密度非常低，而且这些规划的宅基地将出售给城市居民，每年可收入 45 000 英镑的管理费，将其用于改善当地村庄的环境。每块宅基地上获准建设单栋住宅和一栋经营用途的建筑。迁至该村的城市居民都在所拥有的院落内种植各种庭院植物、瓜果蔬菜，部分家庭养殖家禽，甚至有一些家庭种植了超过 0.6 hm^2 的林木。规划的引导和居民的良好生活习惯使西禾村对自然景观、生物多样性和空气的影响非常小。

·案例：谢木能源村村庄规划

谢木能源村是英格兰一个老煤矿镇边缘的村庄，那里是关闭的矿山，它的规划目标是环境整体恢复、提供就业和调整社会结构。因此，村庄采用了社区规划的形式，首先由国家在 1994 年以 1 英镑的价格出售了谢木能源村一共 60 hm^2 的土地，并通过资金补贴的方式，给予购买者 200 万英镑，条件是重新恢复当地的生态环境，最后一共有 160 位当地居民参与了谢木能源村的规划。通过社区居民的共同参与，村庄从调整能源结构出发，使用再生能源建设没有污染的可持续发展的居住区，并为村内失去

① 叶齐茂. 发达国家乡村建设考察与政策研究[M]. 北京：中国建筑工业出版社，2008：106-107.

工作的矿工提供再就业的岗位。

6.3.2　规划形式选择的依据

从英国乡村规划的空间体系及其对应的规划形式的选择上看，应该依据乡村问题的空间体系，选择对应的规划形式。若乡村问题较为简单，则尽量采用一种规划工具来解决问题；若乡村问题涉及非常复杂的矛盾，不能通过一种规划工具解决，或者单一规划存在局限性时，则应灵活地采用多种规划形式组合，以更好地达到干预和管理的作用。

英国乡村规划是根据乡村问题的复杂性来灵活选择规划工具，以达到更好的管理效果。

从地区的尺度和发展特征来看，国家尺度涉及的相关利益群体非常多，发展是处于一种不确定和不可预见的状态，很难在具体的空间中落实规划的终极目标，因此国家尺度应该以政策、愿景等形式为主，对公众表达发展的目标，表达总体的规划原则，应对不能预见的发展。

区域尺度涉及的部分相关利益群体，根据具体范围的不同或多或少。区域的发展在政策的指导下，有确定的总体发展目标和发展计划，可以进行决策的选择，但是区域的发展是长时间处于不确定的环境之下，不同的利益团体，如政府、开发商、各类机构等都会对决策加以影响和施加压力，因此，为应对确定的发展目标和不确定的发展过程，应以采用战略类型为主，强调政策的整合和空间的协调。目前来说，空间规划是一种较为有效的实现领域融合[①]、政策整合和部门协调的规划工具。

欧共体委员会（CEC）和英国首相办公室（ODPM）空间规划的内涵定义为领域融合和政策协调。这里的领域融合指的是空间规划不局限于行政区划的用地限制，突出功能区之间的协调发展和合作；政策协调则包括纵向不同级别政府之间的协调、平行部门之间的协调，还指区域间/不同行政单位间的协调。总体来讲，可认为空间规划更加注重地域整体性、协调性和战略性的发展，作为贯彻可持续发展理念的公共管理工具。

在村庄尺度中，涉及的利益群体与国家、区域尺度相较是非常简单的，村庄发展目标是确定的，则应该采取预见结果的规划类型，如设计和议程等。在对村庄物质空间的建设中可采用整治与开发规划，在对村庄的利益群体的协调中可采用社区规划。

6.4　寻求适宜的乡村规划成果形式

规划着重强调解决乡村问题，其工具应具有多种形式。解决乡村问题不是单一的规划工具可以做到，可在同一层面的规划体系中采用多种规划形式。规划形式的确定应当以空间尺度和规划目标为依据。从广义的规划工具定义上看，乡村规划应为一组包括了国家政策、空间规划、社区规划与治理等内容的“规划工具包”，高层次尺度采用政策，中层次尺度采用空间规划，低层次尺度采用社区规划或整治与开发规划，具体适宜的规划形式应根据各个地区的具体情况进一步进行研究和论证。

---

① Dühr S, Nadin V. Europeanization through transnational territorial cooperation? The case of Interreg IIIB north-west Europe[J]. Planning, Practice & Research, 2007, 3(22): 373-394.

对应我国的国情和具体空间体系，国家应以政策为主；区域应以空间规划、政策指引为主；村庄可采用社区规划、整治与开发规划。

6.4.1 国家尺度：乡村政策、愿景

国家尺度建议采用乡村政策的手段来表达对于乡村地区的目标和愿景。

中国国土面积辽阔，各地区间发展差异大、发展阶段和发展程度大相径庭，因此在国家层面无法通过空间规划给出乡村地区具体空间的划定和保护边界，但国家层面对于保护乡村有着不可推卸的责任，对于粮食生产目标有着很清晰的指定，其拥有最高政治权力，因此落实国家层面的保护目标主要通过法律法规的手段，以政策作为法律法规的补充，表达宏观和抽象的目标和愿景。

国家管理乡村的最高手段是法律法规，比如针对土地，国家有相关法律保护耕地，同时需要制定土地法规来平衡耕地保护与开发用地的利益。政策工具则是法律法规的补充，提供在土地资源开发、利用、治理、保护和管理方面规定的行动准则。

粮食生产安全问题，本质是一个农业问题；乡村问题，本质是一个经济问题。国家尺度规划可通过政策来干预和影响乡村地区的活动，建议制定完善且合理的一揽子乡村政策，特别是应专门研究适合中国国情的农业补贴政策，比如充分运用不同的农业补贴政策来实现不同阶段的目标。

国家层面是宏观和抽象的目标和愿景的表达，由于各个地区的具体情况和问题差别很大，所以国家规划政策的内容应把重点放在国家关注的问题上，把握最根本的内容，提出倡导的价值观，指导和影响地方规划；而乡村具体的发展事务应下放至区域与地方层面进行，使乡村地方规划获得更大的灵活性。

6.4.2 区域尺度：空间规划/战略、政策指引等

区域尺度建议采用空间规划手段划分区域，灵活采用战略、政策、指引、议程等多样化的规划形式。

由于区域尺度中的乡村地区涉及与乡村密切关联的自然、历史、文化、景观地带，有非常多样的利益主体，区域层次通常长时间处于发展的不完全预见性之中，任何利益群体都会影响决策和进程，因此区域层次的乡村规划本质是综合协调规划，应该使用战略这种规划类型。战略包括多种规划形式，如综合规划、蓝图规划、渐进式规划、沟通规划、空间规划等，其中空间规划是一种比较有效的规划途径。

在综合战略类型的根本原则下，乡村区域目标的多元化丰富了乡村规划的内涵。根据乡村问题，结合乡村不同特征，具体规划成果内容可表现出多样性。首先，乡村各类自然功能区编制相应的功能区保护规划，以保护为主兼顾功能区内的村庄，在适当位置选择小规模、点式的村庄发展和土地开发。其次，在乡村地区不同类型的乡村区域可根据自身发展的特征、需求和相关条件，灵活开展独特性和创新性的规划编制模式，如：以乡村聚落为主的乡村区域着重考虑乡村社区生活品质与乡村资源保护之间平衡的问题，以沟通和协调为主；以自然资源为主的乡村区域着重考虑更有效的保护措施以及对区域内的乡村居民采取补偿措施的研究，更强

调保护规划；以历史文化为主的乡村区域重点要研究村落的整体保护、建筑的维护修缮与旅游开发之间的关系等，偏重物质规划和具体设计。不同的乡村区域特征对应不同的规划形式和内容，这样既可确保规划的实际指导意义，又可有效避免规划成果的僵化和低效。因此，建议在区域层面先采用空间规划划定乡村区域不同类型，对不同的乡村区域依据情况采用战略、政策、指引、议程等多样化的规划形式。

6.4.3　村庄尺度：社区规划、整治与开发规划等

村庄尺度建议采用社区规划和整治开发规划，协调村庄利益群体，整治村庄物质环境。

相对于城市规划更多应对发展对象的不确定性，村庄规划的对象是确定的，规划目标也是确定的，就是在区域保护方向下对村庄自身发展的平衡和协调。在这种确定性下，解决村庄问题的规划具有确定性，可以使用设计、议程等规划类型，通过村民的参与和共同决策为村庄发展提供一种更可持续的发展与保护相结合的方式。我国现阶段的乡村规划大都是在村庄层面的探索，已经有了一定数量的实践案例和经验，如社区规划、美丽乡村规划[①]等形式的探索，建议继续完善相关研究。

村庄是完整的社区群体结构，乡村的地方自治需要加强，乡村社区中各种利益群体之间需要协调，建议可以采用社区规划、行动规划等形式，调整规划内容，与国家、区域上层次政策内容和空间规划衔接，更好地落实保护目标。在这个基础上，更关注社区发展与区域保护之间的平衡，更关注规划实施过程的协调方式，引入更多的沟通与谈判机制，引入社区规划师、NGO(非政府组织)等组织共同参与，强调多机构、多部门协调。这将有利于加强乡村地区的自我规划与管理，提高规划的可参与度和可实施性，改变乡村或处于政策责任模糊区和管辖区域边缘区，或无指导和盲目规划与建设的现状，为村庄的发展提供一套有效的规划工具。通过乡村社区规划和公共参与，可提升乡村社区多样化的特征，挖掘乡村社区的发展动力。

我国大部分村庄仍需要对物质环境进行建设、整治和更新，需要明确的建设蓝图、建设时序、整治或更新方案等，建议可以使用设计规划类型，采用蓝图规划、议程和建设项目列表等形式，明确资金投入期效、建设实施效果和运行维护方案。

6.5　本章小结

1) 规划是一种干预工具，因此规划可以不同方式运作，存在多种形

① 杨贵庆，等. 黄岩实践——美丽乡村规划建设探索[M]. 上海：同济大学出版社，2015.

态。根据特征,可以把规划分为 5 种类型:议程、政策、愿景、设计、战略。这 5 种类型适用的对象不同,所能达到的规划效果也不同,其中战略这个类型是最符合规划特征的类型。

2) 我国目前法定的乡村规划形式是在村庄目标与发展非常确定的状态下强调规划的结果,属于“设计”类型。借鉴英国,其在针对乡村地区的规划中灵活地采用了政策、战略、设计等多种形式。根据英国的经验,乡村规划中适宜的基本形式包括农业与环境政策、空间战略/规划、社区规划/发展规划/行动规划等。

3) 由对英国规划体系中规划形式与内容的分析可知,规划形式应该对应空间体系。国家尺度涉及诸多利益群体,发展目标是不可预见的,应以政策、愿景等形式为主;区域尺度涉及部分相关利益群体,有确定的总体发展目标和发展计划,但具体发展仍处于长时间不确定之中,应采用战略类型,强调政策整合和空间协调;村庄尺度涉及较为简单的群体,发展目标是确定的,应采用设计和议程等形式。

4) 根据我国具体情况,国家应以政策为主,包括农业、环境、林业、土地、人口等方面的政策;区域应以空间规划、政策指引为主,功能区域编制相关保护规划,农业区域结合自身特征和需求编制规划;村庄针对协调利益群体可采用社区规划或行动规划,针对物质空间的建设可采用整治与开发规划。

7 乡村规划体系的理论框架构建

前文第二至六章中研究了乡村规划的几个核心问题：首先，乡村规划的编制目的是解决乡村问题，主要包括粮食生产安全、区域生态保护、历史文化保护和乡村自治等4个主要问题。其次，从问题导向出发，乡村规划具有区域性，有不同的空间尺度；城市和乡村是两个不同的空间单元，乡村规划是一个保护规划，需要划定城乡管理边界来落实保护的目标，因此乡村规划是一个独立的体系；由于乡村问题的不同，乡村规划有不同的编制主体，来承担不同乡村问题的责任；为解决乡村问题，乡村规划的成果形式不是单一的，而是有多种多样的工具和形式。基于以上乡村规划理论问题分析，本章推导乡村规划体系的理论框架，提出理论框架的构建原则和方法，并具体对乡村规划体系提出理论性的设想和建议。

7.1 理论框架的构建原则与方法

在我国区域城镇化的历史阶段和特殊的城乡政治制度、行政体制下，乡村问题多种多样，在不同空间尺度中表现为不同的问题类型。乡村规划正是为了解决乡村问题而存在的，因此建构乡村规划体系应该从乡村问题出发，基于问题(或乡村的目标)所涉及的整体性空间尺度来划定乡村规划的空间尺度，基于问题相关的利益主体来划定不同的责任主体，建构原则是问题导向式，最终建构一个由问题出发，通过一组规划工具和一套完整的制度体系构建综合全面解决乡村问题的规划体系。

具体的构建途径建议是：**首先确定乡村问题，根据乡村问题的尺度确定合适的乡村区域边界，确定乡村相关利益主体与责任主体的范畴，综合考虑确定规划的层次，在规划层次中对应编制主体、编制内容与规划形式等**。使乡村的问题、空间尺度与责任主体有效地对应起来，给不同层次的乡村问题指定相关责任主体，对应到我国城乡规划体系的不同层次中去，形成从国家到地方的综合规划框架(图7-1)。构建的过程要适当考虑我国的现实国情和具体的发展阶段，避免故步自封或激进冒进的改革态度，可以具体问题具体分析，根据不同的发展阶段逐步调整规划体系的结构。

乡村规划体系的构建原则是问题导向，通过一组规划工具和一套完整的制度体系综合全面地解决乡村问题。提出一条理想化的乡村规划体系建构途径，以使乡村问题、空间尺度与责任主体对应。

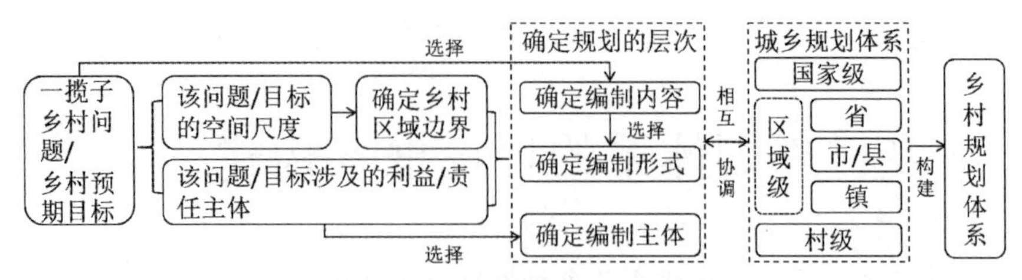

图 7-1　乡村规划体系的构建路径

资料来源：自绘

7.2　乡村规划体系的框架

根据我国国情提出一个理想化的乡村规划体系框架。

乡村问题是一个体系，乡村规划也应该形成一个空间体系。先层层分解乡村的问题，设立不同层次的乡村发展目标，依据发展目标确定空间尺度，指定各级编制主体的职责，指定其规划编制内容和使用的规划成果形式。使不同层面的乡村问题由不同层级的规划和责任主体负责，形成"国家—区域—村庄"一套完整的乡村规划体系。基于我国目前的国情，在有限的改革下，本书构建的乡村规划体系框架见图 7-2。

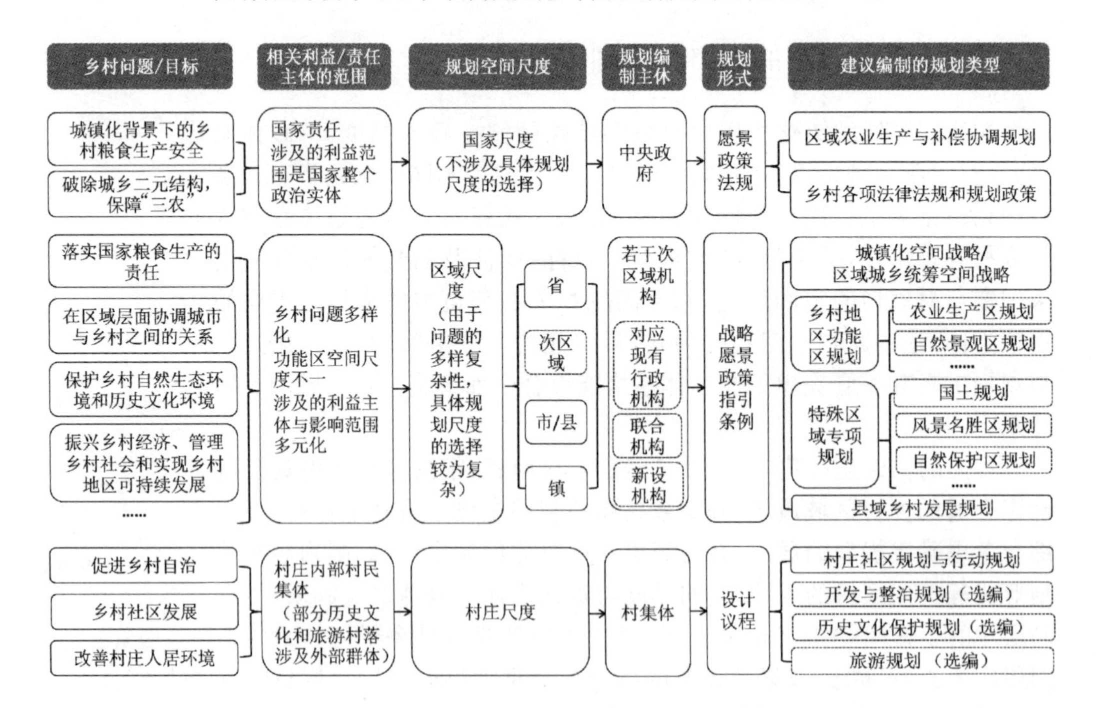

图 7-2　乡村规划体系的结构框架

资料来源：自绘

7.3 国家层次

7.3.1 乡村发展目标

乡村规划需要考虑粮食生产安全的问题，而承担我国粮食生产安全的空间边界是国家，因此乡村规划的宏观空间尺度应该是国家尺度，国家尺度要解决城镇化的大政策背景下如何保护乡村耕地、自然资源等问题。在我国特殊的国情背景之下，国家还要负担保障农民、农村的义务，要改革现有城乡二元社会制度，促进农民与农村的转型，改善乡村地区总体经济、改善农民生活条件等迫切需求。

国家层次乡村发展目标是保障粮食生产安全以及破除城乡二元结构、保障“三农”，需要在国家尺度中进行，中央政府作为国家管理部门，应成为乡村规划制定的主体，承担一系列规划责任，以农业补贴协调区域，以法律和政策制定的方式，从宏观层面解决乡村问题。

7.3.2 空间尺度

保护粮食生产安全关系到国家政治安全，本质是一个政治问题。乡村制度是国家政治体系的一部分，这个责任以及政治权利/权力是整体性的，不可分割与下放(否则应当进行政治改革)。也就是说，在现有政治制度下，这两个乡村发展目标是国家既定的责任和权力，不可分割和推卸。因此，需要在国家尺度中进行。

城乡二元制是通过政策将两个空间人为分隔成封闭单元，改变这种空间封闭的方法是进行一系列的制度改革。粮食安全问题的核心就是农业问题。我国不同地区的空间差异大，乡村问题过于复杂，农业资源不均匀，需要协调和平衡，而这种协调和平衡无法通过空间规划来进行，而应依靠区域之间的补贴与财政转移等手段。因此在国家尺度中，不涉及具体空间的安排和选择，其本质都是政策问题。

7.3.3 规划制定的主体

在国家层级，中央政府是全面管理乡村、承担落实乡村保护目标的责任主体。

中国传统社会中，国家政权从未延伸至乡村，国家对乡村地区的控制十分薄弱。2018 年机构调整前，中央机构没有设置专门执行城市规划职能的机构，城市规划的职能结合建设部门、建筑监管部门和住房管理部门统一设置[①]，村镇规划则自然而然地纳入住建部之下，并没有专门设立接管乡村事务的机构。但是在中央层级，还有很多管理的职能部门与乡村规划相关联，比如国土部掌握土地发展资源，负责制定土地利用规划与政

2018 年政府部门改革后情况有所变化。

① 蔡泰成. 我国城市规划机构设置及职能研究[D]. 广州:华南理工大学，2011:72.

策，落实耕地保护战略，相应地在职能体系当中处于强势地位，规划部门大部分时候是配合和参与决策。此外，乡村问题还涉及环境保护部、国家发展改革委员会等职能部门。因此，可以说中央政府的乡村规划职能部门是分散的。

在改革新形势下，中央政府需要负责承担乡村管理责任，承担保护乡村的目标，建议应该改革现有机构，设立专门接管乡村事务的机构。可以借鉴英国的中央政府设立的全面负责乡村发展和环境职能事务的"环境、食品及乡村事务部(DEFRA)"，中央政府也应该设立一个专门且全面负责乡村保护工作的部门，将乡村粮食生产保护(农业技术革新、农田保护)、乡村自然环境与资源保护、生物多样性保护、气候管理、乡村经济的繁荣与可持续发展等议题统一由乡村保护部门负责。单一保护机构的设置可以将乡村保护任务统筹协调，使保护职责更加清晰和明确。

在新形势下，中央政府应设立一个专门且全面负责乡村保护工作的部门，统筹协调，明确各部门的保护职责。该部门应主要负责制定乡村的各项法规和规划政策，并使其成为地方政府部门的规划编制依据；通过对乡村保护价值观的倡导、法规与规划政策的引导和通过立法形式对地方乡村规划事务的干预，确保地方规划行为与国家的规划发展目标相一致。

我国中央政府具备有效的管理手段和调控能力，表现为对地方政府的规划事务有决策权和修改权。建议中央政府首先应通过立法保障中央制定的农业政策、乡村发展政策在地方的有效落实。同时设立监督管理区域机构，形成有效的监督管理机制，使中央政府对乡村的目标能够有效通过区域政府落实，保证中央和地方规划目标的一致性。其次，应该根据乡村的价值及所保护内容的不同区分出中央管辖事务与地方管辖事务，对于较为重要的乡村地带，不能以地方的发展利益为考量标准时，中央政府应该授权建立起独立的管理机构。如参考英国1955年环境法的规定，每个国家公园必须成立独立于地方政府、直接由中央政府领导的"国家公园管理局"。最后，对于有重要影响的乡村地区(如生态敏感区)的规划许可权力应该收归中央政府(或至少收归省政府)，而不是将开发控制全盘理解成地方事务。虽然具体管理乡村土地的保护和开发是地方政府的职责，但乡村土地的利益关系到国家和区域，涉及中央和地方政府的保护政策，因此，即便是由地方政府承担的乡村土地规划和管理任务，国家中央政府或省一级政府也应该保留检查和否决的权力，甚至在一些重要和关键的乡村区域，其规划许可的权力可由中央政府或省政府直接负责。

依据我国国情，建议中央政府责权应包括：

1. 立法保障，同时监督管理区域机构；

2. 分割中央和地方的管辖事务范围；

3. 对于重要地区，明确中央政府的规划许可权力。

7.3.4 规划内容

粮食安全是一个农业问题，而我国的"三农"问题十分严重。农业涉及土地资源状况、人口与社会组织、地区经济发展水平等因素，而我国地域辽阔、差异大，在国家尺度上通过耕地规划空间管理方式成效不大，且制造出许多矛盾。应简化国家尺度负责的问题，回归问题的实质。乡村问题的核心是城镇化与农业补贴问题，基本措施是各种"农业补贴政策"。建议中央政府通过政策制定，安排和落实各区域粮食生产的任务。对各个区域提出

规划内容包括区域农业生产与补偿协调规划和制定乡村各项法律、政策与规划。

空间目标,划定区域责任,使各区域之间依据自身特征承担不同的责任,统筹区域之间的生产责任。应通过政策倾斜和财政补贴来平衡各区域之间的生产,建立区域之间的农业生产补贴,以平衡各地区生产目标的差异所带来的不公平发展的问题,刺激和激励粮食主产区继续维持生产目标。对于制度转型,中央政府应提供宏观的制度战略方针,提供法律、政策等制度保障,以规划作为途径促进农民、农村、农业的转型。

7.3.5 规划成果形式

中国空间尺度巨大,各地区间发展差异大、发展阶段不一致,无法给出统一的空间规划。在国家这个尺度下的规划工具,主要表现为以政策、愿景为导向的规划,是一种宏观和抽象的目标和愿景的表达。国家层次关注的粮食生产问题,本质是一个农业问题,建议专门研究适应中国的农业补贴政策。农业补贴政策应反映空间特征,具有空间政策的属性。补贴政策应能够克服区域发展的不平衡问题,所以应充分运用不同农业补贴政策实现不同阶段的目标,如对粮食产量进行补贴,可以刺激粮食供给;对耕地进行补贴,可以有利于保护环境;对农民进行补贴,可以有利于调整社会关系等。国家层次关注的是制度改革问题,建议进一步研究开放城乡自由流转的机制和相关保障制度,确保平稳改革,循序渐进。

7.4 区域层次

区域层次是最复杂的层次,在这个层次乡村问题复杂,乡村利益主体多元,乡村规划类型多样,因此区域层次的规划体系非常复杂。同时,我国地区之间空间差异大,发展阶段不一致,需要结合具体区域的实际情况和问题来进行具体建构,在此仅提出区域层次的理论框架,第九章将结合广东省的情况具体构建区域层次的实质性内容。

区域层次乡村的发展目标多元化,所涉及的空间尺度不一。原则是根据乡村问题或目标的空间尺度选择相应的规划编制尺度,再根据规划尺度选择适宜的规划编制主体,可选择现有政府机构或新增机构或联合机构的方式,区分出二至三个规划层级,通过编制不同的规划内容来逐步解决乡村问题。

7.4.1 乡村发展目标

区域层次乡村的发展目标是多元化的,有落实国家粮食生产责任的目标,有在区域层面协调城市与乡村之间关系的目标,有保护乡村自然生态环境和历史文化环境的目标,也有振兴乡村经济、管理乡村社会和实现乡村地区可持续发展的目标。不同问题的空间尺度不同,问题关联度不同,受益群体也不同,需要根据具体问题制定不同的发展目标。

7.4.2 区域空间尺度

区域的问题多、空间层次多、利益主体多,因此规划尺度的选择是一个比较复杂的问题，其核心是乡村问题与行政辖区的尺度是否协调。首先，乡村问题的空间边界与乡村现有行政辖区可能存在不完全对应的情况。比如粮食生产的功能区域、生态景观的功能区域是依据自然地理条件而划定的，而乡村区域的行政边界是基于行政管理而划定的，自然地理条件划定出来的功能区域与行政边界可能会出现不完全对应的情况。其次，乡村问题的影响范围远大于空间载体。比如环境问题的空间可能在某个市县范围内，但是造成环境问题的责任主体和环境问题影响到的利益主体可能跨越了市县范围，影响区域范围远大于实际在空间中表现的范围。

以问题的尺度和涉及的利益主体来选择区域空间尺度，建议应以乡村特定的生产关系和地理特征划定的功能区为主，以行政区为辅。

解决乡村问题需要考虑乡村问题的空间完整性，并且涵盖所涉及利益群体的空间范畴，在一个完整的功能区域中进行规划。因此，选择区域空间尺度的总体原则是通过问题的尺度和涉及的利益主体来选择区域尺度。一般来说，由于乡村主要以功能为主，故建议以乡村特定的生产关系和地理特征划定的功能区为主，以行政区为辅，针对当地具体情况选择合适的乡村规划编制区域。以广东省来说，落实粮食生产责任由国家下放到省域，因此应在省域尺度中进行；城乡之间保护和发展的冲突在省域层面表现十分明显，因此协调城乡关系应在省域尺度中进行；生态与景观、历史文化保护则应通过具体的问题边界选择不同的次区域；乡村发展可结合县域行政尺度。

7.4.3 规划制定的主体

区域层次的乡村利益主体较为复杂，相互直接结合成不同群体。解决乡村问题的责任主体是各个层次的区域机构，因此区域机构的选择与建立是个核心问题，是乡村规划体系的重点，也是本章研究的重点。总体原则是通过问题的尺度建构区域机构，有几种建构的方式：

规划主体的选择可采用行政政府、上级政府部门统筹、组织新的区域机构三种方式。

第一种是乡村问题的尺度与现有的行政区政府能够对应起来，那么负责这类乡村问题由该行政区政府负责；第二种是乡村问题的尺度跨越了行政区边界，无法由单个行政区政府独立负责，则可以由上级政府部门接管，来统筹负责乡村问题；第三种是建立新的制度体系，组织新的区域机构来负责。由于各省市差异巨大，各地区具体的区域机构的选择和建立可能不一样，具体的建构需要结合当地实际情况。

7.4.4 规划内容

协调城乡关系的目标，涉及的是农业与非农业发展的不平衡、城市化区域与非城市化区域发展的不平衡，还涉及城市区域与乡村区域统筹及协调发展的区域问题。建议编制“区域城镇化空间战略”或“区域城乡统筹空间战略”等相关规划，明确城市化区域和乡村区域的政策边界，制定相关的城乡区域政策和补贴政策，使以发展为目标的城市区域和以保护为目标的乡村区域能够达到经济、社会等方面的平衡。

建议在高层次区域中编制“区域城乡统筹空间战略”；在中层次区域中编制“区域乡村功能区规划”；并整合各类特殊区域专项规划，在低层次区域中编制具体的地方功能区规划或“县域乡村发展规划”。

落实国家粮食生产责任的目标、保护乡村自然生态环境和历史文化环境的目标，涉及的是乡村的功能区域的保护问题。而目前对于功能区域缺乏规划制定，因此建议在乡村具有功能特征的地区编制“区域乡村功能区规划”，将乡村或依据其特征，或依据其在区域内承担的作用等因素，划定不同的功能区，指定保护机构，可参照英国的“国家公园”划定①。划定好的各个功能区根据自身功能特征，分别具体编制地方规划，如“××国家公园规划”“××农业生产区规划”“××自然景观区规划”等，以规划解决保护该区域乡村功能和该区域乡村居民发展问题的矛盾。

加强对乡村区域的各类专项规划的整合和协调。目前区域乡村专项规划包括生态规划、农业规划、自然区规划等，但存在目标分散、规划不协调的问题。建议加强规划之间的协作，将现有的乡村区域规划，如风景名胜区规划、国土规划、自然保护区规划等作为特殊区域专项规划来补充“区域乡村功能区规划”。

将振兴乡村经济、管理乡村社会和实现乡村地区可持续发展的目标分解到不同区域中，在划分的城市区域与乡村区域的空间格局下，城市化地区的乡村发展由市政府负责，通过制定“市域城乡统筹发展规划”来统一管理，不纳入乡村规划体系。乡村区域由于自身缺乏发展动力，应由省政府统一协调，通过补贴机制和项目投资促进其活力；并由县政府承接省政府的责任，编制“县域乡村发展规划”。县域乡村发展规划是乡村地区具体建设发展的指导，应具体明确指定县域范围内村庄的发展目标、区域职能与角色定位，依据村庄的特征和发展阶段明确分类指导的原则和方法，明确指出村庄的所属类别、应该转移的方向和采用的乡村政策，指导村庄增长边界的划定。

7.4.5 规划成果形式

区域层次的乡村规划涉及自然、景观等功能区，涉及多样化的利益主

① 1971年英国成立了“国家公园政策回顾委员会”，提出了“斯坦福定律”，指出国家公园应当以景观保护作为优先目标，实现该目标的手段是对开发范围和开发程度进行严格控制，但这种方式使得国家公园中现存社区的社会问题恶化，缺少可支付性住房，青年人流失，这使政府逐渐意识到应当促成国家公园地区内不同利益主体之间达成平衡状态。苏格兰首先做出响应，在其《国家公园法令2000》讨论中，主要问题是如何平衡自然景观保护和当地人民的需求。但这个目标如何与增长和改变的巨大阻力相互协调，英国也在探索全新的规划方式，他们认为需要一个更加连贯且综合性的乡村规划方法。该方法应当对地方特征敏感，认同景观的多功能性并尊重自然边界，而空间规划政策对于实现新的乡村规划方法具有关键作用。

体,其发展处于不可完全预见的情况之中,因此区域层次的乡村规划是一种综合协调战略,建议使用空间规划的方式。

欧洲空间规划自身概念的发展经历了一个很长的历史过程,而空间规划的概念在被欧洲各个国家认可并进行实践的过程中,又有了不同的政治、文化以及社会经济的背景,在不同的国家和不同的地区有不一样的内涵。因此,就连欧洲,也没有采用一个"通用"的语言定义空间规划的概念内涵。尽管空间规划的定义和空间规划的范畴在不同国家各不相同,但也存在内涵的相似点:首先,空间规划一般都会确定一个指导土地开发的长中期的目标和策略;其次,空间规划会协调不同部门如交通、农业和环境部门的政策;最后,空间规划体系有助于实现经济、社会和环境效益。

乡村目标的多元化使得区域乡村规划的形式是多样化的,多种类型的乡村区域应该结合自身情况和需求编制规划,探索有效的规划形式,确保规划的有效性,通过战略、政策、指引等规划形式灵活地对乡村区域进行干预。

7.4.6 乡村规划的制定与审批程序

区域层次的乡村规划目标是多样的,空间尺度也有不同,因此涉及的相关责任主体以及利益相关方比较多,规划需要更多有效和良好的沟通,协调各利益主体的关系,在规划的制定和审批之中要有一个机制和程序能够反映各方诉求并整合共同目标,从制定到实施全程实现公众参与和决策。由于目前我国在区域层次尚未建立起一套合理和有效的区域规划编制与审批程序,因此可借鉴英国在区域规划的过程中如何进行规划制定与审批,取其精华,然后结合我国实际情况研究区域层次乡村规划的制定与审批。

7.4.6.1 英国区域规划的编制与审批程序①

英格兰区域空间战略RSS的制定程序是一个以议题和目标为导向的决策过程,包含4个主要的阶段:(1)工作计划的预安排;(2)核心报告草案形成过程;(3)多方沟通的政策评估与修订过程;(4)政策执行以及监控和回顾的后循环过程(图7-3)。

在整个制定程序的过程中,有几个特点:首先,在区域空间战略中全程引入可持续评估SA(sustainable appraisal)的机制,同步检验制定的规划和政策是否符合区域发展的综合目标;随着RSS制定过程的深入,可持续评估的内容也同步适应每个阶段。其次,将有效的公众参与融入战略制定的各个阶段,使规划制定的目标与社会发展愿景保持更大程度的一致性,在《规划政策说明11:区域空间战略》中详细规定了在规划制定的各个程序环节中如何进行公众参与和多机构协调,使规划制定的程序更为法定化和可操作化。通过详细的评估和充分的协商后的区域空间战略更便于落地实施,也为监测和评估打下了坚实的基础②。

在地方发展规划中,针对一整套复杂的政策文件,审批程序现在已经

① 本节主要参考资料来自卡林沃思,纳丁.英国城乡规划[M].陈闽齐,周剑云,戚冬瑾,等译.南京:东南大学出版社,2011:115,144-152.

② 陈志敏,王红扬.英国区域规划的现行模式及对中国的启示[J].地域研究与开发,2006(3):39-45.

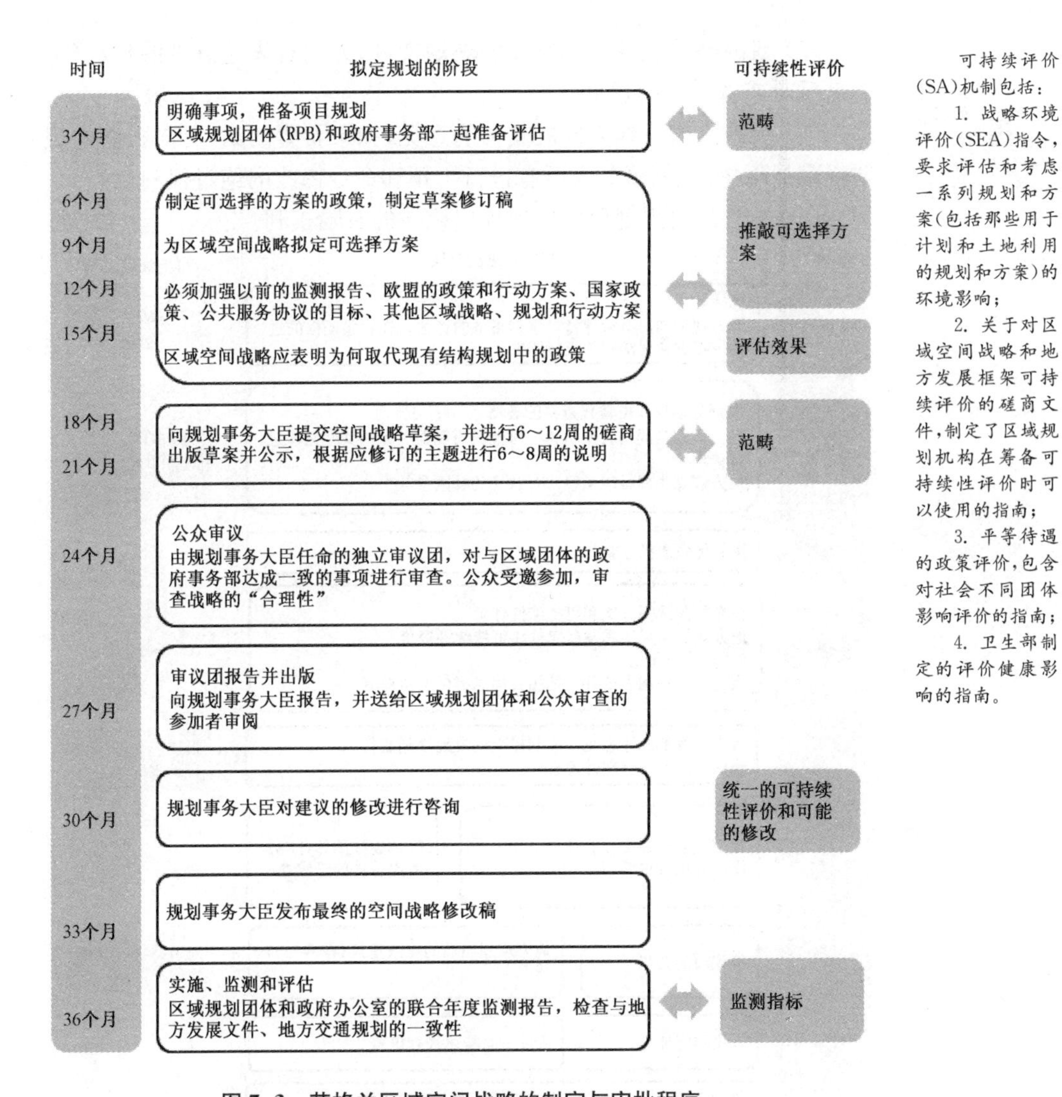

图 7-3　英格兰区域空间战略的制定与审批程序

资料来源：卡林沃思，纳丁. 英国城乡规划[M]. 陈闽齐，周剑云，戚冬瑾，等译. 南京：东南大学出版社，2011.

可持续评价(SA)机制包括：

1. 战略环境评价(SEA)指令，要求评估和考虑一系列规划和方案(包括那些用于计划和土地利用的规划和方案)的环境影响；

2. 关于对区域空间战略和地方发展框架可持续评价的磋商文件，制定了区域规划机构在筹备可持续性评价时可以使用的指南；

3. 平等待遇的政策评价，包含对社会不同团体影响评价的指南；

4. 卫生部制定的评价健康影响的指南。

大大简化了(图 7-4)。采纳和批准规划的程序的特点是提供了"保护措施"(safeguards)，以确保政府在规划过程中的责任的落实，以及在规划过程中是否考虑到诸多利益群体。尤其是私人财产利益群体在规划建议影响到其他的利益时，有权利表达他们的看法。主要的"保护措施"包括：

(1) 在规划编制的过程中的各阶段，所有利益主体均有进行协商的机会；

(2) 需要政府考虑规划与区域、国家指引的一致性；

(3) 对战略性文件和地方发展规划文件，人们有表达意见的权利(可能是反对或者支持的意见)；

总的来说，"保护措施"的程序保护了诸多利益群体的权利，让更多的群体参与到地方发展规划中。

(4) 反映人们对地方发展文件的意见，如果希望的话，可向独立的规划督察员陈述，规划事务大臣有进行干预和命令修改的绝对权利；

(5) 在法院对规划程序事项提出挑战的有限权利。

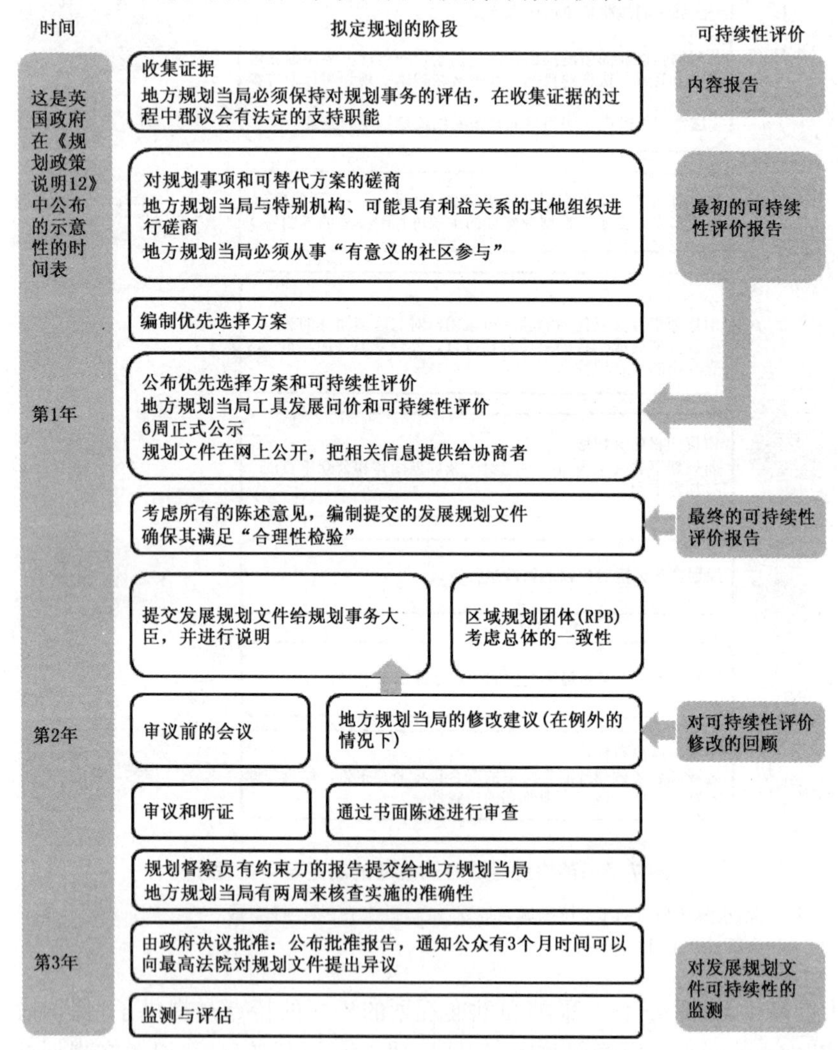

图 7-4　英国地方发展框架的制定与审批程序

资料来源：卡林沃思，纳丁．英国城乡规划[M]．陈闽齐，周剑云，戚冬瑾，等译．南京：东南大学出版社，2011.

规划程序规定在政策制定过程中要有越来越多的其他机构和公众参与进来。公开讨论和正式批准的过程有助于政府坚守规划。如在规划正式批准程序的听证(独立审查)环节,是以公众质询的方式进行的,一个"独立的"规划督察员听取陈述,其中主要是反对意见和提案,人们具有法定的进行陈述的权利。

当然,对于规划的内容,规划事务大臣是最终的决裁者,在规划过程中,如果有必要进行干预和指导的话,可通过两种方式:直接批准规划文件,或者启用对地方发展规划文件内容的"核查(examination)"权。

7.4.6.2　我国区域层面的乡村规划制定与审批程序的建议

1) 建立多方利益主体共同协作与决策的框架。目前,参与我国规划审批的决策主体仍局限在政府领域,比如乡村规划的评审中一般由县政府牵头,只邀请国土、环保、水利等部门参与,这并不能完全反映乡村地区的需求。乡村社会利益结构随着城镇化正在发生变化,同时还有新的利益群体加入,比如社会团体和民营企业等非政府机构开始介入乡村建设,对决策的呼声越来越大。首先,乡村区域规划应建立由政府机构、非政府机构、城市社会团体、村民等多方利益主体共同协作的构架。其次,相关主体并不是在规划决策时才参与和象征性地提出意见,应该在规划制定的各个阶段都设立有效的公众共同参与的规划决策程序,如在规划全过程中设立咨询机制,有效涵盖多数利益相关者,推动目前象征性的公众参与转向实质性的公众协商决策。

1. 建立多方利益主体共同参与的框架,设立全过程公众参与程序;
2. 评审环节公开化、透明化;
3. 建立动态监控和评估机制;
4. 全程进行可持续性评估。

公共参与的实施有助于让各方利益群体都能够参与到乡村规划的编制过程当中,保证了乡村规划的可落实性。

2) 将评审环节公开化。目前,我国规划的整个过程相对并未公开化,公众对规划的整个制定审批过程并不了解。应当在规划方案经过政府部门和专家严谨的研究讨论之后,设立一个对外界公开的评审环节,邀请相关利益方共同参与,建议邀请参与的代表应广泛包括乡村区域各种社会利益关系,且政府以外的社会代表比例应大于 1/3。公共评审程序可借鉴英国采用听证会等方式,对于规划中民众普遍关注的重要议题、在听证之中是否采纳民众意见以及采纳意见的程度,应在公共评审结束之后整理汇集成评审报告向社会公开发布。

3) 建立监控与评估程序,定期监测规划实施效果。在区域规划审批之后,应增加定期的规划实施监控机制,制定评估的目标和监测的量化指标,指定监测和评估的部门。定期进行监测评估之后,对于规划的实施情况提交一份公开的监控报告,以方便政府对规划实施的情况进行有针对性的检讨和调整。

4) 增加乡村区域规划程序中全过程的可持续评估。乡村地区是实现可持续发展的重要地域,为保证乡村规划遵循可持续发展的目标,建议可借鉴英国对规划政策进行可持续评估 SA 的机制,在整个规划编制与审批程序的前期准备阶段、比选方案阶段、规划方案的评审与听证阶段、规划的实施阶段等分别以目标为导向,进行可持续评估,保证规划过程不偏离目标。

村庄层次的乡村发展目标是促进自治、社区发展和改善村庄人居环境，涉及的利益群体是村庄内的居民，由村自治组织负责编制规划，通过社区规划、行动规划、整治规划等形式解决乡村自身的发展问题。

7.5 村庄层次

7.5.1 乡村发展目标

在村庄层次乡村表现为村庄，是从事农业生产的劳动者的聚居地。在这个层次上乡村的发展目标总体来说可归纳为 3 点：一是促进自治，二是社区发展，三是改善村庄人居环境。

7.5.2 空间尺度

部分旅游性质的村落可能涉及外部群体，多为居住在村落的城市居民。撇开身份制的限制来看，这部分群体也可认为是村庄内的村民。

促进自治、社区发展和改善人居环境的目标涉及的利益群体是村庄内的村民，涉及的是村庄内部的发展事务，有明确的空间边界和空间尺度。依据其自身所在的区域目标，采用对应的规划工具，编制相应规划。

7.5.3 规划制定的主体

村庄内部的规划是由村自治组织负责。村组织是一个自下而上的自治组织，不是政府派出机构，主要负责重构乡村社会结构，引导村民自治。村组织应回应村民对于乡村的发展诉求，作为村庄主要负责机构全面负责和协调乡村发展事务。

1）机构设立

乡村区域村庄自治组织强化了乡村综合性自治管理职能，同时也起到了改善和管理村庄人居环境的作用。

建立和完善村自治组织。在乡村区域基于公共服务的需要，建构新型农村自治组织，乡村区域村庄自治组织的发展目标是加强和完善综合性自治管理职能。乡村地区的集体经济组织比较薄弱甚至缺失，缺乏经济的纽带，导致传统社会关系的解体，因此重新建构教育、医疗和公共卫生、集中供水及污水处理等村庄公共服务职能的村庄自治组织，可以有效改善和管理村庄人居环境。建议依据公共设施项目的运营管理组织建构村庄自治组织，突破现状行政村的界限，按照村庄公共服务设施的合理规模建构村庄管理体系，建立以中心村为基本单元的乡村管理基层组织。

2）管理方式

在管理方式上，应引导农民积极参与到村庄规划编制工作中；强化村集体社会动员能力，将扶持资金向乡村基层组织下沉。

村庄属于村民自治范畴，一切决策和管理都应由村民自己共同决定，村自治组织应发挥集体主体性作用，推进村庄建设规划向农村社区规划、行动规划转变。首先，应引导农民转变态度，积极参与到村庄规划编制工作中，通过开展学习培训和宣传，引导农民有效合理地表达自身发展的意愿和需求。其次，应增强村集体社会动员能力，将扶持资金向乡村基层组织下沉。农村公共产品供给应强化集体一致行动和村民自组织能力建设，在集体经济组织的协调下，多方协商、共同治理，实现社区公共产品有效供给和社区公共事务有效治理，集体经济组织在其中发挥组织者、协调者和实施者等多重角色。发挥"以奖代补"资金的引导作用，鼓励农民出资出劳治理环境污染和创建环境优美乡镇、生态村。建议对现行分散的行政管理、农村建设资金实行统一管理，建立政府引导、农民主体、社会参与的机制。

7.5.4　规划内容

在乡村规划体系之中，针对村庄规划的内容已有的理论探索研究和实践案例都非常多，可继续完善此类规划的研究。建议编制"乡村社区规划"，可以由政府引导开展，或由具有规划背景的社会团体扶助，甚至可以由村庄社区委托自行编制，作为与政府沟通和争取权益的手段。乡村社区规划作为一种基于自下而上理念、综合考虑社区各个方面发展需求的综合发展规划[①]，主要关注乡村问题的社会本质，强调沟通与协调，能够有效地表达公众意愿和基层组织的诉求。村庄规划在编制方法和理念上应体现问题导向和行动导向，回归到日常生活问题的解决；在编制内容和重点上应注重利益协调和协商一致，由静态规划向过程规划和行动规划转变，从农民急需解决的生产生活问题出发，最终引导农村社会的全面发展。除应刚性控制的要素外，村庄规划的其他内容应保持一定的柔性，强调过程的控制、社会的调和，而不能通过一张详细的图纸一劳永逸地指导。

村庄规划在编制内容上应体现问题和行动导向，注重过程规划和行动规划，引导农村社会的全面发展。对于特殊性质的村庄，选择性地编制相应的规划。

对于基础设施和人居环境尚未完善的村庄，建议编制"整治与开发规划"，对人居环境建设提出具体的建设内容、标准等，明确资金投入量、项目建设的时间、责任主体等，结合村庄特征对村庄整治内容提出具体的措施与方案。除了要对农村建设与整治进行技术规范外，更重要的是提高村民自主意识，引导农村公共设施有效运营以及对公共事务的自治治理。对于历史文化资源和旅游资源丰富的村落，建议可分别编制"历史文化保护规划"或"旅游规划"，这两类规划的探索成果较为丰富，在此不再赘述。

7.5.5　规划成果形式

村庄规划的目标和对象都是确定的，村庄层次的规划包括两个方向：一个是针对村庄物质环境的整治和更新，可以使用具体蓝图规划、建设项目列表等多样化的形式；另一个是对乡村社区的利益群体进行协调和沟通，可以使用社区规划、行动规划的形式。

---

① 钱征寒，牛慧恩. 社区规划——理论、实践及其在我国的推广建议[J]. 城市规划学刊，2007(4):74-78.

7.6 本章小结

1）乡村规划理论框架构建原则是基于乡村问题或乡村目标所涉及的整体性空间尺度来建构体系。建议首先确定乡村问题，根据乡村问题的尺度确定合适的乡村区域边界，确定乡村相关利益主体与责任主体的范畴，综合考虑确定规划的层次，在规划层次中对应编制主体、编制内容与规划形式等，形成“国家—区域—村庄”不同层级，使乡村问题、空间尺度与责任主体有效对应起来。

2）国家层次上的乡村发展目标是在城镇化背景下保障乡村粮食生产安全，以及破除城乡二元结构，保障农民、农业和农村。建议在国家尺度上，以中央政府作为规划编制主体，制定乡村的各项法律法规和规划政策，指导、监督地方政府，规划形式以愿景、政策为主。

3）区域层次是最复杂的层次，在这个层次上乡村问题多、乡村利益主体多、乡村规划类型多，因此区域层次的规划体系非常复杂，需要结合具体区域实际情况和问题来进行具体建构。乡村发展目标包括落实国家粮食生产的责任、在区域层面协调城市与乡村之间的关系、保护乡村自然生态环境和历史文化环境、振兴乡村经济、管理乡村社会和实现乡村地区可持续发展等。区域规划尺度的选择应依据具体问题，核心是乡村问题与行政辖区的尺度是否协调的问题，依据不同问题选择不同编制尺度。建议依据具体问题编制城镇化空间战略、乡村地区功能区规划、各类区域专项规划（风景名胜区规划、国土规划、自然保护区规划等）和县域乡村发展规划等。规划形式多种多样，依据规划特征可选择战略、愿景、政策、指引、条例等形式。

4）村庄层次上的乡村发展目标包括促进自治、社区发展、改善人居环境等。建议由村自治组织负责，在村庄尺度上编制乡村社区规划、行动规划、开发与整治规划等。规划形式以设计、议程为主。

8 广东省乡村发展与规划概况

乡村规划的理论框架是一个基于我国国情下的一般性理论框架，具体实践中需要结合各地的实际情况进行深化。广东省现有土地 179 717.46 km^2，全省人口 10 999 万人，是“第一经济大省”，这个现实特征与省域空间尺度在全国来说具有典型性和代表性。2016 年广东省城镇化率达到 69.2%，比全国高 11.85 个百分点，居全国前列；其中，珠江三角洲地区的城镇化率已达到 84.85%，相当于中等发达国家水平，已进入城镇化发展的成熟阶段①。广东省仍在持续城镇化的过程之中，土地资源紧缺，人口众多且密度大，城乡发展不平衡且在空间中的冲突比较大，因此研究广东省的乡村规划具有比较大的现实意义。

本章分为乡村问题研究和乡村规划研究两个部分：首先依据乡村农业与人口、生态与历史文化、村庄发展与建设等几个不同层面对乡村问题进行逐一分析与研究，对乡村发展的特征与历史阶段进行评价；其次依据广东省乡村规划的情况，对现有乡村规划与政策进行分析、总结和批判。

8.1 广东省乡村农业与农村人口发展趋势

8.1.1 广东省乡村的基本特征

8.1.1.1 人口密度大

广东省人口密度大，人多而地少，倒逼乡村以非农化经济（乡镇企业）为主，形成了与其他地区不同的乡村特征。

广东在近代就是中国人口较稠密的省份之一。1949 年其人口密度为 142 人/km^2，已是当年全国平均人口密度（53.3 人/km^2）的 2.66 倍，此后一直高于全国平均人口密度；2010 年达 581 人，为全国平均人口密度（139 人/km^2）的 4 倍多；2016 年全省人口 10 999 万人，土地面积 179 717.46 km^2，人口密度达 612 人/km^2（表 8-1）。

表 8-1 广东省与全国平均人口密度比较

年份	广东省人口密度/（人·km^{-2}）	全国平均人口密度/（人·km^{-2}）	倍数
1949	142	53.3	2.66

① 数据来源于《广东统计年鉴 2017》。

续表 8-1

年份	广东省人口密度/（人·km^{-2}）	全国平均人口密度/（人·km^{-2}）	倍数
1953	152	—	—
1964	191	—	—
1978	285	—	—
1980	294		
1982	304	—	—
1987	328	112.6	2.91
1990	351		
1995	411	—	—
2000	486	—	—
2005	511	—	—
2010	581	139	4.18
2016	612	143	4.28

资料来源：自制

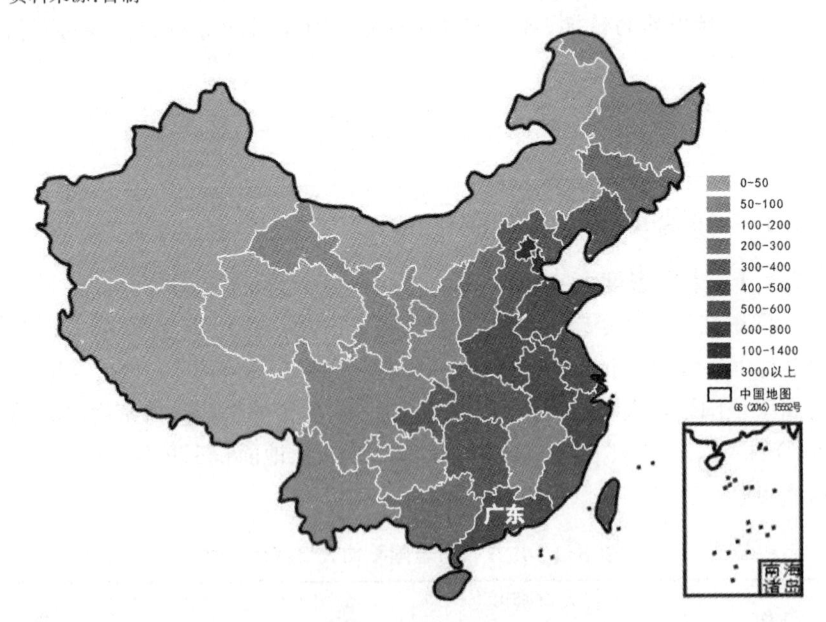

图 8-1　2016 年全国平均人口密度图

资料来源：下载标准地图服务系统上地图改绘

8.1.1.2　人多地少，耕地不足，对农业制约大

广东向来是一个人多田少的地区。据统计，清光绪十三年(1887 年)人均耕地面积仅有 1.17 亩。民国以后，随着耕地面积的扩大，人均耕地有所上涨。但中华人民共和国成立后，由于工矿、交通、城镇、水利等各项建设占用耕地增加，而人口又不断增长，人均耕地面积明显下降。改革开放之后，由于各项建设大量占用耕地，全省耕地面积急剧下降，1995 年至 2005 年，10 年间全省减少耕地 1 000 多万亩，平均每年减少 100 多万亩，相当于一个中等县的耕地面积。而全省人口又迅速增加，至 2005 年全省人口比 1978 年增加 3 601 万人，平均年增 133 万人。至 2016 年，以常住人口计算，人均耕地面积仅有 0.43 亩(图 8-2)。

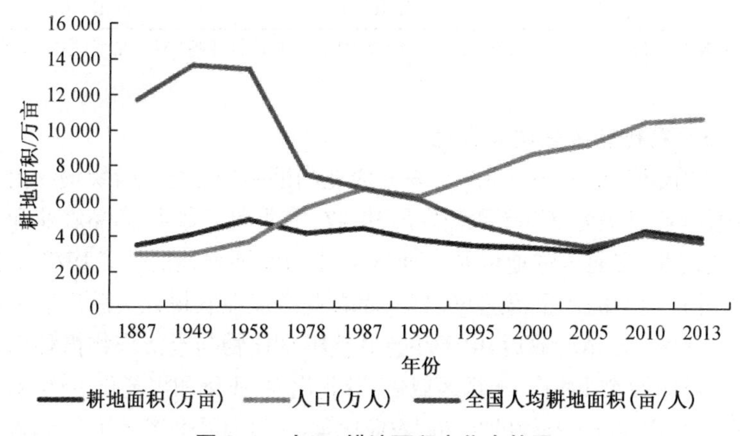

图 8-2　人口、耕地面积变化走势图

资料来源：自绘

2016 年广东省全省土地总面积 179 717.46 km^2，人均土地面积 0.16 hm^2，不及全国人均量(0.71 hm^2)的 1/4；耕地面积 4 729.35 万亩，人均耕地面积 0.43 亩，是全国平均数(1.46 亩)的 1/3，是世界人均耕地面积(3.38 亩)的 1/8，远低于联合国粮农组织划定的 0.8 亩的警戒线。以统计口径中 3 387.69 万农业人口来计算，农民人均耕地面积 1.40 亩，也不到全国平均数(3.43 亩①)的一半(表 8-2)。广东耕地资源的现状是非常短缺，耕地资源紧缺对土地密集型农业的制约作用越来越强，而 2000 年时全省已利用土地 1 701.4 万 hm^2，土地利用率高达 94.65%，土地开发率非常高，后备土地资源不多，通过开拓荒地增加耕地的方式不可为继。广东省粮食安全面临着严峻的形势，目前全省粮食产量 1 358 万吨，消费量 4 284 万吨，粮食自给率仅 32%②。因此，有效合理地利用土

0.8 亩的人均耕地警戒线是联合国粮农组织根据耕地的生产能力划定的。广东省严重低于警戒线，表明广东省近几年耕地面积不足和人口严重过剩的情况。

① 根据 18 亿亩耕地和 6 亿农民估算。

② 数据来源于《“南粤粮安工程”建设规划(2016—2020 年)》。

地、保护耕地对广东省显得特别重要。

表 8-2　2016 年广东省人口与土地关系表

项目	数值	全国平均值
土地总面积	179 717.46 km^2	—
人口	10 999.00 万人	—
农业人口[①]	3 387.69 万人	—
人均土地面积	0.16 hm^2	0.69 hm^2
耕地面积	4 729.35 万亩	—
人均耕地面积	0.43 亩	1.46 亩
农民人均耕地	1.40 亩	3.43 亩

资料来源：广东省统计局，国家统计局广东调查总队. 广东统计年鉴[M]. 北京：中国统计出版社，2017.

8.1.1.3　农村经济呈现非农化

在改革开放前的 29 年中，广东省农业内部结构变化十分缓慢。由于长期片面强调“以粮为纲”，不积极发展林、牧、渔业和工副业，商品农业和农村工业、建筑业、交通运输业以及商业服务业的发展长期滞后。1978 年种植业在农业产值中的比重仍达 66.1%，而农业产值在农村社会总产值中的比重占 68.4%。改革开放后，由于注意调整粮食作物与经济作物播种面积比重，大搞开发性农业生产，实行区域化、专业化、商业化和规范化生产，努力提高农业中高质、高产、高效的“三高”农业比重，农村商品经济蓬勃发展，农业结构呈现多元化发展趋势，2016 年种植业在农业中的比重为 51.57%(表 8-3)。

表 8-3　广东省主要年份农业内部结构产值比重表　(单位：%)

年份	种植业	林业	牧业	服务业	渔业
1978	69.31	5.79	18.59	—	6.31
2016	51.57	5.17	20.09	3.5	19.67

资料来源：广东省相关年份的农村统计年鉴

农村就地工业化是指利用农村土地进行工业生产，从而在乡村空间中呈现工业化的现象。

改革开放初期，在城乡二元结构的束缚之下，广东省创新性地以乡镇企业的形式，绕过乡村户籍制度的约束和劳动力市场的封闭，创造了一种农村就地工业化的转型方式，成为当时乡村转移剩余劳动力的新途径，乡镇企业成为广东省农村经济发展的主要来源。以 1978 年和 1993 年的有关数据相比较，广东省农村工业产值增长了 14 倍，建筑业增长了 6.5 倍，运输业增长了 21 倍，商业及服务业增长了 3.6 倍[②]。全省乡镇企业数年

① 按常住人口城镇化率反推而得，明确反映农村常住人口，而不是指农村户籍人口。

② 广东省志编纂委员会. 广东省志・城乡建设卷(1979—2000)[M]. 广州：方志出版社，2014.

平均增加 20.9%，从业人员数年平均增加 10.9%，企业总产值年平均增加 33.4%(其中工业产值年平均增加 33.7%)；乡镇企业总产值占全省农村社会总产值的比重由 23.35%升至 72.6%，其中属于乡、镇、村的工业产值占全省工业总产值的比重从 10.81%上升到 33%，同时农业产值占农村社会总产值的比重则由 68.4%降至 27.8%[①](表 8-4)。到了 90 年代末 20 世纪初达到了乡镇企业的鼎盛时期，乡镇企业成为广东全省工业经济的主要力量，乡镇工业产值占工农业总产值的比值超过 80%，约占全省工业增加值中一半，乡镇工业职工占工业职工总数超过 60%[②]。直到现在，乡镇企业仍然是广东省重要的经济来源，2013 年全省乡镇企业总产值 35 833.96 亿元，占全省生产总值的 57.64%[③](表 8-5)。

表 8-4　1978 年与 1993 年广东省乡村经济、人口的有关数据表

项目		1978 年	1993 年	年平均增长
乡镇企业数/万个		8.09	138.99	20.9%
从业人员/万人		194.56	915.51	10.9%
企业总产值/亿元		29.36	2 202.1	33.4%
其中	工业	21.59	1 679.29	33.7%
乡镇企业占全省农村社会总产值的比重		23.35%	72.6%	—
农业产值占农村社会总产值的比重		68.4%	27.8%	—
乡/镇/村工业产值占全省工业总产值的比重		10.81%	33%	—

资料来源：广东省相关年份的农村统计年鉴

表 8-5　广东省乡镇企业产值与地区生产总值一览表

	经济行业	总产值/亿元
乡镇企业主要经济指标	农业	310.99
	工业	30 596.56
	建筑业	757.80
	交通运输业	337.45
	批发零售业	2 022.03
	住宿及餐饮业	724.81
	居民服务、修理和其他服务业	579.84
	其他	504.48
	合计	35 833.96
地区三产生产总值		62 163.97

资料来源：广东省相关年份的农村统计年鉴

---

① 陈文学. "半壁江山"呈异彩——广东乡镇企业发展回顾与前瞻[J]. 广州经济，1994(10)：20-22.

② 数据来源于新型城镇化发展研究课题组 2014 年 3 月 8 日发表的研究报告《乡镇企业助推广东新型城镇化发展》。

③ 注：2013 年之后乡镇企业被并到了中小企业之中，无专门统计数据。

广东省现状农村特征是人口密度大、耕地紧缺、农业人口过剩、农村经济趋向非农化。广东省的农村未来是一个怎样的发展状态与方向？农业是否会消亡？是否还会保存从事农业的乡村？乡村人口如何转移，是引导乡村人口转移到城市，还是维持和绑定农民继续从事农业？这些问题关系到广东省如何制定乡村发展政策、采取什么样的乡村规划等问题，乡村的发展目标落实到空间层面就是乡村空间如何转化的问题。需要依据广东省的现状条件与国家对广东省战略要求进行综合考虑，对广东省的乡村发展趋势做出基本判断。

广东省农业地位较低，但广东省出于战略需要仍要承担一定的农业生产任务，因此保持农业、维护生态和城镇化发展之间产生了矛盾。

8.1.2 广东省农业的发展趋势

8.1.2.1 现状情况：农业经济的重要性已经比较低

广东省是中国近代工业和民族工业的发源地之一，工业发展一直在快速提高。虽然到 1949 年，广东省仍是以农业为主，工业产值在工农业总产值中只占 30.9%，但工业的比重快速提高，农业的比重迅速下降。1957 年时工业比重就上升至 53.1%，第一次超过了农业的比重。这以后工业的增长速度一直领先于农业。2016 年数据显示，农业在广东省产值中所占比例仅为 4.6%（表 8-6），早已经进入城市时代。在广东省如此快速城镇化发展的现状面前，农业经济表现出无法与第二、三产业竞争的态势，呈现逐步衰退的趋势，农业经济的重要性也在不断降低。对于乡村未来的发展方向，需要从根本上提出问题：既然广东省城镇化如此发达，农业经济对广东省也不重要，可否只发展二、三产业，将乡村人口全转化为城市人口，完全消灭农村形态？换而言之，广东省是否还需要保留农村和农业人口？这是进行乡村规划的前提和必要条件。如果不需要保留乡村，则可全面地将乡村纳入城市规划，而不需要进行乡村规划。而要明确这个问题，首先需要明确广东省在国家层面的战略意义，以及乡村保留的价值。

乡村是否保留，这是乡村规划是否存在的终极前提，应在每个地区进行乡村规划之前对该问题进行论证和研究。

表 8-6 广东省主要年份三产构成表

年份	第一产业/%	第二产业/%	第三产业/%
1949	69.1	30.9	—
1952	58.4	41.6	—
1957	46.9	53.1	—
1962	37.4	62.6	—
1970	28.1	71.9	—
1978[①]	29.8	46.6	23.6

① 注：1978 年之前的第三产业数据无，数据来源于《广东统计年鉴》。

续表 8-6

年份	第一产业/%	第二产业/%	第三产业/%
1990	24.7	39.5	35.8
2000	9.2	46.5	44.3
2010	5	49.6	45.4
2016	4.6	42.8	52.6

资料来源：广东省统计局，国家统计局广东调查总队. 广东统计年鉴[M]. 北京：中国统计出版社，2017.

8.1.2.2　广东省是否需要承担粮食生产

乡村最主要的价值在于农业生产，特别是粮食生产。广东省是否承担国家粮食安全的责任涉及国家层面的战略决策。若广东省无须作为粮食生产的产区，则以广东省高度发达的城镇化的发展态势，趋势必将是乡村逐渐消亡，农业人口趋于完全城镇化，将省域粮食生产的功能往外省转移，成为像香港、新加坡一样完全没有农业功能的地区；若广东省需要作为粮食生产的产区，则必须保护乡村农业生产功能，维持一定的农业人口。这导向两种不同的规划目标。

首先从资源上看，我国的基本国策是保证粮食自给，因此保障粮食安全的责任要落实到区域。广东省虽然不是粮食生产大省，但是省域内耕地面积占全国比重的 1.93%，在 31 个省份耕地比重中占第 21 位（图 8-3）。至 2020 年全省耕地保有量和基本农田均不低于《广东省土地利用总体规划（2006—2020）》确定的指标（耕地保有量 29 087 km^2，基本农田不低于 25 560 km^2）。

乡村的价值很大程度并不在于本身，而在于对区域的重要性。无论从资源上看还是从功能战略上看，广东省都需要保护乡村，保护农业生产功能。

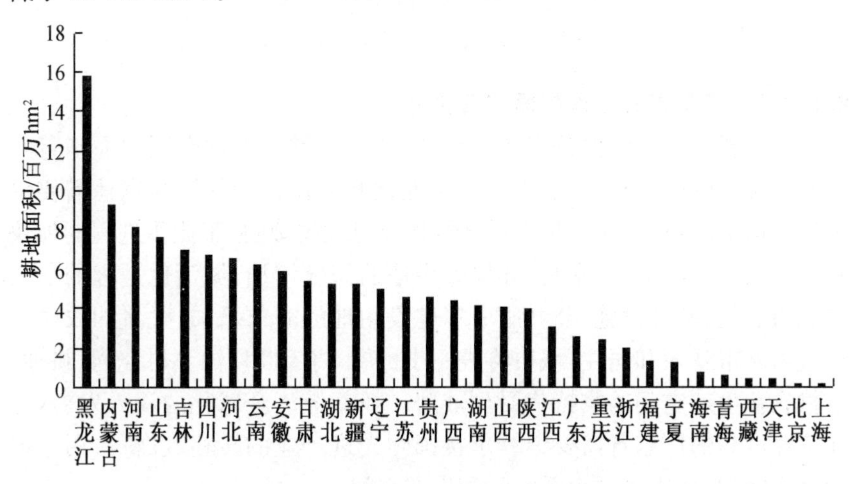

图 8-3　2016 年各地区耕地面积排序

资料来源：中国农业年鉴编辑委员会. 中国农业年鉴[M]. 北京：中国农业出版社. 2017

农产品主产区是从确保国家粮食安全和食品安全的大局出发，充分发挥比较优势，构建以农产品主产区为主体，以基本农田为基础，以其他农业地区为重要组成的农业战略格局。

其次从功能上看，在《全国主体功能区规划》中，广东省有部分区域被国家划定为华南主产区的一部分，这证明广东省虽为高度城市化发达地区，但基于国家战略安全的需要，仍要承担农业生产的责任(图 8-4)。因此，即便广东省城市发展水平很高，农业经济效益很低，农业也依然有存在和发展的必要。

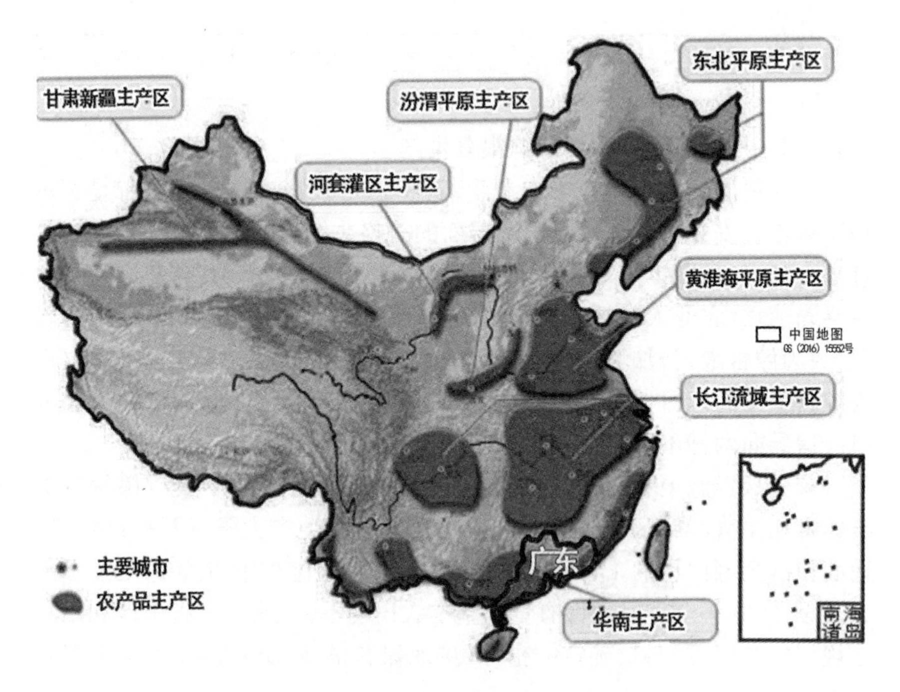

图 8-4　全国农业战略格局示意图

资料来源：下载标准地图服务系统上地图改绘

8.1.2.3　广东省农业保护面临着挑战

广东省需要继续保持农业生产，因此广东省有限的空间中面临着几个非常突出的问题与挑战。首先，工业化和城镇化的加快和发达需要更多的城市空间，从而对保护乡村区域构成更大的威胁：工业化进程的加快对工业、服务业、能源、水利、环保等用地的需求增加，城镇化进程的加快对城市居住、基础设施、公共服务等建设用地的需求增加；大量的农村人口进入城市就业和居住，城市将进一步扩展，将不断侵蚀乡村空间，耕地、乡村农业生产空间的维持将受到威胁。随着经济全球化的深入发展，外向依存度高的广东省需要继续承接国际先进产业的转移，也将占用一定的生产空间，挤占乡村生活空间和生态空间。

其次，出于城镇化的加快和生存质量要求的提高，对乡村的需求也会增加：人口的增加，还加大了对农产品的需求，进而对保护农业生产功能提出了更高的要求。随着人民生活水平的提高，人们对生活质量、人居环境和绿色生态空间的要求更高，绿色生态用地的需求将持续增加。随着经济社会的发展，生活、生产、生态用水的需求增加，水资源的制约更加突出。既要保护和节约已有的水资源，又要恢复和扩大水源涵养的空间，如河流、湖泊、湿地、森林等。

总之，广东省有限的国土空间，既要满足人民生活改善、工业化城镇化推进、基础设施供给、人口增加、经济发展等对土地的巨大需求，又要为保障农产品供给安全守住农业生产空间，为保障生态安全和居民健康保住并扩大绿色生态空间。这是广东省最突出的问题，应对区域空间面临的这些挑战，必须进行有效的区域空间规划，将以发展为目标的城市区域与以保护为目标的乡村区域统筹起来。

8.1.3 广东省乡村人口的变化趋势

广东省乡村人口逐渐减少，但基于耕地资源的短缺，目前农业人口仍处于过剩状态，需要继续城镇化并制定有效的转移乡村人口的措施。

乡村人口的发展趋势是描述区域间城乡关系的一个重要内容。既然基于农业生产需要而选择保留乡村，那么依据广东省的耕地面积的现状条件，耕地能承载的农业人口是多少？现阶段广东省的农业人口是合理的、过量的还是不饱和的？这关系到区域城镇化是否已经达到较为稳定的和平衡的状态，关系到乡村规划中是采取引导农民外迁转型的政策还是回流务农的政策。

8.1.3.1 城镇化率迅速提高的现状

改革开放前，广东省城镇人口增速很低，1949 年广东省城镇人口约占总人口的 13.3%，高于全国水平；到 1987 年，广东省城镇人口只上升到 22.2%，低于全国 1.51 个百分点。这是因为广东省在 1949 年后的 30 多年间，未列为全国重点建设地区，故省内农业人口向城镇转移的速度慢，城镇化的水平较全国低。但 1995 年之后广东省城镇化人口经历了一个快速上升的过程，2000 年时广东省平均城镇化率已经超过 50%，高于全国 18.78 个百分点（表 8-7、图 8-5）。广东省人口城镇化水平迅速提高的原因有：一是随着产业调整，非农化进程加快，广东省以及外省农村剩余劳动力大批涌入城镇就业；二是部分新城镇兴起及区域扩大，就地城镇化，将农民与农村整体转化为城市。

表 8-7 广东省城镇化率变化表

年份	广东省城镇化率/%	全国平均城镇化率/%	差值
1949	13.3	10.64	2.66
1982	19.28	21.13	−1.85

续表 8-7

年份	广东省城镇化率/%	全国平均城镇化率/%	差值
1987	22.2	23.71	−1.51
1990	23.7	26.41	−2.71
1995	39.3	29.04	10.26
2000	55.0	36.22	18.78
2005	60.7	42.99	17.71
2010	66.2	49.95	16.25
2016	69.2	57.35	11.85

数据来源:中华人民共和国国家统计局.中国统计年鉴[M].北京:中国统计出版社,2017;广东省统计局,国家统计局广东调查总队.广东统计年鉴[M],北京:中国统计出版社,2017.

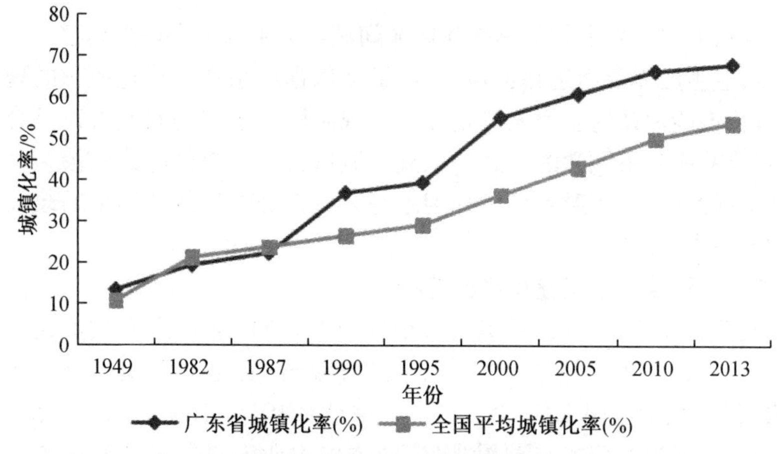

图 8-5 广东省城镇化率与全国城镇化率变化曲线

资料来源:自绘

8.1.3.2 农村人口的发展趋势判断

广东省的耕地面积持续不断地减少,加之 2000 年时全省土地利用率已达 94.65%,后备土地资源不多,通过开拓荒地增加耕地的方式不可持续。同时,农业生产技术继续改良,单位土地上耕种的劳动力需求越来越小,客观上使得广东省有大量的农民需要转化为市民,从事其他产业。

广东省人多地少的现状与我国台湾地区及日本的情况较为相似。台湾地区地狭人稠,境内 2/3 为山地丘陵,气候温暖,雨量充沛,现代精细农业生产发达,现有耕地面积 1 290 万亩,农户 78 万户,农业人口 400 多万人,占台湾总人口的 19%,即农民人均耕地面积约为 3.2 亩。日本耕地很少,仅有 454.9 万 hm^2,但据日本农林水产省 2010 年 9 月 7 日发布的

2010年农林业调查报告，日本农业从业人口仅剩260万人，则农民人均耕地面积约为26.1亩。至于那些采用现代农业机械耕种技术的国家，如世界上耕地面积最大的美国，现有耕地面积1.97亿 hm^2，占世界耕地总面积(15.02亿 hm^2)的13.12%，美国现今人口约为3亿，其中农业人口约为600万，农民人均耕地面积可达到493.5亩。

农村人口的规划预测与城市人口不一样，农村人口是依赖土地耕作生存的。换言之，土地能够承载的耕作劳动力即为农村人口的理论极限，而不似城市具有比较大的弹性。因此，可以大致依据耕地保有量来推测农村人口的趋势。按照发达国家和地区的情况类比，广东省农民人均耕地面积仅1.4亩，农业人口处于严重过剩的情况，乡村农业经济必然不足以维持现有人口规模。依据几种农业现代化耕种模式(表8-8)以及广东省耕种极限值"潮汕模式"，广东省至少还能转移近一半的农业人口，这是基于人口与耕地关系的一个基本判断。依据乡村耕地所能承载的劳动力数量反推，假定广东省总人口不变，则广东省城镇化率仍将上升至74%～98%时，才能达到国际现代化农业的标准，使农民的生活水平达到国际标准，从而达到城乡协调的状态。

"潮汕模式"是广东省精细耕作的代表，以仅占全国0.1%的土地养活了占全国近1%的人口。

农村人口发展趋势的预测是乡村规划与政策制定的基点，现实数据意味着广东省目前的乡村人口过剩，规划和政策必须坚持城镇化的路径，应当更加关注乡村人口逐步城镇化的方式，以及城市吸纳农业剩余人口的转移机制等，而不是采用现有规划的思路，不断全面地在乡村增加基础设施来维持农村人口。农村是保留人口还是转移人口，这是两种完全不同的规划思路，乡村人口的发展问题是广东省乡村规划与政策的核心问题。

表8-8 三种农业现代化耕种模式之比较

农业现代化耕种模式	农民人均耕地	广东省可承载的农民数量	广东省城镇化趋势预测
"潮汕模式"	0.11 hm^2(1.65亩)	2 866.27万人	上升至74%
"台湾模式"	0.21 hm^2(3.15亩)	1 501.38万人	上升至86%
"日本模式"	1.74 hm^2(26.10亩)	181.20万人	上升至98%

资料来源：自制

8.1.4 广东省农业的发展方向及目标

依据极缺耕地总量和过剩的农业人口，广东省的农业应该选择什么样的发展方式，这与广东省城乡关系特征、农业自身的特征、自然条件及区域战略等因素息息相关。

广东省农业表现出商品化特征，交易属性大于自给属性，农业生产与城市发展联系紧密，并有朝着精细化农业生产发展的趋势。这与发达国家农业发展趋势较为吻合，也意味着广东省农业需要转型和更新。

8.1.4.1 省际表现出交易化、商品化的特征

广东省农业具有商品化的农业特征，具体表现为农产品不是自给自足的方式，在区域间市场交易的特征比较明显。虽然广东省粮食[①]自给率仅 32%，但是 2016 年广东省出口农产品的数量超过 20 万吨，仅次于黑龙江，仅小麦一项出口达 9.2 万吨，食糖则有 9.94 万吨(图 8-6)。但与此同时，农产品进口率也非常高，2016 年进口农产品数量居全国第三，其中粮食的进口数量达 255.1 万吨(图 8-7)。这证明广东省的农业生产是

扫码可见彩图

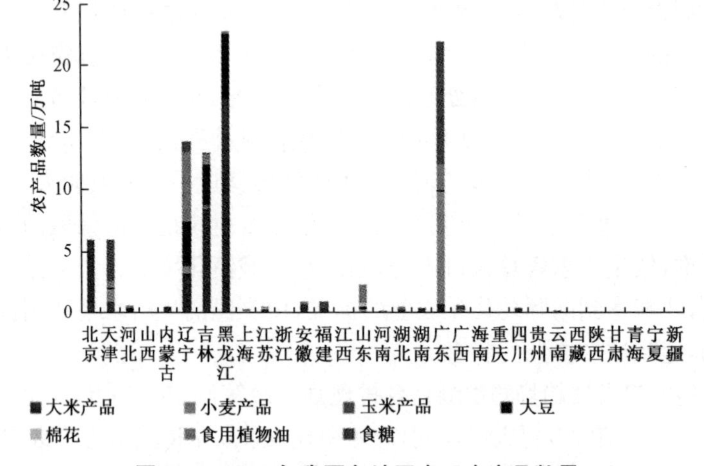

图 8-6　2016 年我国各地区出口农产品数量

资料来源：作者根据 2016 年全国各地进出口农产品数据自绘

扫码可见彩图

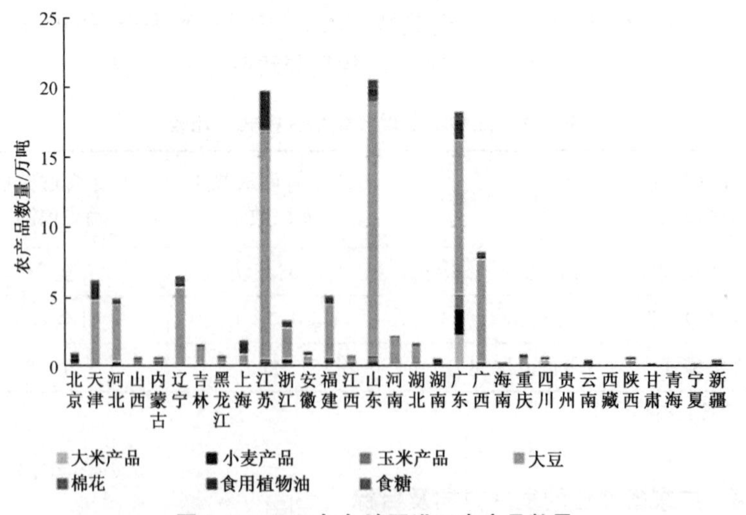

图 8-7　2016 年各地区进口农产品数量

资料来源：作者根据 2016 年全国各地区进出口农产品数据自绘

① 在国际上"粮食"通常就是谷物，主要包括大米、小麦和玉米三大谷物，而我国习惯上把大豆和薯类也包括在内。

一种区域间开放式的生产模式，并非为了满足自身，更多的是基于地域比较优势，出于交换的本质而进行的专业化生产，这与周边的贵州、江西、湖南等省份基本自给自足的封闭农业生产模式截然不同。

这种区域间开放式的生产模式也体现了前文中将保障粮食安全的责任落实到区域并承担农业生产责任的要求，印证了广东省作为华南主产区的重要地位。

8.1.4.2 省内表现出城乡关系紧密的特征

城乡最基本的互动联系就是关于食品供给的关系，世界上各个大城市，如北京、上海、广州等国内一线城市，都是依托农业发展起来的，借由农业剩余产品向城市的供给来满足城市人口日益增长的需求。广东省的乡村作为食品主要供应地，在省域内表现出与城市发展紧密相关的特征，不同时期城市需求的食品不同，乡村农业也随之变化：首先，由于广东省城镇化水平的提高，人们对食品的需求日益多样化，过去单一的粮食供给已不能满足需求，需求决定供给，由粮食关系转为多样化的食品关系，如珠三角从"耕地农业＝粮食农业"的农业经济向"食品农业"转变①；其次，由于广东省土地紧缺，粮食的比较优势下降②，在市场经济的影响下，农民选择转向具有较高比较利益与附加值的农产品（如蔬菜、花卉、水产等），从农业内部结构不断的变动中可以看出，种植粮食作物所占的比重逐年下降，而其他作物（主要是蔬菜）的比重逐年上升（表 8-9）。

表 8-9 广东省主要年份农作物播种面积的构成比重表 （单位：%）

年份	粮食作物	大豆	经济作物	其他作物
1949	90.5	1.8	2.9	4.8
1957	85.1	1.5	6.4	7.0
1965	79.1	1.3	10.9	8.7
1978	76.3	1.7	12.8	9.2
1990	68.5	2.0	15.7	13.8
2000	60.1	1.9	14.1	23.9
2010	56.0	1.4	14.7	29.3
2016	51.9	1.3	15.6	32.5

注：粮食作物包括稻谷、小麦、旱粮、薯类；经济作物包括甘蔗、油料作物、麻类、烟叶、木薯、药材和其他经济作物；其他作物包括蔬菜（含菜用瓜）。

资料来源：广东农村统计年鉴编辑委员会. 广东农村统计年鉴[M]. 北京：中国统计出版社，2017.

① 蒋琳婕. 基于城乡互动视角下珠三角城乡关系特征研究[D]. 广州：华南理工大学，2014.

② 郑晶. 广东粮食生产比较优势分析[J]. 南方农村，2005(6)：40-42.

8.1.4.3 精细化农业生产的发展方向

1）广东省自然地形特征的限制

广东省地形复杂，以山地、丘陵为主，高低不平，且田块破碎面积较小，对于这样的地区，大规模的机械化生产难以应用和发展，应当以发展无机械化的精细农业为主①。历史上广东省农业就着重在"精耕细作"上，突出的代表是潮汕地区，由于人口比较稠密，人均耕地面积少，而有着丰富的集约耕种、高效经营的经验。早在1955年潮安就成为全国第一个双季稻年亩产千斤县，澄海、揭阳、潮阳成为全国第一批粮食年亩产超千斤县，以仅占全国0.1%的土地养活了占全国近1%的人口。"潮汕模式"是目前广东省精耕细作的极限代表，假如整个广东省的农业都能够按照这个模式生产，那么，理论上广东省域农村区域可容纳的农业人口极限值是2 866.27万人，若再需要容纳更多人口，在自然条件的限制下必须依靠科技的革新，或者依靠旅游等其他产业，因此自然地形的限制对广东省人口的发展产生了很大的影响。

2）时代发展对农业生产的选择

随着经济的发展，广东省农业已经进入新阶段。目前，广东省以占全国1.5%的耕地面积产出占全国6%以上的农业增加值，成为全国农业效益最高的省份之一②。从另一个角度来说，广东省保护耕地的效益是其他地区的数倍，因此保护耕地有着更重要的意义，也带来了巨大的压力。广东省农业从劳动力和自然资源集约型转向更加依赖技术进步和制度创新，从农业的数量扩张转向更加重视农产品增加值和质量提高的趋势，因此合理的地区农业布局与选择对广东省尤为重要，比如珠三角应更多生产高附加值的农产品，尽可能发挥农业的比较优势③。在城镇化高度发达的广东，土地资源显得更为重要和紧俏，在市场经济的调节下，较为低廉的农产品可以通过外地交易运输到广东省，客观上不可能有过多的土地用于从事基础和低廉收益的农业；而对于一些外省无法达到耕种条件的农业，或者无法长途运输而选择在本地生产的农产品，广东省具有更大的比较优势，应当依据市场来更新和指导广东省选择合适的耕作方式、耕作品种。

从另一个角度来说，广东省多保护一亩耕地的效益是别的地方的6倍，保护耕地有着更重要的意义，保护压力更加大了。

3）广东省农业区域发展目标的要求

《广东省农业和农村经济社会发展第十二个五年规划纲要》对广东省的农业产业发展与区域布局提出了目标要求：要充分发挥各地农业资源

① 姚建松. 我国精细农业发展前景探讨与研究[J]. 中国农机化，2009(3)：26-28.

② 数据来源于《广东省农业和农村经济社会发展第十二个五年规划纲要》。

③ 孙良媛，温思美. 广东农业发展新阶段的特征、问题与对策[J]. 农村研究，1999(6)：34-36.

优势，大力发展特色产业和特色产品，努力推进农产品生产的标准化、设施化与规模化，通过特色与安全生产提升农产品品质，形成农产品的品牌，提高农产品的市场竞争力。其中种植业的功能定位是“利用有限的耕地资源为城乡居民生活提供优质、安全的粮食、水果、蔬菜、肉类和花卉等产品，逐步发挥种植业在改善城乡生态环境方面的作用，注重发挥种植业在休闲和社会文化等方面的功能”。规划目标是“基本建成农产品安全生产体系，将广东种植业发展成为我国精品种植业、种植文化和生态栽培的典范之一”。

基于现实情况和广东省的区域发展目标，首先，农业未来发展方向是“精致农业”“特色农业”，而不是规模农业和产出型农业，这说明需要准确把握所需农民的数量，人口的数量决定着投入乡村的基础设施的数量，不应盲目地全面增加设施，而应通过人口趋势决定总体数量，通过空间进行差异化的建设。其次，农业特征是着重于为城市、区域服务的商品型、交换型农业，农产品更加多样化，注重生态、高效，更强调技术的投入，是多元化的产业。农业的目标使乡村规划一方面通过转移农民劳动力而减少农民数量，另一方面应有更多政策投入乡村，通过农业补贴和财政转移对从事农业生产的农民进行补贴，引导多元农业产业，开展农业科技培训，培训高技术的农民，另外还涉及土地管理、制度建设、解决就业等问题。在未来，一个高技能的农民只耕种一亩地甚至更少的地，而其生产出来的农产品却因为包含的科技含量可售出更高的价格，这使农民仍然能保持稳定和足够的农业收入。

8.1.5 广东省农业与农村人口发展特征的总结

广东省城镇化程度高，但仍处于继续城镇化的趋势中；土地资源少，人口众多，对农业的发展制约比较大；现阶段农村经济已经趋向非农化占主导地位。基于国家宏观战略目标，广东省需要坚持承担农业生产的责任，保障粮食生产安全，因此广东省农业面临着城镇化对乡村的侵蚀与保障农业生产空间的挑战。从土地效益来说，广东省的耕地农业效益比较高，具有精细化、多样化的特色，对比其他地区，广东省保护耕地有着更重要的意义，也使保护耕地的压力更加巨大。同时，由于地少人多，广东省仍有大量的乡村人口要转型，有着向城市转移的巨大压力；维持剩余农民从事农业活动也需要更有效的规划、政策和制度的协同。

广东省农业发展特征表现为：
1. 需要坚持承担农业生产的责任，保障粮食生产安全；
2. 广东省的耕地农业效益比较高，具有精细化、多样化的特色；
3. 广东省需要更加有效地维持剩余农民从事农业活动。

乡村人口问题是区域乡村规划核心议题，这预示着乡村的规模、布局与发展策略。广东省农业发展与农村人口转移和维持等众多压力给广东省的乡村规划带来了巨大的挑战，需要制定有效的规划，切实地保护农业、农民和农村，同步处理城镇化与保障农业生产的双重任务。

8.2 广东省自然生态与历史文化的特征

8.2.1 广东省自然生态特征

广东省粤东西北和珠三角的区域生态环境面临着不同的问题，虽然在各类区域规划以及现有实践中对生态进行了一定的保护工作，但随着人口密集度的不断增长，将会进一步逼近生态环境承载容量的极限，产业转移也会对环境造成潜在的污染风险，广东省自然生态保护工作仍然非常艰巨。

8.2.1.1 区域生态空间格局特征：区域生态环境差异显著

广东省的地势是北高南低，北部为崇山峻岭，南面临海，自然资源丰富，区域景观具有多样化的特征。粤北经济较落后，土地建设强度小，自然植被受破坏程度相对较小，森林覆盖率达 58.98%，总体生态环境较好，对区域气候调节、生态环境改善具有重要作用，是全省主要的丘陵和山地地带，拥有亚热带丰富且多样化的动植物资源，因此是广东省最重要的生态安全屏障。粤北区域内自然保护区众多，其中清远市、梅州市、韶关市和河源市的自然保护区面积占到全省自然保护区总面积的 62.5%。北部山区中分布有大量的河流水系、大中型水库及水库集雨区，其中东江和北江是珠三角主要水系珠江的上游组成部分，因此粤北是供给广东省饮用水的主要源头，并处于城市发展依托的主要河流的上游地带，环境和生态环境功能都显得极为重要。

粤东和粤西是沿海地区，大气环境容量相对较大，地势平坦，耕地资源丰富，地理环境具有显著优势。但是两个地区均有不同的生态环境问题，如粤东地区由于人口密度大，大量排放的废污水造成淡水资源因受污染而短缺的现象严重；粤西地区易受自然环境和气候影响，水利设施短缺而面临工程性缺水。这两个地区的生态保护能力相对较弱。

珠江三角洲地区工业化水平高、经济发达，城镇化已经达到中等发达国家水平，土地开发强度大，对生态环境破坏严重，特别严重的是水污染和大气环境污染等问题。环境总体的质量最差，亟需有效的保护。

现有自然保护区域包括国家级和省级等多层次认定的各类自然保护区、文化自然遗产、风景名胜区、森林公园、地质公园、湿地等。其中自然保护区的种类包括森林生态系统自然保护区、海洋和海岸生态系统自然保护区、内陆湿地和水域生态系统自然保护区、自然遗迹自然保护区、野生动物类型和野生植物类型自然保护区等。这些区域的生态是维持区域生态质量最关键的生态要素，在《广东省主体功能区规划》《广东省国土规划》等规划中都对其进行了开发建设的限制和禁止，要求加大自然保护区域的保护力度和基础设施建设（表 8-10）。

表 8-10 广东省生态功能区域

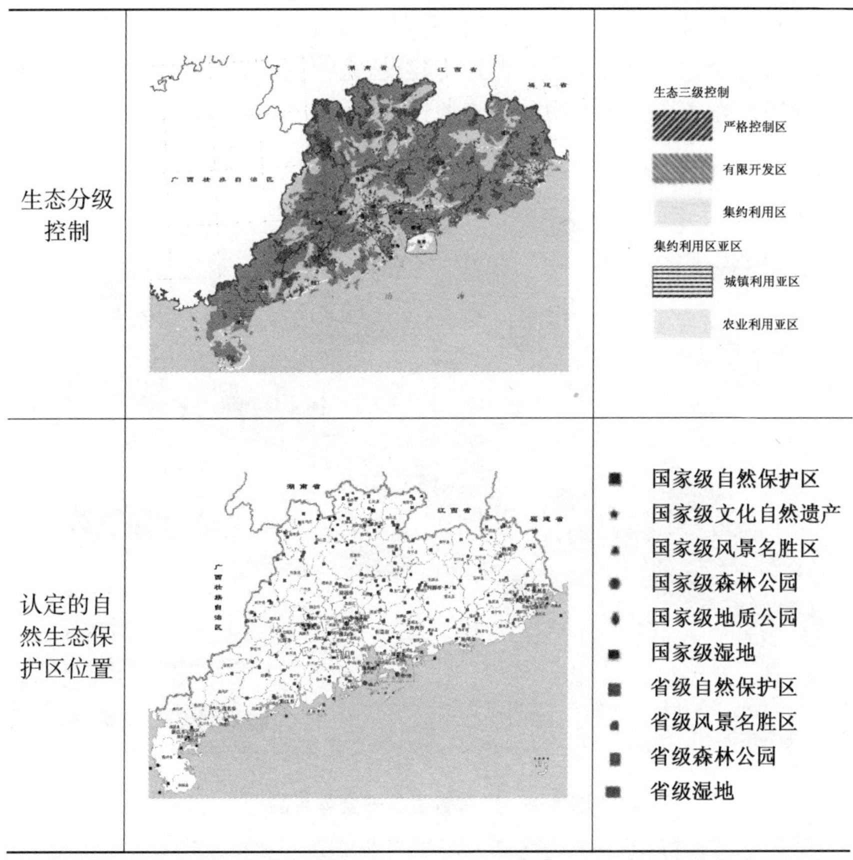

生态分级控制		生态三级控制 严格控制区 有限开发区 集约利用区 集约利用区亚区 城镇利用亚区 农业利用亚区
认定的自然生态保护区位置		国家级自然保护区 国家级文化自然遗产 国家级风景名胜区 国家级森林公园 国家级地质公园 国家级湿地 省级自然保护区 省级风景名胜区 省级森林公园 省级湿地

资料来源：广东省环境保护规划纲要(2006—2020)[Z]. 2006；广东省主体功能区规划[Z]. 2012

8.2.1.2 区域生态建设的进展

广东省的生态建设一直持续进行，先后编制了《广东省环境保护规划纲要(2006—2020)》和《广东省生态文明建设规划纲要(2016—2030)》来指导生态建设。广东省率先在省内划定生态控制线和林业生态红线，仅2014年就完成了2 750 km的生态景观林带，森林造林335万亩，森林覆盖率达58.69%；扩大了750万亩省级生态公益林，增加210个森林和湿地公园，新增207个社区体育公园，并新建约2 000 km的绿道；广东省对海岸资源的保护方面已建立海湾建设试点、海洋保护区，进行海洋生态修复①。按照广东省国土综合功能区划的要求，广东省的区域生态体系形成多层次的空间结构：北部山区以森林、生物多样性和水源地保护为重点

① 数据来源于2015年2月9日广东省省长朱小丹在广东省第十二届人民代表大会第三次会议上所做的政府工作报告。

的生态保育带建设；积极推动珠三角环状生态屏障带和城市内部绿地系统建设；加强沿海防护带体系建设，提高海岸与海洋生态系统的生态服务功能；实施沿江干流的生态带保护与建设，完善主要交通廊道的防护林体系，保障广东省国土生态空间的连通性(图 8-8)。

图 8-8　广东省生态安全体系图

资料来源：广东省人民政府. 广东省国土规划(2006—2020)[Z]. 2013

8.2.1.3　广东省生态空间面临的问题与挑战①

目前广东省生态问题表现为：
1. 水污染问题，部分河段纳污量超标；
2. 城市绿地明显减少；
3. 全省水土流失严重；
4. 渔业资源衰退；
5. 农业面源污染负荷严重；
6. 矿山生态地质环境形势严峻。

目前，广东省的经济增长方式仍然比较粗放，造成主要污染物排放强度高，且资源能源消耗强度大。环境污染形势严峻，水污染问题是广东省最突出的环境问题之一，其中珠江三角洲地区由于水污染物排放量巨大，部分河段纳污量已超出环境容量，粤东地区由于人口密度大，生活污水排放量大且处理设施配套不完善，部分河段水质恶化，造成珠江三角洲和粤东地区水质性缺水比较严重。局部地区生态破坏突出，城镇化大量挤占生态用地，城市绿地明显减少，生态功能明显减弱。全省水土流失问题虽有所改善，但局部地区依然严重，部分地区水土流失强度大，2000 年水土流失面积为 142.9 万 hm^2，占全省土地总面积的 8%。珊瑚礁、海草场、滨海湿地等具有典型性、代表性的海洋生态系统遭受不同程度破坏。渔业资源持续衰退，目前南海北部大陆架海区的底层渔业资源密度不足原始资源密度的 1/9，北部湾

① 广东省环保局. 广东省环境保护规划纲要(2006—2020 年)[Z]. 2006.

海区的资源密度不足原始密度的1/8。农业面源污染负荷加重,农村生态环境和卫生条件普遍较差,有机污染和重金属污染问题日益显露。矿区生态环境恢复治理未引起高度重视,矿山生态地质环境形势严峻。

在广东省持续经济发展和持续城镇化的发展背景下,人口将持续增长,不仅珠三角地区会进一步增加人口密集度,粤东、西、北等地区也将会吸纳乡村人口而扩大现有的城镇聚集区或形成新的聚集区,将进一步加剧人地矛盾和水资源、能源的紧缺,必然逼近生态环境承载容量的极限,增加区域环境保护的压力。此外,伴随着全省产业结构的调整和珠江三角洲地区的产业升级,部分产业将逐步向粤东、粤西地区和山区转移。粤东、粤西地区的生态环境比较脆弱,生态保护能力较差。山区是广东省重要的生态安全屏障,是广东省重要饮用水源的发源地和主要河流的上游地带,其生态作用和环境功能极为重要,其水质状况的好坏将直接影响到社会经济的稳定和发展。目前,化工、纺织印染、陶瓷、冶炼等部分污染行业已开始向粤东、粤西地区和山区转移,并有不断加快的迹象,污染物的大量排放必将导致这些地区的环境污染负荷明显增加,产业转移引起污染转移的潜在风险不容忽视。

因此,对广东省区域生态环境进行规划和保护,是省域城乡区域能够协调、健康发展的要求。

8.2.2 广东省历史文化特征

广东的文化属于边缘型文化,并受到对外开放的深刻影响。这些历史文化资源大多保存在乡村地区,需要乡村规划进行保护。

8.2.2.1 总体特征

1) 地理的阻隔造就独特的地域文化特征

广东地处中国大陆的最南端,是一个相对独立的地理单元。横亘广东北部的五岭山地,极大地限制了古代广东与中原的沟通,有利于地方文化的沉积,有利于孕育和发展富有地域特色的文化体系。广东在历史上有几次中原人大规模南迁。秦始皇三十三年(前214年),从中原迁徙了十几万人到岭南,与土著民族杂居,共同开发岭南,开始了民族融合和同化的过程。两晋时期,大批中原人民避乱南迁,促使岭南经济社会生活和民族关系产生重大变化。到唐宋时,岭南少数民族基本上同化于汉族,只有小部分溪峒俚人和僚人保留着自身的特点,衍为当代的瑶、壮、畲等少数民族。继两晋中原人民大规模南迁之后,在北宋末年和明末,又出现两次大规模移民。历史上几次大规模的中原移民,对岭南政治、经济、文化的发展有着巨大的影响,加速了岭南的开发与发展。被历代朝廷贬谪到岭南的"罪官",对岭南的发展也作出了显著的贡献。

边缘型文化指在不同文化交往中,某种文化吸取其他文化成分后,派生出许多新的文化。在此意义上,边缘文化是文化交流互动的产物,也就是"杂交文化"或"共生文化"。

民族融合的结果,使得广东的南越族同化于汉族。从整体来讲,广东文化和中华文化(华夏文化)是同一体系。但是,由于广东原有的南越文化仍有很深的影响，所以广东的文化和其他地区的文化有很大区别，属于中华文化体系中的边缘型文化。

2）靠海的区位造就对外交往的文化特征

广东面临南海，海岸线长，是对外交往的极有利的条件。正是这个优越的地理条件，使广东成为中国对外交往的“南大门”。“南大门”这个地理区位，从古代开始，就对广东地区的政治、经济、社会、文化乃至民性、民情风俗，有着重大的影响，它是形成广东政治、经济、文化特色的背景和条件，是广东的最主要的特点，可以说是整体特点。

8.2.2.2 广东省历史文化分布情况

广东省的历史文化资源大部分都保存在乡村，如由于地理环境所形成的自然风光，不同民族农业耕种文化所形成的景观与文化，不同地区的村庄建筑风貌与村庄景观，不同民族、聚落所形成的民俗风情。

广东省地形地貌复杂，以山地、丘陵为主；地势北高南低，岭谷排列规则，降水丰沛，气温适宜，水系发达。由于地理环境而形成独特的岭南自然风貌，如南亚热带景观、原始森林、湿地、溶洞等自然景观元素，这是岭南地区独有的地理资源文化。从西北部的山区、中部的三角洲冲积平原到东南沿海地区，塑造了山乡、水乡和渔村等多样的地理与经济形态（图 8-9）。

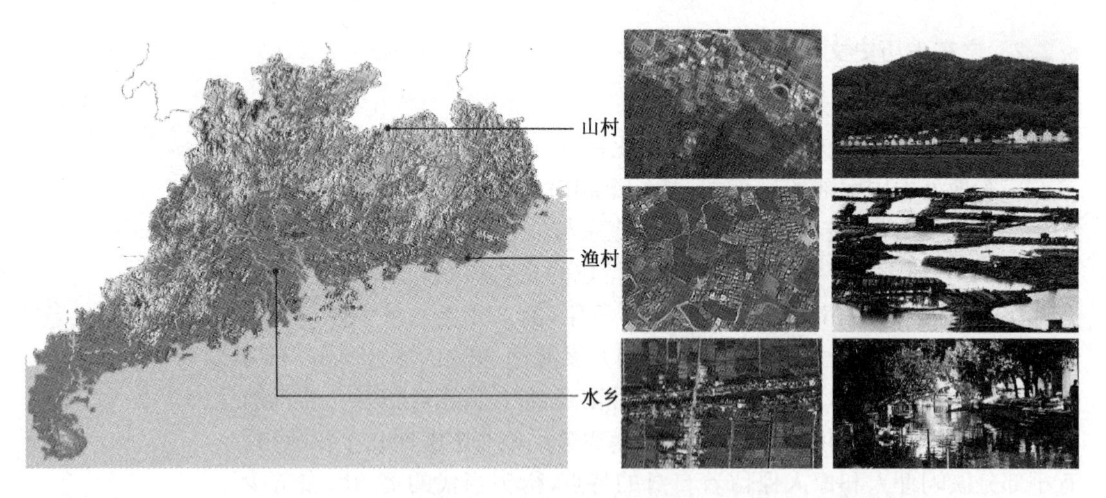

图 8-9 乡村依据不同地理区位所形成的不同特征

资料来源：依据 google 卫星图及拍摄图片绘制

由于不同地区的地理条件不同、民族生活方式不同而导致特定的农业生产方式也不相同，形成农业耕种文化，如汉族山地农耕地文化、客家农作文化、潮汕汉族农渔文化等。由于耕种与自然的相互融合而形成不同的景观，如粤西的南亚热带种植、蚕桑养殖，珠三角的生态农庄、花卉种植、现代农业，粤东的沿海渔业，粤北的茶叶种植文化等。

广东省是多民族融合的地区，使得独特的民族文化、地域文化在区域中表现十分明显，在空间中表现为村落建筑文化，广府、客家、潮汕等鲜明的地域文化以及外来文化的影响，孕育了广府民居、客家围屋、五邑碉楼等丰富的文化形态。粤西地区以古民居群、古村落较多；客家聚居地的粤东和粤北地区则以客家大围屋、客家文化文明闻名遐迩；珠三角大部分地区则具有典型的岭南水乡特色(图 8-10)。

广府民居

潮汕村庄

客家围屋

五邑碉楼

图 8-10　乡村保留着鲜明的地域文化形态

图片来源：https://www.jiemian.com/article/2325053.html

广东省自然景观多集中在粤北一带，粤北生态良好，是广东省的绿色屏障。珠三角城市化水平较高，对农业的休闲文化作用更为重视。历史文化名村多集中在珠三角与潮汕一带，这些地区是城镇化发达地区，为防止城市化对乡村的侵蚀，乡村保护显得更为重要。独特的地域文化和景观大多保存在广东省的乡村区域，因此历史文化景观是乡村规划中需要保护的对象(图 8-11)。

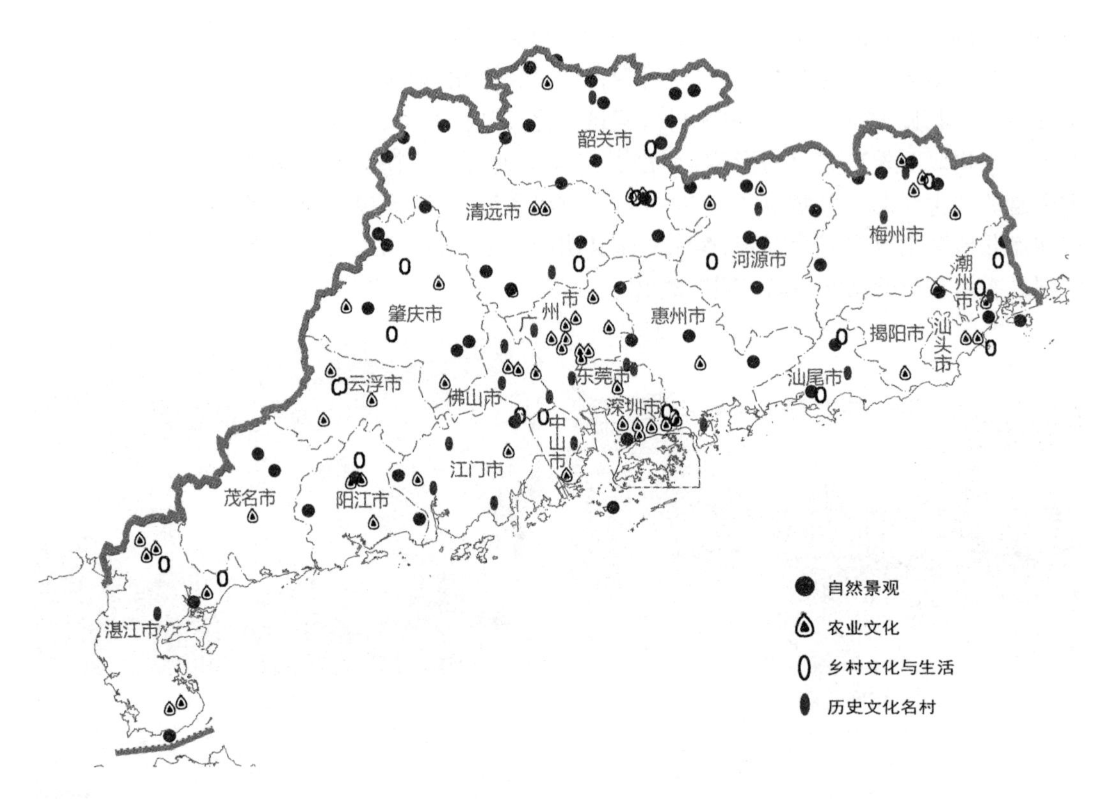

图 8-11　广东省自然景观与农业文化分布示意图

资料来源：自绘

8.3　广东省乡村发展与村庄建设

广东省乡村很早就进入区域城镇化时期。珠三角乡村城市化可以分为两个阶段：第一阶段是乡村以工业化来进行城市化；第二阶段是中心城市扩张导致的城镇化。而粤东、西、北地区则普遍呈现由于城镇化而导致乡村持续衰退。

8.3.1　乡村的发展阶段：区域城镇化时期

珠三角是传统农业发达地区，但是改革开放之前，依靠农业发展的乡村城市化发展十分缓慢，因为传统农业依赖农民个人经验积累的发展模式局限性较大，而现代农业发展需要城市的技术和科技人才的支持。珠三角地区开始大规模城市化始于改革开放后，从区域城市化的空间发展特征和人口转移特征分析，自 20 世纪 80 年代初至今，珠三角乡村城市化大致可以分为两个阶段：乡村城市化阶段和中心城市的扩张阶段。乡村城市化阶段是国家政策和区域外部力量推动的结果，时间上大致从改革开放到 90 年代中期香港产业基本转移完毕为止，这个阶段是珠三角地区充分利用毗邻港澳的地理优势，在深圳改革开放的示范引领下，充分利用国家改革开放的政策要求，对外吸纳香港和国际市场的产业和资本，对内吸引低价劳工和技术人才，形成外资企业和"三来一补"企业为主体的工业化发展道路，走出一条乡村工业化的城市化路径，典型的城市是东莞、中山、顺德和南海，在90年代被称为"广东四小虎"。到90年代中期，珠三角乡村是依靠外部推动力而达到城市化的，这个阶段城市化的空间特征是乡村空间形态的城市化，表现为农村耕地发展为城市建设用地，形成村庄与工商业的混合区，但是城乡二元社会的结构关系没有改变，行政体制和管理机制没有改变，农民的身份也没有改变。在市场经济的推动下，利用土地制度的缺陷和管理制度的不完善，许多农村经济由种粮食和经济作物改为"种房子"，农民成为以收租为主要收入的"食利阶层"，比较同时期城市居民社会福利的消减和市场化，本地农民身份拥有更好的经济保障水平，加之在计划生育政策上农村户口更具吸引力，农民更愿意保留农村户口而不愿意转移为城市户口。概括而言，在这个阶段大多数乡村因经济城市化与农民身份的强化、非城市化而产生矛盾，在物质形态上突出地表现为空间形态与社会形态的不协调，即"非城非乡"的空间特征。

尽管广州是1984年以来内地14个实行改革开放政策城市的其中之一，但是直到1992年邓小平"南方谈话"之前，城市的改革开放始终是在计划经济框架下的改良之策，资金、技术和人口都在政府的计划管制范围内，直到1993年党的十四大确立了计划经济向市场经济过渡的战略方向后，才真正激发城市的潜力。深圳特区政策的普适化后，区域城市进入以广州、深圳、佛山为核心的大城市扩张阶段，在空间形态上表现为城市蔓延和郊区化进程加速。由于大城市的迅速发展扩张，城市边缘区的乡村被大城市吞并，成为城中村，比如20世纪90年代广州向东发展与珠江新城建设导致猎德、冼村、石牌等村庄变成著名的城中村。城市郊区的发展带动周边农村的城市化，比如广州白云国际机场建设、花都中国汽车城的建立等，大量村庄被拆除，使花都迅速完成城市化的进程。这个时期珠三角乡村城市化是城市扩张的结果，表现为城市对乡村的侵蚀。同时21世纪初房地产业的发展加剧了大城市扩张的趋势，在区域经济的带动下，大城市的扩张不是重复乡村城市化的工业扩张的方式，而是利用丰厚的历史文化资源、医疗教育资源，通过市场化的提供住房方式吸纳区域富裕人群，形成房地产推动的城市化方式。这种发展方式，一方面是资本裹挟不平等的征地拆迁政策，强行剥夺郊区农民的土地权益，导致失地农民增多并引起一系列城市社会问题；另一方面，富裕人群在城市的快速聚集导致优质公共服务资源短缺和城市贫富分化加剧。大城市扩张的"征农地留村庄"的发展方式遗留了大量的社会、经济和环境问题。

在广东省东、西、北部远离中心城市的乡村，人口从农村区域净流出，农村人口持续减少，农业经济停滞或减弱，出现"空心村"现象；由于自然资源不足、交通不便、服务设施缺乏等因素，也无法吸引外部投资以促成农业经济向旅游休闲经济的转型。村庄建设基本依靠省市政府的投入，或外出经商者、乡贤和社会的资助，村庄建设基本处于停滞状态；仅有几个外出打工或经商的成功人士回乡建造了几栋大住宅，而多数历史建筑甚至整个村落处于衰退状态。

广东省乡村基础设施建设已经基本完善，住房、人居环境等各方面得到提升，目前广东省面临的乡村问题主要矛盾不是村庄物质空间的提升，相应的，广东省的乡村规划应该进行改革升级。

8.3.2 广东省乡村建设情况

目前，由于广东省城镇化的水平比较高，对乡村的反哺能力比较强，故而近年来乡村在基础设施建设、供应住房福利等方面的建设资金投入量都很大，乡村基础设施建设已经基本完成。

8.3.2.1 乡村建设投入量大，基础设施建设基本完善

以 2013 年计，广东省村庄建设总投入 382.79 亿元，从中央到各级政府对乡村均有投入，其中属于财政性资金的有 35.35 亿元；全省饮水工程基本完成，垃圾收集点已基本覆盖自然村，电、电话、宽带已全部覆盖行政村；教育、医疗、文化设施每年进行持续补贴；进行如新农村建设等若干项关于人居环境的综合性重点改造(表 8-11～表 8-13)。

表 8-11 农村市政基础设施建设状况

项目		时间	完成进度
饮水①	解决饮水困难	2002—2006	投入资金 40 亿元，解决了 760 万农民的饮水困难问题
	农村饮水安全工程	2008—2010	解决了 1 040.93 万农村居民和 18 万农村学校师生的饮水安全问题，广州、深圳、珠海、佛山、中山、东莞等 6 市实现了农村饮水安全全面达标和城乡一体化供水
	村村通自来水工程建设	2011—2020	行政村自来水覆盖率、农村自来水普及率、农村生活饮用水水质合格率均达到 90%以上，基本建成覆盖全省的农村供水安全保障体系
污水	生活污水处理	2008	生活污水处理设施数量只有 274 处，占全省自然村总数(145 084 个)的 0.19%②
		2013	对生活污水进行处理的行政村个数为 2 697个，比例为 15.24%③

① 数据来源于 2011 年 10 月 20 日人民网《广东启动村村通自来水工程建设》。

② 数据来源于《南方水网地区农村污水处理技术研究》。

③ 数据来源于《广东建设年鉴 2013》。

续表 8-11

项目		时间	完成进度
污水	广东省农村污水处理技术指引	2011	广东省住房和城乡建设厅推广使用指引，推动村庄结合实际情况建立适合自身特点的生活污水处理系统
垃圾	生活垃圾处理	2013	年生活垃圾清运量 6 007 126.76 吨，有生活垃圾收集点的行政村 15 468 个，占 87.40%；对生活垃圾进行处理的行政村 12 097 个，占 68.35%；进行无害化处理的行政村 2 253 个，占 12.73%
		2014	全省承担开工建设生活垃圾场任务的 71 个县（市、区）中，有 35 个已建成，33 个已开工，因征地问题未开工的 3 个正在抓紧推进前期工作；1 049 个镇街和 14 万个自然村，均全部完成生活垃圾转运站和收集点的建设①
村村通	通电	2006	实现全部村通电，户通电率达到 98% 以上②
	通电话	2000—2007	2000 年实现了全部行政村通电话，2007 年 6 月实现全部自然村通电话③
	通宽带	2008	实现全部行政村通宽带④
	通燃气	2013	全省燃气普及率为 45.69%

表 8-12　农村公共服务设施建设状况

项目	时间	完成进度
教育⑤	2001—2007	完成了对 3 548 所老区小学校舍改造；新建、扩建、改建布局调整项目学校 1 827 所；拆除中小学 11 804 栋危房；维修 5 628 栋危房；新建校舍 7 568 栋，全省基本完成义务教育学校危房校舍改造任务
医疗	2006	对经济欠发达地区每个行政村的卫生站每年补助 1 万元的村卫生站补贴
	2007—2010	每年安排 1 亿元对经济欠发达地区乡镇卫生院业务用房建设、设备给予补助

① 数据来源于 2014 年 1 月 14 日广东省政府在广州召开的 2013 年省十件民生实事完成情况新闻发布会。

② 数据来源于 2006 年 12 月 13 日广东省农村机电有关会议。

③ 数据来源于 2007 年 6 月 11 日广东省通信管理局召开的新闻发布会。

④ 数据来源于 2008 年 5 月 12 日广东省通信管理局和中国电信广东公司联合召开的新闻发布会。

⑤ 数据来源于《广东省农业农村基础设施建设专题调研报告》。

续表 8-12

项目	时间	完成进度
文化设施	2011	实现农家书屋在全省 2.2 万个行政村的全面覆盖，并先后配置了 98 辆“岭南流动书香车”①
	1998 年至今	全省有乡镇(街道)文化站 1 599 个，平均每站公用房屋建筑面积达 1 423 m²。其中，特级文化站 229 个，一级文化站 108 个，二级文化站 244 个，达标文化站 433 个。农村文化设施建设向村一级延伸，全省已建有行政村(社区)文化室 10 782 个，文化户达 12 534 户。全省建成 5 000 多个文化广场、16 139 个农村和城市社区文化室。公共文化流动服务进一步向基层拓展和延伸；文化信息资源共享工程基本完成，有条件的乡镇和行政村逐步建立固定的电影放映点
	2011—2020	出台《公共文化服务体系建设规划》，逐步完善省、市、县(市、区)、乡镇(街道)、村(社区)五级公共文化设施网络。到 2020 年，行政村(社区)按照“五个有”标准建成文化设施，文化信息共享工程服务网点和“农家书屋”覆盖到每个行政村；广播电视全面实现户户通，农村电影放映建立省、市两级财政保障机制②

表 8-13　农村人居环境的综合性重点改造

项目	时间	完成进度
新农村建设	2006 年至今	全省 137 600 个自然村中已累计编制村庄规划 52 275个，约占全省村庄总数的 38%；累计整治村庄 17 446 个，约占全省村庄总数的 12.7%③；省、市、县共建 50 个新农村示范村
历史文化名村创建④	2010	印发了《关于加强优秀历史建筑保护工作指导意见》的通知
	2011	开始试点，选择一批基础较好的镇和行政村作为示范点进行重点发展建设，其中省选择 2 个县，各地级以上市选择 2 个以上镇，各县(市、区)选择 2 个以上行政村作为示范点
	2015	计划全省 30%的行政村完成示范村建设，10%的镇和行政村完成名镇名村建设

① 数据来源于 2012 年 10 月 18 日中国新闻出版网《广东全面启动农家书屋提升工程》。

② 数据来源于《广东省建设文化强省规划纲要(2011—2020 年)》。

③ 数据来源于周锐波，甄永平，李郇.广东省村庄规划编制实施机制研究：基于公共治理的分析视角[J].规划师，2011(10)：76-80.

④ 数据来源于 2011 年 6 月 17 日广东省人民政府发布的《关于打造名镇名村示范村带动农村宜居建设的意见》。

续表 8-13

项目	时间	完成进度
“扶贫双到”与贫困村环境整治	2009	省委、省政府作出扶贫开发“规划到户、责任到人”战略部署，采取对口帮扶的实施策略，其中包括农村低收入住房困难户住房改造建设和“两不具备”贫困村庄搬迁工作
卫生示范村工程	2011	为带动村庄卫生环境的整体改善，2011 年省爱卫会重新修订了《广东省卫生村标准》及申报考核的管理办法，提出整治标准，各市镇加紧农村卫生创建工作
美丽乡村建设	2011	在国家“全面建设小康社会”和“可持续发展战略”的指引下，广东省也积极响应号召，在各市县掀起了“美丽乡村”建设热潮。目前美丽乡村建设已在全省范围内全面铺开，不少县镇都设有试点村，有的已分批次申报省、市美丽乡村示范村，规划到 2017 年，建成 1.3 万个美丽幸福村庄①

8.3.2.2 政府进行住房改造建设，居民自发建房情况较多

政府进行一系列如“农村安居工程危房改造”和“农村低收入住房困难户住房改造”等项目，基本实现危房全部改造成安居房的目标（表 8-14）。村民自建房屋的数量和面积较大，仅 2013 年新建住宅的户数就有 121 521 户，其中半数以上在新址上新建，存在占用土地、低效重复占地等问题（表 8-15）。人均住宅建筑面积 27.94 m^2，其中广州市（44.3 m^2）、佛山市（40.38 m^2）、中山市（39.46 m^2）、韶关市（38.29 m^2）等人均住宅建筑面积较高。

表 8-14 政府关于农村住房建设状况

项目	时间	完成进度
农村安居工程危房改造	2004—2007	改造农村危房 15.038 万户，惠及 72.2 万农民②
农村低收入住房困难户住房改造	2011—2015	计划用 5 年左右时间将全省农村 54.15 万户低收入住房困难户的住房改造建设成为安全、经济、适用、卫生的安居房，让这部分低收入农户实现“住有所居”的目标③

① 数据来源于 2013 年 8 月广东省委、省政府发布的《关于全面推进新一轮绿化广东大行动的决定》。

② 数据来源于 2010 年 4 月 8 日南方日报网络版《广东完成 15 万农村危房改造任务，惠及逾 72 万农民》。

③ 数据来源于《广东省农村低收入住房困难户住房改造建设实施细则》。

表 8-15　住宅房屋建设情况

<table>
<tr><td colspan="2">住宅建筑面积/万 m²</td><td>123 477.19</td></tr>
<tr><td colspan="2">人均住宅建筑面积/m²</td><td>27.94</td></tr>
<tr><td rowspan="3">其中 2013 年</td><td>建房户数/户</td><td>121 521</td></tr>
<tr><td>在新址上新建/万 m²</td><td>69 534</td></tr>
<tr><td>年末竣工建筑面积/万 m²</td><td>2 628.78</td></tr>
<tr><td colspan="2">公共建筑面积/万 m²</td><td>5 617.76</td></tr>
<tr><td colspan="2">生产性建筑面积/万 m²</td><td>9 756.43</td></tr>
</table>

8.4　乡村发展的特征与历史阶段的分析评价

首先，从国家尺度与政策来看，基于国家保障粮食生产安全的战略，广东省承担农业生产的责任义不容辞，乡村不是单一城镇化的发展，需要保留农业。在这个大前提背景下，广东省的现实特殊情况是人多地少，耕地无法容纳过多农业劳动力，剩余的农业劳动力需要转移出来，因此广东省的城镇化趋势必然还会进一步发展；同时这关系到广东省的农业发展方向，不同的农业生产方式需要的农民数量不同，将和城市化的转移息息相关，按照区域政策和现实情况，广东省的农业将会朝着精细化、专门化的农业生产方向转变。可见，乡村农业生产的问题与城市化的关系非常大。

其次，从区域尺度看，广东省的乡村拥有很高的历史文化价值，现状自然生态资源丰富，价值很高，是必须要保存的；由于广东省是高度发达的城镇化地区，人们对乡村的生态品质要求比较高，而城市化对乡村的侵蚀、影响又比较大，保护和发展之间的矛盾尤为明显，所以制定有效的乡村规划非常必要，刻不容缓。

广东省的乡村发展早在 20 世纪 80 年代就进入了区域城镇化时期，与城市开始相互影响。目前广东省乡村仍处于区域城镇化的阶段，乡村因大城市的蔓延发展而被吞噬的情况十分明显，这使得乡村与城市之间的关系变得更加紧密，乡村深刻地受到城市的影响，二者无法分离和割裂，这要求乡村规划必须站在城乡空间的区域视角来看待和分析广东省乡村问题，选择有效的乡村规划工具。

8.5　广东省乡村规划概况

8.5.1　乡村规划的发展历史

与我国其他地区一样，广东省乡村地区在封建社会时一直处于自治状态，并没有进行规划。中华人民共和国成立之后，广东省的乡村共经历过三次大规模的规划运动。

8.5.1.1　人民公社时期

20世纪50年代末，为配合"一五计划"156项重点建设项目之一的茂名石油城建设，国家建委组织开展了石油城城市规划设计，开启了广东省规划事业的先河。此后广东省城乡规划设计工作加速推进，在城建部"快速规划"（粗线条总体控制规划）的号召下，广东省的规划师们在艰苦的条件下，先后完成新会、佛山等城镇的总体规划，并对全省绝大部分县城、重点城镇和人民公社编制了粗线条控制性总体规划、规划蓝图，为广东省城乡规划工作的深入开展打下了良好的基础。

1958年6月，建工部在青岛召开的全国城市规划座谈会议上提出：用城市建设的"大跃进"适应工业建设的"大跃进"，倡导"快速规划"做法。在政策体制上，一是过去规划指标定额适当降低和简化，二是规划编制程序以多、快、好、省的目标进行简化。虽然规划发展步伐脱离实际，但乡村规划工作的指导思想有其合理之处。

规划工作的开展为乡村规划提供了契机，乡村第一次被重视并出现人为的规划干预行为，大部分的人民公社编制了初步规划，现可见于文献记载的有广东博罗县公庄人民公社规划[①]、广东省南海县大沥人民公社及社中心居民点规划与建设等，对乡村的社会发展、经济生产、空间布局进行了全面综合考虑和规划。可是，由于接下来的"三年困难时期"以及不搞城市规划的思想方针，人民公社规划就停止了。

8.5.1.2　纳入城市规划时期

人民公社结束之后规划处于停滞状态，乡村重新进入相对自由发展阶段。直到2000年左右，在市场经济体制下，广东省尤其是珠江三角洲地区的乡村受到香港等大城市的深刻影响，经济产业发生转型，催生了很多乡镇企业。由于此时的经济以乡镇以下企业占据主导地位，二、三产业的空间分布较为分散，珠三角总体呈现出城乡之间经济交融、空间交融的现象，而传统的区域规划更关注城市，难以对乡村地区进行有效指导，使得发达地区的很多乡村建设没有切实的规划和法律依据，急切需要规划能组织协调城乡发展的空间布局，来适应市场经济（尤其是乡镇经济）发展迅速、比较发达的地区。基于城市的需要和城镇化的影响，部分城市开始在编制总体规划和区域规划的时候将乡村区域纳入城市规划之中考虑。1993年的《中山市总体规划》首次将城市行政范围整体纳入城市规划区，所有的乡村建设被纳入城市规划管理。2004年的《中山市城市总体规划（2005—2020）》首次在市域城乡发展战略上提出在中山市域范围内构建由4个组团形成的"组团式发展结构"，在空间中将乡村地区全部纳入规划范围；将空间管治概念引入城乡协调发展战略中，针对中山市的特点提出包括监督型管治、调控型管治、协调型管治和指引与控制型管治在内的4级空间区划分级管治要求（图8-12、图8-13）。

该时期主要因市场经济和乡村地区发展的需要，以中山市为首，率先将乡村区域纳入了城市规划管理之中。

① 全君，崔伟，易启恩. 广东博罗县公庄人民公社规划介绍[J]. 建筑学报，1958(12):3-9.

扫码可见彩图

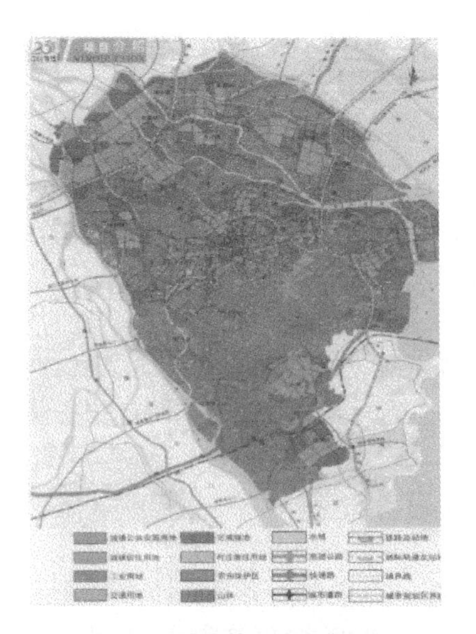

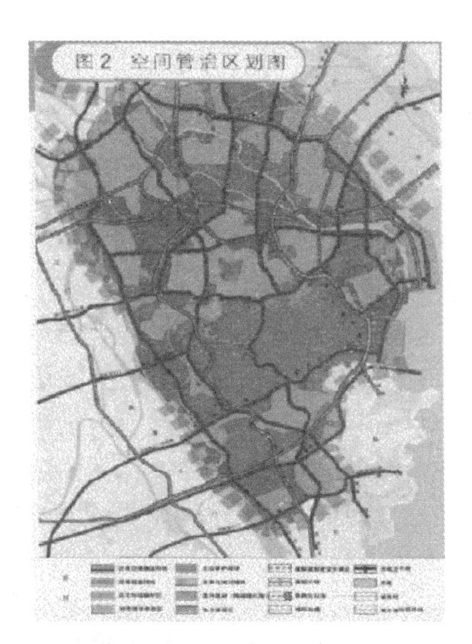

图 8-12　城乡协调发展规划图　　　　**图 8-13　空间管制区划图**

资料来源：中山市城市总体规划(2005—2020)[J].规划师,2006(S1):46-47

《南海市城乡一体化规划(1995—2010)》的特征是行政辖区的全域规划,乡村发展被纳入城乡一体化规划的控制(图 8-14、图 8-15)。在"城乡一体"发展战略的指导下对全市土地进行一定深度的控制,统一了各镇区各自为政所做的规划;规划强调了对全区用地的控制,不仅深入研究城镇的发展用地范围,明确了建设区范围,更对非建设区特别是生态敏感区、农田保护区等区域划定了明确界限,对乡村地区首次进行了划线工作。

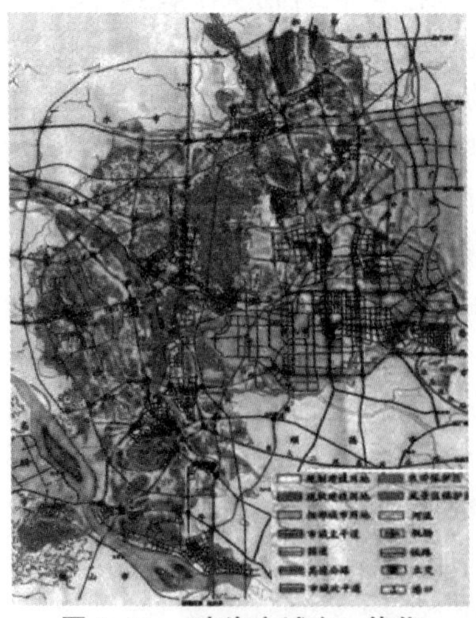

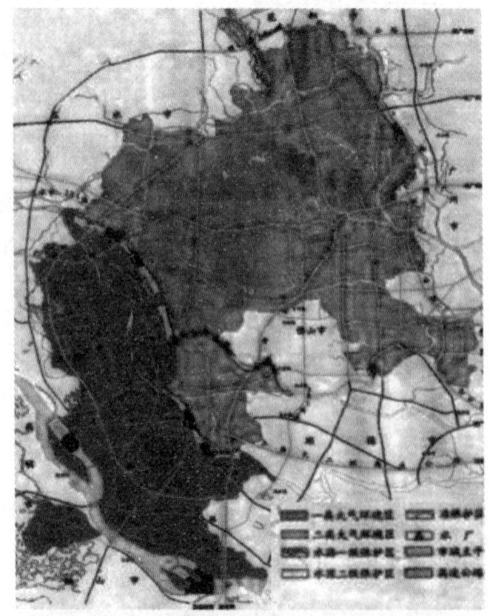

图 8-14　《南海市城乡一体化规划》规划总图　　　　**图 8-15　《南海市城乡一体化规划》环境保护规划图**

资料来源：南海市城乡一体化规划(1995—2010)[Z].1995

8.5.1.3 村庄规划繁荣时期

1）村庄规划全面铺开始于2006—2008年

我国的城乡规划从1949年以来就一直存在重城市规划、轻乡村规划的现象。虽然广东省有前两次涉及乡村地区的规划"试水"和试验阶段，但相比广东省的城市规划已经基本完成(有些地区甚至经过多轮修编)，大部分的村庄仍处于无规划状态，特别是经济较落后的粤东、西、北地区，城乡规划实施的差距仍然比较明显。据统计，至2005年年底广东省仅有不到26%的村庄编制了规划①。

人民公社时期和纳入城市规划时期的前两次规划都属于小范围的试点阶段，未进行大面积铺开。2006年开始大范围大面积铺开村庄规划，到现在广东省村庄规划编制进展很快，有些地方已经历经多次修编，但也在实践过程中凸显了很多问题。

随着广东省城镇化率的不断推进，乡村人口不断向城市转移，但农村表现出的问题依然十分严重，如乡村住房建设缺乏规划依据，自发和随意性极大，乱搭乱建的现象使得乡村土地无序滥用，反映出乡村管理法规和技术标准的缺失；居民自行建设的住房风格单一，缺乏地域特征；农村基础设施落后，生活设施配套不足等情况，在全国都是一个普遍现象。

在这样的背景之下，2006年中央1号文件《中共中央、国务院关于推进社会主义新农村建设的若干意见》为村庄规划的展开提供了政治动力，成为指导乡村建设的重大战略决策，直接推动了各级政府通过投入资源和组织宣传来积极开展村庄规划；2008年的《中华人民共和国城乡规划法》则提供了制度上的保障和技术上的支持，明确将乡村规划纳入城乡规划体系之中，清晰地确定了村庄规划的法定地位②。此后几年，村庄规划以一种前所未有的速度全面铺开和蔓延。

2）广东省半数村庄已编制村庄规划

村庄规划由镇政府组织编制，经村民会议或村民代表会议讨论通过后报上级人民政府审批。随着几年的大规模的村庄规划，截至2016年广东省17 885个行政村中超过一半已编制村庄规划，45.76%的行政村已开展村庄整治。广东省152 497个自然村中超过30%已编制村庄规划(表8-16)。

表8-16 2016年广东省村庄基本情况

地区	已编制村庄规划的行政村/个	占全部行政村比例/%	已编制村庄规划的自然村个数/个	占全部自然村比例/%	已开展村庄整治的行政村个数/个	占全部行政村比例/%
全省	10 558	59.03	50 311	32.99	8 184	45.76
广州	1 338	91.02	5 580	60.41	708	48.16

① 数据来源于广东省建设厅厅长劳应勋在2006年全省村庄整治现场会上的讲话。

② 魏开，周素红，王冠贤．我国近年来村庄规划的实践与研究初探[J]．南方建筑，2011(6):79-81.

续表 8-16

地区	已编制村庄规划的行政村/个	占全部行政村比例/%	已编制村庄规划的自然村个数/个	占全部自然村比例/%	已开展村庄整治的行政村个数/个	占全部行政村比例/%
珠海	85	69.67	87	23.77	53	43.44
汕头	209	36.47	92	9.25	178	31.06
佛山	229	78.16	1 480	62.42	123	41.98
韶关	325	30.72	871	7.96	275	25.99
河源	533	42.98	3 331	30.14	300	24.19
梅州	1 711	90.96	8 912	67.67	1 388	73.79
惠州	691	73.20	6 314	74.90	453	47.99
汕尾	331	44.49	645	19.75	156	20.97
中山	139	98.58	122	31.12	112	79.43
江门	812	93.12	3 724	38.02	791	90.71
阳江	496	78.61	3 000	36.24	241	38.68
湛江	1 216	76.67	4 521	40.35	984	62.04
茂名	554	36.02	2 192	10.51	432	28.09
肇庆	646	54.06	3 624	29.11	543	45.44
清远	376	35.78	1 903	11.56	548	52.14
潮州	170	27.33	219	10.55	272	43.73
揭阳	477	39.26	481	13.62	347	28.56
云浮	220	30.68	3 213	42.17	280	39.05

数据来源：广东建设年鉴编纂委员会. 广东建设年鉴[M]. 广州：广东人民出版社，2017.

几轮村庄规划运动下来，广州市村庄建设面貌大有改善，但城乡矛盾依然非常突出，证明只是片面考虑“城”或“乡”，并没有建立城乡统筹的规划作为引导的乡村规划不能解决核心矛盾问题，仅解决村庄物质环境问题的乡村规划对于大多数城乡混合发展的地区也是不足的。

3）有些地区乡村规划已历经多次编制

广东省大部分地区的乡村规划已经基本编制完成，在一些经济发达的地区甚至早于村庄规划兴起之际就已编制，并已经过多次编制。如广州市自 90 年代中心村规划以来，已经开展了两轮村庄规划与一轮美丽乡村规划，取得了一定的成效，但仍存在规划落地难的问题。2013 年，广州开始了第三轮村庄规划，要求一年内实现村庄规划全覆盖。

8.5.1.4 广州市村庄规划的发展历史

广东省是城乡混合发展的地区，与国家的城乡发展状况非常相似，具有同构特征；广州也是城乡混合发展的地区，几乎是广东省城乡发展的缩影。广州市的乡村规划实践探索是全省内最为先进的，因此重点选择广州市作为代表案例，详细分析广州市乡村在不同发展阶段中主要表现的问题以及乡村规划的应对。

按照规划编制时序来判断，广州村庄规划的发展历程可以划分为5个阶段：1996年前的探索阶段、1997—2006年的第一轮编制阶段、2007—2010年第二轮编制阶段、2012年的美丽乡村示范村规划与2013年的覆盖全市域的第三轮村庄规划。

1）1996年以前：重城轻乡，村庄规划缺位

改革开放初期，为了推动经济发展，城市发展成为核心和重点，从而在一定程度上抑制和忽视了农村的发展。由于中国经济发展转型刚刚开始，受土地制度、户籍制度、人口素质、工业化水平、基础设施水平等政策环境、经济环境的制约，即使是广州这样一个改革开放前沿城市，"重城轻乡"的情况也比较明显。总体而言，这一时期占据城市经济发展主导地位的还是城市工业。据统计，1990年广州农村工业总产值为47亿元，仅相当于当年的全市工业总产值（442亿元）的十分之一。这一时期，城市工业发展以扩大现有企业产能为主，城市建设也集中在旧城区，新增建设用地需求不大。乡镇企业发展则刚刚起步，农村本地劳动力即可以满足工业发展的需求，农村人口变动、建设用地需求也保持稳定。上述因素使广州城市与村庄在空间上相互干扰较少，处于各自独立发展的低水平均衡状态。

探索阶段仅在解决村庄具体矛盾上，并未上升到城乡问题上。就事论事，缺少对村镇的系统性规划研究；规划不完整，缺少对乡村区域的整体性研究。

该时期村庄规划开始了一些初步的探索。一方面是对村庄规划工作方法以及相关的管理法规的探索，1993年《村庄和集镇规划建设管理条例》以行政法规的形式对村庄规划建设管理进行了规定，1994年《村镇规划标准》对村庄规划技术标准加以规范，广州积极落实了这些政策和规范。另一方面是对村庄规划编制的尝试，早在20世纪80年代广州市城乡建设委员会就组织开展了广州市辖县、区的部分村镇规划编制工作，但规划的目的是解决具体事件，如征地安置、村民新村建设等，缺少区域性和系统性。当时的《广州市城市总体规划（1981—2000）》中，规划基于控制城市发展边界，提出"带状组团式"布局，城市主要沿珠江北岸向东至黄埔区发展，其实组团之间的空白地带就是乡村区域，但规划方案并没有对乡村地区的规划进行深入表述（图8-16）。

1996年以前广州市村庄规划仍在探索编制和实施的方法，基本上没有村庄规划来指导村庄建设，并且乡村管理还没上升到城乡统筹的高度，基本由各村自行管理。

2）1997—2006年，第一轮村庄规划：协调城乡矛盾的中心村规划

第一轮编制阶段面临着城乡矛盾协调问题，试图采用村庄规划工具解决，但效果不尽如人意。

20世纪90年代后，珠三角地区的工业化进入了起飞阶段，城市化进入快速推进期，城乡建设呈现新情况：一方面，随着城市建设用地加速扩

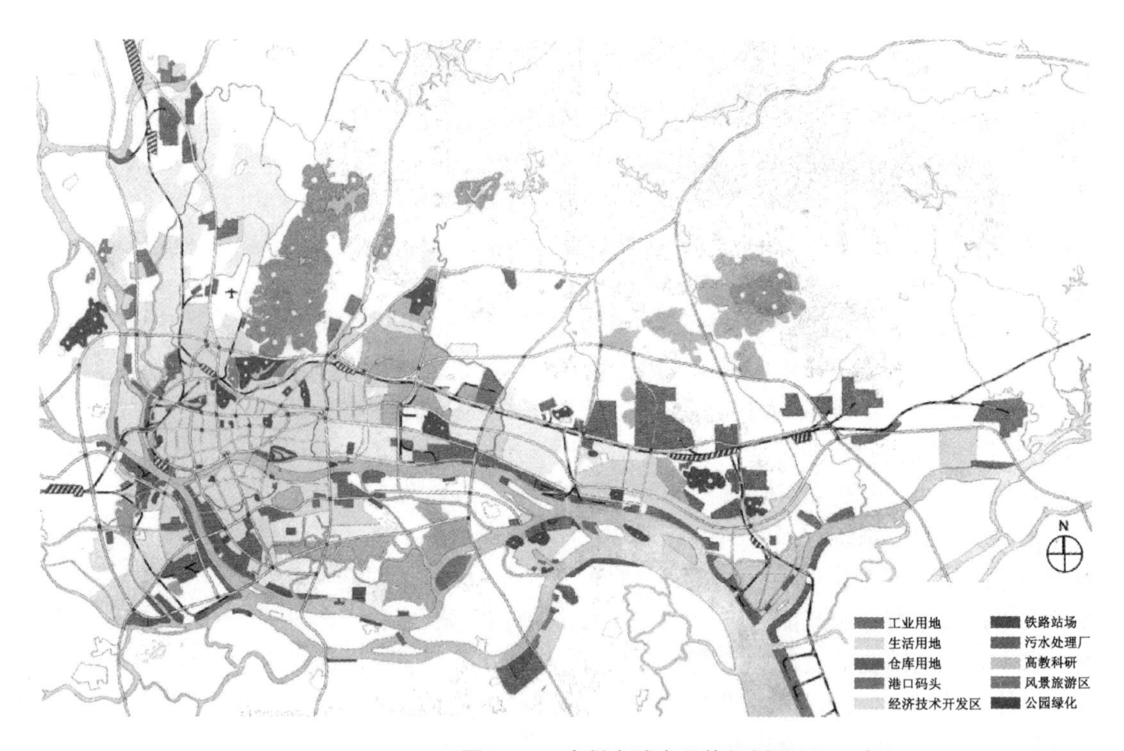

图 8-16 广州市城市总体规划图(1982 年)

资料来源:广州城市规划发展回顾(1949—2005)

扫码可见彩图

张,村庄农用地开始被大量征用;另一方面,工业化的快速推进对劳动力的需求膨胀,带来城市人口的急剧增加,农村房屋由于低廉的租金成为外来人口(主要为农村进城务工人员)的主要住地选择,需求量的大幅扩张导致村庄房屋建设量迅猛增长。加上农村工业化的推进,大量农用地被建成厂房、仓库,村建设用地开始扩张。在城镇化进程中,城市的开发建设主要通过征用农用地,而刻意避开征收村庄已进行建设的土地,从而形成"非城非村、半城半村"的"城中村"独特景观。随着人口和产业的超负荷增长,城中村地区无法提供和维持足够的基本公共服务设施,社会服务水平和空间环境质量与周边新城区的差距逐步拉大,社会问题逐步凸显。

针对城乡混杂的问题,尽管缺乏规划的法规支撑、技术支持和经验借鉴,广州市规划部门在这一时期仍然对协调城乡关系、缓和城乡矛盾进行了探索。1996 年,广州市规划局全面开展村镇规划工作后针对城乡建设用地快速扩张、城乡矛盾开始显现的客观情况,开展了一系列基础性工作。1997 年,广州出台了《广州市中心村规划编制技术规定》等一系列政府规范性文件,为中心村规划编制工作提供了技术指导,标志着中心村规划编制工作逐步规范化,之后通过"以点带面"的方式全面推进镇、中心村的规划编制,这是广州市第一次全面、系统地开展村庄规划。至 2000 年，已编制完成了广州市区内共 60 个中心村和县级市大部分中心村规划(图 8-17)。

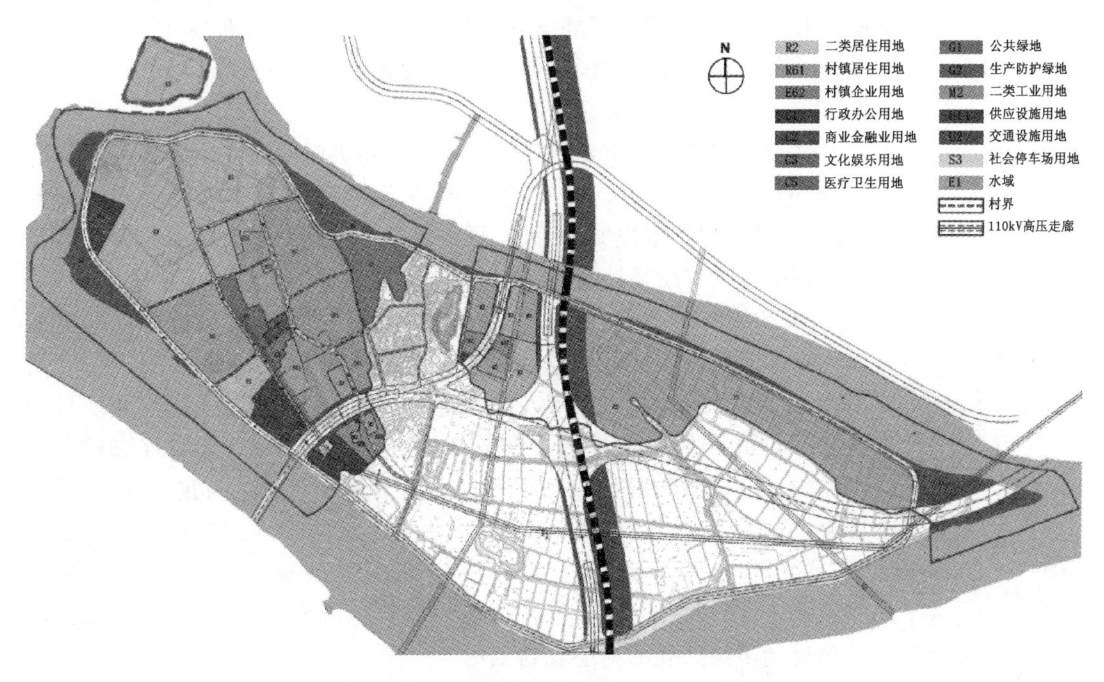

图 8-17 广州市番禺区沙湾镇紫坭村中心村规划(2003 年版)土地利用规划图

资料来源：广州市番禺区沙湾镇总体规划——中心村规划[Z]. 2003

这一阶段的村庄规划有几个特点：一是主导思路是“以点带面”，解决重点村庄的主要问题，寻找破解城乡矛盾的突破口。主要目的是控制已经形成的城中村，避免与城市的关系进一步恶化，同时预防新的城中村出现。规划对象主要选择当时城乡矛盾最为突出的地区，如白云区、天河区的近郊村庄。2003 年通过审批的 9 个村庄规划中，天河区占了 6 个(车陂、棠东、前进、棠下、凌塘、珠村)，白云区占了 2 个(朝阳、槎龙)。

扫码可见彩图

二是规划内容以城乡协调、新村建设、旧村改造、公共服务设施配置、落实“四个一”[①]等为重点，关注用地指标以及物质环境的改善。对于村庄生态环境、风貌特色、产业发展、历史文化保护等内容虽有涉及，但规划深度上明显不足，对于村庄建设实施、公众参与等机制的探索也不够重视，带有明显的“自上而下”以物质环境改善为重点的特征。

“自上而下”的改善缺少了对村庄历史沿革以及精神空间营造的研究，同时该时期缺少多方的参与协调。

三是试图通过提高规划标准解决村庄与城市协调的问题。村庄规划

① “四个一”指建设“一条样板村、一个样板住宅小区、一个样板公园和一条样板路”。

没有完全采用国家《村镇规划标准》,而是以《城市建设用地分类标准》与《广州市中心村规划编制技术规定》作为主要技术标准,试图将村庄作为城市的一部分,将村庄规划纳入城市规划体系中,在用地标准、公共服务设施配套要求等方面比国家标准更高,更贴近城市的要求,以此作为协调城市与乡村日趋紧张关系的平台。

这个时期的广州市乡村规划面临着日益尖锐的城乡矛盾如何协调的问题,但是在客观上缺乏政策、制度和资金的支持,在主观上规划工具也不适用,没有根本解决城乡矛盾,只在表象中被动地解决城乡冲突日益恶化的城中村的物质环境,村庄规划方案无法从根本上解决城乡问题。

第二轮编制阶段是在乡村规划被提升到法律地位的背景下开展的,试图实现村庄规划全覆盖,数量任务基本达到,但是规划存在不切实际、落地困难等问题,而且村庄规划全覆盖是否是合理的政策,仍有疑问。

3) 2007—2010 年,第二轮村庄规划:基于城乡统筹目标的规划全覆盖为贯彻落实城乡统筹理念和社会主义新农村建设目标,2007 年,广州市在《中共广州市委、广州市人民政府关于切实解决涉及人民群众切身利益若干问题的决定》中提出:"大力开展村容村貌整治。加快推进村庄规划编制工作,制定农村居住环境整治改善和新农村绿化的实施方案,积极推进农村闲置建设用地复垦工作,大力推进以防治水污染和土壤污染为重点的农村小康环保工程。到 2009 年底,全面完成行政村一级新农村规划编制工作,规划经费由区(县级市)政府负责,不向镇村摊派。"接着,广州市启动了第二轮的村庄规划工作。

在第二轮村庄规划过程中迎来了我国城乡规划的重大变革。2008 年,《城乡规划法》正式施行,取代原来的《城市规划法》,将村庄规划与城市规划纳入同一个法律框架,改革了我国的城乡规划体系,确立了村庄规划的法定地位,明确了村庄规划的任务和内容。在这样的背景下,广州市政府按照《城乡规划法》的要求,以市政府文件的形式确定了村庄规划的编制工作方案,对全市村庄规划编制的组织方式和要求进行了规范。

与第一轮村庄规划相比,本次规划有以下特点:范围更广,实现"村村有规划",村庄规划覆盖市域。编制内容更明确,主要目的是解决当时迫切需要的农村建房难、村容村貌落后等问题。工作方案明确了村庄布点规划和村庄规划两个阶段,村庄布点规划主要解决农村居民点的布局问题,村庄规划则因地制宜,涵盖新村建设规划和旧村改造、整治规划的内容(图 8-18、图 8-19)。组织机构更为完备,参与部门扩大。根据工作方案,成立包括规划局、建委、国土房管局、农业局等组成的广州市村庄规划工作协调小组,指导各区开展规划编制工作。村庄规划编制不仅仅依靠规划部门,而是将市各有关职能部门以及各区政府都纳入村庄规划的编制工作中。通过两年多的努力,到 2009 年 11 月,全市实现了"村村有规划"的既定目标。第二轮村庄规划工作在广州这样一个人口超千万、面积 7 400 多 km^2 的大城市内进行,将村庄规划全覆盖所有村庄,这个编制力度和广度都是空前的。

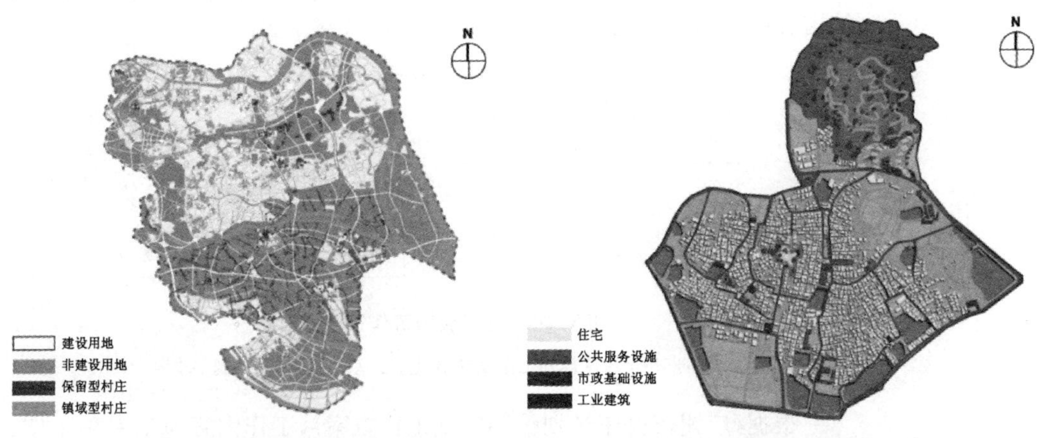

图 8-18 番禺区村庄住宅布点规划图(2006—2010)

图 8-19 番禺区化龙镇潭山村旧村整治建设规划总平面图

资料来源:广州市村庄规划成果汇编

4) 2012 年的美丽乡村示范村规划

广州市前两轮村庄规划都是政府主导、自上而下,目标是改善村庄居住环境,促进乡村美化。虽然规划对控制村庄建设有一定的作用,但由于政策和实施机制不完善、公共参与不足、规划内容不够深入等原因,规划难以真正落地,村庄依然存在基础设施缺乏、经济动力不足、土地使用粗放等问题,实施反馈统计中反映,有 51%的村庄没有实施规划,7%基本实施,42%部分实施。在前两轮村庄规划的基础上,广州市 2012 年开展了美丽乡村示范村规划,完成 26 个美丽乡村规划,这是一种新的尝试与探索,也为村庄规划提供了经验,规划注重高标准、高质量建设美丽乡村,重点推进“三站四公五网”(服务站、文化站、卫生站,公园、公厕、公交、公栏,路网、电网、水网、光网、消防网)共 352 个配套设施项目建设,是一种完善基础设施和公共服务设施的村庄建设规划。

美丽乡村规划将重点转入高质量地建设和完善村庄基础设施,未重点涉及城乡矛盾等问题。

5) 2013 年开展了覆盖全市域的第三轮村庄规划工作

由于村庄发展长期积累了很多问题,广州第三轮村庄规划转变工作方法,规划目标从原来偏重改善居住环境转向解决村庄发展中长期积累的问题,目标更为多元化。包括六大任务:解决村民住房问题,解决经济发展问题,解决市政配套问题,解决农业发展问题,解决生态特色问题,解决文化传承问题,并注重多元目标之间的协同。总体思路体现为“一条主线”和“六个创新”。一条主线是指以解决村民需求为主线,通过现状摸查、村民参与等方式充分调查村民需求,通过村庄规划解决村民需求,对规划提出的项目计划进行效益评估,选择社会、经济、生态等综合效益较

第三轮村庄规划集中在解决农村需求上,实施效果尚不可评估。

好的项目(图 8-20)。六个创新包括科学规划、政策创新、村民参与、规划法定、试点先行、理论探索。

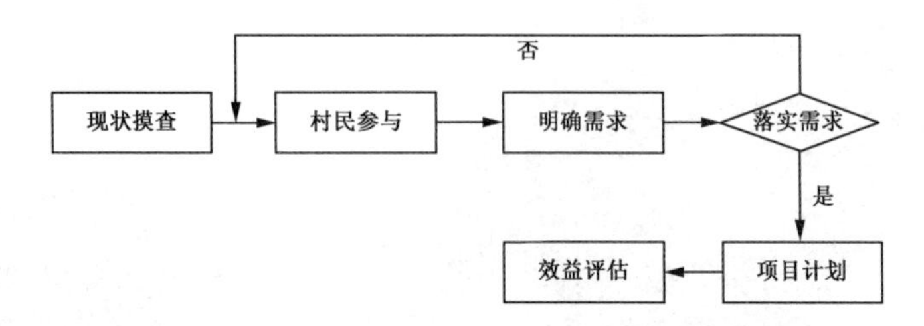

图 8-20　村庄规划工作"一条主线"

来源:广州市村庄规划工作领导小组办公室. 村庄规划编制要求[Z]. 2013

根据《广州市村庄规划编制实施工作方案》,工作内容包括专项工作、全面摸查、规划编制、规划审批、政策制定、监督检查与工作总结 6 个方面,共计 19 项工作(图 8-21),每项工作均明确了责任分工和完成时间。其中,专项工作和全面摸查是整个工作的基础,主要包括制定工作方案、统一技术标准、核查建设用地、建立信息平台等;规划编制和规划审批是核心工作,主要包括编制村庄布点规划和村庄规划,并进行审批;政策制定为村庄规划的实施提供了政策保障;监督检查与工作总结保障整体工作按计划推进。

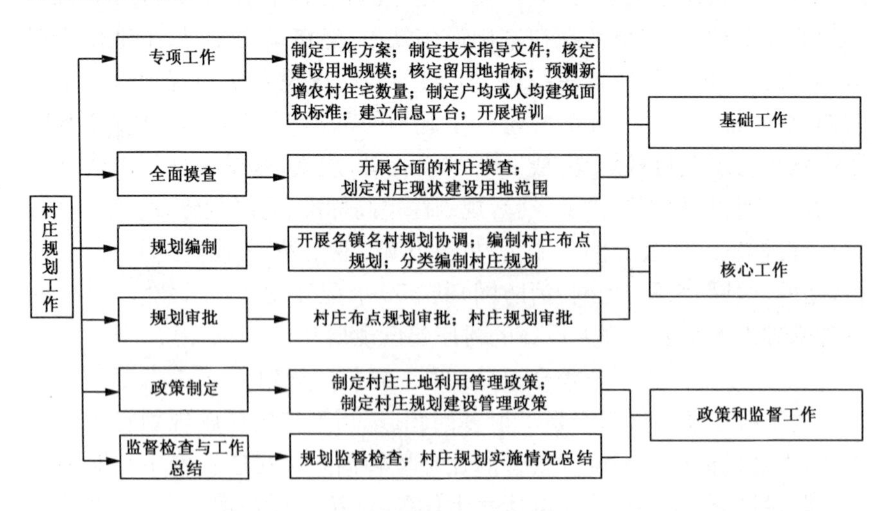

图 8-21　广州市第三轮村庄规划的工作内容

资料来源:广州市规划局,广州市城市规划勘测设计研究院,中山大学,等. 村庄规划[Z]. 2015

从广州市乡村规划的历程中可以很明显地看出(表 8-17),自从城市扩张开始,城市就开始向乡村侵蚀和蔓延,虽然广州市乡村规划一直试图控制城乡混杂问题,但由于在规划方法上只是片面考虑"城"或"乡",并没有建立城乡统筹的规划作为引导，故而各个阶段的规划都难逃失效和难以落地的结果。在规划重点上，一直将乡村视为一个点，着重控制村庄范围内的物质环境，使得乡村宏观层面的问题无法解决，难以协调。

表 8-17 广州市城乡关系发展与乡村规划历程

发展阶段	发展背景	城乡关系			乡村规划		
		土地利用	城乡空间关系	社会发展	村庄规划形式	规划重点	规划实施效果
1996 年前	工业化起飞阶段，消费性城市，重城轻乡	城市扩张速度较慢，建设用地充足	城乡相对独立，矛盾较少	城乡发展水平较低，几乎没有冲突	城市组团规划、街区规划，村庄规划缺位	重视城市发展，对乡村发展考虑不多	没有控制住部分村庄的建设，城中村开始形成
1996—2006 年	深化改革，经济发展加速，工业化成熟阶段	城市扩张加速，城乡用地粗放	城乡开始混杂，主要在近郊区出现	城乡差距加大	中心八区中心村规划（试点先行），部分村纳入控制性详细规划进行控制	控制新的城中村的出现，规划内容丰富细致，重点在于划定村庄建设用地范围，确定用地指标	抑制大部分城中村的违法建设，但部分规划方案脱离村庄实际情况，实施难度大
2007—2010 年	后工业化阶段，新农村建设	城市扩张高潮，城乡用地粗放	城乡高度混杂，扩展到全市域	城乡差距进一步扩大，城乡矛盾突出	村庄规划全覆盖	解决村民建房问题，改善村容村貌；重点在村民住宅用地规划、环境整治方面	形式上的城乡规划全覆盖，受制于规划编制深度、用地指标和政策约束等，落地难
2011—2013 年	城市反哺乡村，美丽乡村建设	城市扩张放缓，从关注土地转向关注社区空间	对乡村进行分类，逐步开始改造城中村		美丽乡村规划全覆盖	解决村庄发展长期积累的问题	实施效果尚不可知

资料来源：自制，部分参考广州市规划局，广州市城市规划勘测设计研究院，中山大学，等. 村庄规划[Z]. 2015

8.5.2 乡村规划与政策演变情况

广东省乡村政策变动过于频繁，不能保证规划实施的持续性。

广东省作为规划实践先锋，早在2005年开始政府就出台了大量相关政策、指引等来指导乡村规划的实践，对村庄的规划与治理远走在国家之前（表8-18）。按照类型划分可以分为几种整治类型，生态、环境、历史文化和基础设施是政策比较重要的关注点（表8-19）。总体来说，在这十年中，大量的政策密集地投入乡村地区，但由于政策几乎每一两年就会变，关注重点多样，致使执行的成效甚微，基本上成为口号式运动，基层乡镇政府普遍反映政策变动过于频繁，建设资金不能保证持续的投入，实施工作有难度。

表8-18 广东省2005年后乡村规划政策一览表

年份	层级	主要工作	重点关注内容
2005	广东省	“生态文明村康居工程”（粤建规函〔2005〕473号）	生态文明村
2006	广东省	1.《关于生态文明村康居工程试点工作有关要求的通知》 2.《关于开展村庄整治工作的实施意见》（粤建规字〔2006〕73号） 3.《广东省村庄整治规划编制指引（试行）》	村庄整治
2008	广东省	1.《珠江三角洲地区改革发展规划纲要（2008—2020年）》 2.《中共广东省委、广东省人民政府关于争当实践科学发展观排头兵的决定》 3. 中共中央政治局委员、广东省委书记汪洋同志关于建设宜居城乡的论述	宜居城乡
2009	广东省	1.《中共广东省委、广东省人民政府关于贯彻落实党的十七届三中全会精神加快推进农村改革发展的意见》 2.《关于建设宜居城乡的实施意见》（粤办发〔2009〕24号） 3.《广东省宜居城镇、宜居村庄、宜居社区考核指导指标（2010—2012）》	宜居城乡
2011	广东省	1.《关于打造名镇名村示范村带动农村宜居建设的意见》（粤府〔2011〕68号） 2. 关于开展第一批广东省宜居城镇宜居村庄检查工作的通知（粤建村函〔2011〕420号） 3.《广东省宜居城镇宜居村庄建设行动计划编制工作指引（试行）》 4.《关于加快推进名镇名村示范村建设规划编制和名镇建设工作的通知》（粤建村函〔2011〕910号） 5.《广东省名镇名村示范村建设规划编制指引（试行）》	宜居村镇 名镇名村

续表 8-18

年份	层级	主要工作	重点关注内容
2012	国家	《传统村落评价认定指标体系(试行)》	宜居村镇的评选
	广东省	第一批“宜居城镇、宜居村庄”评选	
2013	国家	1.《历史文化名城名镇名村保护规划编制要求(试行)》 2.《传统村落保护发展规划编制基本要求(试行)》(住建部)和《关于开展新型村庄规划编制实施试点工作的通知》(粤建村〔2013〕70号) 3.《村庄整治规划编制办法》(住建部) 4. 农业部、中央农办、环境保护部、住房城乡建设部在浙江省联合召开了全国改善农村人居环境工作会议 5.《住房城乡建设部关于开展美丽宜居小镇、美丽宜居村庄示范工作的通知》 6.《住房城乡建设部关于公布第一批全国村庄规划示范名单的通知》	宜居村镇的评选 美丽宜居村镇
	广东省	1. 第二批“宜居城镇、宜居村庄”评选 2.《广东省住房和城乡建设厅转发住房城乡建设部关于开展美丽宜居小镇、美丽宜居村庄示范工作的通知》 3. 广东省住房和城乡建设厅开展新型村庄规划编制 4. 组织编制《广东省县域城乡一体化规划编制指引》《广东省村庄规划编制指引》	
2014	国家	1.《乡村建设规划许可实施意见》(住建部) 2.《村庄规划用地分类指南》(住建部) 3.《住房城乡建设部关于建立全国农村人居环境信息系统的通知》(建村函〔2014〕121号) 4.《国务院办公厅关于改善农村人居环境的指导意见》(国办发〔2014〕25号)	村庄人居环境
	广东省	1. 第三批“宜居城镇、宜居村庄”评选 2.《广东省人民政府办公厅关于改善农村人居环境的意见》(粤府办〔2014〕59号) 3.《广东省村庄规划编制指引(试行)》	
2015	国家	《美丽乡村建设指南》	美丽乡村 村庄人居环境
	广东省	《关于确定改善农村人居环境基础性系列研究(第一批)课题承担单位的通知》(建村房函〔2015〕35号)	

资料来源:自制

表 8-19　广东省乡村政策关注点

类型	主要内容	关注点
生态文明村	倡导环保理念，突出生态主题，以建设宜居乡村、美好家园为目标，以经济发展生态化、乡村建设生态化、生活方式生态化以及精神文化生态化为重点	生态文明
村庄整治	重点是“五改、三清、五有”，即 五改：改路、改水、改房、改厕、改灶。 三清：清理垃圾、清理河塘、清理乱堆放。 五有：有村庄规划、有文化活动场地、有一片成荫绿地、有垃圾收集池、有污水处理简易设施	环境整治
宜居村镇	建设一批生产发展、生活富裕、生态良好、文化繁荣、社会和谐、人民群众充满幸福感的宜居城市、宜居城镇和宜居村庄	人居环境
名镇名村	挖掘和整合现有优势资源，明确城镇和村庄的特色定位，制定创建名镇名村示范村的行动计划，并对建设和改造项目进行投资估算等，不断完善镇村各类基础设施和公共服务设施，优化人居环境，改善镇村风貌	历史文化特色
美丽宜居村镇	美丽宜居小镇、村庄示范是村镇建设的综合性示范，体现新型城镇化、新农村建设、生态文明建设等国家战略要求，展示我国村镇与大自然的融合美，创造村镇居民的幸福生活，传承传统文化和地区特色，凝聚符合村镇实际的规划建设管理理念和优秀技术	人居环境
美丽乡村	美丽乡村的内涵是“规划布局科学、村容整洁、生产发展、乡风文明、管理民主，且宜居、宜业的可持续发展的乡村”	基础设施

资料来源：自制

8.5.3　广东省区域规划编制情况

广东省区域规划中有涉及乡村区域的内容，但各项规划是部门性质的规划，独立编制，缺乏整体统筹，关注面是乡村地区的单一内容而非整体性内容。

广东省在区域层面的3个层级（省、次区域、市县）编制有若干区域性质的规划（表8-20），如省级的城镇体系规划、主体功能区规划，次区域级的城乡规划一体化规划、全域规划，以及正在计划编制的市县级的全域城乡建设规划。针对乡村地区与自然区域编制有（或计划编制）环境保护规划、生态文明建设规划、现代农业发展规划与功能区划等专项规划，尝试将乡村地区统筹纳入区域规划之中，但各类规划多为独立编制，缺乏整体统筹和有机联系。基本上单个规划是解决乡村或城市的某一专项内容，缺乏整体性和统筹性。

表 8-20 广东省区域规划一览表

<table>
<tr><th colspan="2">层级</th><th colspan="2">名称</th><th>时间</th></tr>
<tr><td colspan="2" rowspan="11">省级</td><td rowspan="2">广东省城镇体系规划</td><td>第一轮城镇体系规划</td><td>1996 年原则通过，2000 年进行检讨回顾形成阶段性文件</td></tr>
<tr><td>第二轮城镇体系规划 2012—2020 年</td><td>2001 年启动,2006 年形成初稿,2012 年获批</td></tr>
<tr><td colspan="2">广东省海洋环境保护规划(2006—2015 年)</td><td>2006</td></tr>
<tr><td colspan="2">广东省环境保护规划纲要(2006—2020 年)</td><td>2006</td></tr>
<tr><td colspan="2">广东省基本公共服务均等化规划纲要(2009—2020 年)</td><td>2009</td></tr>
<tr><td colspan="2">广东省主体功能区规划(2010—2020 年)</td><td>2012</td></tr>
<tr><td colspan="2">广东省海洋功能区划(2011—2020 年)</td><td>2013(作为广东省主体功能区规划的重要组成部分)</td></tr>
<tr><td colspan="2">广东省新型城镇化规划(2014—2020 年)</td><td>2014</td></tr>
<tr><td colspan="2">广东省生态文明建设规划纲要(2016—2030 年)</td><td>2015 年计划</td></tr>
<tr><td colspan="2">广东省现代农业发展规划与功能区划(2016—2025 年)</td><td>2015 年计划</td></tr>
<tr><td colspan="3" style="display:none"></td></tr>
<tr><td rowspan="17">次区域级</td><td rowspan="17">珠三角</td><td colspan="2">珠三角城镇体系规划</td><td>1991</td></tr>
<tr><td colspan="2">珠江三角洲经济区城市群规划</td><td>1995</td></tr>
<tr><td colspan="2">珠江三角洲城镇群协调发展规划(2004—2020 年)</td><td>2004</td></tr>
<tr><td colspan="2">珠江三角洲地区改革发展规划纲要(2008—2020 年)</td><td>2008</td></tr>
<tr><td colspan="2">珠江三角洲环境保护规划</td><td>2005</td></tr>
<tr><td rowspan="5">珠江三角洲
5 个一体化规划</td><td>城乡规划一体化规划</td><td rowspan="5">2009</td></tr>
<tr><td>基础设施建设一体化规划</td></tr>
<tr><td>产业布局一体化规划</td></tr>
<tr><td>环境保护一体化规划</td></tr>
<tr><td>基本公共服务一体化规划</td></tr>
<tr><td rowspan="6">珠江三角洲
6 个专题规划</td><td>城市化专题规划</td><td rowspan="6">2005</td></tr>
<tr><td>环境保护专题规划</td></tr>
<tr><td>信息化专题规划</td></tr>
<tr><td>高新技术产业带专题规划</td></tr>
<tr><td>开放型经济密集区专题规划</td></tr>
<tr><td>基础设施专题规划</td></tr>
<tr><td colspan="2">珠江三角洲全域规划</td><td>2014 年计划</td></tr>
</table>

续表 8-20

<table>
<tr><th colspan="2">层级</th><th colspan="2">名称</th><th>时间</th></tr>
<tr><td rowspan="12">次区域级</td><td rowspan="12">粤东西北</td><td colspan="2">广东省东西两翼城市建设规划(1996—2010)</td><td>1996</td></tr>
<tr><td colspan="2">广东省东西北振兴计划纲要</td><td>2007</td></tr>
<tr><td rowspan="5">广东省东西两翼 5 个专项规划</td><td>城镇化专项规划</td><td rowspan="5">2007</td></tr>
<tr><td>工业化专项规划</td></tr>
<tr><td>水利基础设施专项规划</td></tr>
<tr><td>能源基础设施专项规划</td></tr>
<tr><td>交通基础设施专项规划</td></tr>
<tr><td rowspan="5">广东省北部山区 5 个专项规划</td><td>环境保护和生态建设专项规划</td><td rowspan="5">2007</td></tr>
<tr><td>旅游发展专项规划</td></tr>
<tr><td>交通基础设施专项规划</td></tr>
<tr><td>水利基础设施专项规划</td></tr>
<tr><td>工业发展专项规划</td></tr>
<tr><td colspan="2">市县级</td><td colspan="2">县(市)全域城乡建设规划</td><td>2015 年计划</td></tr>
</table>

资料来源:自制

8.5.4 乡村规划与政策的分析、总结和批判

广东省乡村规划探索与实践从很早就开始了,共经过 3 次大规模的乡村规划运动,一些发达地区甚至多次编制了村庄规划,可以说对乡村规划的探索有了一定的经验和教训,可以进行分析和总结。现阶段,广东省的村庄建设,包括基础设施建设、人居环境建设等已基本完善,农民生活水平也得到了很大的改善。所以,与其他经济并不发达、城镇化程度低、土地空间资源富足的省份不一样,乡村自身的问题、民生问题已经不是当前广东省乡村最主要的问题了,广东省根本的矛盾是城乡之间的矛盾,在农业生产、景观、生态等各个方面,城乡的联系都非常密切,冲突也非常大。然而在实践中,虽然规划和建设工作都在不断地开展,但从反馈来看,效果并不好。归根结底,有以下几个方面的问题:

第一,对乡村发展目标的认识不清晰,乡村规划和政策都是就事论事、解决乡村表面的问题,没有触及乡村发展的本质问题。比如,为控制城中村的形成而进行城中村规划,为解决村民建房问题而进行村庄规划全覆盖,为改善村容村貌而进行整治规划,规划类型频频更改,相关政策不断出台,暴露出没有长远计划和清晰的乡村发展目标。

第二,目前广东省乡村规划的问题与规划手段不协调,突出表现为根

源性的法规问题、政策矛盾被忽视，只关注村庄的建设问题，使得规划仅仅是一种完善村庄建设的工具，而无法应对更多的乡村发展问题。

第三，规划的原则和方法是割裂开来看待乡村问题，没有在区域尺度上看到城乡的矛盾才是广东省乡村问题的根本和核心，制定的政策是分离的而不是整体的，要么是基于城市的政策，要么是基于乡村的政策，缺少城市区域和乡村区域整体统筹的政策。同时，关注问题的尺度太小，以单个村庄为规划单元，规划的空间尺度较小，没有区域的观念，不能解决现有城乡矛盾的问题，无法克服普遍现象。

第四，广东省的乡村物质建设已基本完善，但乡村规划仍然停留在初级的保障基础设施建设和控制用地等方面，没有落实国家有关政策和广东省区域生态环境的保护要求，比如国家的农业生产任务如何具体下放和落实，如何保障粤北等承担生态保护的乡村区域。这是乡村规划的基本内容，然而在目前广东省的乡村规划之中，仍较少涉及这些内容。

第五，乡村保护与发展涉及的相关主体不只是村庄，而是与国家、区域、城市息息相关，但目前没有规划工具在国家、区域、城市和村庄之间进行利益协调。村庄规划限于空间尺度无法实现大尺度的利益协调，且更多仍作为一种蓝图式的关于物质层面的规划；在省域区域规划的探索与实践中，虽然已经尝试将乡村区域纳入城乡规划体系之中，但是各类规划是专项解决城乡问题的一个部分，并没有将城乡问题用一个规划有效地统筹起来；而对于乡村与更高层次的国家的协调更是空白的。

实践已经证明广东省乡村现有的规划工具的目标和方法是狭隘的、错误的，为了实现区域城乡协调发展，更好地保护乡村和促进乡村发展，必须从区域层面重新看待乡村规划，重新分析适宜广东省的乡村规划的目标、原则和技术方法，才能制定合理有效的乡村规划体系。

8.6 本章小结

1）广东省乡村的基本特征是人口密度大、人多地少、耕地不足、对农业的制约大，随着城镇化发展，农村经济非农化趋势明显，农业经济的重要性已经比较低，但依据国家战略，广东省仍然要承担农业生产的责任。因此，广东省有限的空间中面临着城市发展与农业保护之间的极大矛盾。

随着广东省耕地面积的不断减少，广东省农业人口严重过剩。客观上，广东省有大量农民需要转化出来从事其他产业，理论估计至少还有近一半农业人口需要转移。这意味着广东省城镇化率仍未达到平衡。

广东省农业是一种省外区域间商品交换模式的农业，农业生产与其他地区关系密切；从省内来说，农业生产主要服务城市供给，与城市关系密切。农业的发展目标是精致农业和特色农业，耕地效益较高，保护耕地有着更重要的意义，也使保护耕地的压力更加巨大。农业发展目标也关系到农业政策中保留农民数量多少的人口政策的制定。

2）广东省区域自然生态环境之间差异显著，粤北承担了主要的生态功能；粤东、粤西地理优势明显，耕地资源丰富；珠江三角洲开发强度大，生态环境破坏严重。广东省地理阻隔造就了独特的地域文化特征，靠海的区位造就了对外交往的文化特征，漫长发展历史形成的独特的地域文化和景观大多保存在广东省的乡村区域，因此历史文化景观的保护是广东省乡村规划的目标。其中自然景观多集中在粤北一带，粤北生态良好，是广东省的绿色屏障。珠三角与潮汕地区经济发达，保存着较多历史文化村落，农耕文化也比较发达。这些地区是城镇化水平较高地区，为防止城市化对其侵蚀，对于乡村的保护就显得更为重要。

3）广东省20世纪80年代就进入了区域城镇化时期，城市对乡村的影响非常大，不能分离和割裂开来看待问题，客观上要求乡村规划站在城乡空间的区域视角来解决乡村问题。

4）广东省共经历过三轮大规模的乡村规划，部分发达地区已经多次编制村庄规划。现阶段广东省乡村的物质建设已经基本完成，乡村的核心问题不是建设和改善环境，而是城乡冲突和矛盾。现有的规划和建设工作关注的尺度太小，无法解决区域问题，建议建构广东省适宜的乡村规划体系。

9 广东省乡村规划体系的编制模拟

在对广东省实际情况和现实问题的深入分析和认识基础之上，以前文所建构的乡村规划理论框架为基础，针对广东省的具体问题，从乡村规划的主要目标、编制尺度、编制主体、规划内容与形式、制定与审批程序等方面建构广东省乡村规划体系，提出省域乡村规划体系的具体内容与程序建议。最后对于省域乡村规划体系中“城镇化空间战略”这种规划类型，根据广东省的实情进行模拟编制，提出具体的编制内容建议。

9.1 广东省乡村规划体系的具体编制建议

9.1.1 广东省乡村规划的主要目标

第一，出于国家战略的需要，广东省要承担粮食生产保护的责任，其乡村规划要在空间中具体落实国家粮食生产的责任。

广东省乡村规划需要解决保护粮食生产、统筹城乡发展矛盾、保护自然生态和历史文化资源、振兴乡村发展等目标。

第二，广东省面临的现实情况是城乡矛盾非常之大，城市发展与乡村保护的冲突特别明显，而广东省保护乡村耕地、景观的价值又特别高，因此乡村规划不能停留在解决乡村区域自身问题上，乡村规划作为一种区域规划，应该从区域整体视角出发，把城乡矛盾作为一个整体来进行统一考虑。乡村规划首先要协调和平衡城乡区域之间的发展，二者不是先后次序的关系，不能先考虑城市发展再考虑乡村的保护问题，也不能先考虑乡村保护再谈发展，必须有一个统筹城乡的方式，同步处理城镇化与乡村保护的问题。

第三，广东省乡村自然生态和历史文化资源非常丰富，又极容易被城镇化侵蚀，需要乡村规划的保护。乡村规划应从功能上对具体的乡村功能区域进行指定，指定保护机构，提供有效的保护途径。

第四，广东省的乡村分化趋势明显，非城镇化地区的乡村总体面临衰落，缺乏自我发展动力。乡村规划需要实现振兴乡村经济、管理乡村社会和实现乡村地区可持续发展的总体目标。

9.1.2 广东省乡村规划的编制尺度

广东省域约 18 万 km^2，与英国国土面积相仿。这么大的区域尺度下，乡村规划应该采取多大的编制尺度才能有效实现乡村规划所要达到的目标呢？规划尺度要考虑目标所涉及的范围以及与之相关的利益关系，合理地确定编制尺度。以广东省乡村规划的目标来分析，乡村规划的编制尺度建议分为三级：省域—次区域—县域。

9.1.2.1 落实国家粮食生产责任和协调城乡关系应落在省域空间尺度

落实粮食生产是政治责任，是国家下达给各个省的责任，虽然在空间中看，承担粮食生产责任的是省域内一部分的区域，但责任不应分割和下放给乡村区域单独承担，应由全省作为一个整体考虑。

省域尺度有助于运用省政府的领导力量，统筹协调城乡平衡性，起到区域规划的主导角色。

协调和统筹城乡关系的空间尺度应该落在省域。首先，从空间尺度上看，县域的空间尺度太小，是作为农业生产的区域，无法与城市统筹；现行区划下地级市管辖权虽然包括城、乡，但是尺度依然太小，比如珠三角区域城市呈连绵分布，经济水平高，广州市扶持市域内乡村绰绰有余，但其城市的生态功能与粤北地区有关，粤北山区的城市经济发育低，无法有效扶持自身区域内的乡村，却承担了广东省主要的生态功能，即粤北乡村的农业、生态功能的受益群体大多是全省的居民。因此，区域内城乡不平衡的问题在省域空间范围解决是比较适宜的。其次，从编制主体来看，市、县政府作为地方政府，主要是负责地方事务，不能很好地应对区域统筹；而省政府具有区域政府性质，直接领导市、县级政府，是地方经济发展与建设的组织力量，具有区域整合的优势，在规划事务上充当着区域规划的主导角色。因此，在省域空间尺度上进行城乡统筹、保护与发展的统筹，才能更好地实现规划目标，克服过去规划分散、尺度不适应等问题。

9.1.2.2 保护乡村自然生态环境和历史文化环境的目标应落在次区域

乡村区域包括了各种功能区，保护乡村自然生态环境和历史文化环境的目标具体落在保护乡村各类功能区。功能区或与行政区相一致，或不一致，需考虑乡村各类功能区域涉及的空间范畴，如粤西粮食生产区主要以阳春市、雷州市、高州市等市为主，因此粤西粮食生产功能区规划可由这几个市/县联合编制。环境功能区、林业地区和风景名胜区涉及的完整区域可能在市域或者县域范围内，也有可能在若干县域尺度中联合编制。如粤北的始兴、曲江、仁化、信宜、怀集、封开、德庆、翁源等县(市)，活立林蓄积都在500万 m^2 以上，林业资源丰富，其中始兴、曲江、仁化、怀集、翁源五县在空间中相连，可形成林业规划的次区域；信宜市位于粤西，较为独立，可单独在市/县域尺度中编制规划。总体来说，根据乡村问题空间尺度的完整性，选择适宜的次区域尺度。

次区域是新的权力尺度，可能会涉及管理部门重组和新设的问题。关于广东省次区域的选择与制定，详见9.1.4.2 省域乡村地区功能区规划。

9.1.2.3 振兴乡村经济、管理乡村社会和实现乡村地区可持续发展的目标应落在县域

区域尺度中乡村规划还有负责振兴乡村经济、管理乡村社会和实现乡村地区可持续发展的目标,这是地方政府所应该负担的责任。从空间尺度上说,镇所辖区域小,相关管理人员力量缺乏,较难有效处理乡村发展事务,应主要在县域尺度进行规划。建议采用市县分治的行政体制,将城镇化区域的县纳入城市管理,非城镇化区域的县成为乡村具体发展事务的主要负责者,应在县域尺度中结合当地社区需求进行规划。

县域尺度主要由县政府承担管理,负责实现乡村地区可持续发展目标。

9.1.3 广东省乡村规划编制主体

鉴于乡村规划的编制尺度形成"省域—次区域—县域"三级,相应的编制主体也应该形成三级:省政府—次区域机构—县政府。

9.1.3.1 省政府

处于中间层级的角色使省政府成为中央对地方进行城市规划管理的主要工具。例如,从中央政府规划主管部门下达的政策通常较为宏观,省政府则根据本省的现实情况制定详细细则,虽然省政府有制定地方法规与政策的权力,但是立法和政策制定行为都是受到中央制约的。同时,省级政府直接领导市、县级政府,是地方经济发展与建设的组织力量,具有区域整合的优势,在规划事务上充当着区域规划的主导角色。省政府的权力模式可以类比英国的区域机构,表现为地方城市规划权力的联合,这种权力更像是一种公共契约。省级政府可以联合省内各行政市,可以跨越市域行政边界来行使规划权力,确保从区域的整体利益出发而编制规划,表现为一种合作性质的规划手段。从省政府扮演的角色来说,它能在区域层面协调城市与乡村之间的关系,更好地落实乡村保护目标。因此,省域尺度的规划编制主体是省政府。

省政府应该将中央政策与广东省实际情况相联系,制定符合广东省的乡村规划指导战略,并对市、县级政府起到直接领导作用。

1) 省政府编制规划的建议

首先,根据广东省城乡发展不平衡和城乡矛盾冲突大等区域问题,省政府负责编制"省域城乡统筹空间发展战略",并以此为指导,落实和细化中央乡村政策,加强乡村地区发展政策的供给,通过规划和政策扶持乡村区域的发展,并协调城市化区域和乡村区域的共同发展。建立省域范围统一与差异化相结合的自然生态补偿机制,明确城市是区域乡村生态环境的责任主体,建立横向的由城市向乡村的财政转移支付和补贴方案。完善农业补贴政策,对承担农业生产的乡村加大支农力度和各项惠民政策,成立省级促进农村发展的专项基金[①]。

建议省政府应该统一编制"省域城乡统筹空间发展战略"以及"省域乡村地区功能区规划"。

① 周游,周剑云.农村人居环境改造与提升的策略研究——以广东省为例[C]//2014 中国城市规划年会论文集.北京:中国建筑工业出版社,2014.

纵观美国、加拿大、德国、英国、新西兰、南非、法国、俄罗斯、韩国、日本等十余个国家的国家公园机构，其权力大致有以下几个内容：生态保护事务，负责国家公园内动植物生态保护、研究等技术性和学术性工作；商业运营事务，负责国家公园内各种商业活动的管理工作；宣传教育事务，负责国家公园内解说规划、解说内容编写、解说项目开发等与宣传教育相关的工作；法律政策事务，负责制定国家公园相关的法律法规、政策及审核国家公园的设立、扩建等相关资料；其他行政事务，包括财政资金管理、人力资源配置、国内外交流事务等。

其次，省政府组织编制“省域乡村地区功能区规划”，具体研究不同乡村功能区的差异，指定乡村功能区单元，并指导成立相应的管理乡村功能区的次区域机构（图 9-1）。如英国对于所有国家公园均建立特别的国家公园机构，每个国家公园管理局在其所辖区域内都具有规划和控制社会经济发展的权力[①]。

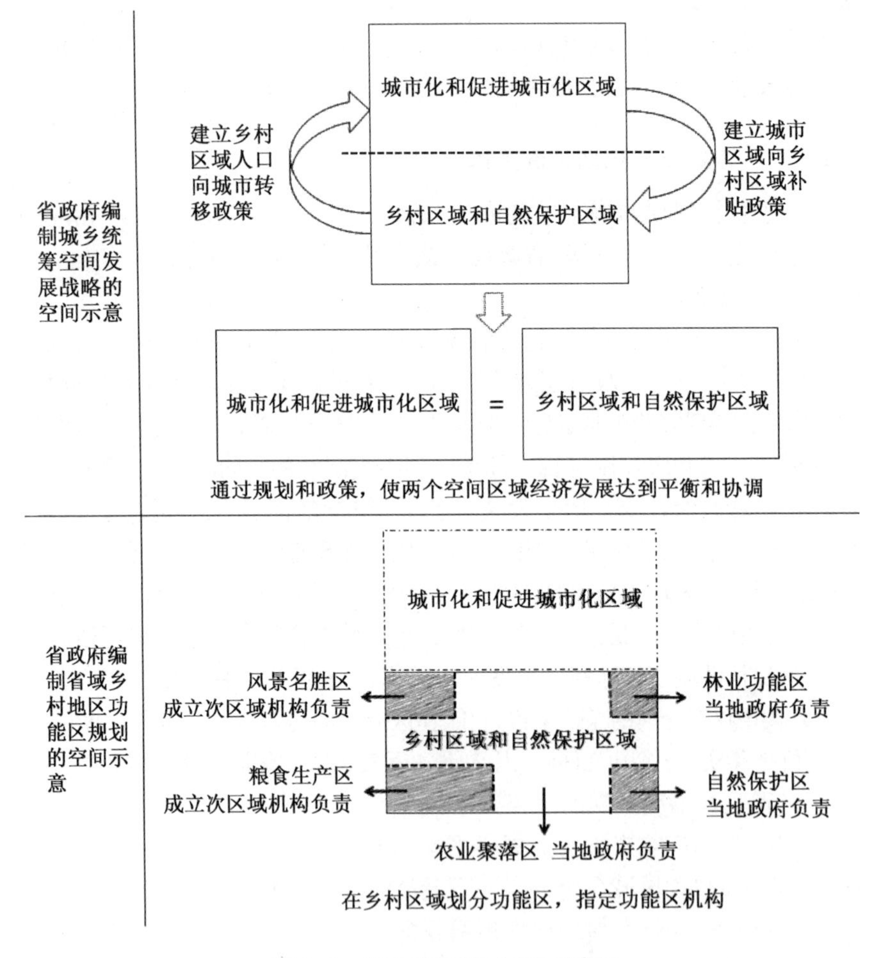

图 9-1　省政府编制规划的示意图

资料来源：自绘

2）省政府管理的建议

为了保证规划和政策的实施，省政府需要成立专门的规划组织机构，建立良好的运行和管理机制。该规划组织机构的目的在于：

---

① 于立，那鲲鹏. 英国农村发展政策及乡村规划与管理[J]. 中国土地科学，2011(12)：75-80.

(1) 承担起编制省域乡村区域规划并制定相应政策的责任。

(2) 加强对下级乡村规划的指导和监督管理。对市、县政府编制规划进行指导,明确市、县政府编制乡村规划的范围,并进行监督。对村庄编制社区自治规划进行指导,鼓励和引导村庄社区规划从规划理念到规划方法上的转型。规划理念上,应重视农村生活与生产在土地和空间使用上的混合,提升土地利用的效率;规划方法上,提倡由目标规划向行动规划转变。开展具体的宣传培训和技术指导甚至检验检测等工作。

(3) 提供有针对性的技术服务与指导。省政府直接面对的是具体的乡村区域,可以根据当地的经济情况、文化特色,设立村庄房屋建设技术指导,并选拔、认证和培训一批具有特殊技术技能和文化传承能力的农村建筑工匠。推荐经济实用村庄建设技术,尽可能应用与当地原有生态链相符的环境保护技术和能源供应方式,不盲目追求所谓的"高新技术"。

9.1.3.2 次区域机构

次区域机构不是一级政府机构,而是为了管理乡村功能区可能出现的跨越县行政主体的联合机构,旨在管理和保护乡村必要的功能区。次区域机构的建立应以"省域乡村地区功能区规划"为指导,对应各个乡村功能区,建立乡村功能区管理机构,自行编制该功能区的保护规划。次区域机构应脱离所在地县政府的权力管辖,拥有独立的管理和保护的权力,其主要目标是保护乡村功能区,一方面免受地方政府因为地方利益而对其造成破坏,另一方面也避免地方政府因为管辖边界过小的原因而无力管理功能区。

次区域机构应依据乡村功能区而建立,具有独立管理和保护的权力。

9.1.3.3 县政府

在市县分治的改革前提下,省政府下有县—镇/乡两级政府,镇政府是最基层的行政机构,所辖区域小,空间结构与生产方式较为简单(主要是农业生产)。在实际政府调研中,广东省偏远地区的镇政府普遍存在政府规划人员配置不足的问题①,因此建议不再单独设立规划机构,而由上一级政府——县级政府作为乡村地方政府责任机构。县政府人员配备较为齐全,对乡村具体发展事务较为了解,因此应当作为乡村地方发展的责任主体,应主要承担振兴乡村经济、管理乡村社会和实现乡村地区可持续发展的目标。

由县政府负责编制"县域乡村发展规划",镇政府作为补充机构。

县政府应组织编制"县域乡村发展规划",总体对县域乡村的社会、经济、文化等可持续发展的内容进行总体规划,设立专门的规划机构负责具体规划编制工作以及乡村建设规划许可和审批等管理事宜。镇政府由于

---

① 如在对广东省韶关市始兴县马市镇政府的访谈中得知,马市镇村镇规划办仅配备6人,其中仅2人是公务系统内的编制人员,6人均不是规划专业,镇政府急缺拥有专业知识的技术人员。

与村关系更为密切，对于单个村庄的事务更为了解，应负责村庄规划具体的空间规划和实施指导，负责公众参与的组织工作和村民的协调工作，成为县政府的补充机构。

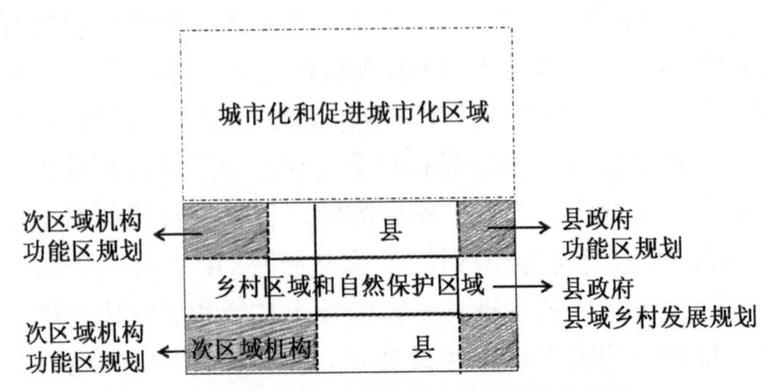

图 9-2　次区域机构与县政府编制规划的空间示意图

资料来源：自绘

在具体管理上，县政府首先应明确落实村庄管理的主体：城市化区域的乡村纳入城市规划统一建设和管理，有条件的远郊村也尽量纳入城市规划管理，城市基础设施向农村延伸，城市公共服务覆盖农村，有条件的村庄可以设立相应的建设管理机构；乡村区域则由县政府统一负责(图 9-2)。

其次，县政府负责整合乡村建设资金。目前农村建设的政府资金来自农业、交通、环境、电力、电信、城建等政府部门，分散建设和缺乏统筹容易造成重复建设和浪费。建议由县政府统一乡村建设管理，统筹协调政府投入，加强资金整合，统筹涉农资金使用，鼓励在县级政府集中资金，确保乡村建设有序推进。

目前广东省农村侵占宅基地、违法乱建、建设质量良莠不齐等现象比较严重，县政府应加强乡村地区建设的监督管理，协调好乡村地区的建设与保护。

省域城乡统筹空间发展战略的编制理论途径：
1. 在战略制定上考虑均衡各方发展利益；
2. 划定城乡区域空间管理边界，为各项空间政策落实奠定基础；
3. 制定城乡不同的发展目标和与之配套的相关政策。

9.1.4　广东省乡村规划体系的主要内容与形式

依据广东省乡村问题和乡村规划的主要目标，建议在省域尺度编制“省域城乡统筹空间发展战略”和“省域乡村地区功能区规划”，在次区域尺度编制具体的功能区保护规划，在县域尺度编制“县域乡村发展规划”。

9.1.4.1　省域城乡统筹空间发展战略

乡村发展的根本问题在于农业与非农业发展的不平衡，城市化区域与非城市化区域发展的不平衡，而这种发展不平衡的根源是调整产业发展和区域发展的政策供给不足，乡村在自由经济下逐步衰退。因此，应该根据国家政策和相关区域的需求，以省政府为主体牵头组织，制定各地方利益者共同发展的构架，制定向乡村倾斜的产业政策和区域政策。建议编制“省域城乡统筹空间发展战略”，明确城市化区域与乡村区域的空间管理界线，划定城镇增长边界（乡村边界）（图 9-3）。在划定边界的基础上，城、乡采用不同的政策，制定村庄发展的政策，指导村庄增长边界的划定，为各项支农、惠农和保护生态的各项优惠政策的空间落实奠定基础。

实现城乡协调与统筹的区域目标，在广东省很难直接通过政策来进行。政策主要是通过一种制定规则的方式来管理，是一种不对应空间的规划形式，如若城市与乡村的冲突并不大，那么可以通过制定合理的政策，让城市区域和乡村区域各自在空间中发展即可。但广东省的城乡边界有着非常大的冲突，需要在空间中对城乡管理边界进行具体划定，明确形成两个不同的政策管理空间，才能有效地在空间中落实城市政策和乡村政策，因此广东省的乡村区域规划需要采用空间规划的方式。

“省域城乡统筹空间发展战略”是协调区域之间矛盾的一种区域规划，考虑的是乡村区域和其他区域的关系。

省域有独立的行政管理机构，在空间上则由多个具有独立管治权的地方性主体组成，因此在省域范畴进行规划，本质就是跨领域的规划。跨领域的规划，首先必然有整体观，其次是协调观，要求能解决下层级区域（市、县）之间的冲突和关系问题。我国在省域层面仅有部门型规划，如国土规划（负责土地属性管理）、主体功能区规划（负责省域资源管控）、城镇体系规划（负责制定城镇等级功能），缺失综合性的空间规划来作为沟通协调城乡问题的工具。

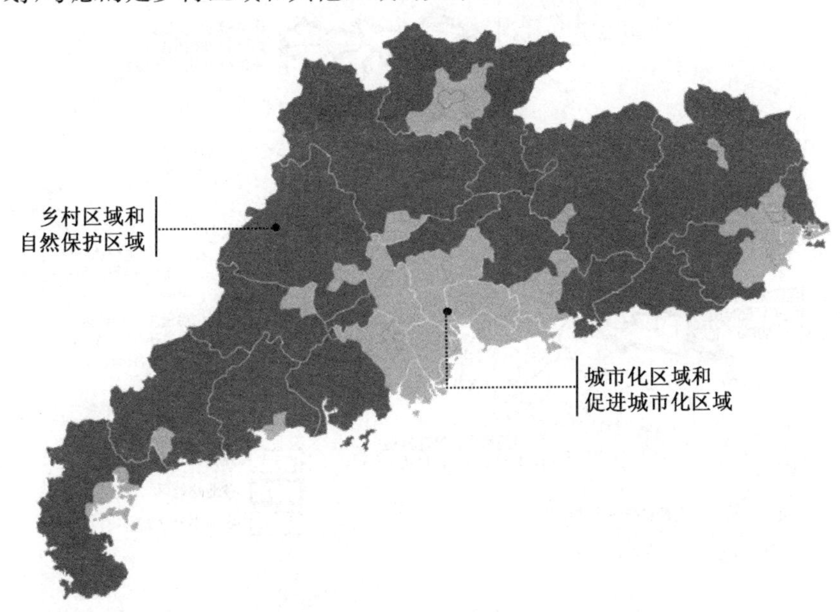

图 9-3　“省域城乡统筹空间发展战略”核心图纸示意图

资料来源：自绘

9.1.4.2　省域乡村地区功能区规划

在乡村区域内部，乡村的类型和功能是多样的，如以农业聚落为主的乡村地区、风景名胜区域、自然保护区域、历史文化区域等，这些功能区域

省域乡村地区功能区规划是各个乡村区域编制功能区规划的上位指导性规划，编制的理论途径是：

1. 根据乡村功能边界，划定乡村功能区边界和范围；

2. 确定或指导成立相应的编制主体；

3. 制定具有指导性的保护导则。

需要编制保护规划。因此，应当在“省域城乡统筹空间发展战略”划定的乡村地区中编制“省域乡村地区功能区规划”，将省域范围内的乡村或依据其特征，或依据在区域内承担功能的完整性等因素划定不同的功能区。“省域乡村地区功能区规划”中应具体指定功能区的边界和范围，制定指导性的保护导则。应明确指定功能区的编制主体，若功能区跨越了行政区范围，应在规划中指定（或指导成立）该区域联合编制的主体；若功能区在行政区范围内，应在规划中明确指定该级政府编制相关规划，乡村区域的功能区规划是保护主体责任的落实与补贴政策和扶持资金的落实。

图 9-4 是“广东省乡村地区功能区规划”中指定“功能区边界”“编制主体”和“编制规划类型”的一张粗线条示意图，以广东省上位规划中指定的粮食/农业县、活立林蓄积资源达 500 万 m^3 以上的县、国家级认定的自然保护区、森林公园等资料为基础，将区位毗邻、功能一致的县联合，指定联合机构，孤立的、功能独立的县自行由当地政府负责，依据此原则，可对全省乡村地区主体功能、编制主体和编制规划类型在空间中进行具体落实。

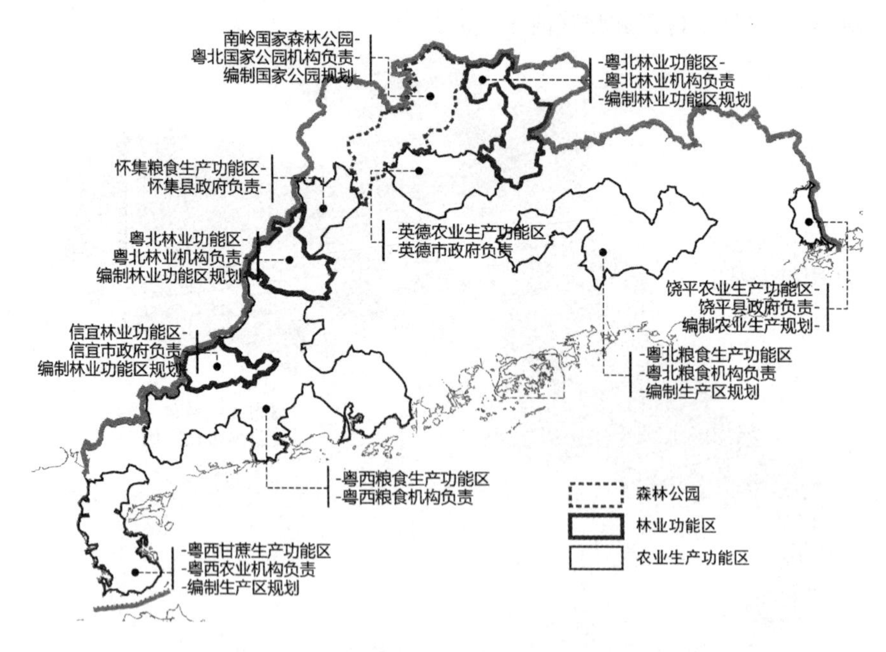

图 9-4 “省域乡村地区功能区规划”编制内容示意图

资料来源：自绘

现有的关于乡村各类功能的规划，如风景名胜区规划、自然保护区规划等都是分散独立的，应统筹各类区域专项规划，将现有的省级区域规划，如风景名胜区规划、国土规划、自然保护区规划等作为区域专项规划来补充和完善“省域乡村地区功能区规划”，对现存的区域规划进行整合与重塑，形成以区域空间战略为统筹、整合各类专项规划目标、完整指导乡村功能区保护的一组规划文件包。

“省域乡村地区功能区规划”主要考虑的是乡村内部区域之间的矛盾。

9.1.4.3 具体功能区保护规划

在次区域层次，承接“省域乡村地区功能区规划”划定/指定乡村的若干功能区域，在各个功能区的责任机构则具体负责编制各自区域内的乡村功能区的保护规划，由于功能区的特征，规划以保护为主，兼顾功能区内村庄的发展。

在功能区内由指定的责任机构编制具体的保护规划，功能区规划重点在于乡村功能的维护和增强。可参考英国、法国等地的国家公园/自然公园的规划编制内容，其重点在于保护乡村自然空间，解决如何在发展乡村经济的同时保护乡村地区自然景观与文化遗产这一难题。

9.1.4.4 县域乡村发展规划

由于广东省地域面积广阔，不同县域之间的发展差异大，故“县域乡村发展规划”应具体根据自身的特征与需求编制，结合当地实际发展水平和特征，以及乡村社区的需求进行规划，成果形式与内容应多样化。

其他未指定为功能区的乡村地区，根据自身的需求编制乡村发展规划。

9.1.5 规划制定与审批程序

广东省乡村规划体系中具有区域规划的类型，对于区域规划的制定与审批程序在我国现阶段的规划体系中仍没有非常完善的程序制度。参照英国的区域规划程序，结合我国的情况，建议将区域乡村规划的制定与审批分为 4 个阶段：制定规划的前期准备阶段、比选方案的阶段、规划方案的评审与听证阶段、规划的实施阶段。

英国的区域规划程序详见 7.4.6.1 英国区域规划的编制与审批程序。

在制定规划的前期准备阶段中，主要是省政府牵头组织相关利益机构进行磋商，通过讨论和协商并进行评估，明确一致的规划目标，进行规划的准备。在此阶段要对规划的范围和目标进行可持续性评价。

在比选方案的阶段中，由规划编制单位制定对比方案和政策，制定修订稿。要求落实国家政策，与其他区域战略、规划和行动方案相协调。由省政府发布方案文件和可持续性评价，并进行公示，把相关信息提供给协商者。对比选方案进行推敲和可持续性评价。

区域乡村规划的制定与审批建议分为制定规划的前期准备阶段、比选方案的阶段、规划方案的评审与听证阶段、规划的实施阶段 4 个阶段，全过程应该加强各个利益群体的参与度，做到公开化、透明化，进行必要的监控和实施评估。

在规划方案的评审与听证阶段，首先由规划编制单位向省政府提交空间规划/战略草案和其他机构参与的报告（如乡村地方的社区参与报告等），并进行 6～12 周的磋商；将可持续性评价出版并讨论评估情况。其次设立公众评审或公共检查程序，由省政府规划部门任命的独立评审委员，包括政府人员和专家，对规划方案中各事项进行审查，邀请各利益团体参与评审，对于重要议题可采取听证的方式，面向媒体公开；在此对可持续性评价修改进行回顾。然后，形成评审会议的最终报告并由政府公布。最后，政府决议批准，公布批准报告，通知公众 3 个月内可以对规划文件提出异议。

在规划的实施阶段中，进行监测和评估。制定定期的规划实施监控程序，如以年为周期进行规划实施的评估和反馈；对重要政策和规划内容的实施采用目标监测与定量化指标监测；县级政府指定专门的规划部门，定期对规划实施拟定监控报告，提交省级政府，并向社会公开；对规划文件可持续性进行监测(图 9-5)。

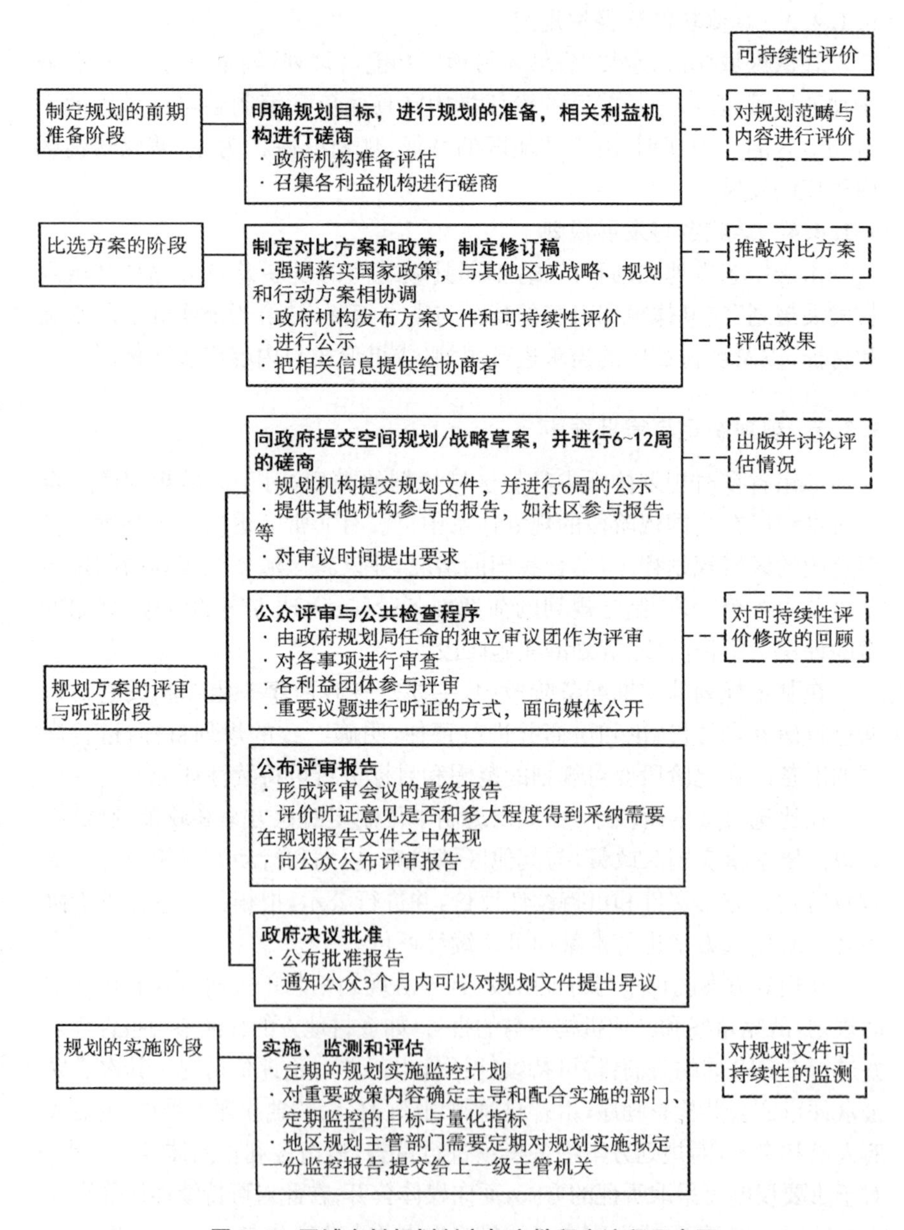

图 9-5 区域乡村规划制定与审批程序流程示意图

资料来源：自绘

9.2　广东省乡村规划体系的特点

通过分析广东省乡村面临的具体问题，从乡村问题与规划目标出发，合理地确定了规划的编制尺度、编制主体，根据问题分析了不同空间体系下具体的编制内容，并提供了规划制定与审批的具体程序，从而建构了广东省乡村规划体系（表 9-1）。

由于目前广东省村庄规划编制大致完成，所以在此先不另行设置村庄规划层次，待上层次规划编制完成后，视各村现实情况而酌情重新编制村庄规划，谨慎大面积铺开进行村庄规划。

表 9-1　广东省乡村规划体系的具体内容

<table>
<tr><th>乡村规划目标</th><th>编制尺度</th><th>编制主体</th><th>建议编制内容</th><th>规划制定与审批程序</th></tr>
<tr><td rowspan="2">落实国家粮食生产的责任
在区域层面协调城市与乡村之间的关系
保护乡村自然生态环境和历史文化环境</td><td rowspan="2">省域</td><td rowspan="2">省政府
· 承担编制责任
· 加强对下级乡村规划的指导和监督管理
· 提供针对性的技术服务与指导</td><td>省域城乡统筹空间发展战略
· 划定城市化政策区域与乡村政策区域
· 制定乡村区域政策
· 制定补贴机制和实施途径</td><td rowspan="4">制定规划的前期准备阶段
· 组织相关利益机构磋商，确定规划目标，进行规划的准备工作，进行可持续性评价
比选方案的阶段
· 制定对比方案和政策
规划方案的评审与听证阶段
· 向政府提交草案
· 启动公共评审与公共检查程序
· 公布评审报告
· 政府决议批准
规划的实施阶段
· 实施监测和评估</td></tr>
<tr><td>省域乡村地区功能区规划
· 指定各类功能区的范围和边界
· 指定功能区的负责机构
· 统筹各类区域专项规划</td></tr>
<tr><td>具体保护乡村自然生态环境和历史文化环境</td><td>次区域</td><td>次区域机构/县政府
· 对应乡村功能区建立
· 跨越县行政主体的联合机构，独立权力</td><td>具体功能区保护规划
各区域自行编制区域内的乡村功能区（如风景名胜区、林业区、环境功能区等）的规划</td></tr>
<tr><td>振兴乡村经济、管理乡村社会和实现乡村地区可持续发展</td><td>县域</td><td>县政府
· 承担编制责任
· 明确落实村庄管理的主体
· 整合乡村建设资金
· 加强乡村地区建设的监督管理</td><td>县域乡村发展规划内容应多样化，根据地方自身的特征与社区需求进行编制</td></tr>
</table>

资料来源：自制

这个规划体系可以有效地解决广东省现有区域城乡矛盾问题、乡村区域保护问题、乡村发展问题，解决现有规划体系之中不可克服的结构性问题。

第一，对乡村规划目标的分解有利于明确具体的规划事项，针对问题与目标才能有效构建解决问题的规划工具体系。

第二，通过目标及相关的利益范围，选择合适的编制尺度，使得规划工具可以在适宜的尺度上发挥功效，避免了现行规划体系中规划尺度过小、无法解决区域问题的弊端。

第三，针对问题制定了合适的编制主体，将保护乡村的任务具体地分解到每一级不同的责任主体中，明确各自的保护任务和行动建议，避免了现行管理主体层级复杂、责任权限模糊、管理重复或空白的问题。

第四，通过不同的规划工具有效地解决乡村的保护与发展问题，规划编制内容之间具有指导性和反馈性，使规划目标通过规划内容可以层层落实下来，避免了现行体系中规划“各自为政”，目标不统一的问题。

第五，通过有效的规划制定与审批程序，将公共参与、可持续性评估等内容融入规划程序全过程之中，使规划能够成为协调利益的有效工具，使可持续发展的目标可以最终实现。

9.3 “省域城乡统筹空间发展战略”的编制模拟

广东省的突出问题是城乡冲突和矛盾，因此编制“省域城乡统筹空间发展战略”对于有效解决乡村矛盾具有非常重要的作用，是广东省乡村规划编制体系中非常重要的一个规划类型。本文选取“省域城乡统筹空间发展战略”作为实践代表进行深入研究，提出具体的编制内容。

与广东省目前其他省域规划只关注乡村特定矛盾不同，“省域城乡统筹空间发展战略”通过划分城乡空间政策区域，使不同的区域可有针对性地制定区域政策和城乡之间的补贴机制，以实现城乡协调平衡发展。

“省域城乡统筹空间发展战略”是以广东省城镇化的情况为现实背景，以城乡统筹为规划目标，以省域为空间尺度，规划的核心内容分为两部分：首先是进行省域空间统筹，通过对现实情况和现有规划、政策的分析，科学合理地对省域进行政策空间划分，区分出两个空间政策管理单元——“城市化空间政策区域”和“乡村空间政策区域”，两个空间采用两种不同的政策和管理方式。其次是建立有效的区域政策，建立从“城市化空间政策区域”向“乡村空间政策区域”转移的补贴机制，通过补贴使两个区域协调有序地发展，实现乡村可持续发展的终极目标。

9.3.1 划定乡村空间政策区域的方式

根据广东省乡村所承担的功能，乡村空间政策区域要保障的是仍然承担着乡村功能的、在城市发展之中处于保护目标范围的区域，包括为保障粮食生产安全而需要保护的农业生产区域、基于广东省区域生存环境和可持续发展而应当保存的生态空间和为保障区域生态安全的生态空间。这些区域的叠加最终形成广东省需要保护和控制的乡村区域。最后，通过对乡村空间区域的划分，针对不同的空间制定对应的空间政策。

限于现有资料，本章在划定乡村空间政策区域时采用的是以县为单位的精度，将乡村以县为单位对乡村功能在全省进行分析和优先排序，选出主要承担乡村功能的县，最终将乡村区域划定出来。资料更完整的情况下可以镇为单位，提高政策区域边界的精度和准确度。

理论上，划定乡村空间政策区域的精度以镇为单位更精确，因为在一县之中仍有城关镇等少数镇域具有城市功能形态，宜将其区别出来。

目前使用的边界是广东省县域行政区划，取决于这个县的主要功能，至于县域的边界是否与乡村的功能边界相符，暂时不予考虑，仅为了省域空间政策更好地落实，边界的调整与实际修改可放在后续规划中考虑。如果县域边界割裂乡村功能或不能合理地容纳乡村功能，则应该调整县域的行政边界，以更好地适应乡村政策。

我国目前的统计资料均是以行政单位作为统计单元，缺乏依据功能区划分的GIS数据，一定时期内，在省域层面划定乡村空间政策区域只能采用行政区划边界。

9.3.1.1　对广东省农业生产政策区的划定

粮食生产区域的确定要依据该县的现实情况，以广东省来说，其农业构成不单是以粮食为主，而是多种作物并存，因此乡村的生产功能应该从保护粮食生产提升到保护农业生产的高度。就产量来说，广东省产量前三的农作物是蔬菜(3 144.47 万吨)、糖蔗(1 358.77 万吨)和粮食(1 315.90 万吨)；从农作物播种面积来看，粮食播种面积最大，占 53.4%，另两种作物占 31.1%。因此，以粮食、糖蔗和蔬菜的产量为标准，以农田耕地的开垦及保有量为标准，并根据广东省对该地区的发展目标的指向等因素综合确立粮食生产区域。

划定农业生产政策区，主要依据农作物的产量、耕地情况、农业人口情况和农业区域政策等指标进行综合考虑。

1) 广东省农产品生产产量

2013 年广东省粮食作物产量超过 15 万 kg 的县(市、区)有 36 个，糖蔗是广东省专业化生产的经济作物，糖蔗产量与粮食产量已基本持平，糖蔗的产地主要集中在 7 个县(市、区)。蔬菜的种植主要集中在大城市周边近郊的乡村和耕地资源比较多的地区(表 9-2)。

2) 广东省耕地资源情况

广东省的优质耕地资源主要分布在粤西地区，占有全省耕地的 30%，粤西和北部山区承担了大部分的农业生产，基本农田保护区流程多分布在这两个区域。以县为单元对耕地资源进行划分，可以得出各县(市、区)耕地所占全域土地面积的比例，从占有量上看，耕地资源比较优良的区域位置首先是粤西，粤东次之[①](表 9-3)。

① 珠江三角洲地区包括广州、深圳、珠海、佛山、江门、东莞、中山、惠州、肇庆九市；粤东地区包括汕头、潮州、揭阳、汕尾四市；粤西地区包括湛江、茂名、阳江三市；北部山区包括韶关、河源、梅州、清远、云浮五市。

3）广东省各县（市、区）乡村人口的情况

保障粮食生产功能的完整性和合理性，仅保护耕地资源是不行的，必须要保留一定数量从事农业生产的农民。从现实情况出发，2013 年广东省各县乡镇人口有 6 973.03 万人，乡镇劳动力有 3 560.97 万人，其中从事第一产业的劳动力有 1 363.95 万人，比重如表 9-4。

表 9-2　广东省各类农产品产量与空间分布

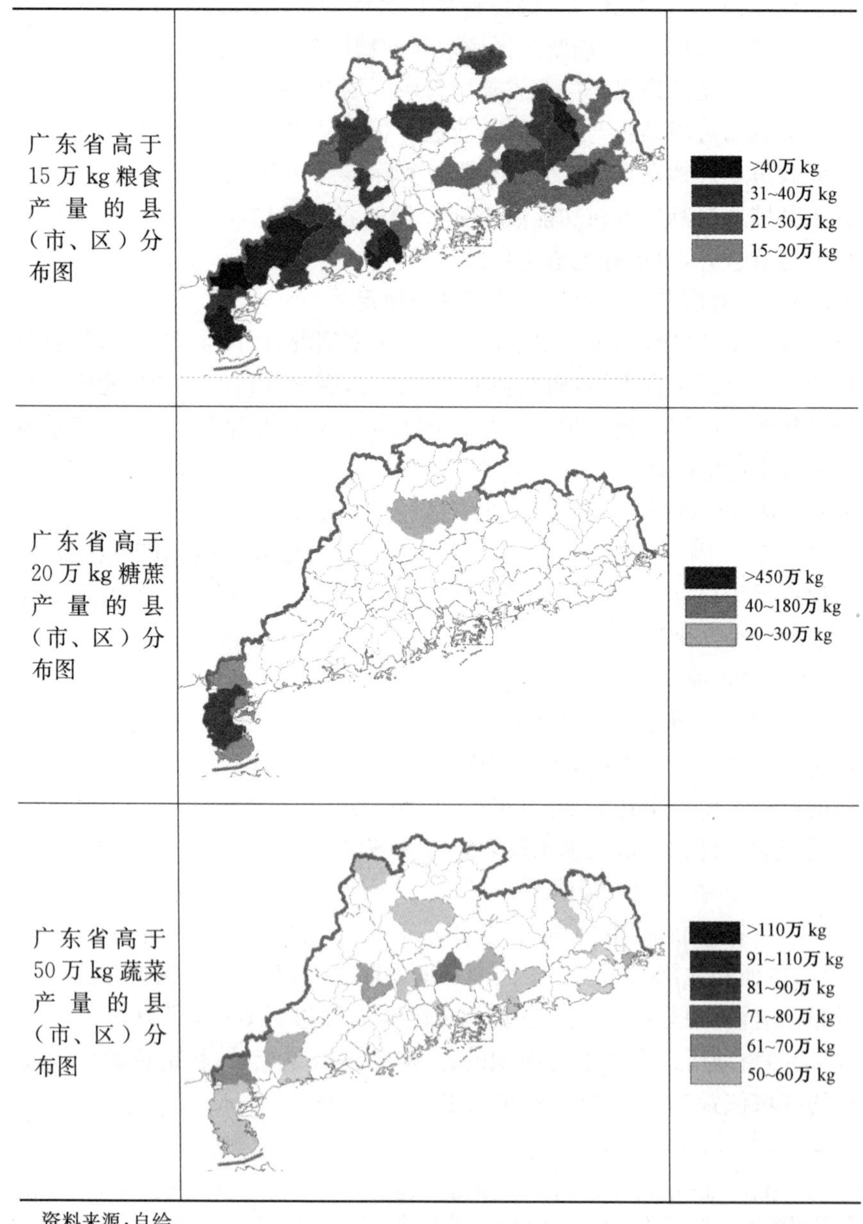

资料来源：自绘

表 9-3　广东省耕地资源情况

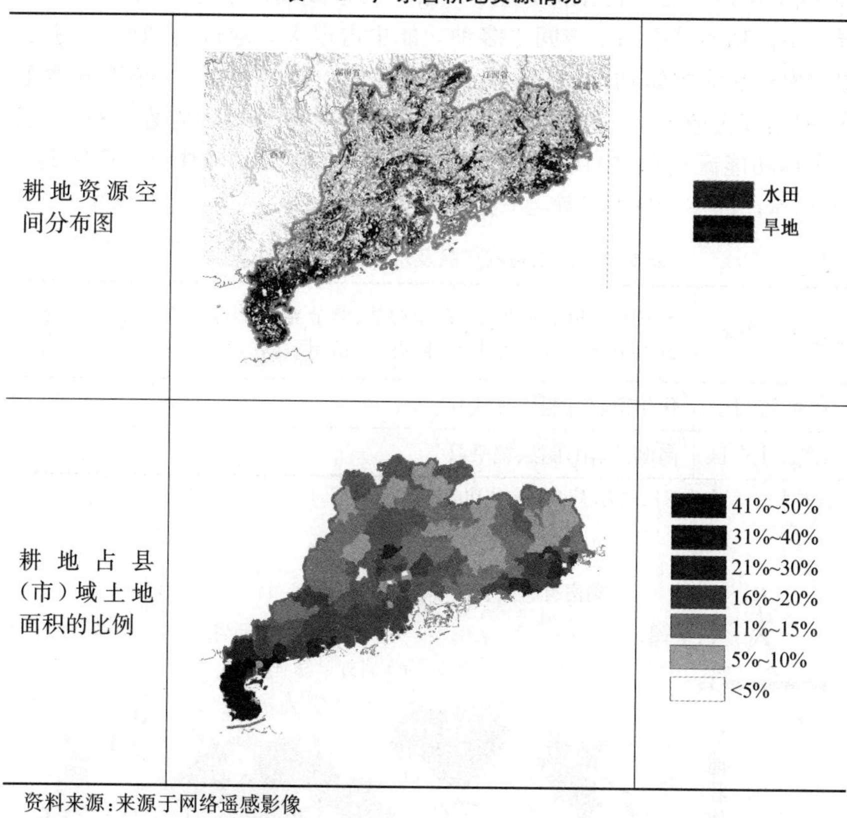

耕地资源空间分布图		水田 旱地
耕地占县(市)域土地面积的比例		41%~50% 31%~40% 21%~30% 16%~20% 11%~15% 5%~10% <5%

资料来源：来源于网络遥感影像

表 9-4　从事第一产业的乡镇劳动力占总人口的比重

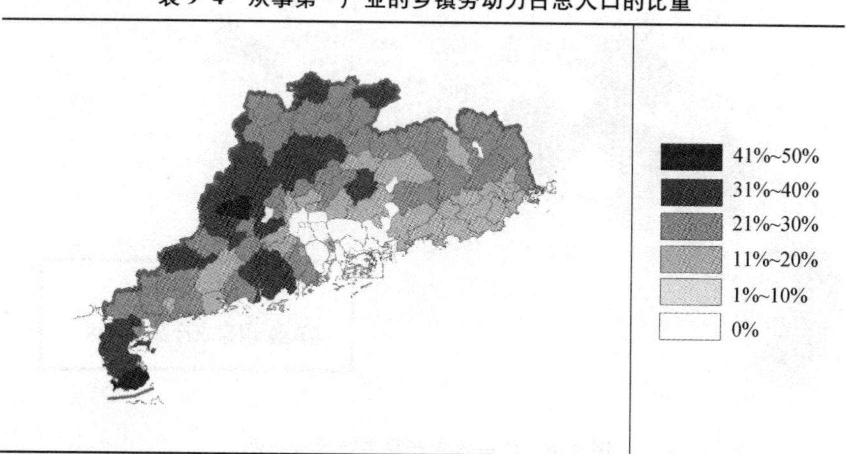

	41%~50% 31%~40% 21%~30% 11%~20% 1%~10% 0%

资料来源：自绘

4）区域规划的指导

《广东省主体功能区规划》是 2012 年广东省政府组织编制的，对广东省域内土地空间开发具有战略性的远景规划和行动依据。该规划具有基础性、上位性和法律约束力，统领和指导其他规划的土地开发和空间布局。主体功能是指国土空间中多种功能中占据主导地位的功能，如主要提供农产品为主体功能时，虽然不排除其他功能的存在，但必须分清主次，根据该区域主体功能的定位来确定开发的主要目标和内容。在《广东省主体功能区规划》中认定粮食主产县(市)一共 16 个，甘蔗主产区共 3 个县，水产品主产区共 3 个县(表 9-5、图 9-6)。

表 9-5　广东省农产品及水产品主产区一览表

粮食主产区	云安县、郁南县、罗定市、东源县、紫金县、五华县、龙门县、海丰县、台山市、开平市、恩平市、阳春市、雷州市、高州市、怀集县、英德市
甘蔗主产区	化州市、徐闻县、遂溪县
水产品主产区	南澳县、阳西县、饶平县

资料来源：广东省人民政府. 广东省主体功能区规划[Z]. 2012.

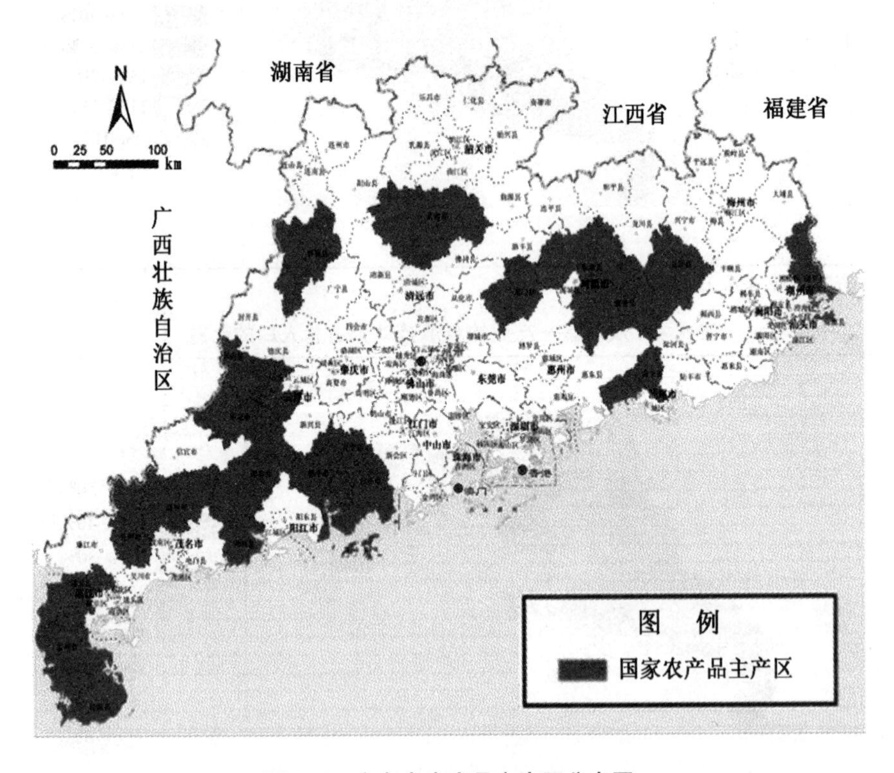

图 9-6　广东省农产品主产区分布图

资料来源：广东省人民政府. 广东省主体功能区规划[Z]. 2012.

5）乡村农业生产政策区域的划定结果

乡村农业生产政策区域是将耕地资源丰富、具有一定规模的农业人口以及有适宜发展农业的区域，在全省所有区域中进行比较和筛选，基于保障国家农产品安全和可持续发展的需要，确定为必须限制大规模工业化和城镇化的发展，而首要增强农业综合生产能力的区域，该区域的划定可为落实相关农业政策提供空间定位。结合广东省农业生产的任务，以粮食产量、糖蔗产量20万公斤以上的县为基础，加上耕地保有量与从事农业人口比较高的县，同时扣除处于现有作为城镇中心而发展的、区位比较好的中心市(区)后，得出乡村农业生产政策区域(图9-7)。

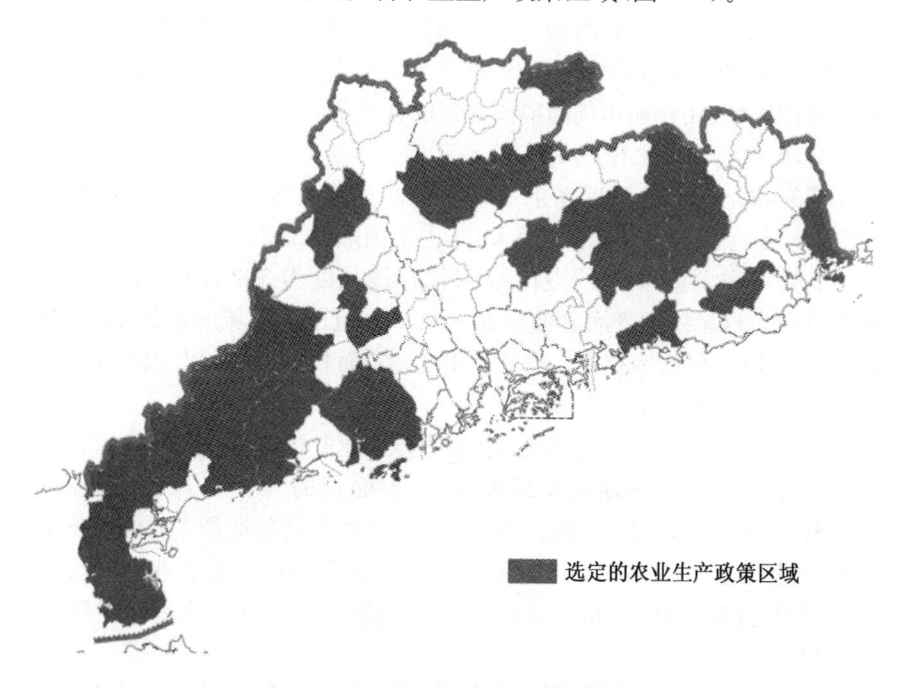

图9-7　广东省乡村农业生产政策区域

资料来源：自绘

生态功能政策区的划定主要是结合自然地理特征、生态系统评价、人口与经济建设情况、土地利用现状和生态区域政策等方面进行综合考虑。生态功能区应该纳入乡村区域范畴，统一进行保护。

9.3.1.2　对广东省生态功能政策区的划定

人类对于乡村的需求既包括对农产品的需求，也包括对生态产品①的需求。随着人们对生态产品需求的不断增加，保护生态环境、提供生态产品的活动逐渐变成乡村的一个重要功能。因此，必须要划定乡村生态功能政策区，通过限制开发和投入政策引导、补贴和维护，以增强乡村的生态生产能力，这是基于目标需求而进行的考虑。

① 生态产品是指维系生态安全、保障生态调节功能、提供良好人居环境的自然要素，包括清新的空气、清洁的环境和宜人的气候等。生态产品同农产品、工业品和服务产品一样，都是人类生存发展所必需的产品。生态地区提供生态产品的功能主要体现在：吸收二氧化碳、制造氧气、涵养水源、保持水土、净化水质、调节气候、清洁空气、保护生物多样性、减轻洪涝灾害等。

从资源承载力的角度上考虑，省域空间中生态系统较为脆弱、环境承载力低、不能高强度大面积建设开发的区域，或者承担了重要生态功能的区域，应该将维持和增强生态功能作为区域发展的目标，限制大规模和高强度的开发，即纳入乡村区域。此外，根据国家和广东省已有的政策认定的各类自然文化保护区、风景名胜区、森林公园、地质公园、自然文化遗产等特殊区域，重要水源地等涉及居民健康的禁止开发区域，应该一同纳入乡村区域的范畴。

因此，乡村生态区域的划定应当综合多方面的情况，如自然特征比较突出的区域、生态较为敏感与脆弱的区域、人口密度较低的区域、开发强度较低的区域、用作城市周边隔离地带的区域等。

1）广东省自然地理现状特征

广东省是一个海陆兼备的省份。东西相距约 800 km，南北相距约 655 km，陆地总面积约 17.81 万 km^2，占全国陆地面积的 1.86%。同时，广东省是海洋大省，海岸线漫长，大陆海岸线长度为 3 368.1 km，居全国各省首位。自岸线向外海延伸至水深 200 m 范围的海域面积约 17.8 万 km^2，与陆地面积基本相等。全省岛屿众多，面积 500 m^2 以上的岛屿有 759 个，总面积达 1 599.9 km^2。

广东省北靠南岭，南临南海，地貌种类复杂多样，有山地、丘陵、高原、台地和平原。其中山地面积最大，占全省面积的 31.7%，其余丘陵占 28.5%，平原占 23.7%，台地占 16.1%[①]。平原和盆谷地是主要的农业用地和建设用地；相对高度 80 m 以下的台地，大部分可以为农业、林业、牧业等利用；丘陵、山地主要为林业用地；其他为沿海滩涂和主要河流等水域面积。

广东省有两个总地貌特征：一是大陆地势北高南低，由北向南降低，北部地势最高，以山地为主；中部地势高度降低，以丘陵为主；南部沿海高度最小，以平原、台地为主（图 9-8）。二是岭谷排列规则。山地与谷地排列甚有规律，其中粤北地区岭谷多成为向南突出的弧形，弧形山地由北至南有三列，三列山之间为两列谷地。粤东岭谷作东北至西南向排列，与海岸平行，它们由北至南，有岭谷各三列。粤西岭谷亦多为东北至西南走向。

2）广东省生态系统评价

广东省重要的生态资源主要分布在粤北山区，粤东、西区域次之，珠三角区域则生态重要性普遍较弱。粤西、粤北一些县则生态脆弱性高，需要有效的规划保护（表 9-6）。

① 数据来源于 2009 年《广东省农业功能区划研究报告（征求意见稿）》。

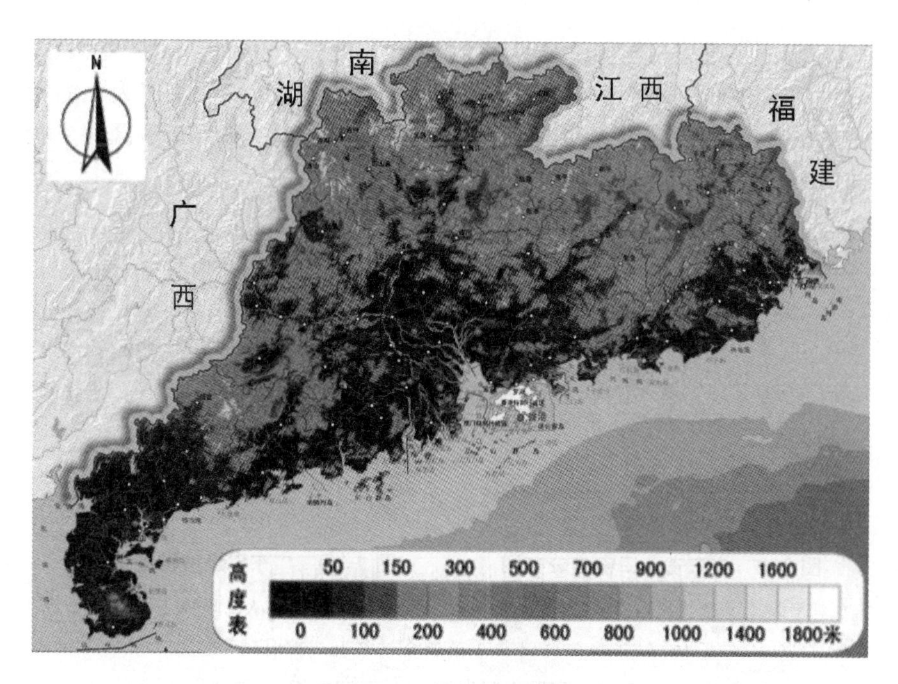

图 9-8 广东省地势图

资料来源：广东省人民政府. 广东省国土规划(2006—2020 年)[Z]. 2013.

表 9-6 广东省生态系统评价

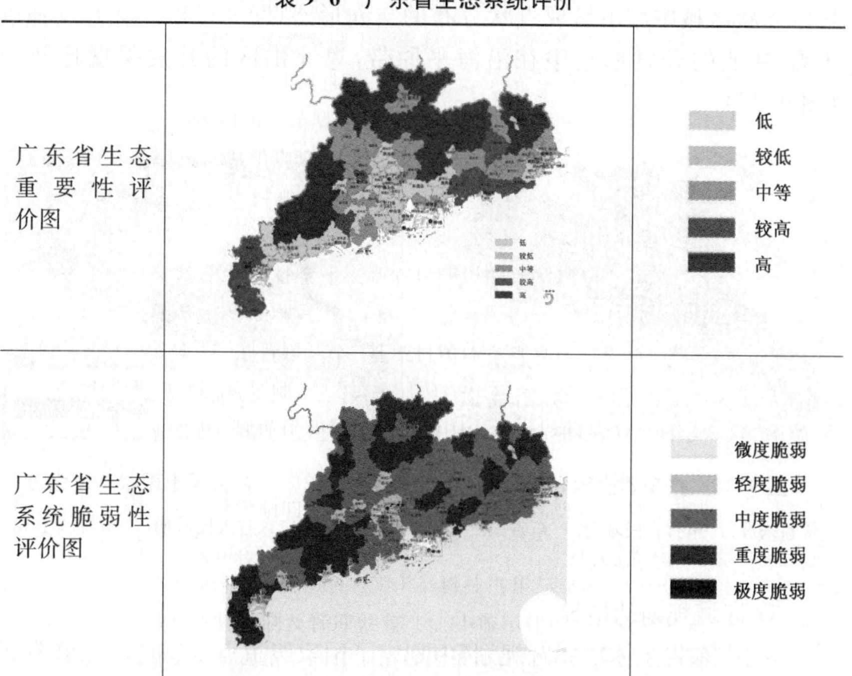

广东省生态重要性评价图		低 较低 中等 较高 高
广东省生态系统脆弱性评价图		微度脆弱 轻度脆弱 中度脆弱 重度脆弱 极度脆弱

资料来源：广东省人民政府. 广东省国土规划(2006—2020 年)[Z]. 2013.

3）广东省人口与经济建设情况

广东省的人口密度与经济密度具有趋同性，空间特征表现为大面积集中在珠三角区域，在粤东与粤西呈小规模的聚集状态，其余地区为点状式散布（图 9-9、图 9-10）。

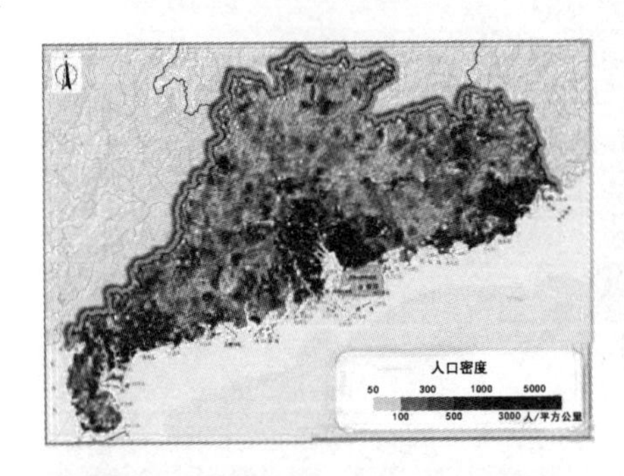

图 9-9　广东省人口密度分布图

资料来源：广东省人民政府. 广东省国土规划（2006—2020 年）[Z]. 2013.

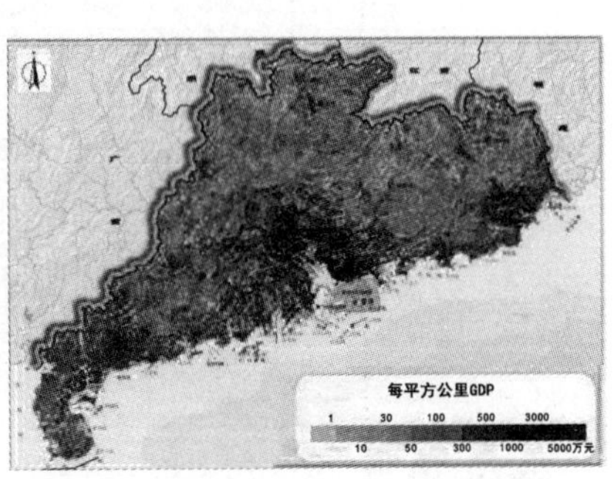

图 9-10　广东省经济密度分布图

资料来源：广东省人民政府. 广东省国土规划（2006—2020 年）[Z]. 2013.

4）广东省土地利用现状

从土地利用的现状图上看，广东省在珠三角地区形成连绵的城市群形态，在粤东潮州、汕头、揭阳处形成比较小的连绵区，其余地方在乡村地区的面状区域中城市呈现点状分布的空间形态（图 9-11）。从开发强度上看，主要的开发都集中在沿海平原带，粤北山区的开发强度比较小（图 9-12）。

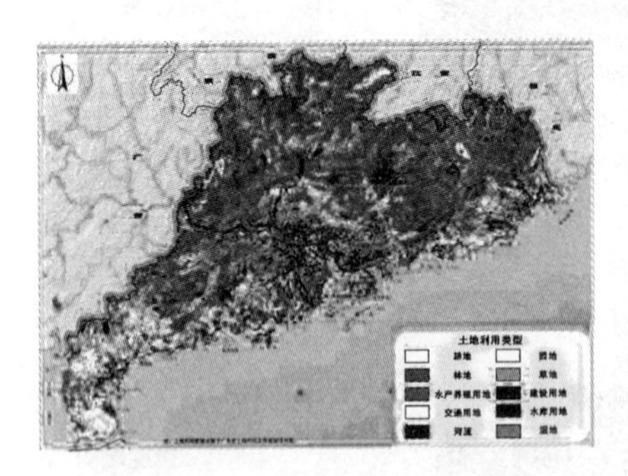

图 9-11　广东省土地利用现状

资料来源：广东省人民政府. 广东省国土规划（2006—2020 年）[Z]. 2013.

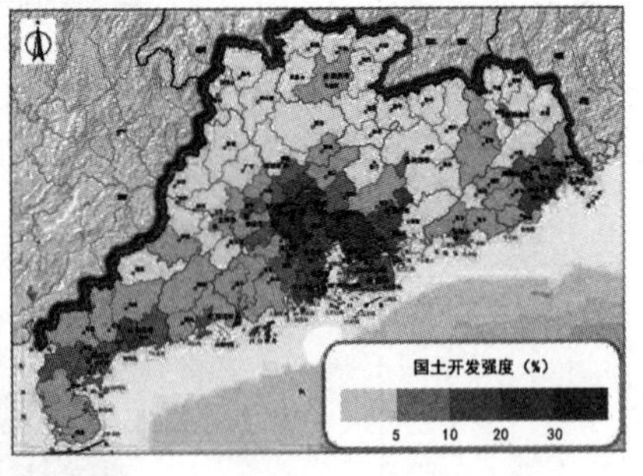

图 9-12　广东省国土现状开发强度

资料来源：广东省人民政府. 广东省国土规划（2006—2020 年）[Z]. 2013.

5）区域规划的指导

在《广东省主体功能区规划》中划定了国家级重点生态功能区和省级重点生态功能区（表 9-7、图 9-13）。

表 9-7　广东省生态功能区一览表

国家级重点生态功能区	南岭山地森林及生物多样性生态功能区粤北部分	韶关市：乐昌市、南雄市、始兴县、仁化县、乳源县。梅州市：兴宁市、平远县、蕉岭县。河源市：龙川县、连平县、和平县
省级重点生态功能区	北江上游片区	韶关市：翁源县。清远市：连山县、连南县、连州市、阳山县、清新区。肇庆市：广宁县
	东江上游片区	韶关市：新丰县
	韩江上游片区	梅州市：大埔县、丰顺县。汕尾市：陆河县。揭阳市：揭西县
	西江流域片区	肇庆市：封开县、德庆县
	鉴江上游片区	茂名市：信宜市
	分布在重点开发区域的山区县生态镇	梅县、新兴县、惠东县、普宁市、高要市、潮安县、佛冈县内共 29 个镇

资料来源：广东省人民政府. 广东省主体功能区规划[Z]. 2012.

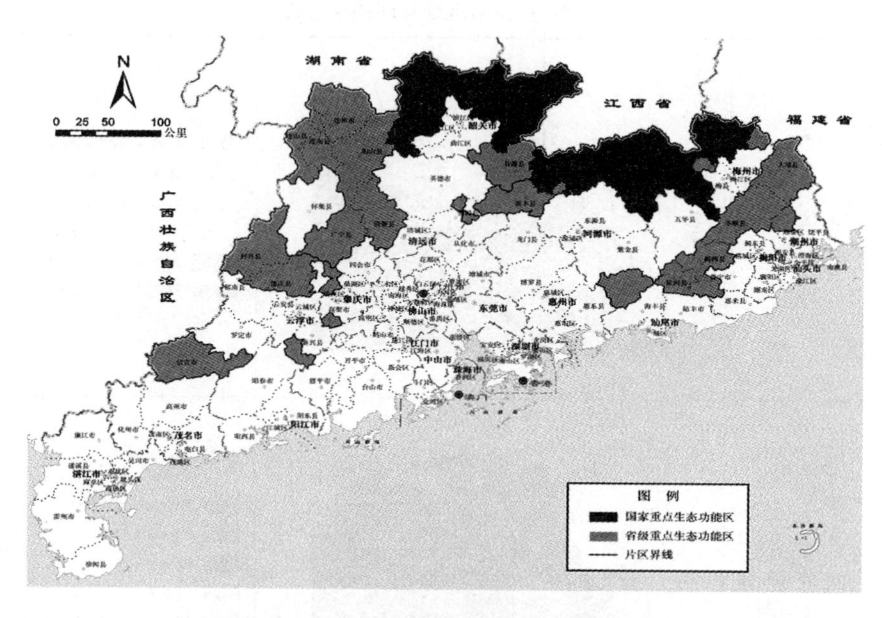

图 9-13　广东省重点生态功能区分布图

资料来源：广东省人民政府. 广东省主体功能区规划[Z]. 2012.

在《广东省国土规划(2006—2020)》中，基于开发强度也划定了 23 个县(市)为生态优先区(表 9-8)。

表 9-8　广东省生态优先区

	生态优先区
韶关市	始兴县、仁化县、翁源县、乳源县、新丰县、乐昌市、南雄市
肇庆市	怀集县、封开县
梅州市	平远县、蕉岭县、兴宁市
河源市	龙川县、连平县、和平县、东源县
清远市	阳山县、连山县、连南县、连州市
云浮市	郁南县
茂名市	信宜市
汕头市	南澳县
总计	23 个县市

资料来源：广东省人民政府. 广东省国土规划（2006—2020 年）[Z]. 2013.

《广东省城镇体系规划》基于生态的原则对广东省的区域空间进行了管控（表 9-9）。

表 9-9　广东省区域空间的生态管控

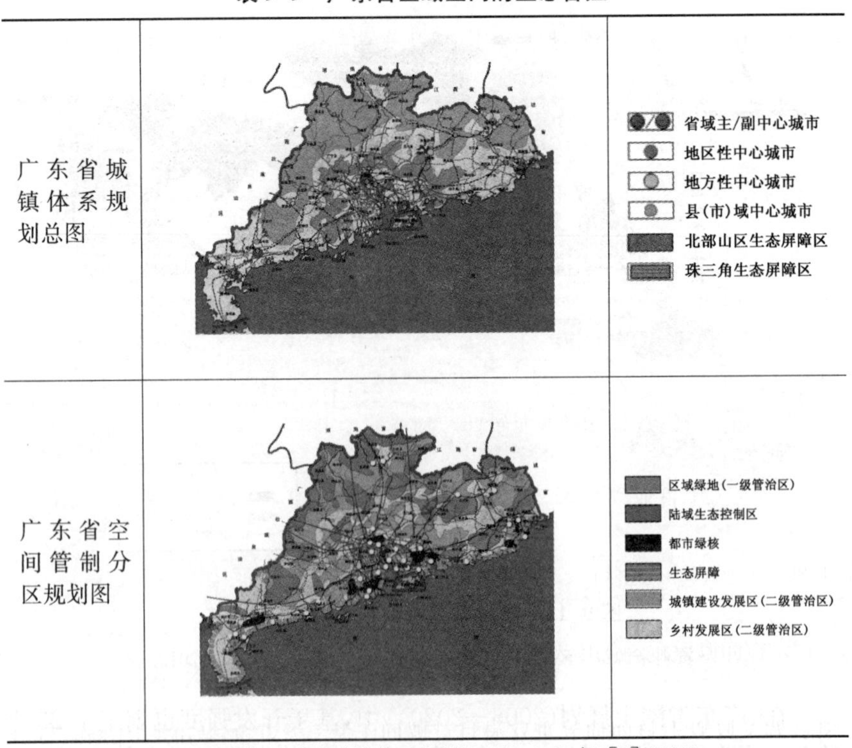

资料来源：广东省人民政府. 广东省城镇体系规划（2012—2020 年）[Z]. 2012.

6）乡村生态功能政策区的划定

乡村生态功能政策区主要是以现状空间内的生态脆弱性和生态重要性为基底，综合考虑区域内的生态保护与区域发展的综合因素而划定的。

9.3.2 以县为单位的广东省乡村空间政策区域

将基于县域边界而划定的农业生产政策区与生态功能政策区叠加，可以得出广东省乡村空间的政策区域边界(图 9-14～图 9-16)。

划定城乡空间政策区域的目的是形成两个政策区域，在城市区域中制定开发目标，集约开发，实现区域经济增长的目标；在乡村区域中则以保护为目标，实现区域粮食、生态安全、景观及历史文化可持续发展等目标。通过对应的空间政策，使两个区域能够协调发展，使乡村区域在保护目标下满足可持续发展。划定的乡村区域总面积为 143 915 km^2，占全省面积的 80%，其中保有耕地 248.5 km^2，占全省全部耕地的 78.5%，即划定的乡村区域基本上可以保护耕地的完整；人口 4 321.11 万人，占全省人口的 40.6%，其中从事第一产业的劳动力为 1 041.91 万人；人口密度平均 300 人/$km^2$①。广东省乡村区域各县(市)具体情况详见表 9-10。

划定城乡空间政策区域的政策导向更多是先从管控资源和保护生态入手。本章限于时间关系对划定的方法并未进行深入研究和分析，仅提出了一个大致的设想方案。具体城乡空间政策区域如何划定？是否要引入更多评价因子和指标？城市区域的经济、社会指标是否也一同纳入？当城、乡区域出现重叠时如何进行筛选？不同区域间的差异性如何体现？在城镇化背景下是否要进行动态空间区域划定？这些问题仍有待斟酌和深入探讨。

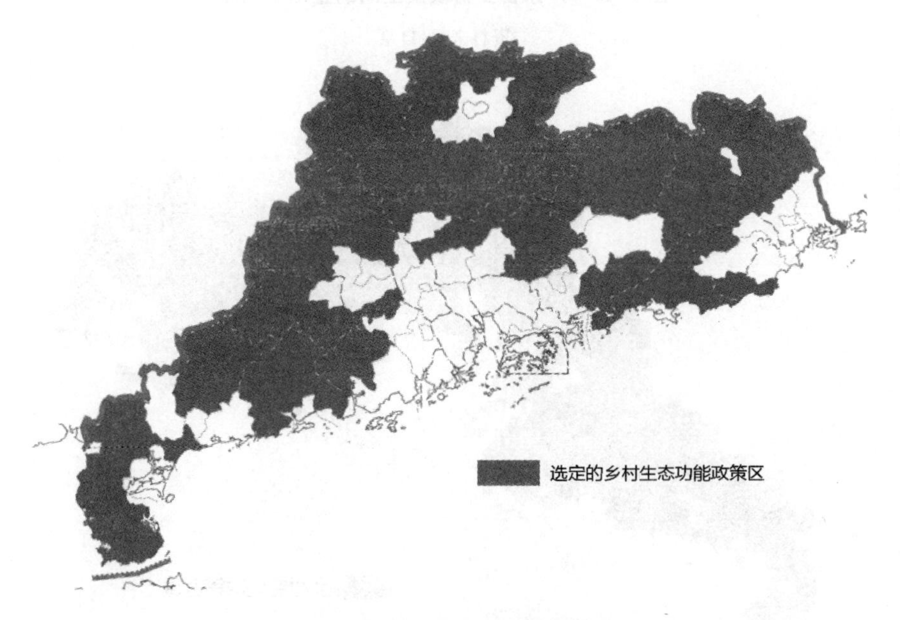

图 9-14 广东省乡村生态功能政策区

资料来源：自绘

① 由于每年统计数据的完整性不同，此章所列出的和用于计算的数据统一采用的是 2013 年的数据。

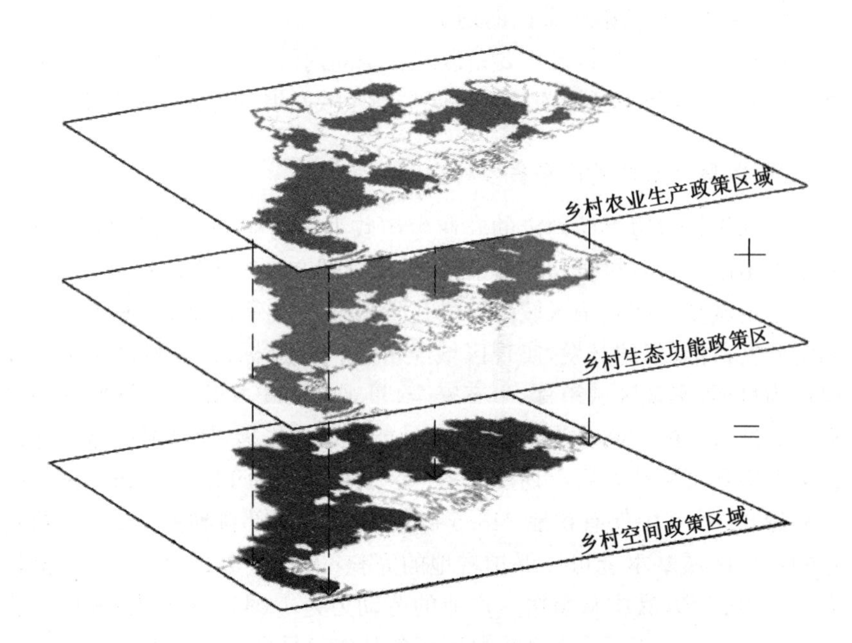

图 9-15　广东省乡村政策空间的叠加示意图

资料来源：自绘

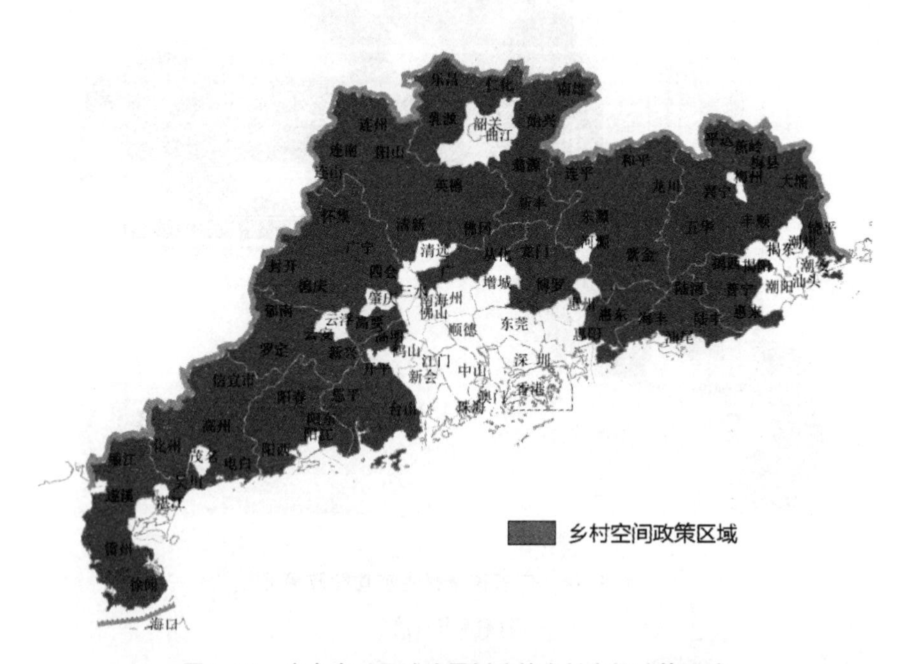

图 9-16　广东省以县域边界划分的乡村空间政策区域

资料来源：自绘

表 9-10　广东省乡村区域各县(市)情况表

县	耕地保有量/hm^2	土地面积/km^2	耕地所占比例/%	人口/万人	人口密度/(万人·km^{-2})	第一产业劳动力/万人	乡村人口比例/%
饶平县	24 232.61	1 670	14.51	84.87	0.05	21.27	0.25
高明区	14 559.3	960	15.17	19.48	0.02	3.33	0.17
从化区	23 260.78	1 985	11.72	49.9	0.03	12.14	0.24
花都区	17 591.61	969	18.15	77.26	0.08	12.14	0.16
连平县	20 266.15	2 025	10.01	38.05	0.02	9	0.24
龙川县	39 685.7	3 088	12.85	86.41	0.03	18.11	0.21
紫金县	30 706.59	3 619	8.48	77.85	0.02	19.04	0.24
和平县	22 487.42	2 311	9.73	49.55	0.02	10.89	0.22
东源县	26 461.06	4 070	6.50	56.67	0.01	10.85	0.19
博罗县	52 685.2	2 795	18.85	96.57	0.03	16.01	0.17
惠东县	34 945.66	3 397	10.29	92.68	0.03	13.69	0.15
龙门县	22 691.38	2058	11.03	30.12	0.01	9.26	0.31
开平市	43 790.96	1 659	26.40	61.11	0.04	18.14	0.30
台山市	71 924.76	3 286	21.89	85.11	0.03	28.07	0.33
恩平市	39 496.52	1 698	23.26	31.83	0.02	9.96	0.31
普宁市	33 184.41	1 620	20.48	183	0.11	28.72	0.16
惠来县	29 482.55	1 207	24.43	136.98	0.11	16.96	0.12
揭西县	27 539.32	1 279	21.53	98.65	0.08	10.61	0.11
电白县	52 473.7	1 855	28.29	114.65	0.06	30.84	0.27
化州市	68 648.56	2 354	29.16	114.37	0.05	31.27	0.27
高州市	60 291.07	3 276	18.40	120.66	0.04	35	0.29
信宜市	40 579.85	3 081	13.17	89.85	0.03	27.93	0.31
兴宁市	36 323.97	2 104	17.26	118.99	0.06	13.59	0.11
梅县区	25 949.13	2 754	9.42	40.29	0.01	11.71	0.29
蕉岭县	10 035.67	957	10.49	19.55	0.02	4.13	0.21
平远县	17 308.06	1 381	12.53	26.32	0.02	5.46	0.21
五华县	42 328.92	3 226	13.12	93.9	0.03	22.32	0.24

续表 9-10

县	耕地保有量/hm^2	土地面积/km^2	耕地所占比例/%	人口/万人	人口密度/(万人·km^{-2})	第一产业劳动力/万人	乡村人口比例/%
丰顺县	25 195.07	2 710	9.30	43.99	0.02	11.83	0.27
大埔县	17 191.31	2 470	6.96	37.82	0.02	8.35	0.22
佛冈县	18 921.01	1 302	14.53	28.45	0.02	7.86	0.28
清新区	43 248.25	2 579	16.77	58.32	0.02	17.48	0.30
连州市	40 331.68	2 661	15.16	44.86	0.02	12.36	0.28
英德市	100 325.88	5 679	17.67	98.69	0.02	31.62	0.32
阳山县	45 613.61	3 372	13.53	49.03	0.01	11.54	0.24
连南县	11 262.58	1 231	9.15	16.78	0.01	4.69	0.28
连山县	10 221.65	1 264	8.09	10.07	0.01	3.4	0.34
南澳县	668.89	108	6.19	5.73	0.05	1.45	0.25
海丰县	38 995.06	1 750	22.28	69.4	0.04	13.49	0.19
陆丰市	53 422.18	1 681	31.78	185.18	0.11	28.21	0.15
陆河县	12 520.52	986	12.70	34.71	0.04	4.51	0.13
仁化县	21 992.13	2 223	9.89	22.67	0.01	5.38	0.24
乐昌市	36 201.84	2 391	15.14	37.49	0.02	11.26	0.30
南雄市	43 506.89	2 361	18.43	28.37	0.01	9.61	0.34
乳源县	19 689.76	2 125	9.27	16.69	0.01	4.72	0.28
翁源县	32 707.58	2 234	14.64	34.72	0.02	8.64	0.25
始兴县	20 897.07	2 174	9.61	23.95	0.01	5.93	0.25
新丰县	17 446.16	2 016	8.65	26.04	0.01	4.22	0.16
阳西县	48 114.51	1 271	37.86	52.24	0.04	9.78	0.19
阳东县	51 898.68	2 043	25.40	46.81	0.02	9.27	0.20
阳春市	88 339.62	4 055	21.79	112.66	0.03	18.33	0.16
新兴县	22 935.28	1 520	15.09	48.44	0.03	10.93	0.23
罗定市	54 547.67	2 300	23.72	115.04	0.05	32.98	0.29
云安县	15 948.15	1 231	12.96	34.3	0.03	10.63	0.31
郁南县	22 579.28	1 966	11.48	46.99	0.02	14.06	0.30

续表 9-10

县	耕地保有量/hm²	土地面积/km²	耕地所占比例/%	人口/万人	人口密度/(万人·km^{-2})	第一产业劳动力/万人	乡村人口比例/%
吴川市	35 333.69	848	41.67	103.67	0.12	29.66	0.29
遂溪县	101 061.73	2 144	47.14	93.26	0.04	34.16	0.37
廉江市	91 086.37	2 835	32.13	157.66	0.06	31.54	0.20
徐闻县	75 403.47	1 780	42.36	59.92	0.03	25.71	0.43
雷州市	158 832.24	3 523	45.08	161.12	0.05	47.69	0.30
四会市	23 218	1 258	18.46	33.21	0.03	8.83	0.27
高要市	35 927.65	2 206	16.29	72.48	0.03	27.99	0.39
怀集县	43 219.79	3 573	12.10	91.36	0.03	28.17	0.31
广宁县	20 730.41	2 380	8.71	45.42	0.02	15.62	0.34
德庆县	22 739.01	2 258	10.07	32.74	0.01	14.76	0.45
封开县	33 843.08	2 723	12.43	46.16	0.02	14.81	0.32
总计	2 485 048.66	143 915	1 141.6	4 321.11	0.03(平均)	1 041.91	0.25(平均)

资料来源：广东省统计局，国家统计局广东调查总队. 广东统计年鉴[M]. 北京：中国统计出版社，2017；广东农村统计年鉴编辑委员会. 广东农村统计年鉴[M]. 北京：中国统计出版社，2017.

9.3.3　建立乡村区域政策与补贴机制

划定了省域城乡政策空间边界之后，对两个区域采用不同的区域政策，包括乡村保护政策、人口转移政策、补贴政策等，由于空间的明确，可以进一步对补贴实施机制和途径进行细化。

9.3.3.1　乡村保护政策

城市作为发展对象，其空间目标可能会多样化；而乡村区域的目标首先是保护，限制开发，发展农业，保护生态。乡村区域已经被赋予了农业生产和生态保护功能，空间目标已经确定无疑，因此制定规划时，应当区别"作为城市发展的区域"和"作为乡村保护的区域"，而不应以地、市行政区的边界来编制规划，彻底实现城市区域与乡村区域的分治，使乡村区域拥有与城市区域同等的地位。如梅州市不再以市域作为发展主体来编制规划，而是将建设与发展目标限制在其主城区梅江区，其余地区作为乡村区域使用保护政策，在制定规划与政策时，乡村区域不再以发展为目标，而更多采用补贴的政策措施。同时，在保护的基础上，省政府制定相关产

乡村区域与城市区域具有同等地位的改革设想，需要将行政体制一并进行改革，改变"市带县"的政府管理体制。像梅州市这类主要处于乡村地区的区域，主城区梅江区将设立城市管理机构，划入城市区域范畴，可进行建设，容纳发展目标，提升人口规模等；而其周边的县则应脱离梅江区城市政府管辖，以县政府作为管理主体，与梅江区市政府为并列平级关系，落实省政府的乡村发展扶持计划，接受农业与生态补贴，在保护前提下可进行小尺度开发。

业的发展扶持计划，鼓励在乡村地区以农业服务和休闲服务为主的产业，禁止大规模的城市开发和污染项目的引入，引导小尺度片段式的开发。

9.3.3.2 人口政策

人口转移的政策是基于乡村耕地空间的基本稳定，因此农业人口的数量可以根据耕地所能承载的极限进行趋势的判断，这也是乡村区域和城市区域对人口预测的根本不同：城市人口容量可以有弹性地上升，与土地规模有一定的关系，但是主要取决于经济；而乡村人口的容量基本是根据土地（尤其是耕地）资源所能承载的容量计算的，并且随着农业技术的进步，耕地需要的农业人口数量将会越来越少，因此制定人口政策时需要对“乡村区域未来能容纳多少人”的发展趋势进行分析和预测。

乡村人口预测主要依靠耕地资源能容纳的极限来进行推测。采用类比法，与目前土地资源较为类似的几个地区的农业人口承载数进行对比，广东省仍需要转移大量乡村人口，最终城镇化率升至79%～98%；以目前仅从事农业的人口计算，则城镇化率达90%时农村剩余人口可转移完成。对比其他发达国家，城镇化完成时所剩余的乡村人口比例也在10%以内，因此该计算方式是合理的。

广东省2013年总人口10 644万，在划定的乡村政策区域中，现在有人口4 316.61万人（其中只从事第一产业的有1 039.98万人，有大量兼业现象），耕地保有量248.70万 hm^2，人均耕地面积为0.06 hm^2（0.9亩）。

依据广东省农业精细化生产的极限值“潮汕模式”，农民人均耕地为0.11 hm^2（1.65亩），则广东省耕地可以承载的农民数量极限是2 260.9万人，假定广东省总人口数不变，则广东省城镇化率需要达到79%时才能基本稳定。“潮汕模式”是目前广东省的精细化农业的极限方式，对于整个广东省来说，不可能在所有地区进行推广，因此该城镇化率是下限值。

依据“台湾模式”农民人均耕地为0.21 hm^2（3.2亩）的指标，则广东省耕地可以承载的农民数量极限是1 194.28万人，假定广东省总人口数不变，则广东省城镇化率需要达到88%时才能基本稳定。

依据农业现代化的“日本模式”，农民人均耕地为1.74 hm^2（26.1亩），则广东省需要的农民数量将会大幅减少，仅需142.9万人，尚可往城市转移897万人，假定广东省总人口数不变，则广东省城镇化率需要达到98%时才能基本稳定。“日本模式”是农业现代化的代表，规模小的农户中已有80%使用机械，中等和大农户的机械化率则超过90%，水田作业中的耕地、排灌、施肥、除草、喷药、运输等基本都实现了机械化而达到农业现代化。广东省传统农业、零散的小农经济和人多地少的省情与日本十分相似，因此“日本模式”预测出的城镇化率是上限值（表9-11）。

因此，广东省理论上城镇化率应达到（79%，98%）这个区间时，城乡转移方能达到一个基本稳定和平衡的状态，广东省的乡村人口应该朝着逐步减少的趋势发展，面临着如何转移的问题。从广东省目前农业耕作情况分析，依据统计数据，目前稳定从事农业生产的人口为1 039.98万人，那么现有4 316.61万居住在乡村区域的人中，需要城镇化并转移出来的至少有 3 276.63 万人(届时城镇化率达到 90%)。这意味着就发展趋势来判断,城市区域目前人口为 6 327.39 万人,需要容纳现在人口基数一半的乡村人口,这对城市区域的各项建设和设施供给也提出了挑战。

表 9-11　广东省人口发展预测

几种农业发展模式	农民人均耕地	广东省可承载的农民数量	广东省城镇化率趋势预测
"潮汕模式"	0.11 hm^2(1.65 亩)	2 260.9 万人	上升至 79%
"台湾模式"	0.21 hm^2(3.2 亩)	1 194.28 万人	上升至 88%
"日本模式"	1.74 hm^2(26.1 亩)	142.9 万人	上升至 98%

转移人口应具有地区差异化,不同地区由于土地资源不同,承担功能不同,所容纳人口也不同,应根据乡村区域的不同目标制定差异化的人口转移政策。生态功能的区域、自然保护区域、土地承载力薄弱不适宜建设的区域,建议人口重点转移;土地资源一般、能承载部分农业人口的区域,建议人口转移与维持同步;从事农业生产为主的区域、历史文化与自然资源丰富的区域,建议保留人口与促进农业(图 9-17、表 9-12)。

由于空间的确定,转移人口可以进行区域差异化的引导,分为重点转移区域、人口转移与维持同步区域、保留人口区域等,分别制定不同的政策措施,或鼓励或限制,以引导人口有序转移。本书在此未做过多探讨,仍有待于后续进行深入研究。

建议相关吸纳乡村人口的城市区域加强吸纳政策制定,继续有序的城镇化,继续考虑加强基础设施建设,提供住房和就业岗位,制定合理的人口转移途径,合理分配大中小城镇的容纳人口比例。具体措施有:

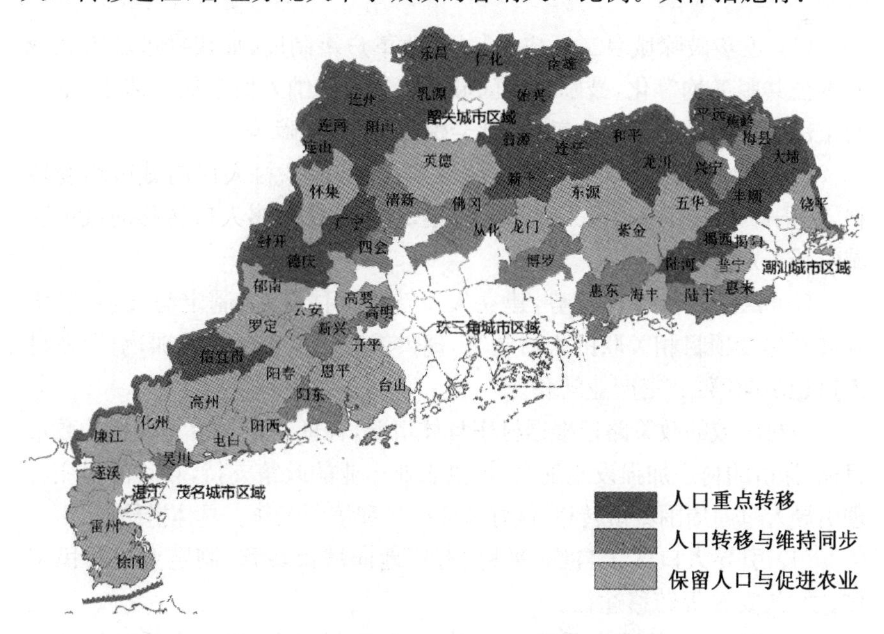

图 9-17　人口差异化转移政策的空间落实

资料来源:自绘

表 9-12　差异化的人口转移政策

区域	人口政策	区域包括的县(市、区)
生态功能的区域、自然保护区域、土地承载力薄弱不适宜建设的区域	主要采取往外转移的政策,建议粤北区域以珠三角城市区域吸纳,粤东区域由潮汕城市区域吸纳,粤西区域由湛江、茂名等城市区域吸纳	信宜市、封开县、德庆县、广宁县、连山县、连南县、连州市、阳山县、乳源县、乐昌市、仁化县、南雄市、始兴县、翁源县、新丰县、连平县、和平县、龙川县、兴宁、平远县、蕉岭县、大埔县、丰顺县、揭西县、陆河县
土地资源一般、能承载部分农业人口的区域	计算土地承载农业人口的数量,采用人口转移与维持农业生产同步的方式,建议就近城镇吸纳乡村人口	吴川市、阳东县、新兴县、高明区、四会市、清新区、佛冈县、从化区、博罗县、惠东县、陆丰市、惠来县、梅县区、花都区
从事农业生产为主的区域、历史文化与自然资源丰富的区域	采用转移与保留人口相结合,同时促进农业发展的方式	徐闻县、雷州市、遂溪县、廉江市、化州市、高州市、电白县、阳西县、阳春市、郁南县、云安县、恩平市、开平市、台山市、高要市、怀集县、英德市、龙门县、东源县、紫金县、海丰县、普宁市、五华县、饶平县、罗定市

资料来源:自制

(1) 逐步破除城乡二元户口制度,改革户籍制度,加快推进城市区域基本公共服务均等化,鼓励城市区域将流动人口纳入城市保障体系,享受与市民同等的教育、医疗、就业、社会保障、住房保障等。

(2) 鼓励乡村人口定居落户城镇,合理分配乡村人口向城市均衡转移,防止特大城市中心区人口过度密集,对于承接较多人口转移的城市区域给予一定的政策支持。

(3) 依据人口转移趋势,建立人口转移评估机制,制定与社会、经济发展和建设项目相关联的人口政策,提供就业岗位和就业培训,引导乡村人口稳步向第二、三产业转移。

乡村区域的政策路径根据村庄具体情况,合理制定保留和转移的政策目标,保留的村庄加强设施配套,提供农业产业的政策支持,转移的村庄合理引导人口向周围城镇转移,做好就业引导和培训工作。具体措施有:

(1) 引导人口逐步自愿、平稳、有序地向城市转移,制定乡村居民工作、学习、安置等转移途径。

(2) 以扶助、奖励为手段,对乡村生育进行引导,逐步降低乡村区域人口自然增长率。

(3) 开展技能培训和职业教育，提供免费的职前培训，提高乡村剩余转移劳动力到城市就业的能力。

(4) 完善乡村养老、医疗、就业等方面的保障制度，对经选择的中心村合理增加基础设施配套，提供住房。

9.3.3.3　补贴政策

2011年广东省城镇居民人均收入26 897.48元，农村居民人均纯收入9 371.73元，其中属于农业生产性收入的仅为1 804.16元[①]，可见从事农业生产与从事非农业生产的收益之间存在着巨大的差距。乡村收益的低效是因为政府为保障粮食安全而人为地限制了农业生产要素的自由流动，将农民和耕地局限为只能从事粮食生产，致使农民只能从事收益较低的农业生产，而不能将同等条件的农业生产要素转化为竞争性用途[②]，致使收益较低；或因为环境保护、生态控制的原因不能进行开发建设。因此，补贴乡村是国家和城市义不容辞的责任。

补贴政策是实现城乡协调发展的有效措施，谁受益谁支付，通过直接补贴转移支付，可以使乡村受损的利益得到补偿。补贴政策的制定需要多方利益主体协同制定，共同确定满意的补贴方式。本章在此仅作示范性探讨，仍有待于后续进行深入研究。

给乡村补贴的钱从两个渠道中获得：一个是国家补贴渠道，主要用于补贴维持粮食/农业生产的区域；另一个应从城市补贴渠道获得，主要用于补贴为区域生态环境而禁止发展的区域。为了实现省域内城乡发展平衡，城市区域与乡村区域必须通过一定的补贴方式达到二者的平衡，使得城乡协调发展，使得两个区域的居民人均收入实现一种动态的平衡(图9-18)。考虑到目前乡村人口仍在向外转移，因此补贴初期应低于平衡点；当人口转移平衡之后，补贴应提升至平衡点；后期若出现乡村人口减少过量的情况，则补贴应高于平衡点。也就是说，补贴量应与人口政策结合考虑。补贴的方式可以是对人口进行补贴，也可以是对土地进行补贴，如通过城乡面积的比例进行补贴，或按照城乡产值差异的方式进行补贴，或者按照城市建设用地的开发强度进行补贴。

依据划分，乡村区域包括64个县(市、区)，总面积为144 787 km^2，城市区域总面积为34 905 km^2，城市区域与乡村区域的比例约为1∶4。理论上来说，1 km^2 的城市区域要负担4 km^2 的乡村区域的补贴和保护费用。考虑到地区之间发展的差异性和经济效益的差距，应该具体进一步评估不同区域之间的经济效益，比如珠三角区域的土地效益大，开发强度高，应该更多地负担乡村地区的保护义务。因此，建议可依据用地产值的高低设置不同级别的补贴方式，可以从每平方千米土地产值中按比例对乡村土地进行补贴，土地产值高的地区收取的补贴费用也高。例如2010年广东省各市、县单位土地面积生产总值，深圳市是46 739.1万元/km^2，

1∶4是广东省城乡区域比例的平均值，但由于各地区城乡面积比例不均及各地区经济差异，实际补贴政策可依照土地产值高低进行划分。

① 数据来源于《广东统计年鉴2012》。

② 竞争性用途主要指种植经济作物、转让土地经营权、到城市务工等。

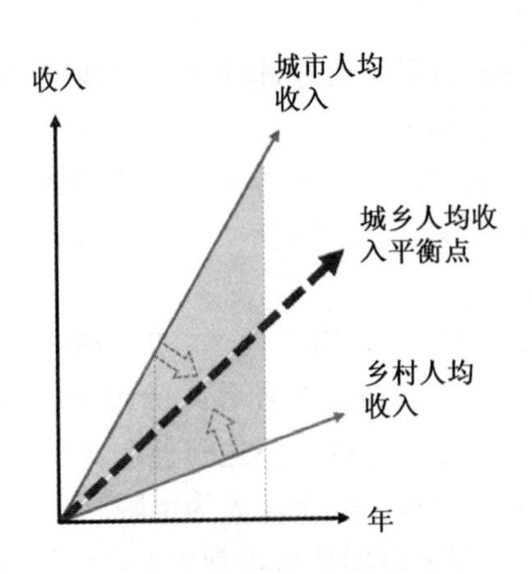

图 9-18 补贴平衡的理论模型

来源:自绘

广州市中心城市是 25 754.5 万元/km²,超过 10 000 万元/km² 的城市区域还有东莞市、佛山市、揭阳市城区、中山市(图 9-19)。依据不同的单位面积产值,可以划定城市梯级收取补贴的标准,以每平方千米生产总值 1 000万元~10 000 万元的市为基础数,东莞市、佛山市、揭阳市城区、中山市每平方千米需要收取两倍乡村补贴费用,广州市每平方千米需要收取 3 倍乡村补贴费用,深圳市每平方千米需要收取 4 倍乡村补贴费用。

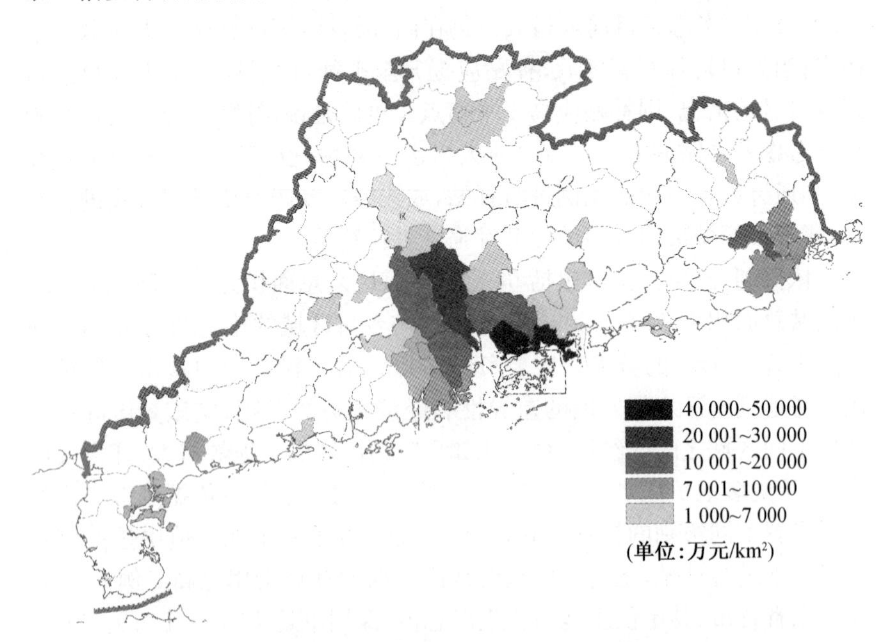

图 9-19 2010 年广东省城市区域单位土地面积生产总值

资料来源:自绘

国家与省域内城市收取的补贴费用应差异化地投入乡村。通过差异化空间的划定，对于不同区域空间采取不同的补贴政策，引导空间有序发展(图 9-20、表 9-13)。

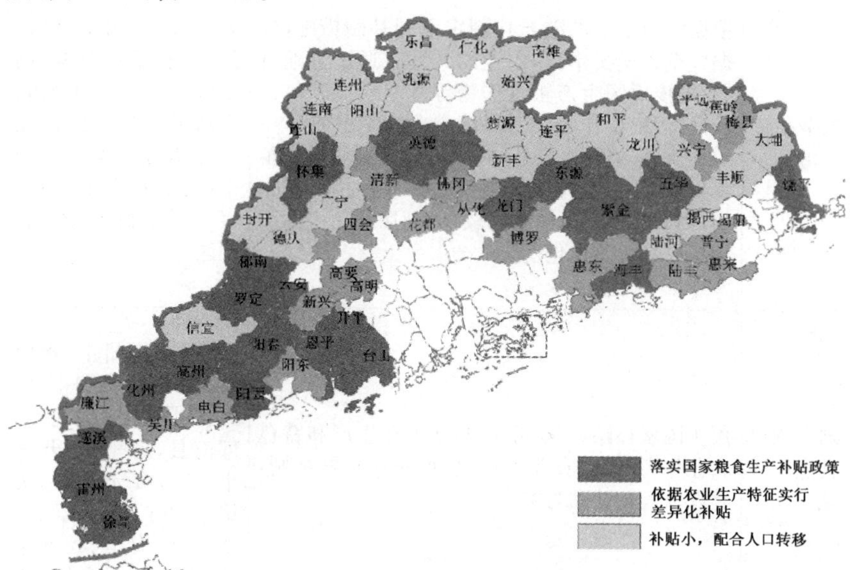

图 9-20 补贴差异化政策的空间落实

资料来源：自绘

表 9-13 差异化补贴政策

区域	补贴政策	区域包括的县(市、区)
生态功能的区域、自然保护区域	补贴幅度应偏低，配合转移政策，引导农村人口向城市转移 统一建立生态保护机制，生态保护区域严格控制开发建设，强化资源有价和生态补偿意识，建立生态公益林补偿制度和水资源有偿使用制度，完善生态保护机制，建设财政转移支付和区域生态补偿机制；谁受益谁保护，谁受益得多则保护责任大，建立开发地区对保护地区、受益地区对受损地区的利益补偿机制，采用差异化的补偿政策 对于在生态区域内的农民，有条件的乡村可引导农民外迁转移，并制定相关的产业计划；对仍处于生态区内的农村进行合理补贴	信宜市、封开县、德庆县、广宁县、连山县、连南县、连州市、阳山县、乳源县、乐昌市、仁化县、南雄市、始兴县、翁源县、新丰县、连平县、和平县、龙川县、兴宁市、平远县、蕉岭县、大埔县、丰顺县、揭西县、陆河县

续表 9-13

区域	补贴政策	区域包括的县(市、区)
农业生产区域	依据农业生产的差异化制定不同补贴措施,依据广东省现实情况,农业的补贴宜通过土地进行,若该地区生产粮食作物等基本农业产值比较低,但粮食作物又对保障粮食安全具有作用的,应根据情况提高补贴,维持农民继续从事粮食生产;如果上位政策中鼓励耕地种植经济作物,则农业补贴可以相对较低,利用补贴机制引导乡村进行差异化发展	廉江市、吴川市、电白县、阳东县、新兴县、高要市、高明区、四会市、清新区、佛冈县、从化区、博罗县、惠东县、陆丰市、惠来县、普宁市、兴宁市、梅县区、花都区
划定的粮食生产区域	落实国家补贴政策,重点补贴粮食生产和特色农业生产,保留农业人口,提供农业补贴细则,建议以人口补贴为主	徐闻县、雷州市、遂溪县、化州市、高州市、阳西县、阳春市、罗定市、郁南县、恩平市、开平市、台山市、怀集县、英德市、龙门县、东源县、紫金县、海丰县、五华县、饶平县、云安县

建议以省政府为主体,补贴行动由省财政厅负责,按照一定的标准向城市征收乡村各类补贴的费用,依据公平原则和区域差异对乡村地区进行补贴,同时乡村区域的公共品和基础设施由省政府统一建设,县政府配合协助,选择适宜的建设用地进行小尺度和小范围的开发,并由县政府负责运营和管理,使省、县政府承担起乡村地区的发展义务,城市区域承担乡村地区的保护,实现全省平衡发展。

这样一来,可以通过省域城乡统筹空间发展战略,在全省范围内将区域城乡发展矛盾、粮食生产问题、生态问题、环境保护问题、乡村发展问题全部统筹到一个规划中来解决,规划通过划定城乡空间,使人口转移和补贴政策能够空间化,通过有效的空间落实来调整城乡发展的平衡。

9.4 本章小结

1) 提出了广东省乡村规划的具体编制建议,广东省乡村规划的主要目标包括承担国家粮食生产责任、保护区域自然生态、协调城乡矛盾、保护历史文化资源、振兴乡村经济等。根据目标,广东省乡村规划的编制尺度建议分为 3 级;省域空间尺度落实国家粮食生产的责任和在区域层面协调城市与乡村之间的关系;次区域落实保护乡村自然生态环境和历史文化环境的目标；县域尺度落实振兴乡村经济、管理乡村社会和实现乡村地区可持续发展的目标。对应的编制主体分为"省政府—次区域机构—县政府"，省政府编制"省域城乡统筹空间发展战略"和"省域乡村地区功能区规划"，次区域机构编制乡村功能区规划，县政府编制县域乡村发展规划。建议规划程序分为 4 个阶段——制定规划的前期准备阶段、比选方案的阶段、规划方案的评审与听证阶段与规划的实施阶段，并对每个阶段提出行动建议。

2) 新的乡村规划体系具有克服现有规划体系中结构性问题的优势。对规划目标的分解有利于有针对性地建立体系；通过乡村问题和利益范围选择的规划尺度可以避免现行规划尺度过小的弊端；将保护乡村的具体任务对应到不同的编制主体可明确责任权限和边界；规划内容之间可有效落实目标，规划工具具有灵活性；公共参与和可持续性评估全程融入规划程序，加强了规划协调利益的能力，可实现可持续发展的目标。

3) 针对广东省的主要矛盾，对省域城乡统筹空间发展战略进行了编制模拟，提出划定空间政策边界的方法，以县为单位划定了广东省乡村空间政策的边界，通过清晰的空间边界，对城市区域与乡村区域采用不同的区域政策，包括乡村保护政策、人口转移政策、补贴政策等，并详细地提出对人口政策、补贴政策的内容建议。

参考文献

1. 中文参考文献

专著

[1] 卡林沃思,纳丁. 英国城乡规划[M]. 陈闽齐，周剑云，戚冬瑾，等译. 南京：东南大学出版社，2011.

[2] 霍普金斯. 都市发展——制定计划的逻辑[M]. 赖世刚，译. 北京:商务印书馆，2009.

[3] Hall P. 明日之城:一部关于 20 世纪城市规划与设计的思想史[M]. 童明,译. 上海:同济大学出版社,2009.

[4] 泰勒. 1945 年后西方城市规划理论的流变[M]. 李白玉,陈贞,译. 北京:中国建筑工业出版社,2006.

[5] 帕克,多克. 规划学核心概念[M]. 冯尚，译. 南京：江苏教育出版社，2013.

[6] 卡森. 寂静的春天[M]. 吕瑞兰，译. 上海：上海译文出版社，2007.

[7] 凯利,贝克尔. 社区规划:综合规划导论[M]. 北京：中国建筑工业出版社，2009.

[8] 梁漱溟. 乡村建设理论[M]. 上海：上海人民出版社，2006.

[9] 钱穆. 中国历代政治得失[M]. 北京：生活·读书·新知三联书店，2001.

[10] 长野郎. 中国土地制度的研究[M]. 强我，译. 北京：中国政法大学出版社，2004.

[11] 斯波义信. 中国都市史[M]. 布和，译. 北京：北京大学出版社，2013.

[12] 袁兆春. 中国土地制度的研究[M]. 中国政法大学出版社，2004.

[13] 吕思勉. 中国制度史[M]. 上海：上海教育出版社，2005.

[14] 明恩溥. 中国乡村生活[M]. 陈午晴,唐军,译. 北京:中华书局，2006.

[15] 梁庚尧. 中国社会史[M]. 台北：台大出版中心，2014.

[16] 费孝通. 乡土中国[M]. 北京:人民出版社，2008.

[17] 郑大华. 民国乡村建设运动[M]. 北京:社会科学文献出版社,2000.

[18] 帕特尔. 粮食战争:市场、权力和世界食物体系的隐形战争[M]. 北京：东方出版社，2008.

[19] 袁镜身. 中国乡村建设[M]. 北京:中国社会科学出版社,1987.

[20] 孙中山. 三民主义 [M]. 长沙：岳麓书社，2000.

[21] 刘承韪. 产权与政治:中国农村土地制度变迁研究[M]. 北京：法律出版社，2012.

[22] 杨贵庆,等. 黄岩实践——美丽乡村规划建设探索[M]. 上海:同济大学出版社，2015.

[23] 张泉，王晖，梅耀林，等. 村庄规划[M]. 北京:中国建筑工业出版社，2009.

[24] 葛丹东. 中国乡村规划的体系与模式:当今新农村建设的战略与技术[M]. 南京:东南大学出版社, 2010.
[25] 韩俊, 等. 中国农村改革(2002—2012)[M]. 上海: 上海远东出版社, 2012.
[26] 刘斌,张兆刚,霍功. 中国三农问题报告[M]. 北京:中国发展出版社,2004.
[27] 陈佳贵, 王延中. 中国社会保障法制报告[M]. 北京:社会科学文献出版社, 2007.
[28] 马克思,恩格斯. 共产党宣言[M]. 北京:人民出版社,1963.
[29] 杨懋春. 一个中国村庄:山东台头村[M]. 南京: 江苏人民出版社, 2001.
[30] 费正清. 美国与中国[M]. 北京:世界知识出版社, 1999.
[31] 杨帆. 城市规划政治学 [M]. 南京:东南大学出版社,2006.
[32] 赫希曼. 经济发展战略[M]. 曹征海,等译. 北京: 经济科学出版社, 1991.
[33] 叶齐茂. 发达国家乡村建设考察与政策研究[M]. 北京: 中国建筑工业出版社, 2008.
[34] 威廉斯. 乡村与城市[M]. 韩子满, 刘戈, 徐珊珊, 译. 北京: 商务印书馆, 2013.
[35] 岸根卓郎. 迈向二十一世纪的国土规划[M]. 高文深,译. 北京. 科学出版社,1990.
[36] 殷为华. 新区域主义理论:中国区域规划新视角[M]. 南京: 东南大学出版社, 2013.
[37] 柳诒徵. 中国文化史[M]. 上海: 上海三联书店, 2007.
[38] 沈汉. 英国土地制度史[M]. 上海: 学林出版社, 2005.
[39] 费孝通. 江村经济[M]. 呼和浩特: 内蒙古人民出版社, 2010.
[40] 陈桂棣,春桃. 中国农民调查[M]. 北京:人民文学出版社,2004.
[41] 李兵弟. 新时期村镇规划建设管理理论、实践与立法研究[M]. 北京: 中国建筑工业出版社, 2010.
[42] 张仲威,李志民,赵冬缓,等. 中国农村规划 60 年[M]. 北京:中国农业科学技术出版社,2011.
[43] 杨山. 乡村规划:理想与行动[M]. 南京:南京师范大学出版社,2008.

期刊文献

[44] 闫琳. 英国乡村发展历程分析及启发[J]. 北京规划建设, 2010(1):24-29.
[45] 陈志敏,王红扬. 英国区域规划的现行模式及对中国的启示[J]. 地域研究与开发, 2006(3): 39-45.
[46] 戴帅,陆化普,程颖. 上下结合的乡村规划模式研究[J]. 规划师, 2010(1): 16-20.
[47] 范凌云, 雷诚. 论我国乡村规划的合法实施策略——基于《城乡规划法》的探讨[J]. 规划师, 2010(1):5-9.
[48] 官卫华. 城乡统筹视野下城乡规划编制体系的重构——南京的探索与实践[J]. 城市规划学刊, 2012(3): 85-95.
[49] 张尚武. 城镇化与规划体系转型——基于乡村视角的认识[J]. 城市规划学

刊,2013(6): 19-25.
[50] 张尚武. 乡村规划:特点与难点[J]. 城市规划, 2014(2):17-21.
[51] 周游, 周剑云. 城市规划区内的乡村规划编制实践——以广州市南沙区芦湾村规划为例[J]. 城市规划, 2015(8):92-100.
[52] 魏开,周素红,王冠贤. 我国近年来村庄规划的实践与研究初探[J]. 南方建筑,2011(6): 79-81.
[53] 于立, 那鲲鹏. 英国农村发展政策及乡村规划与管理[J]. 中国土地科学, 2011(12):75-80.
[54] 周游, 魏开, 周剑云, 等. 我国乡村规划编制体系研究综述[J]. 南方建筑, 2014(2):24-29.
[55] 葛丹东, 华晨. 适应农村发展诉求的村庄规划新体系与模式建构[J]. 城市规划学刊, 2009,184(6):60-67.
[56] 周游, 周剑云. 珠三角地区城市化的历史特征与乡村城市化策略[J]. 小城镇建设, 2013(8):75-78.
[57] 何兴华. 中国村镇规划:1979—1998[J]. 城市与区域规划研究, 2011(2):44-64.
[58] 薄贵利. 稳步推进省直管县体制[J]. 中国行政管理, 2006(9):29-32.
[59] 胡娟,朱喜钢. 西南英格兰乡村规划对我国城乡统筹规划的启示[J]. 城市问题, 2006(3): 94-97.
[60] 李登旺,仇焕广,吕亚荣,等. 欧美农业补贴政策改革的新动态及其对我国的启示[J]. 中国软科学, 2015(8):12-21.
[61] 孟莹,戴慎志,文晓斐. 当前我国乡村规划实践面临的问题与对策[J]. 规划师,2015(2): 143-147.
[62] 张小林. 乡村概念辨析[J]. 地理学报, 1998(4):365-371.
[63] 赵之枫. 乡村聚落人地关系的演化及其可持续发展研究[J]. 北京工业大学学报, 2004(3):299-303.
[64] 北京师大地理系人民公社规划组. 经济地理在人民公社规划中的作用[J]. 地理学报,1959(1):40-46.
[65] 曹春华. 村庄规划的困境及发展趋向——以统筹城乡发展背景下村庄规划的法制化建设为视角[J]. 宁夏大学学报(人文社会科学版), 2012(6):48-57.
[66] 曹轶, 魏建平. 沟通式规划理论在新时期村庄规划中的应用探索[J]. 规划师, 2010(S2):229-232.
[67] 陈峰. 城乡统筹背景下的村庄规划法治化路径初探[J]. 苏州大学学报(哲学社会科学版), 2011(2):115-119.
[68] 陈刚. 正确把握新农村规划工作方向 构建城乡覆盖的规划工作体系[J]. 北京规划建设, 2006(3):10-12.
[69] 陈磊. 中国农村政权组织涉黑化倾向及其遏制[J]. 政法论坛, 2014(2):60-71.
[70] 陈秋晓, 洪冬晨, 吴霜, 等. 双体系并行特征下的浙江省乡村规划体系优化途

径[J]. 规划师，2014(7)：91-96.
[71] 陈文学. "半壁江山"呈异彩——广东乡镇企业发展回顾与前瞻[J]. 广州经济，1994(10)：20-22.
[72] 郑晶. 广东粮食生产比较优势分析[J]. 南方农村，2005(6)：40-42.
[73] 陈治刚. 重庆市主城区镇域新农村规划编制的研究[J]. 重庆建筑，2007(12)：40-42.
[74] 程国强，朱满德. 中国工业化中期阶段的农业补贴制度与政策选择[J]. 管理世界，2012(1)：9-20.
[75] 赵之枫. 以区域整体发展原则促进乡村建设的持续发展[J]. 城市发展研究，2002(5)：21-25.
[76] 周游，郑赟，戚冬瑾. 基于我国城镇化背景下乡村人口与土地的关系研究[J]. 小城镇建设，2015(7)：38-42.
[77] 段绪柱. 乡村社会秩序的构建——政权建设与乡村自治的互动与互济[J]. 黑龙江社会科学，2009(1)：66-69.
[78] 汤爽爽，孙莹，冯建喜. 城乡关系视角下乡村政策的演进：基于中国改革开放40年和法国光辉30年的解读[J]. 现代城市研究，2018(4)：17-22.
[79] 方中权，陈烈. 区域规划理论的演进[J]. 地理科学，2007(4)：480-485.
[80] 傅衣凌. 中国传统社会：多元的结构[J]. 中国社会经济史研究，1988(3)：1-7.
[81] 高文杰，连志巧. 村镇体系规划[J]. 城市规划，2000(2)：30-32.
[82] 葛丹东，华晨. 城乡统筹发展中的乡村规划新方向[J]. 浙江大学学报(人文社会科学版)，2010 (3)：148-155.
[83] 于立. 控制型规划和指导型规划及未来规划体系的发展趋势——以荷兰与英国为例[J]. 国际城市规划，2011，26(5)：56-65.
[84] 葛丹东，华晨. 论乡村视角下的村庄规划技术策略与过程模式[J]. 城市规划，2010，34(6)：55-59，92.
[85] 龚蔚霞，周剑云. 探索社会主义新农村建设的新型规划方式——以珠海南屏镇北山村为例[J]. 规划师，2007，23(4)：55-59.
[86] 顾朝林，金延杰，刘晋媛，等. 县域村镇体系规划试点思路与框架——以山东胶南市为例[J]. 规划师，2008，24(10)：62-66.
[87] 顾书桂，潘明忠. 规模化和精细化是中国农业发展的基本方向[J]. 经济纵横，2008(9)：67-69.
[88] 周游，周剑云. 身份制的农民、市场经济与乡村规划[J]. 城市规划，2017(2)：94-101.
[89] 广东省的乡镇企业概况(1984年)[J]. 科技进步与对策，1986(2)：43.
[90] 韩晓东. 城乡规划编制及管理思考[J]. 小城镇建设，2002(10)：94.
[91] 何灵聪. 城乡统筹视角下的我国镇村体系规划进展与展望[J]. 规划师，2012，28(5)：5-9.
[92] 何强为，苏则民，周岚. 关于我国城市规划编制体系的思考与建议[J]. 城市规划学刊，2007(8)：28-34

[93] 何显明. 从“强县扩权”到“扩权强县”——浙江“省管县”改革的演进逻辑[J]. 中共浙江省委党校学报，2009(4):5-13.

[94] 洪添胜. 法国精细农业研究概况[J]. 农机化研究，2000(4):1-6.

[95] 黄晓芳，张晓达. 城乡统筹发展背景下的新农村规划体系构建初探——以武汉市为例[J]. 规划师，2010,26(7):76-79.

[96] 姜允芳，石铁矛，赵淑红. 英国区域绿色空间控制管理的发展与启示[J]. 城市规划，2015(6):79-89.

[97] 金太军，王运生. 村民自治对国家与农村社会关系的制度化重构[J]. 文史哲，2002(2):151-156.

[98] 郐艳丽，刘海燕. 我国村镇规划编制现状、存在问题及完善措施探讨[J]. 规划师，2010,26(6):69-74.

[99] 雷诚，赵民. “乡规划”体系建构及运作的若干探讨——如何落实《城乡规划法》中的“乡规划”[J]. 城市规划，2009(2):9-14.

[100] 冷炳荣，易峥，钱紫华. 国外城乡统筹规划经验及启示[J]. 规划师，2014(11):121-126.

[101] 黎斌，魏立华. 村庄规划的可能与不可能——以多重转型背景下珠江三角洲村庄规划的实施结构为例[J]. 规划师，2009(S1):66-70.

[102] 李成贵. 国家、利益集团与“三农”困境[J]. 经济社会体制比较，2004(5):61.

[103] 李德华，董鉴泓，臧庆生，等. 青浦县及红旗人民公社规划[J]. 建筑学报，1958(10):2-6.

[104] 李开猛，王锋，李晓军. 村庄规划中全方位村民参与方法研究——来自广州市美丽乡村规划实践[J]. 城市规划，2014(12): 34-42.

[105] 李孟波. 新农村规划问题研究[J]. 山东农业大学学报(社会科学版)，2007(2): 18-21.

[106] 李强. 后全能体制下现代国家的构建[J]. 战略与管理，2001(6): 77-80.

[107] 李晓江，尹强，张娟，等.《中国城镇化道路、模式与政策》研究报告综述[J]. 城市规划学刊，2014(2): 1-14.

[108] 林政. 广东农业生产力的主要特点及发展对策[J]. 南方农村，2008(4): 30-32.

[109] 周锐波，甄永平，李郇. 广东省村庄规划编制实施机制研究——基于公共治理的分析视角[J]. 规划师，2011(10):76-80.

[110] 刘滨谊，陈威. 中国乡村景观园林初探[J]. 城市规划汇刊，2000(6): 66-68.

[111] 刘冠生. 城市、城镇、农村、乡村概念的理解与使用问题[J]. 山东理工大学学报(社会科学版)，2005(1):54-57.

[112] 刘佳福，邢海峰，董金柱. 部分国家与地区乡村建设管理法规研究概述[J]. 国际城市规划，2010(2):1-3.

[113] 刘健. 基于城乡统筹的法国乡村开发建设及其规划管理[J]. 国际城市规划，2010(2):4-10.

[114] 刘景章. 农业现代化的“日本模式”与中国的农业发展[J]. 经济纵横，2002

(9):40-44.
[115] 刘丽辉. 现阶段广东农业产业结构调整方向研究——基于改革开放以来的演变及动因分析[J]. 广东农业科学，2014(5):32-37.
[116] 刘梦琴. 农户兼业、农地流转与规模经营的实证分析——基于广东省第二次全国农业普查数据的分析[J]. 广东经济，2011(3):34-38.
[117] 刘天福. 我国农业发展向何处去——谈精细化农业发展战略[J]. 农业现代化研究，1989(1):11-15.
[118] 刘晔. 治理结构现代化:中国乡村发展的政治要求[J]. 复旦学报(社会科学版)，2001(6):56-79.
[119] 柳云飞. 合理构建乡村社会未来的治理模式[J]. 社会主义研究，2005(1):103-105.
[120] 卢锐，朱喜钢，马国强. 参与式发展理念在村庄规划中的应用——以浙江省海盐县沈荡镇五圣村为例[J]. 华中建筑，2008(4):13-17.
[121] 鲁晓军，孙明芳. 基于苏南乡村创新发展的城乡规划体系调适[J]. 城市规划，2007(7):73-76.
[122] 陆军. 省直管县:一项地方政府分权实践中的隐性问题[J]. 国家行政学院学报，2010(3):42-46.
[123] 罗大蒙，任中平. 现代化进程中的中国农民权利保障——从国家与乡村社会关系的视角审视[J]. 西华师范大学学报(哲学社会科学版)，2009(5):83-88.
[124] 罗守贵. 城市化过程中乡村的价值及其保护[J]. 城市，2003(2): 31-33.
[125] 罗卫平，黄江康，吴晓青. 广东农业与农村发展现状、问题与科技需求[J]. 科技管理研究，2009(12):153-156.
[126] 雒海潮，刘荣增. 国外城乡空间统筹规划的经验与启示[J]. 世界地理研究，2014(2):69-75.
[127] 吕晓荷. 英国新空间规划体系对乡村发展的意义[J]. 国际城市规划，2014(4):77-83.
[128] 周剑云. 政策层面的城市规划[J]. 规划师，2000(2):21.
[129] 伍兹. 乡村地理学:界限的模糊与跨学科联系的构建[J]. 城市观察，2013(1):41-49.
[130] 毛旭东. 试论我国乡村规划现存的问题及解决对策[J]. 黑龙江科技信息，2011(20):96.
[131] 梅耀林，汪晓春，王婧，等. 乡村规划的实践与展望[J]. 小城镇建设，2014(11):48-55.
[132] Nigel C, Stephen O,王希嘉,等. 英国乡村规划——现有政策评论[J]. 城乡规划，2011(1): 159-168.
[133] 哈里斯,托马斯，李琳. 为多样化社会而规划？——对英国政府规划政策导引的回顾[J]. 国际城市规划，2008(6):18-28.
[134] 倪文岩，刘智勇. 英国绿环政策及其启示[J]. 城市规划，2006(2):64-67.
[135] 欧阳旭,张北京,常峰波. 珠三角地区新农村规划问题与对策探讨[J]. 山西建

筑，2009(26)：14-15.
[136] 彭干梓，夏金星. 梁漱溟的"参与式"乡村发展教育思想与实践[J]. 职教论坛，2008(3):59-64.
[137] 戚冬瑾，周剑云. 英国城乡规划的经验及启示——写在《英国城乡规划》第14版中文版出版之前[J]. 城市问题，2011(7):83-90.
[138] 钱征寒，牛慧恩. 社区规划——理论、实践及其在我国的推广建议[J]. 城市规划学刊，2007(4):74-78.
[139] 钱紫华，易峥，王芳. 城乡统筹理念下的城乡规划编制改革——实践探索与改革展望[J]. 城市规划，2015,39(1):57-63.
[140] 乔路，李京生. 论乡村规划中的村民意愿[J]. 城市规划学刊，2015(2):72-76.
[141] 秦淑荣，段炼. 城乡统筹背景下县域层面的乡村规划研究——以重庆市为例[J]. 中华建设，2011(4):76-77.
[142] 权莹，金东来，刘先洋. 现阶段我国乡村规划存在的问题初探[J]. 中外建筑，2015(4):102-103.
[143] 全君，崔伟，易启恩. 广东博罗县公庄人民公社规划介绍[J]. 建筑学报，1958(12):3-9.
[144] 申明锐，张京祥. 新型城镇化背景下的中国乡村转型与复兴[J]. 城市规划，2015,39(1):30-34，63.
[145] 沈洁，罗翔. 英国城乡地域的划分:标准、方法与历程[J]. 规划师，2015(8):139-144.
[146] 石楠. 论城乡规划管理行政权力的责任空间范畴——写在《城乡规划法》颁布实施之际[J]. 城市规划，2008(2):9-15.
[147] 李登旺，仇焕广，吕亚荣，等. 欧美农业补贴政策改革的新动态及其对我国的启示[J]. 中国软科学，2015(8):12-21.
[148] 孙娟，崔功豪. 国外区域规划发展与动态[J]. 城市规划汇刊，2002(2):48-50.
[149] 孙良媛，温思美. 广东农业发展新阶段的特征、问题与对策[J]. 农村研究，1999(6):34-36.
[150] 孙敏. 城乡规划法背景下的乡村规划研究[J]. 安徽农业科学，2011(15):9263-9264.
[151] 汤海孺，柳上晓. 面向操作的乡村规划管理研究——以杭州市为例[J]. 城市规划，2013(3):59-65.
[152] 唐燕，赵文宁，顾朝林. 我国乡村治理体系的形成及其对乡村规划的启示[J]. 现代城市研究，2015(4)：2-7.
[153] 陶修华，邓柏基，彭俊杰. 基于问题与目标双重导向的村庄规划实践与探索——以广州市萝岗区佛塱村为例[J]. 小城镇建设，2008(9)：13-16.
[154] 万旭东. 城乡统筹背景下农村规划编制方法的思考[J]. 北京规划建设，2010(1):18-23.

[155] 万旭东. 我国农村规划发展的阶段、特征与启发[J]. 北京规划建设，2010(1)：30-34.
[156] 汪锦军. 农村公共事务治理——政府、村组织和社会组织的角色[J]. 浙江学刊，2008(5)：113-117.
[157] 王芳，易峥. 城乡统筹理念下的我国城乡规划编制体系改革探索[J]. 规划师，2012(3)：64-68.
[158] 王富海，孙施文，周剑云，等. 城市规划：从终极蓝图到动态规划——动态规划实践与理论[J]. 城市规划，2013(1)：70-75.
[159] 王冠贤，朱倩琼. 广州市村庄规划编制与实施的实践、问题及建议[J]. 规划师，2012,28(5)：81-85.
[160] 王洁钢. 农村、乡村概念比较的社会学意义[J]. 学术论坛，2001(2)：126-129.
[161] 王兴平. 面向社会发展的城乡规划：规划转型的方向[J]. 城市规划，2015,39(1)：16-21，29.
[162] 周庆，夏杰，廖广社，等. 广东省省级以上森林生态系统自然保护区空间分布格局研究[J]. 西北农林科技大学学报(自然科学版)，2007(11)：101-105.
[163] 魏立华，刘玉亭. 转型期中国城市"社会空间问题"的研究述评[J]. 国际城市规划，2010(6)：70-73.
[164] 魏书威，文正敏. 社会主义新农村规划应关注的若干前沿问题研究[J]. 广西城镇建设，2007(1)：32-35.
[165] 武力. 论近代以来国家与农民关系的演变[J]. 武陵学刊，2011(1)：14-23.
[166] 肖唐镖. 乡村建设：概念分析与新近研究[J]. 求实，2004(1)：88-91.
[167] 谢迪斌. 改革开放与农村工业化的推进——以广东乡镇企业发展为例[J]. 广东工业大学学报(社会科学版)，2009(4)：36-40.
[168] 星野敏，王雷. 以村民参与为特色的日本农村规划方法论研究[J]. 城市规划，2010(2)：54-60.
[169] 邢海峰. 部分国家与地区乡村用地规划法律制度的特点及其借鉴[J]. 国际城市规划，2010(2)：26-30,105.
[170] 徐国强，高献坤，田辉，等. 精细农业研究[J]. 农机化研究，2004(6)：1-5.
[171] 徐勇. "绿色崛起"与"都市突破"——中国城市社区自治与农村村民自治比较[J]. 学习与探索，2002(4)：32-37.
[172] 徐勇. "政党下乡"：现代国家对乡土的整合[J]. 学术月刊，2007(8)：13-20.
[173] 徐勇. 村民自治的成长：行政放权与社会发育——1990 年代后期以来中国村民自治发展进程的反思[J]. 华中师范大学学报(人文社会科学版)，2005(2)：2-8.
[174] 徐勇. 县政、乡派、村治：乡村治理的结构性转换[J]. 江苏社会科学，2002(2)：27-30.
[175] 徐勇. 现代国家的建构与村民自治的成长——对中国村民自治发生与发展的一种阐释[J]. 学习与探索，2006(6)：50-58.
[176] 许菁芸，赵民. 英国的"规划指引"及其对我国城市规划管理的借鉴意义[J].

国外城市规划，2005(6):16-20.
[177] 许世光，魏立华. 社会转型背景中珠三角村庄规划再思考[J]. 城市规划学刊，2012(4):65-72.
[178] 许世光，魏建平，曹轶，等. 珠江三角洲村庄规划公众参与的形式选择与实践[J]. 城市规划，2012(2): 58-65.
[179] 闫琳. 社区发展理论对中国乡村规划的启示[J]. 城市与区域规划研究，2011(2): 195-204.
[180] 杨贵庆. 城乡规划学基本概念辨析及学科建设的思考[J]. 城市规划，2013(10):53-59.
[181] 杨宏山. "省管县"体制改革:市县分离还是混合模式[J]. 北京行政学院学报，2014(1):10-14.
[182] 杨植元. 美丽乡村规划编制特色体系探索——以南京市六合区美丽乡村示范区规划为例[J]. 江苏城市规划，2015(7): 14-16.
[183] 姚建松. 我国精细农业发展前景探讨与研究[J]. 中国农机化，2009(3): 26-28.
[184] 叶本乾. 现代国家构建中的均衡性分析:三维视角[J]. 东南学术，2006(4): 28-34.
[185] 叶斌，王耀南，郑晓华，等. 困惑与创新——新时期新农村规划工作的思考[J]. 城市规划，2010，34(2): 30-35
[186] 叶齐茂. 美国的乡村建设[J]. 城乡建设，2008(9):74-75.
[187] 易鑫. 德国的乡村规划及其法规建设[J]. 国际城市规划，2010(2):11-16.
[188] 于立. 构建适应我国城乡发展的规划程序理论和方法[J]. 城市发展研究，2008(5):62-67.
[189] 于鸣超. 现代国家制度下的中国县制改革[J]. 战略与管理，2002(1):87-98.
[190] 袁春瑛，薛兴利，范毅. 现阶段我国农村养老保障的理性选择——家庭养老、土地保障与社会养老相结合[J]. 农业现代化研究，2002(6): 430-433.
[191] 詹琳. 美国农业政策的历史演变及启示[J]. 世界农业，2015(6): 86-90，169.
[192] 张驰，张京祥，陈眉舞. 荷兰城乡规划体系中的乡村规划考察[J]. 上海城市规划，2014(4):88-94.
[193] 张佳. 乡村规划有五个鲜明特点[J]. 小城镇建设，2013(12):39.
[194] 张京祥，陆枭麟. 协奏还是变奏:对当前城乡统筹规划实践的检讨[J]. 国际城市规划，2010(1):12-15.
[195] 张婧，段炼. 基于村民主体的村庄规划建设思路新探索——以重庆市古花乡天池美丽乡村规划建设为例[J]. 建筑与文化，2015(1): 128-130.
[196] 张瑞红. 新农村建设中村庄规划存在的问题及对策建议[J]. 农村经济，2011(12): 102-105.
[197] 房艳刚. 乡村规划:管理乡村变化的挑战[J]. 城市规划，2017(2): 85-93.
[198] 张伟. 试论城乡协调发展及其规划[J]. 城市规划，2005(1):79-83.
[199] 张险峰. 英国国家规划政策指南——引导可持续发展的规划调控手段[J]. 城

市规划，2006(6):48-53.
[200] 赵华勤，张如林，杨晓光，等. 城乡统筹规划:政策支持与制度创新[J]. 城市规划学刊，2013(1):23-28.
[201] 刘慧，樊杰，王传胜. 欧盟空间规划研究进展及启示[J]. 地理研究，2008(6):1381-1389.

学位论文

[202] 张海斌. 转型社会中的乡村自治与法治[D]. 上海:华东政法大学，2010.
[203] 舒解兰. 广东农村人力资源问题研究[D]. 湛江:广东海洋大学，2012.
[204] 罗圆. 广东省域规划的空间协调机制研究初探[D]. 广州:华南理工大学，2017.
[205] 王心怡. 法国区域自然公园研究及对我国乡村保护的经验借鉴[D]. 北京:北京林业大学，2016.
[206] 储德平. 中国城镇化发展机制[D]. 杭州:浙江大学，2014.
[207] 陈雪. 广东省农业产业化经营发展对策研究[D]. 湛江:广东海洋大学，2012.
[208] 赵聚军. 中国行政区划改革的理论研究[D]. 天津:南开大学，2010.
[209] 张杰. 英国 2004 年新体系下发展规划研究[D]. 北京:清华大学，2010.
[210] 易纯. 基于城乡统筹的新农村规划的探索与实践[D]. 长沙:中南大学，2008.
[211] 蔡泰成. 我国城市规划机构设置及职能研究[D]. 广州:华南理工大学，2011.
[212] 陈爽. 城乡统筹背景下重庆市新农村规划编制体系的构建研究[D]. 重庆:重庆大学，2011.
[213] 陈雪. 广东省农业产业化经营发展对策研究[D]. 湛江:广东海洋大学，2012
[214] 储德平. 中国城镇化发展机制[D]. 杭州:浙江大学，2014.
[215] 杜宇能. 工业化城镇化农业现代化进程中国家粮食安全问题[D]. 合肥:中国科学技术大学，2013.
[216] 蒋琳婕. 基于城乡互动视角下珠三角城乡关系特征研究[D]. 广州:华南理工大学，2014.
[217] 李琮. 英国乡村规划及其对我国的启示[D]. 广州:华南理工大学，2007.
[218] 李伟. 村域规划编制内容体系的构建研究[D]. 苏州:苏州科技学院建筑与城市规划学院，2010.
[219] 刘喜波. 区域现代农业发展规划研究[D]. 沈阳:沈阳农业大学，2011.
[220] 刘毓玲. 城乡统筹下对村庄规划的反思与策略[D]. 广州:华南理工大学，2013.
[221] 潜莎娅. 基于多元主体参与的美丽乡村更新建设模式研究[D]. 杭州:浙江大学，2015.
[222] 秦淑荣. 基于"三规合一"的新乡村规划体系构建研究[D]. 重庆:重庆大学，2011.
[223] 秦杨. 浙江省县(市)域村庄布点规划研究[D]. 杭州:浙江大学，2007.
[224] 杨玲. 转型期天津市城乡规划编制体系构建初探[D]. 天津:天津大学，2007.
[225] 杨友国. 农民利益表达:寻求国家与乡村的有效衔接[D]. 南京:南京农业大

学，2010.
[226] 叶芳芳. 广东省城乡规划编制体系研究[D]. 广州:华南理工大学，2012.
[227] 刘小丽. 跨界合作下的欧盟空间规划实践经验及对珠三角规划整合的启示[D]. 广州:华南理工大学，2012.

会议论文

[228] 王明田. 城市行政等级序列与城乡规划体系[C]//青岛:中国城市规划学会:中国城市规划年会,2013.
[229] 张皓. 从当前乡村规划的困境回看民国乡村建设运动[C]//贵阳:中国城市规划学会:中国城市规划年会,2015.
[230] 朱郁郁,陈燕秋,孙娟,等. 县(区)域城乡规划编制方法的探索——以重庆市北碚区城乡分区规划为例:中国城市规划年会论文集[C]//大连:大连出版社,2008.
[231] 何子张,洪国城,李小宁. 厦门农村规划编制与政策体系建构探索:中国城市规划年会论文集[C]//北京:中国建筑工业出版社,2015.
[232] 刘春涛,刘馨阳. 沈阳市乡村规划编制体系重构的实践探索[C]//贵阳:中国城市规划学会:中国城市规划年会,2015.
[233] 刘松龄. 城镇密集地区村庄规划编制思路探讨——以广州市为例:中国城市规划年会论文集[C]//昆明:云南科技出版社,2012.
[234] 罗吉,彭阳. 对城市规划中的社会阶层的再认识——对当代城市规划编制主体和对象的考虑:城市规划年会论文集[C]//北京:中国水利水电出版社,2005.
[235] 王鹏. 城乡统筹背景下乡村规划研究的空间尺度:中国规划年会论文集[C]//大连:大连出版社,2008.
[236] 闫琳. 基于社区发展的农村规划方法探讨:中国规划年会论文集[C]//哈尔滨:黑龙江科学技术出版社,2007.
[237] 张皓. 从当前乡村规划的困境回看民国乡村建设运动[C]//北京:中国建筑工业出版社:中国城市规划年会,2015.
[238] 周游,周剑云. 农村人居环境改造与提升的策略研究——以广东省为例:中国城市规划年会论文集[C]//北京:中国建筑工业出版社,2014.

其他文献

[239] 全国人民代表大会常务委员会. 中华人民共和国城乡规划法[Z]. 2008.
[240] 第八届全国人大常委会. 中华人民共和国农业法[Z]. 1993.
[241] 全国人民代表大会常务委员会. 中华人民共和国土地管理法[Z]. 2004.
[242] 国务院. 中华人民共和国基本农田保护条例[Z]. 1999.
[243] 国务院. 中华人民共和国自然保护区条例[Z]. 1994.
[244] 国务院. 村庄和集镇规划建设管理条例[Z]. 1993.
[245] 中华人民共和国建设部. 村镇规划编制办法(试行)[Z]. 2000.
[246] 中国建筑科学研究院农村建筑研究所. 村镇规划原则(试行)[Z]. 1982.
[247] 住房和城乡建设部. 村庄整治规划编制办法[Z]. 2013.
[248] 国家统计局. 关于统计上划分城乡的暂行规定[Z]. 2006.

[249] 广东省人民代表大会常务委员会. 广东省基本农田保护区管理条例[Z]. 2002.
[250] 广东省人民代表大会常务委员会. 广东省环境保护条例[Z]. 2015.
[251] 广东省人民代表大会常务委员会. 广东省林地保护管理条例[Z]. 1998.
[252] 广东省人民代表大会常务委员会. 广东省湿地保护条例[Z]. 2006.
[253] 广东省人民代表大会常务委员会. 广东省风景名胜区条例[Z]. 1998.
[254] 广东省人民代表大会常务委员会. 广东省城乡规划条例[Z]. 2013.
[255] 广东省住房和城乡建设厅. 广东省村庄整治规划编制指引[Z]. 2015.
[256] 广东省住房和城乡建设厅. 广东省名镇名村示范村建设规划编制指引(试行)[Z]. 2011.
[257] 广东省住房和城乡建设厅. 广州市村庄规划编制指引(试行)[Z]. 2013.
[258] 广州市人民政府. 广州市村庄规划中传统村落历史文化保护专项规划编制要求(试行)[Z]. 2013.
[259] 广州市人民政府. 广州市村庄规划"村民参与"指引手册(试行)[Z]. 2013.
[260] 国务院. 中华人民共和国国民经济和社会发展第十二个五年规划纲要[Z]. 2011.
[261] 国土资源部. 全国土地利用总体规划纲要(2006—2020年)[Z]. 2008.
[262] 国务院. 全国主体功能区规划[Z]. 2010.
[263] 国务院. 国家新型城镇化规划(2014—2020年)[Z]. 2014.
[264] 广东省人民政府. 广东省国民经济和社会发展第十二个五年规划纲要[Z]. 2011.
[265] 广东省农业厅. 广东省农业和农村经济社会发展第十二个五年规划纲要[Z]. 2011.
[266] 中共广东省委广东省人民政府. 中共广东省委、省政府关于争当实践科学发展观排头兵的决定[Z]. 2008.
[267] 广东省人民政府. 广东省主体功能区规划[Z]. 2012.
[268] 广东省人民政府. 广东省国土规划(2006—2020年)[Z]. 2013.
[269] 广东省国土资源厅. 广东省土地利用总体规划(2006—2020年)[Z]. 2006.
[270] 广东省人民政府. 广东省城镇体系规划(2012—2020年)[Z]. 2012.
[271] 广东省环保局. 广东省环境保护规划纲要(2006—2020年)[Z]. 2006.
[272] 广东省海洋与渔业自然保护区总体发展规划(2004—2015年)[Z]. 2004.
[273] 广东省环境保护厅. 广东省农村环境保护行动计划(2014—2017年)[Z]. 2014.
[274] 广东省海洋渔业局. 广东省海洋功能区划(2011—2020年)[Z]. 2013.
[275] 广东省财政厅. 广东省生态保护补偿办法[Z]. 2012.
[276] 广东省人民政府. 珠江三角洲地区改革发展规划纲要(2008—2020年)[Z]. 2008.
[277] 广东省住房与城乡建设厅. 珠江三角洲城乡规划一体化(2009—2020年)[Z]. 2010.
[278] 广东省住房与城乡建设厅，香港特别行政区政府发展局，澳门特别行政区政府运输工务司. 大珠江三角洲城镇群协调发展规划研究[Z]. 2009.

[279] 广州市规划局,中国城市规划设计研究院. 广州市村庄地区发展战略与实施行动(征求意见稿)[Z]. 2014.
[280] 广州市城市规划局,广州市城市规划勘测设计研究院. GCBD21——珠江新城规划检讨[Z]. 2002.
[281] 广州发展集团有限公司,华南理工大学建设设计研究院. 芦湾村美丽乡村规划设计[Z]. 2012.
[282] 珠海市人民政府,珠海市规划设计研究院. 珠海市斗门区莲洲镇三角村幸福村居建设规划[Z]. 2013.
[283] 和平县农业局,广州地理研究所. 和平县林寨省级新农村示范片建设总体规划(2014—2016 年)[Z]. 2014.
[284] 中共和平县委农村工作办公室, 华南理工大学建筑学院. 和平县林寨省级新农村示范片规划建设方案[Z]. 2015.
[285] 白云区人和镇人民政府,黄榜岭村村民委员会. 美丽乡村:白云区黄榜岭村示范村庄规划[Z]. 2012.
[286] 广州市人民政府,广州市城市规划勘测设计研究院. 番禺区坑头村示范村庄规划[Z]. 2013.
[287] 增城市人民政府,华南理工大学建筑学院. 增城市村庄布点规划[Z]. 2013.
[288] 华南理工大学建筑设计研究院,广州市番禺城市规划设计院. 广州市番禺区石楼镇村庄布点规划(2013—2020 年)[Z]. 2013.
[289] 广州发展集团有限公司,华南理工大学建设设计研究院. 新农村:梅州三村庄景观改造[Z]. 2010.
[290] 广东省城乡规划设计研究院. 阳东"省级新农村连片示范区"总体规划[Z]. 2015.
[291] 阳东区政府,广东粤建设计研究院有限公司. 阳江市阳东区东平镇北政村美丽乡村规划[Z]. 2015.
[292] 广州市城市规划局番禺区分局,广州市番禺区石楼镇人民政府,广东省建科建筑设计院. 番禺区石楼镇沙南村村庄规划(2013—2020 年)[Z]. 2014.
[293] 中华人民共和国国家质量监督检验检疫总局,中国国家标准化管理委员会. 美丽乡村建设指南 GB/T 3200—2015[S]. 北京:中国标准出版社,2015.

统计报告

[294] 中华人民共和国国家统计局. 中国统计年鉴[M]. 北京:中国统计出版社,2018.
[295] 中华人民共和国国家统计局. 中国统计摘要[M]. 北京:中国统计出版社,2012.
[296] 中华人民共和国国家统计局. 中华人民共和国 2013 年国民经济和社会发展统计公报[Z]. 2013.
[297] 广东省统计局,国家统计局广东调查总队. 广东统计年鉴[M]. 北京:中国统计出版社,2018.
[298] 广东建设年鉴编纂委员会. 广东建设年鉴[M]. 广州:广东人民出版社,2018.
[299] 广东农村统计年鉴编辑委员会. 广东农村统计年鉴[M]. 北京:中国统计出版社,2018.

[300] 广东省地方史志编纂委员会. 广东省志[M]. 广州:广东人民出版社,1998.

[301] 广东省地方史志编纂委员会. 广东省志(1979—2000)[M]. 广州:广东人民出版社,2014.

研究报告

[302]《中国城市发展报告》委员会. 中国城市发展报告[R]. 北京:社会科学文献出版社,2012.

[303] 中国土地勘测规划院. 全国城镇土地利用数据汇总成果分析报告[R]. 北京:中国土地勘测规划院,2014.

[304] 李晓江. 中国城镇化道路、模式与政策[R]. 北京:中国城市规划设计研究院,2014

[305] 广东省农业功能区划研究课题组. 广东省农业功能区划研究报告(征求意见稿)[R]. 广州:广东省农业农村厅,2009.

[306] 广东省住房和城乡建设厅,华南理工大学建筑学院. 广东省改善农村人居环境专题研究报告[R]. 广州:广东省住房和城乡建设厅,2014.

[307] 广东省发展和改革委员会. 广东省农业农村基础设施建设专题调研报告[R]. 广州:广东省发展和改革委员会,2008.

[308] 广州市规划局,广州市城市规划勘测设计研究院,中山大学,华南理工大学. 村庄规划[Z]. 2015.

2. 国外参考文献

专著与论文

[309] Abercrombie P. Town and Country Planning [M]. 2nd ed. Oxford:Oxford University Press,1943.

[310] Alexander A. The Politics of Local Government in the United Kingdom[M]. London: Longman, 1982.

[311] Allmendinger P, Tewdwr-Jones M. Territory, Identity and Spatial Planning: Spatial Governance in a Fragmented Nation[M]. London: Routledge, 2006.

[312] Bishop K, Phillips A. Countryside Planning: New Approaches to Management and Conservation[M]. Abingdon: Taylor & Francis Ltd,2004.

[313] Blacksell M, Gilg A W. The Countryside: Planning and Change[M]. London: George Allen & Unwin Ltd, 1981.

[314] Cherry G E, Rogers A N. Rural Change and Planning: England and Wales in the Twentieth Century[M]. London:Spon Press, 1996.

[315] Cloke P. An Introduction to Rural Settlement Planning[M]. London:Methuen & Co. , 1983.

[316] Cloke P, Mooney P H, Marsden T. The Handbook of Rural Studies[M]. London:Sage Publications, 2006.

[317] Gallent N, Juntti M, et al. Introduction to Rural Planning[M]. London and New York: Routledge, 2007.

[318] Gilg,A. Planning in Britain: Understanding and Evaluating the Post-War Sys-

tem[M]. London:Sage Publications,2005.
[319] Gilg A W. Countryside Planning [M]. 2nd ed. London and New York: Routledge, 1996.
[320] Gilg A W. Countryside Planning Policies for the 1990s[Z]. Wallingford: CAB International,1991.
[321] Gilg A W. Legislative Review 1985—1986[J]. International Yearbook of Rural Planning, 1987(1):65-92.
[322] Healey P,Shaw T. Changing meanings of environment in the British planning system[J]. New Transactions of the Institute of British Geographers, 1994 (19):425-438.
[323] Hill B, Young N. Alternative Support Systems for Rural Areas[M]. Ashford: Wye College Press,1989.
[324] Leitner H, Pavlik C, Sheppard E. Networks, Governance, and the Politics of Scale:Inter-Urban Networks and the European Union[C]// Herod A,Wright M W. Geographies of Power: Placing Scale. Oxford : Blackwell Publishers,2008.
[325] Lowe P, Ward N. Sustainable rural economies:some lessons from the English experience[J]. Sustainable Development,2007(15):307-317.
[326] Marsden T, Murdoch J. Constructing the Countryside[M]. London: IUCL Press, 1993.
[327] Marsden T. The Condition of Rural Sustainability[M]. Assen:Royal Van Gorcum Ltd,2003.
[328] Murdoch J. Constructing the Countryside: Approach to Rural Development [M]. Abingdon: Taylor & Francis Ltd, 1993.
[329] Nadin V. The emergence of the spatial planning approach in England[J]. Planning Practice and Research,2007(1):57.
[330] Potter C. Against the Grain: Agri-Environment Reform in the United States and the European Union[M]. Wallingford:CABI,1998.
[331] Primdahl J, Kristensen L S, Swaffield S. Guiding rural landscape change[J]. Applied Geography, 2013,42:86-94.
[332] Robinson G M. Conflict and Change in the Countryside[M]. London: Belhavan Press, 1990.
[333] Royal Town Planning Institute. Memorandum of Evidence to the Environmental Sub-Committee of the House of Commons[Z]. London: HMSO,1976.
[334] Smith N. Geography, Difference and the Politics of Scale[C]//Doherty J,Graham E, Malek M. Postmodernism and the Social Sciences. New York: St. Martin's Press, 1992:57-79.
[335] Travis A. Policy Formulation and the Planner[C]// Ashton J,Long W. The Remoter Rural Areas of Britain. Edinburgh:Oliver and Boyd,1972.

[336] Westman W. How much are nature's services worth? [J]. Science, 1977, 197 (4307): 960-964.

其他文献

[337] Planning Policy Statement 7: Sustainable Development in RuralAreas[Z]. 2004.
[338] Planning Policy Statement 11: Regional Planning[Z]. 2004.
[339] Planning Policy Statement 12: Local Development Frameworks[Z]. 2004.
[340] North Norfolk Local Development Framework[Z]. 2008.

后　记

随着乡村振兴战略的提出，乡村规划该怎么改革，成为学界研究的热点问题；2019 年国土空间规划体系的建立，更是将村庄置于更大范围内的乡村区域，使得乡村规划的内容大大扩展。基于此，笔者将博士论文修改更新完善，完成了本书。书中提出的多个观点均具有创新性，如论证了我国乡村要解决四个基本问题：保障粮食生产安全、保护区域生态、保护乡村历史文化，以及促进乡村自治和提高农村居民的福利；我国乡村规划具有特殊性，一是我国乡村规划处于快速城镇化进程中，城乡协调是乡村规划的基本前提，二是我国城乡二元结构对应城市规划与乡村规划两类不同的规划；乡村规划具有区域规划的特征，乡村规划是保护规划，这是乡村规划的基本特征与实质；上述理论问题是研究乡村规划的前提。本书提出乡村规划体系的理论框架，即"国家—区域—村庄"三层次规划，以及相应的"政策—规划—设计"三种规划类型；明确了三种规划层次的编制主体、编制原则、规划内容及成果形式，充实了我国的乡村规划编制体系的理论基础；结合广东省的实际情况，对区域层面的乡村规划编制体系及相应规划类型的编制内容和要求进行了充实与完善，提出了具有制度建设价值的规划改革建议。这些都对乡村规划具有比较高的价值。本书拟出版前，东南大学的姜来编辑建议在注释栏概括段落大意，以便读者进行快速阅读；接受该意见后，笔者还将正文中限于篇幅无法纳入的内容、对于正文的讨论和展望，以及延伸阅读的内容，一同添注于正文旁，增加该书的理论价值，以期引发读者深入思考。

本书得以完成，要感谢我的导师周剑云教授，周教授指导我完成文章写作，并亲自为本书作序。感谢孙一民教授、《英国城乡规划》一书的作者 Vincent Nadin 教授、马向明总工程师、陆琦教授、刘玉亭教授、肖毅强教授、张春阳教授、吕传庭主任、魏成副教授、魏开副教授对本书撰写提出的宝贵意见和中肯批评。感谢东南大学出版社的各位编辑对本书出版的努力，感谢我的研究生帮助我修改配图与更新数据。特别感谢家人对我的支持与理解。

2019 年 10 月 14 日

内容提要

在我国高速城市化进程中，乡村问题日益凸显，引起各方面的关注，乡村规划成为当前我国研究的热点。本书基于作者的博士论文，较系统地梳理和研究了乡村规划基本理论问题；研究借鉴了英国等发达国家乡村规划丰富的方法、经验和成熟的实践成果；对我国乡村规划理论和实践中出现的问题（乡村规划要解决的核心问题、乡村规划的基本特征和实质、乡村规划的责任主体，以及乡村规划的成果形式）进行了深入的分析、批判和总结；力图建构一套适宜我国、合理且可持续的乡村规划体系理论框架：建议“国家—区域—村庄”三层次规划，以及相应的“政策—规划—设计”三种规划类型；明确了三种规划层次的编制主体、编制原则、规划内容及成果形式，充实了我国的乡村规划编制体系的理论基础。

本书可供高校、研究设计机构城乡规划及相关专业研习者、政府相关部门管理者及关注乡村问题的人士阅读参考。

图书在版编目(CIP)数据

当代中国乡村规划体系框架建构研究 ：以广东省为例 / 周游著. -- 南京 ：东南大学出版社，2020.10
(城乡规划管理基础理论研究系列 / 周剑云主编)
ISBN 978-7-5641-9139-9

Ⅰ. ①当… Ⅱ. ①周… Ⅲ. ①乡村规划-研究-中国
Ⅳ. ①TU982.29

中国版本图书馆 CIP 数据核字(2020)第 184759 号

书　　名：当代中国乡村规划体系框架建构研究——以广东省为例
DANGDAI ZHONGGUO XIANGCUN GUIHUA TIXI KUANGJIA JIANGOU YANJIU
——YI GUANGDONGSHENG WEILI

著　　者：周　游
责任编辑：姜　来　　　　编辑邮箱：176555459@qq.com

出版发行：东南大学出版社　　　　社址：南京市四牌楼 2 号(210096)
网　　址：http://www.seupress.com
出 版 人：江建中

印　　刷：南京玉河印刷厂　　　　排版：南京布克文化发展有限公司
开　　本：787 mm×1092 mm　1/16　　　　印张：21.5　　字数：471 千
版 印 次：2020 年 10 月第 1 版　　2020 年 10 月第 1 次印刷
书　　号：ISBN 978-7-5641-9139-9　　　　定价：76.00 元

经　　销：全国各地新华书店　　发行热线：025-83790519　83791830
